Math

21世纪数学教育信息化精品教材

大学数学立体化教材

概率论与数理统计

（理工类·第四版）

◎吴赣昌　主编

中国人民大学出版社

·北京·

内容简介

本书根据高等院校理工类本科专业概率论与数理统计课程的最新教学大纲及考研大纲编写而成，并在第三版的基础上进行了修订和完善，注重数学概念的实际背景与几何直观的引入，强调数学的思想和方法，紧密联系实际，服务专业课程，精选了许多实际应用案例并配备了相应的应用习题，增补并调整了部分例题与习题，书中还融入了数学软件 Mathematica 的简单应用实例。

本次升级改版的另一重大特色是：每本教材均配有网络账号，通过它可登录作者团队为用户专门设立的网络学习空间，与来自全国的良师益友进行在线交流和讨论。该空间设置了课程论坛、学习问答、学习软件、教学视频、名师导学、教学博客、科学搜索等功能栏目，并全面支持文字、公式与图形的在线编辑、修改与搜索。

本书内容包括概率论的基本概念、一维和多维随机变量及其分布、随机变量的数字特征、数理统计的基础知识、参数估计、假设检验、方差分析和回归分析等知识。

本书可作为高等院校理科、工科和技术学科等非数学类本科专业的概率论与数理统计教材，并可作为上述各专业领域读者的教学参考书。

前 言

大学数学是自然科学的基本语言，是应用模式探索现实世界物质运动机理的主要手段. 对于大学非数学专业的学生而言，大学数学的教育，其意义不仅仅是学习一种专业的工具而已. 中外大量的教育实践事实充分显示了：优秀的数学教育，是一种人的理性的思维品格和思辨能力的培育，是聪明智慧的启迪，是潜在的能动性与创造力的开发，其价值是远非一般的专业技术教育所能相提并论的.

随着我国高等教育自 1999 年开始迅速扩大招生规模，至 2009 年的短短十年间，我国高等教育实现了从精英教育到大众化教育的过渡，走完了其它国家需要三五十年甚至更长时间才能走完的道路. 教育规模的迅速扩张，给我国的高等教育带来了一系列的变化、问题与挑战，如大众化教育阶段入学群体的多样化问题、学生规模扩张带来的大班和多班教学问题、由于院校合并导致的“一校多区”及由此产生的教学管理不科学以及师生间交流缺乏等问题，这些都是在过去“精英教育”阶段没有遇到的.

进入大众化教育阶段，大学数学的教育问题首当其冲受到影响. 过去大学数学教育是面向少数精英的教育，由于学科的特点，数学教育呈现几十年、甚至上百年一贯制，仍处于经典状态. 当前大学数学课程的教学效果不尽如人意，概括起来主要表现在以下两方面：一是教材建设仍然停留在传统模式上，未能适应新的社会需求. 传统的大学数学教材过分追求逻辑的严密性和理论体系的完整性，重理论而轻实践，剥离了概念、原理和范例的几何背景与现实意义，导致教学内容过于抽象，也不利于与其它课程及学生自身专业的衔接，进而造成了学生“学不会，用不了”的尴尬局面；二是计算机技术迅猛发展的今天，信息化技术本应给数学教育提供空前广阔的天地，但遗憾的是，在数学教育领域，信息化技术的使用远没有在其它领域活跃. 正如我国著名数学家张景中院士所指出的，计算机进入数学教育在国内还只是刚刚起步，究其原因有两方面：一是没有充分考虑把信息化技术和数学教学的学科特点结合起来；二是在强调教育技术的同时没有充分发挥教师的作用，这样就难以把信息化技术和数学教学完美结合起来.

关于大学数学教育改革的出路问题，在此，我们引用教育部数学基础课程教学指导分委员会前主任、清华大学数学系冯克勤教授专门撰文所指出的一句话："数学教育的关键是彻底转变观念." 当前大学数学教学所面临的问题，实际上已经指出了大学数学教育改革的目标：一是深化教学内容和教材体系的改革；二是积极推进大学数学教育信息化建设.

自 2000 年初起，我们成立了一个由专家、教师与软件技术人员组成的研发团队，围绕上述改革目标进行攻关，2002 年推出了第一个"高等数学多媒体教学系统"；2005 年由中国人民大学出版社出版了 12 套面向普通本科院校理工类与经管类专业使用的"大学数学立体化教材"及其配套的多媒体教学系统；2007 年对其修订后出版了第二版，并同时出版了面向高职高专院校和文科类专业的立体化教材及其配套的多媒体教学系统，初步完成了大学数学试题库系统与大学数学精品课程网站等信息化配套建设工作；2009 年对上述教材完成了进一步的升级改版工作，并同时出版了农林类与医药类的教材，鉴于教材的立体化与信息化配套建设显著加强，为更加突出教材的特色和内涵，我们将上述系列教材统一冠名为"21 世纪数学教育信息化精品教材". 令人感到欣慰的是，上述教材及其信息化建设成果已被国内数百所高等院校广泛采用，并对当前大学数学的教育改革起到了积极的推动作用.

2009 年以来，作者团队彻底突破了制约当前教育信息化建设的技术瓶颈——基于 Web 的公式与图形的在线编辑、复制、粘贴、修改、搜索与识别问题. 这一核心技术的突破使我们的各项信息化建设有了质变的跨越，集成了网页公式编辑系统（Web-FormulaEdit）与网页图形编辑系统（Web-GraphEdit）的在线答疑平台、在线测试平台、课程论坛平台、师生互动平台以及集成性的网络学习平台陆续完成并投入使用. 将这些最新研究与建设的成果及时融入上述系列教材的建设是此次升级改版的动因.

2011 年，"21 世纪数学教育信息化精品教材" 升级改版后，共计 27 套各专业类别的大学数学教材，版本分别有：面向普通本科院校的"理工类 · 第四版"、"经管类 · 第四版"、"文科类 · 第三版"、"农林类 · 第二版"、"医药类 · 第二版"；面向三本院校或少学时类的"理工类 · 简明版 · 第四版"、"经管类 · 简明版 · 第四版"；面向高职高专院校的"理工类 · 第三版"、"经管类 · 第三版"、"综合类 · 第二版".

本次升级改版后的"21 世纪数学教育信息化精品教材"具有以下特点：

一、在教学内容建设方面：

1. 为让读者对经典数学概念在现代科学研究中的应用有更深刻的理解和更高的视角，我们做了深入的研究和建设工作. 例如，从微分的几何意义出发，引入了函数在某点的“线性化”定义，从定积分的微元法出发，进一步引入有限单元化的思想，而有限单元化和线性化是用数学解决复杂应用问题的基本思想方法．不同课程教材的内容建设前后呼应，比如，在《线性代数（理工类·第四版）》第3章的引言中就进一步介绍了如何利用有限单元化和线性化方法来解决复杂应用问题，等等．

2．对部分章节引言做了改进．例如，对数列极限的概念，先从其描述性定义引入，然后以定量分析的观点进一步给出数列极限的严格定义，这样的安排既符合数学发展的本源，又利于学生更好地理解极限的概念．更多参考包括数学建模——函数关系建立、函数连续性、数学建模——最优化、矩阵、线性方程组等章节的引言，这些引言对于学生理解即将学习的数学内容的实质能起到重要的作用．

3．紧密联系实际，服务专业课程，精选了不少只涉及基本数学知识、能体现数学建模精神、能吸引学生且学生以后又可能接触到的应用范例和数学建模问题，如函数模型的建立及其应用，作为变化率的导数在几何学、物理学、经济学和医药学中的应用，最优化方法及其在工程、经济、农业、医药领域中的应用，逻辑斯蒂模型及其在人口预测、新产品的推广模型与经济增长预测方面的应用，网络流模型及其应用，人口迁移模型及其应用，常用概率模型及其应用，等等，并为所有应用范例配备了相应的应用习题．这些实际应用范例既为学生理解数学的抽象概念提供了认识基础，也有助于加强与后续专业课程的联系．

4．习题调整方面，除前面提到的补充了不少应用习题外，还在难度梯度上对习题进行了调整，尤其是增补了部分计算比较简单又利于加强概念理解的习题，并重新校订了全部习题及其答案．

5．值得一提的还有，在《高等数学》与《微积分》中插入了历史上对数学（尤其是近代数学）有杰出贡献的八位伟大数学家的简介，从他们的身上既能管窥近代数学发展的基本过程，又能领略数学家坚韧不拔地追求真理的人格魅力和科学精神．

二、每本教材均配有网络账号，通过它可登录作者团队为用户专门设立的网络学习空间，与来自全国的良师益友在线交流与讨论学习中遇到的问题．网络学习空间设置了课程论坛、学习问答、软件下载、教学视频、名师导学、教学博客、科学搜索等栏目．该学习空间由于集成了数苑网页公式编辑系统与网页图形编辑系统，支持公式与图形的在线编辑、复制、粘贴、修改、搜索与识别，从而全面支持专业学科内容的网络交流与互动．

三、为每位教材用户提供配套的集成性、交互式多媒体学习软件，其中设计了多媒体教案、习题详解、综合训练、实验教学等功能模块．在多媒体教案模块中，我们按动态仿真教学方式设计了大量的教学动画，直击数学思想本质，利于突破学习中的重点和难点，同时可以大大减少课堂教学中的笔记工作量；在习题详解模块中，我们以多媒体动画的形式给出了习题的求解过程和相关方法，利于读者课后学习；在综合训练模块中，我们总结了每章的教学知识点，并通过精选的总习题进一步揭示解题的一般规律和技巧，利于读者综合提高；在系统的交互与集成方面，我们利用多媒体开发软件的网页特性，为系统中的每个文件提供了丰富的知识点交互与导航，利于读者高效率地学习.

四、为所有教师用户提供配套的集成性、交互式与信息资源立体化的多媒体教学系统，该系统同时兼容了 Flash 和 PPT 两类课件，兼顾了共享动画演示和个性化修改功能. 内容模块中包括了多媒体教案、备课系统、习题解答、综合训练、实验教学与实验案例库等；系统功能中包括了长期开发积累的满足专业教学需求的多媒体教学动画演示功能、供教师在教学过程中进行手写板书的手写笔功能、供教师在教学过程中进行知识点交互和数学家介绍的系统导航功能等. 如能配合遥控鼠标与手写板等外接小型设备，则既可以充分发挥信息化集成与交互教学的优势，也能够很好地融入板书教学等个性化特色.

五、配套建设了技术领先、功能实用且管理维护方便的大学数学网络学习平台，它包含自主建设、课程问答、师生互动与在线测试等模块. 此外，作者团队还建设了在线答疑平台 MathQ、试题库系统平台、课程论坛平台、教学博客平台等一系列软件平台，它们均集成了数苑网页公式编辑系统与网页图形编辑系统，支持课程教学内容的网络交流与互动.

六、在教学资源建设、共享与服务方面，以作者为核心的“数苑团队”倾力建设了面向全国广大师生服务的教育门户网站——“数苑网”（www.math168.com），旨在为广大师生提供数学教育资讯、网络教学资源、网络教学平台以及教学支持服务，打造移动学习、全民学习与终生学习的共享教育平台.

致学生

在你进入高校即将学习的所有大学课程中，就巩固你的学习基础、提升你的学习能力、培养你的科学素质和创新能力而言，大学数学是最有用且最值得你努力的课程. 事实上，像《微积分》、《线性代数》、《概率论与数理统计》这些大学数学基础课程，无论怎样评价其重要性都不为过，而学好这些大学数学基础课程，你将受益终生.

主动把握好从“学数学”到“做数学”的转变，这一点在大学数学的学习中尤为重要，不要以为你在课堂教学过程中听懂了就等于学到了，事实上，你需要在课后花更多的时间主动去做相关训练才能真正掌握所学知识.

在大学数学的学习过程中，概念和计算同等重要. 只有反复、认真地阅读教材，你才能真正掌握大学数学的基本概念. 每个章节的习题中都安排了简单的计算题，目的是帮助你检查对基本算法的理解，在做习题时，你应先尝试独立完成习题，尽量不看答案，便于发现哪些知识自己还没有真正理解. 在今后的工作中，你当然可以使用计算机来完成这些计算，但你必须学会选择算法，理解计算结果的意义并且向他人解释清楚.

从某种意义上说，大学数学就是一门语言——科学的语言. 你必须像对待外语一样，每天都学习它. 为了真正理解教材中某一部分的内容，你往往需要完全掌握前面章节的内容和习题. 跟上课程的进度可以节省很多时间并且避免很多麻烦.

经常登录作者团队倾力为你配套建设的网络学习空间，你将会获得意想不到的收获. 在那里，你可以进一步拓展自己的学习空间，寻找到更多教材之外的学习资源，并与全国的良师益友建立联系.

致教师

我们开发的“21 世纪数学教育信息化精品教材”是名副其实的信息化精品系列教材，因为在纸质教材之外，我们从教、学、考三方面为它定制了一系列配套的信息化建设，包括教学课件、备课系统、网络学习空间、网络学习平台、试题库系统、在线考试平台与在线答疑平台等. 如果您和您的学生正在使用或准备使用本系列教材，请通过下面的邮箱与我们联系以取得相应的教学支持.

此外，欢迎尽早加入我们在“数苑网”建设的面向全国同行提供交流与服务的“教师空间”. 该空间将为广大教师提供教学软件下载、教学资源下载、教学研究交流以及教学研究合作等服务. 教师空间以实名制方式注册，有意愿加入的教师只需将单位、姓名与注册邮箱发送到下面的邮箱，我们便会尽快给您发送登录账户信息. 教师空间的登录账号是教师专用的 6 位数字，它也是您登录我们开发的新一代即时通讯软件 MathQ 的账号.

MathQ 是我们开发的主要面向教育学习群体、学术研究群体与工程技术人员的新一代即时通讯软件. 与同类即时通讯软件相比，该软件最大的特色是它集成了网页公式编辑系统（Web-FormulaEdit）与网页图形编辑系统（Web-GraphEdit），从而使其能全面支持人们基于文字、公式、图形、语音和视频等多种媒体进行各学科专业知识的在线交流.

经常登录作者团队倾力建设的教师空间，您将会获得意想不到的收获. 在那里，您可以进一步拓展自己的教学交流空间，获得更多的教学资源，并与全国的良师益友建立联系.

结束语

正如美国《托马斯微积分》的作者 G. B. 托马斯（G. B. Thomas）教授精辟指

出的，“一套教材不能构成一门课；教师和学生在一起才能构成一门课”，教材只是支持这门课程的信息资源．教材是死的，课程是活的．课程是教师和学生共同组成的一个相互作用的整体，只有真正做到以学生为中心，处处为学生着想，并充分发挥教师的核心指导作用，才能使之成为富有成效的课程．而本系列教材及其配套的信息化建设将为教学双方提供支持其课程的充分的信息资源，帮助教师在教学过程中发挥其才华，并利于学生富有成效地学习．

与传统的教材不同的是，有一支实力雄厚、专业专职的作者团队——数苑团队在为本系列教材的使用者提供长期的、日常的教学服务与技术支持．如果在使用本系列教材及其配套的信息化建设过程中遇到任何问题，你可以通过下面的邮箱随时与我们联系：math168@vip.188.com.

编者

2011 年 6 月 28 日

目　录

第1章 随机事件及其概率

概率论与数理统计是从数量化的角度来研究现实世界中的一类不确定现象（随机现象）及其规律性的一门应用数学学科．20世纪以来，它已广泛应用于工业、国防、国民经济及工程技术等各个领域．本章介绍的随机事件及其概率是概率论中最基本、最重要的概念之一．

§1.1 随 机 事 件

一、随机现象

在自然界和人类社会生活中普遍存在着两类现象：一类是在一定条件下必然出现的现象，称为**确定性现象**．

例如：(1) 一物体从高度为 h(米) 处垂直下落，则经过 t(秒) 后必然落到地面，且当高度 h 一定时，可由公式

$$h=\frac{1}{2}gt^2 \quad (g=9.8\,(\text{米}/\text{秒}^2))$$

具体计算出该物体落到地面所需的时间 $t=\sqrt{2h/g}$ (秒).

(2) 异性电荷相互吸引，同性电荷相互排斥，等等．

另一类则是在一定条件下我们事先无法准确预知其结果的现象，称为**随机现象**．

例如：(1) 在相同的条件下抛掷同一枚硬币，我们无法事先预知将出现正面还是反面．

(2) 将来某日某种股票的价格是多少？等等．

从亚里士多德时代开始，哲学家们就已经认识到随机性在生活中的作用，但直到20世纪初，人们才认识到随机现象亦可以通过数量化方法来进行研究．概率论就是以数量化方法来研究随机现象及其规律性的一门数学学科．

二、随机试验

由于随机现象的结果事先不能预知，初看似乎毫无规律．然而，人们发现同一随机现象大量重复出现时，其每种可能的结果出现的频率具有稳定性，从而表明随机现象也有其固有的规律性．人们把随机现象在大量重复出现时所表现出的量的规律性称为随机现象的**统计规律性**．概率论与数理统计是研究随机现象统计规律性的一

门学科.

历史上，研究随机现象统计规律性最著名的试验是抛掷硬币的试验. 表1–1–1是历史上抛掷硬币试验的记录.

表 1–1–1　　　历史上抛掷硬币试验的记录

试验者	抛掷次数(n)	正面次数(r_n)	正面频率(r_n/n)
De Morgan	2 048	1 061	0.518 1
Buffon	4 040	2 048	0.506 9
Pearson	12 000	6 019	0.501 6
Pearson	24 000	12 012	0.500 5

试验表明：虽然每次抛掷硬币事先无法准确预知将出现正面还是反面，但大量重复试验时，发现出现正面和反面的次数大致相等，即各占总试验次数的比例大致为0.5, 并且随着试验次数的增加，这一比例更加稳定地趋于 0.5. 这说明虽然随机现象在少数几次试验或观察中其结果没有什么规律性，但通过长期的观察或大量的重复试验可以看出，试验的结果是有规律可循的，这种规律是随机试验的结果自身所具有的特征.

要对随机现象的统计规律性进行研究，就需要对随机现象进行重复观察，我们把对随机现象的观察称为**试验**.

例如，观察某射手对固定目标所进行的射击；抛一枚硬币三次，观察出现正面的次数；记录某市 120 急救电话一昼夜接到的呼叫次数等均为试验. 上述试验具有以下共同特征：

(1) 可重复性：试验可以在相同的条件下重复进行；

(2) 可观察性：每次试验的可能结果不止一个，并且能事先明确试验的所有可能结果；

(3) 不确定性：每次试验出现的结果事先不能准确预知，但可以肯定会出现上述所有可能结果中的一个.

在概率论中，我们将具有上述三个特征的试验称为**随机试验**，记为 E.

三、样本空间

尽管一个随机试验将要出现的结果是不确定的，但其所有可能结果是明确的，我们把随机试验的每一种可能的结果称为一个**样本点**，它们的全体称为**样本空间**，记为 S (或 Ω).

例如：(1) 在抛掷一枚硬币观察其出现正面或反面的试验中，有两个样本点：正面、反面. 样本空间为 $S=\{$正面, 反面$\}$. 若记 $\omega_1=$正面, $\omega_2=$反面，则样本空间可记为

$$S=\{\omega_1, \omega_2\}.$$

(2) 观察某电话交换台在一天内收到的呼叫次数，其样本点有可数无穷多个：i

$(i=0, 1, 2, 3, \cdots)$次，则样本空间可简记为

$$S=\{0,1,2,3,\cdots\}.$$

(3) 在一批灯泡中任意抽取一个，测试其寿命，其样本点也有无穷多个(且不可数)：$t\,(0\le t<+\infty)$小时，则样本空间可简记为

$$S=\{t\,|\,0\le t<+\infty\}=[0,+\infty).$$

(4) 设随机试验为从装有三个白球(记号为1, 2, 3)与两个黑球(记号为4, 5)的袋中任取两球.

① 若观察取出的两个球的颜色，则样本点为ω_{00}(两个白球)，ω_{11}(两个黑球)，ω_{01}(一白一黑)，于是，样本空间为

$$S=\{\omega_{00},\omega_{11},\omega_{01}\}.$$

② 若观察取出的两球的号码，则样本点为ω_{ij}(取出第i号与第j号球，由于球的号码不相同，我们可以假设$i<j$)，$1\le i<j\le 5$. 于是，样本空间共有$C_5^2=10$个样本点，样本空间为

$$S=\{\omega_{ij}\,|\,1\le i<j\le 5\}.$$

注：此例说明，对于同一个随机试验，试验的样本点与样本空间是根据要观察的内容来确定的.

四、随机事件

在随机试验中，人们除了关心试验的结果本身外，往往还关心试验的结果是否具备某一指定的可观察的特征. 在概率论中，把具有某一可观察特征的随机试验的结果称为**事件**. 事件可分为以下三类：

(1) **随机事件**：在试验中可能发生也可能不发生的事件. 随机事件通常用字母A, B, C等表示.

例如，在抛掷一枚骰子的试验中，用A表示“点数为奇数”这一事件，则A是一个随机事件.

(2) **必然事件**：在每次试验中都必然发生的事件. 用字母S(或Ω)表示.

例如，在上述试验中，“点数小于7”是一个必然事件.

(3) **不可能事件**：在任何一次试验中都不可能发生的事件. 用空集符号$\varnothing$表示.

例如，在上述试验中，“点数为8”是一个不可能事件.

显然，必然事件与不可能事件都是确定性事件，为讨论方便，今后将它们看作是两个特殊的随机事件，并将随机事件简称为**事件**.

五、事件的集合表示

由定义，样本空间S是随机试验的所有可能结果(样本点)的集合，每一个样本点是该集合的一个元素. 一个事件是由具有该事件所要求的特征的那些可能结果所构成的，所以一个事件是对应于S中具有相应特征的样本点所构成的集合，它是S的一个子集. 于是，**任何一个事件都可以用S的某个子集来表示**.

我们说某事件 A 发生，即指属于该事件的某一个样本点在随机试验中出现.

例如：在抛掷骰子的试验中，样本空间为 $S=\{1, 2, 3, 4, 5, 6\}$. 于是，

事件 A："点数为 5" 可表示为 $A=\{5\}$;

事件 B："点数小于 5" 可表示为 $B=\{1, 2, 3, 4\}$;

事件 C："点数小于 5 的偶数" 可表示为 $C=\{2, 4\}$.

我们称仅含一个样本点的事件为**基本事件**；含有两个或两个以上样本点的事件为**复合事件**. 显然，样本空间 S 作为事件是必然事件，空集 $\varnothing$ 作为一个事件是不可能事件.

六、事件的关系与运算

因为事件是样本空间的一个子集，故事件之间的关系与运算可按集合之间的关系与运算来处理. 下面给出这些关系与运算在概率论中的提法和含义.

(1) 若 $A\subset B$, 则称事件 B **包含**事件 A, 或事件 A **包含于**事件 B, 或 A 是 B 的子事件. 其含义是：若事件 A 发生必然导致事件 B 发生. 显然，$\varnothing\subset A\subset S$.

(2) 若 $A=B$, 则称事件 A 与事件 B **相等**. 其含义是：若事件 A 发生必然导致事件 B 发生, 且若事件 B 发生必然导致事件 A 发生，即 $A\subset B$, 且 $B\subset A$.

(3) 事件 $A\cup B=\{\omega|\omega\in A$ 或 $\omega\in B\}$ 称为事件 A 与事件 B 的**和** (或**并**). 其含义是：当且仅当事件 A, B 中至少有一个发生时，事件 $A\cup B$ 发生. $A\cup B$ 有时也记为 $A+B$.

类似地，称 $\bigcup\limits_{i=1}^{n} A_i$ 为 n 个事件 $A_1, A_2, \cdots, A_n$ 的**和事件**，称 $\bigcup\limits_{i=1}^{\infty} A_i$ 为可数个事件 $A_1, A_2, \cdots, A_n, \cdots$ 的**和事件**.

(4) 事件 $A\cap B=\{\omega|\omega\in A$ 且 $\omega\in B\}$ 称为事件 A 与事件 B 的**积** (或**交**). 其含义是：当且仅当事件 A, B 同时发生时，事件 $A\cap B$ 发生. 事件 $A\cap B$ 也记作 AB.

类似地，称 $\bigcap\limits_{i=1}^{n} A_i$ 为 n 个事件 $A_1, A_2, \cdots, A_n$ 的**积事件**，称 $\bigcap\limits_{i=1}^{\infty} A_i$ 为可数个事件 $A_1, A_2, \cdots, A_n, \cdots$ 的**积事件**.

(5) 事件 $A-B=\{\omega|\omega\in A$ 且 $\omega\notin B\}$ 称为事件 A 与事件 B 的**差**. 其含义是：当且仅当事件 A 发生，且事件 B 不发生时，事件 $A-B$ 发生.

例如，在抛掷骰子的试验中，记事件

$$A:\text{“点数为奇数”},\quad B:\text{“点数小于 5”},$$

则
$$A\cup B=\{1,2,3,4,5\};\quad A\cap B=\{1,3\};\quad A-B=\{5\}.$$

(6) 若 $A\cap B=\varnothing$, 则称事件 A 与事件 B 是**互不相容的**，或称是**互斥**的. 其含义是：事件 A 与事件 B 不能同时发生.

例如，基本事件是两两互不相容的.

(7) 若 $A\cup B=S$ 且 $A\cap B=\varnothing$, 则称事件 A 与事件 B 互为**对立事件**，或称事件 A 与事件 B 互为**逆事件**. 其含义是：对每次试验而言，事件 A、B 中有且仅有一个发

生. 事件 A 的对立事件记为 $\overline{A}$. 于是, $\overline{A}=S-A$.

注: 两个互为对立的事件一定是互斥事件; 反之, 互斥事件不一定是对立事件. 而且, 互斥的概念适用于多个事件, 但是对立概念只适用于两个事件.

事件的关系与运算可用以下维恩图形象表示.

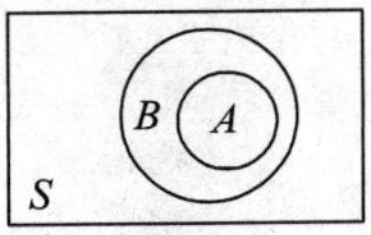

$A\subset B$

$A\cup B$ 或 $A+B$

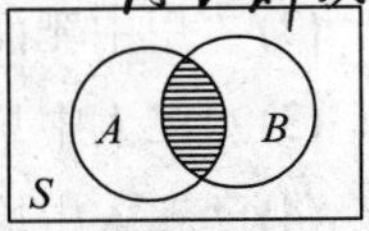

$A\cap B$ 或 AB

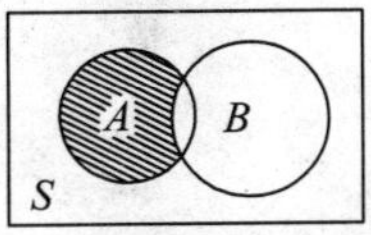

$A-B$

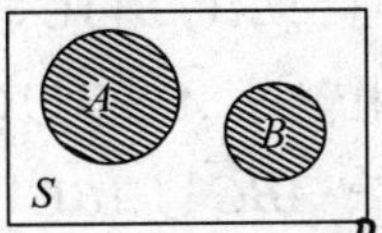

$A\cap B=\varnothing$

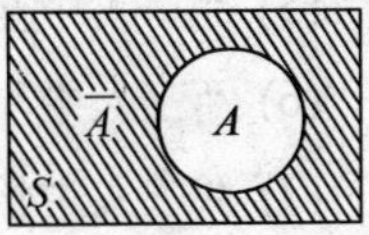

$\overline{A}=S-A$

注: 易见, 事件的运算满足如下基本关系:

① $A\overline{A}=\varnothing$; $A\cup\overline{A}=S$; $\overline{A}=S-A$.

② 若 $A\subset B$, 则 $A\cup B=B$, $AB=A$.

③ $A-B=A\overline{B}=A-AB$; $A\cup B=A\cup(B-A)=(A-B)\cup B$.

(8) 完备事件组

设 $A_1, A_2, \cdots, A_n, \cdots$ 是有限或可数个事件, 若其满足:

① $A_i\cap A_j=\varnothing$, $i\neq j$, $i, j=1, 2, \cdots$;

② $\bigcup\limits_i A_i=S$.

则称 $A_1, A_2, \cdots, A_n, \cdots$ 是一个**完备事件组**, 也称 $A_1, A_2, \cdots, A_n, \cdots$ 是样本空间 S 的一个**划分**.

显然, $\overline{A}$ 与 A 构成一个完备事件组.

七、事件的运算规律

由集合的运算律, 易给出事件间的运算律. 设 A, B, C 为同一随机试验 E 中的事件, 则有

(1) 交换律 $A\cup B=B\cup A$, $A\cap B=B\cap A$;

(2) 结合律 $(A\cup B)\cup C=A\cup(B\cup C)$,

$(A\cap B)\cap C=A\cap(B\cap C)$;

(3) 分配律 $(A\cup B)\cap C=(A\cap C)\cup(B\cap C)$,

$(A\cap B)\cup C=(A\cup C)\cap(B\cup C)$;

(4) 自反律 $\overline{\overline{A}}=A$;

(5) 对偶律 $\overline{A\cup B}=\overline{A}\cap\overline{B}$, $\overline{A\cap B}=\overline{A}\cup\overline{B}$.

注: 上述各运算律可推广到有限个或可数个事件的情形.

例 1　甲、乙、丙三人各射一次靶，记 A –“甲中靶”, B –“乙中靶”, C –“丙中靶”, 则可用上述三个事件的运算来分别表示下列各事件:

(1) “甲未中靶”: $\overline{A}$;

(2) “甲中靶而乙未中靶”: $A\overline{B}$;

(3) “三人中只有丙未中靶”: $AB\overline{C}$;

(4) “三人中恰好有一人中靶”: $A\overline{B}\,\overline{C}\cup\overline{A}B\overline{C}\cup\overline{A}\,\overline{B}C$;

(5) “三人中至少有一人中靶”: $A\cup B\cup C$ 或 $\overline{\overline{A}\,\overline{B}\,\overline{C}}$;

(6) “三人中至少有一人未中靶”: $\overline{A}\cup\overline{B}\cup\overline{C}$ 或 $\overline{ABC}$;

(7) “三人中恰有两人中靶”: $AB\overline{C}\cup A\overline{B}C\cup\overline{A}BC$;

(8) “三人中至少两人中靶”: $AB\cup AC\cup BC$;

(9) “三人均未中靶”: $\overline{A}\,\overline{B}\,\overline{C}$;

(10) “三人中至多一人中靶”: $A\overline{B}\,\overline{C}\cup\overline{A}B\overline{C}\cup\overline{A}\,\overline{B}C\cup\overline{A}\,\overline{B}\,\overline{C}$;

(11) “三人中至多两人中靶”: $\overline{ABC}$ 或 $\overline{A}\cup\overline{B}\cup\overline{C}$. ■

注: 用其它事件的运算来表示一个事件，方法往往不唯一，如上例中的 (6) 和 (11) 实际上是同一事件, 读者应学会用不同方法表达同一事件, 特别在解决具体问题时, 往往要根据需要选择一种恰当的表示方法.

习题 1-1

1. 试说明随机试验应具有的三个特点.

2. 将一枚均匀的硬币抛两次，事件 A,B,C 分别表示“第一次出现正面”,“两次出现同一面”,“至少有一次出现正面”. 试写出样本空间及事件 A,B,C 中的样本点.

3. 掷一颗骰子的试验，观察其出现的点数，事件 A =“偶数点”, B =“奇数点”, C =“点数小于 5”, D =“点数为小于 5 的偶数”. 讨论上述事件的关系.

4. 设某人向靶子射击三次，用 A_i 表示“第 i 次射击击中靶子”($i=1, 2, 3$), 试用语言描述下列事件:

(1) $\overline{A_1}\cup\overline{A_2}\cup\overline{A_3}$;　　(2) $\overline{A_1\cup A_2}$;　　(3) $(A_1A_2\overline{A_3})\cup(\overline{A_1}A_2A_3)$.

5. 判断下列各式哪个成立，哪个不成立，并说明为什么.

(1) 若 $A\subset B$, 则 $\overline{B}\subset\overline{A}$;　　(2) $(A\cup B)-B=A$;　　(3) $A(B-C)=AB-AC$.

6. 两个事件互不相容与两个事件对立有何区别？举例说明.

7. 设 A、B 为两个事件, 若 $AB=\overline{A}\cap\overline{B}$, 问 A 和 B 有什么关系.

8. 化简 $\overline{(\overline{AB}\cup C)(\overline{AC})}$.

9. 设 A 和 B 是任意两个事件，化简下列两式：

(1) $(A\cup B)(A\cup\overline{B})(\overline{A}\cup B)(\overline{A}\cup\overline{B})$；　　(2) $AB\cup\overline{A}B\cup A\overline{B}\cup\overline{A}\overline{B}-\overline{AB}$.

10. 证明：$(A\cup B)-B=A-AB=A\overline{B}=A-B$.

§1.2 随机事件的概率

对于一个随机事件A，在一次随机试验中，它是否会发生，事先并不能确定．但我们会问，在一次试验中，事件 A 发生的可能性有多大？并希望找到一个合适的数来表征事件A在一次试验中发生的可能性大小．为此，本节首先引入频率的概念，它描述了事件发生的频繁程度，进而引出表征事件在一次试验中发生的可能性大小的数——概率．

一、频率及其性质

定义1 若在相同条件下进行 n 次试验，其中事件 A 发生的次数为 $r_n(A)$，则称 $f_n(A)=\dfrac{r_n(A)}{n}$ 为事件 A 发生的**频率**．

易见，频率具有下述基本性质：

(1) $0\le f_n(A)\le 1$；　　(2) $f_n(S)=1$；

(3) 设 $A_1, A_2, \cdots, A_m$ 是两两互不相容的事件，则

$$f_n(A_1\cup A_2\cup\cdots\cup A_m)=f_n(A_1)+f_n(A_2)+\cdots+f_n(A_m).$$

根据上述定义，频率反映了一个随机事件在大量重复试验中发生的频繁程度．例如，抛掷一枚均匀硬币时，在一次试验中虽然不能肯定是否会出现正面，但大量重复试验时，发现出现正面和反面的次数大致相等（见表1–1–1)，即各占总试验次数的比例大致为0.5，并且随着试验次数的增加，这一比例更加稳定地趋于0.5．这似乎表明，频率的稳定值与事件发生的可能性大小（概率）之间有着内在的联系．

例1 圆周率 $\pi=3.141\,592\,6\cdots\cdots$ 是一个无限不循环小数，我国数学家祖冲之第一次把它计算到小数点后七位，这个纪录保持了1 000多年！以后不断有人把它算得更精确．1873年，英国学者沈克士公布了一个 π 的数值，该数值在小数点后一共有707位之多！但几十年后，曼彻斯特的费林生对它产生了怀疑．他统计了 π 的608位小数，得到了表1–2–1中的结果：

表 1–2–1

数字	0	1	2	3	4	5	6	7	8	9
出现次数	60	62	67	68	64	56	62	44	58	67

你能说出他产生怀疑的理由吗？

因为 π 是一个无限不循环小数，所以，理论上每个数字出现的次数应近似相等，或它们出现的频率应都接近于 0.1，但 7 出现的频率过小. 这就是费林生产生怀疑的理由. ■

例2 检查某工厂一批产品的质量，从中分别抽取10件、20件、50件、100件、150件、200件、300件来检查，检查结果及次品出现的频率列入表 1-2-2.

表 1-2-2

抽取产品总件数 n	10	20	50	100	150	200	300
次品数 μ	0	1	3	5	7	11	16
次品频率 μ/n	0	0.050	0.060	0.050	0.047	0.055	0.053

由表1-2-2可以看出，在抽出的 n 件产品中，次品数 μ 随着 n 的不同而取不同的值，但次品频率 $\dfrac{\mu}{n}$ 仅在0.05附近有微小变化. 这里0.05就是次品频率的稳定值. ■

实际观察中，通过大量重复试验得到随机事件的频率稳定于某个数值的例子还有很多. 它们均表明这样一个事实：当试验次数增大时，事件 A 发生的频率 $f_n(A)$ 总是稳定在一个确定数 p 附近，而且偏差随着试验次数的增大而越来越小. 频率的这种性质在概率论中称为**频率的稳定性**. 频率具有稳定性的事实说明了刻画随机事件 A 发生的可能性大小的数——概率的客观存在性.

定义2 在相同条件下重复进行 n 次试验，若事件 A 发生的频率 $f_n(A)=\dfrac{r_n(A)}{n}$ 随着试验次数 n 的增大而稳定地在某个常数 $p(0\le p\le 1)$ 附近摆动，则称 p 为**事件 A 的概率**，记为 $P(A)$.

上述定义称为随机事件概率的统计定义. 根据这一定义，在实际应用时，往往可用试验次数足够大时的频率来估计概率的大小，且随着试验次数的增加，估计的精度会越来越高.

例3 从某鱼池中取100条鱼，做上记号后再放入该鱼池中. 现从该池中任意捉来40条鱼，发现其中两条有记号，问池内大约有多少条鱼？

解 设池内有 n 条鱼，则从池中捉到一条有记号的鱼的概率为 $\dfrac{100}{n}$，它近似于捉到有记号的鱼的频率 $\dfrac{2}{40}$，即 $\dfrac{100}{n}\approx\dfrac{2}{40}$，解之得 $n\approx 2\,000$，故池内大约有 2 000 条鱼. ■

二、概率的公理化定义

任何一个数学概念都是对现实世界的抽象，这种抽象使得其具有广泛的适用性. 概率的频率解释为概率提供了经验基础，但是不能作为一个严格的数学定义，从概率论有关问题的研究算起，经过近三个世纪的漫长探索历程，人们才真正完整地解决了概率的严格数学定义. 1933年，苏联著名的数学家柯尔莫哥洛夫，在他的《概率论的基本概念》一书中给出了现在已被广泛接受的概率公理化体系，第一次将概率论建立在严密的逻辑基础上.

定义 3 设 E 是随机试验，S 是它的样本空间，对于 E 的每一个事件 A 赋予一个实数，记为 $P(A)$，若 $P(A)$ 满足下列三个条件：

(1) 非负性：对每一个事件 A，有 $P(A)\geq 0$；

(2) 完备性：$P(S)=1$；

(3) 可列可加性：设 $A_1, A_2, \cdots$ 是两两互不相容的事件，则有

$$P\left(\bigcup_{i=1}^{\infty} A_i\right)=\sum_{i=1}^{\infty} P(A_i),$$

则称 $P(A)$ 为事件 A 的**概率**.

三、概率的性质

由概率的公理化定义，可推出概率的一些重要性质.

性质 1 $P(\varnothing)=0$.

证明 令 $A_n=\varnothing\ (n=1, 2, \cdots)$，则 $\bigcup\limits_{n=1}^{\infty} A_n=\varnothing$，且 $A_iA_j=\varnothing\ (i\neq j, i, j=1, 2, \cdots)$.
由概率的可列可加性得

$$P(\varnothing)=P\left(\bigcup_{n=1}^{\infty} A_n\right)=\sum_{n=1}^{\infty} P(A_n)=\sum_{n=1}^{\infty} P(\varnothing).$$

由概率的非负性知，$P(\varnothing)\geq 0$，故由上式可知 $P(\varnothing)=0$. ■

注：不可能事件的概率为 0，但反之不然.

性质 2（有限可加性） 设 $A_1, A_2, \cdots, A_n$ 是两两互不相容的事件，则有

$$P(A_1\cup A_2\cup\cdots\cup A_n)=P(A_1)+P(A_2)+\cdots+P(A_n).$$

证明 令 $A_{n+1}=A_{n+2}=\cdots=\varnothing$，即有

$$A_iA_j=\varnothing,\ i\neq j,\ i, j=1, 2, \cdots.$$

由概率的可列可加性得

$$\begin{aligned}P(A_1\cup A_2\cup\cdots\cup A_n)&=P\left(\bigcup_{k=1}^{\infty} A_k\right)=\sum_{k=1}^{\infty} P(A_k)=\sum_{k=1}^{n} P(A_k)+\sum_{k=n+1}^{\infty} P(A_k)\\&=\sum_{k=1}^{n} P(A_k)+0=P(A_1)+P(A_2)+\cdots+P(A_n).\end{aligned}$$ ■

性质 3 $P(\overline{A})=1-P(A)$.

证明 因 $A\cup\overline{A}=S$，且 $A\overline{A}=\varnothing$，由性质 2，得

$$1=P(S)=P(A\cup\overline{A})=P(A)+P(\overline{A}).$$ ■

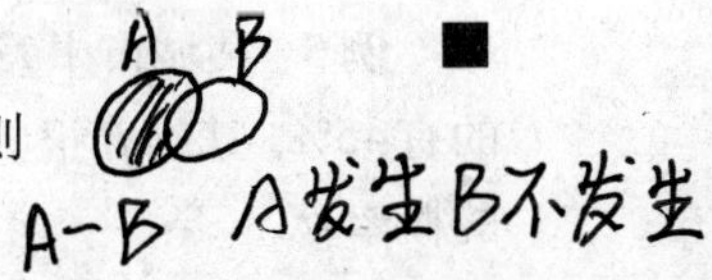

性质 4 $P(A-B)=P(A)-P(AB)$；特别地，若 $B\subset A$，则

(1) $P(A-B)=P(A)-P(B)$，

(2) $P(A) \geq P(B)$.

证明 因 $A=(A-B)\cup AB$, 且 $(A-B)(AB)=\varnothing$, 再由概率的有限可加性, 即得 $P(A)=P(A-B)+P(AB)$, 所以

$$P(A-B)=P(A)-P(AB).$$

特别地, 若 $B\subset A$, 则

$$P(A)=P(A-B)+P(AB)=P(A-B)+P(B),$$

又由概率的非负性, $P(A-B)\geq 0$, 有 $P(A)\geq P(B)$. ■

性质 5 对任一事件 A, $P(A)\leq 1$.

证明 因 $A\subset S$, 由性质 4 得 $P(A)\leq P(S)=1$. ■

性质 6 对任意两个事件 A, B, 有

$$P(A\cup B)=P(A)+P(B)-P(AB).$$

证明 因 $A\cup B=A\cup(B-AB)$, 且 $A(B-AB)=\varnothing$, $AB\subset B$, 故有

$$P(A\cup B)=P(A)+P(B-AB)=P(A)+P(B)-P(AB).$$ ■

注: 性质 6 可推广到任意 n 个事件的并的情形, 如 $n=3$ 时, 有

$$P(A\cup B\cup C)=P(A)+P(B)+P(C)-P(AB)-P(BC)-P(AC)+P(ABC).$$

一般地, 对任意 n 个事件 $A_1, A_2, \cdots, A_n$, 有

$$P\left(\bigcup_{i=1}^{n}A_i\right)=\sum_{i=1}^{n}P(A_i)-\sum_{i<j}^{n}P(A_iA_j)+\sum_{i<j<k}^{n}P(A_iA_jA_k)+\cdots+(-1)^{n-1}P(A_1A_2\cdots A_n).$$

特别地, 若 $A_1, A_2, \cdots, A_n, \cdots$ 为完备组, 则 $\sum_i P(A_i)=1$.

例 4 已知 $P(\bar{A})=0.5$, $P(\bar{A}B)=0.2$, $P(B)=0.4$, 求

(1) $P(AB)$; (2) $P(A-B)$; (3) $P(A\cup B)$; (4) $P(\overline{AB})$.

解 (1) 因为 $AB+\bar{A}B=B$, 且 AB 与 $\bar{A}B$ 是不相容的, 故有

$$P(AB)+P(\bar{A}B)=P(B),$$

于是

$$P(AB)=P(B)-P(\bar{A}B)=0.4-0.2=0.2;$$

(2) $P(A)=1-P(\bar{A})=1-0.5=0.5$,

$P(A-B)=P(A)-P(AB)=0.5-0.2=0.3$;

(3) $P(A\cup B)=P(A)+P(B)-P(AB)=0.5+0.4-0.2=0.7$;

(4) $P(\bar{A}\,\bar{B})=P(\overline{A\cup B})=1-P(A\cup B)=1-0.7=0.3$. ■

例 5 某城市中发行 2 种报纸 A, B. 经调查, 在这 2 种报纸的订户中, 订阅 A 报的有 45%, 订阅 B 报的有 35%, 同时订阅 2 种报纸 A、B 的有 10%. 求只订一种报纸的概率 α.

解 记事件 $A=\{$订阅 A 报$\}$，$B=\{$订阅 B 报$\}$，则

$$\{只订一种报\}=(A-B)\cup(B-A)=A\overline{B}\cup B\overline{A},$$

又这两事件是互不相容的，由概率加法公式及性质 4，有

$$\alpha=P(A-AB)+P(B-AB)=P(A)-P(AB)+P(B)-P(AB)$$
$$=0.45-0.1+0.35-0.1=0.6. \qquad ■$$

$\alpha=P(A-B)+P(B-A)=P(A)-P(AB)+P(B)-P(AB)$

习题 1-2

1. 设 $P(A)=0.1$, $P(A\cup B)=0.3$, 且 A 与 B 互不相容，求 $P(B)$.

2. 设事件 A、B、C 两两互不相容，$P(A)=0.2$, $P(B)=0.3$, $P(C)=0.4$, 求 $P[(A\cup B)-C]$.

3. 设 $P(A)=\dfrac{1}{3}$, $P(B)=\dfrac{1}{4}$, $P(A\cup B)=\dfrac{1}{2}$, 求 $P(\overline{A}\cup\overline{B})$.

4. 已知 $P(A)=P(B)=P(C)=\dfrac{1}{4}$, $P(AC)=P(BC)=\dfrac{1}{16}$, $P(AB)=0$, 求事件 A, B, C 全不发生的概率.

$P(AB)=0 \longrightarrow P(ABC)=0$

5. 设 A, B 是两事件且 $P(A)=0.6$, $P(B)=0.7$. 问：

(1) 在什么条件下 $P(AB)$ 取到最大值，最大值是多少？

(2) 在什么条件下 $P(AB)$ 取到最小值，最小值是多少？

$1=P(A\cup B)=P(A)+P(B)-P(AB)$ 最大 最小

$A\subset B \quad \max P(AB)=P(A)$

§1.3 古典概型与几何概型

本节讨论两类比较简单的随机试验，随机试验中每个样本点的出现是等可能的情形.

引例 一个纸桶中装有 10 个大小、形状完全相同的球. 将球编号为1~10(如右图). 把球搅匀，蒙上眼睛从中任取一球. 因为抽取时这些球被抽到的可能性是完全平等的，所以我们没有理由认为这 10 个球中的某一个会比另一个更容易抽得，也就是说，这 10 个球中的任一个被抽取的可能性均为1/10.

设 i 表示取到 i 号球，$i=1, 2, \cdots, 10$, 则该试验的样本空间 $S=\{1, 2, \cdots, 10\}$, 且每个样本点 (基本事件) $\{i\}(i=1, 2, \cdots, 10)$ 出现的可能性相同.

这样一类随机试验是一类最简单的概率模型，它曾经是概率论发展初期的主要研究对象.

一、古典概型

我们称具有下列两个特征的随机试验模型为**古典概型**.

(1) 随机试验只有有限个可能的结果；

(2) 每一个结果发生的可能性大小相同.

因而，古典概型又称为**等可能概型**. 在概率论的产生和发展过程中，它是最早的研究对象，而且在实际应用中也是最常用的一种概率模型. 它在数学上可表述为：

(1)′ 试验的样本空间有限，记 $S=\{\omega_1, \omega_2, \cdots, \omega_n\}$；

(2)′ 每一基本事件的概率相同，记 $A_i=\{\omega_i\}\ (i=1, 2, \cdots, n)$，即

$$P(A_1)=P(A_2)=\cdots=P(A_n).$$

由概率的公理化定义知

$$1=P(S)=P(\bigcup_{i=1}^{n} A_i)=\sum_{i=1}^{n} P(A_i)=nP(A_i),$$

于是
$$P(A_i)=\frac{1}{n},\ i=1, 2, \cdots, n.$$

在古典概型的假设下，我们来推导事件概率的计算公式. 设事件A包含其样本空间S中k个基本事件，即

$$A=A_{i_1}\cup A_{i_2}\cup\cdots\cup A_{i_k},$$

则事件A发生的概率

$$P(A)=P(\bigcup_{j=1}^{k} A_{i_j})=\sum_{j=1}^{k} P(A_{i_j})=\frac{k}{n}=\frac{A\text{包含的基本事件数}}{S\text{中基本事件的总数}}, \tag{3.1}$$

称此概率为**古典概率**. 这种确定概率的方法称为古典方法. 这就把求古典概率的问题转化为对基本事件的计数问题.

二、计算古典概率的方法 —— 排列与组合

1. 基本计数原理

(1) **加法原理** 设完成一件事有 m 种方式，第 i 种方式有 n_i 种方法，则完成该件事的方法总数为 $n_1+\cdots+n_m$.

(2) **乘法原理** 设完成一件事有 m 个步骤，其中第 i 步有 n_i 种方法，必须通过m个步骤的每一步骤才能完成该事件，则完成该事件的方法总数为 $n_1\times n_2\times\cdots\times n_m$.

2. 排列组合方法

(1) **排列公式**

从n个不同元素中任取 k 个 $(1\le k\le n)$ 的不同**排列总数**为

$$\mathrm{P}_n^k=n(n-1)(n-2)\cdots(n-k+1)=\frac{n!}{(n-k)!}.$$

$k=n$ 时称其为**全排列**:

$$P_n^n = P_n = n(n-1)(n-2)\cdots 2\cdot 1 = n!.$$

(2) **组合公式**

从 n 个不同元素中任取 k 个 $(1\le k\le n)$ 的不同**组合总数**为

$$C_n^k = \frac{P_n^k}{k!} = \frac{n!}{(n-k)!\,k!},$$

C_n^k 有时记作 $\binom{n}{k}$，称为**组合系数**.

$$P_n^k = C_n^k \cdot k!.$$

注：有关排列组合的基本内容详见配套学习软件.

例 1　一个袋子中装有 10 个大小相同的球，其中 3 个黑球，7 个白球，求：

(1) 从袋子中任取一球，这个球是黑球的概率；

(2) 从袋子中任取两球，刚好一个白球一个黑球的概率以及两个球全是黑球的概率.

解　(1) 10 个球中任取一个，共有 $C_{10}^1 = 10$ 种取法，10 个球中有 3 个黑球，取到黑球的取法有 $C_3^1 = 3$ 种，从而根据古典概率计算，事件 A："取到的球为黑球"的概率为

$$P(A) = \frac{C_3^1}{C_{10}^1} = \frac{3}{10}.$$

(2) 10 个球中任取两球的取法有 C_{10}^2 种，其中刚好一个白球，一个黑球的取法有 $C_3^1 \cdot C_7^1$ 种，两个球均是黑球的取法有 C_3^2 种，记 B 为事件"刚好取到一个白球一个黑球"，C 为事件"两个球均为黑球"则

$$P(B) = \frac{C_3^1 C_7^1}{C_{10}^2} = \frac{21}{45} = \frac{7}{15}, \qquad P(C) = \frac{C_3^2}{C_{10}^2} = \frac{3}{45} = \frac{1}{15}. \quad ■$$

例 2　将 3 个球随机放入 4 个杯子中，问杯子中球的个数最多为 1, 2, 3 的概率各是多少？

解　设 A, B, C 分别表示杯子中的最多球数为 1, 2, 3 的事件. 我们认为球是可以区分的，于是，放球过程的所有可能结果数为 $n = 4^3$.

(1) A 所含的基本事件数，即是从 4 个杯子中任选 3 个杯子，每个杯子放入一个球，杯子的选法有 C_4^3 种，球的放法有 $3!$ 种，故

$$P(A) = \frac{C_4^3 \cdot 3!}{4^3} = \frac{3}{8}.$$

(2) C 所含的基本事件数：由于杯子中的最多球数是 3，即 3 个球放在同一个杯子中共有 4 种放法，故

$$P(C)=\frac{4}{4^3}=\frac{1}{16}.$$

(3) 由于三个球放在 4 个杯子中的各种可能放法为事件

$$A\cup B\cup C,$$

显然 $A\cup B\cup C=S$，且 A,B,C 互不相容，故

$$P(B)=1-P(A)-P(C)=\frac{9}{16}.$$

■

例3　将15名新生(其中有3名优秀生)随机地分配到三个班级中，其中一班4名，二班5名，三班6名，求：

(1) 每一个班级各分配到一名优秀生的概率；

(2) 3名优秀生被分配到一个班级的概率.

解　15名新生分别分配给一班4名，二班5名，三班6名的分法有：

$$C_{15}^4C_{11}^5C_6^6=\frac{15!}{4!5!6!}\,(\text{种}).$$

(1) 先将3名优秀生分配给三个班级各一名，共有3!种分法，再将剩余的12名新生分配给一班3名，二班4名，三班5名，共有 $C_{12}^3C_9^4C_5^5=\dfrac{12!}{3!4!5!}$ 种分法. 根据乘法法则，每个班级分配到一名优秀生的分法有：$3!\cdot\dfrac{12!}{3!4!5!}=\dfrac{12!}{4!5!}$ 种，所以其对应概率为：

$$P=\frac{12!}{4!5!}\bigg/\frac{15!}{4!5!6!}=\frac{12!6!}{15!}=\frac{24}{91}\approx0.263\,7.$$

(2) 用 A_i 表示事件"3名优秀生全部分配到 i 班" $(i=1,2,3)$.

A_1 中所含基本事件个数 $m_1=C_{12}^1\cdot C_{11}^5=\dfrac{12!}{5!6!}$；

A_2 中所含基本事件个数 $m_2=C_{12}^4\cdot C_8^2=\dfrac{12!}{2!4!6!}$；

A_3 中所含基本事件个数 $m_3=C_{12}^4\cdot C_8^5=\dfrac{12!}{3!4!5!}$.

由前面的分析知 $n=\dfrac{15!}{4!5!6!}$，所以

$$P(A_1)=\frac{m_1}{n}=\frac{4!12!}{15!}\approx0.008\,79.$$

$$P(A_2)=\frac{m_2}{n}=\frac{12!5!}{2!15!}\approx0.021\,98.$$

$$P(A_3)=\frac{m_3}{n}=\frac{12!6!}{3!15!}\approx0.043\,96.$$

因为 A_1,A_2,A_3 互不相容，所以3名优秀生被分配到同一班级中的概率为：

$$P(A)=P(A_1\cup A_2\cup A_3)=P(A_1)+P(A_2)+P(A_3)=0.074\ 73. \blacksquare$$

注：在用排列组合公式计算古典概率时，必须注意在计算样本空间 S 和事件 A 所包含的基本事件数时，基本事件数的多少与问题是排列还是组合有关，不要重复计数，也不要遗漏.

例4 在1～2 000的整数中随机地取一个数，问取到的整数既不能被6整除，又不能被 8 整除的概率是多少？

解 设 A 为事件“取到的数能被 6 整除”，B 为事件“取到的数能被 8 整除”，则所求概率为

$$P(\overline{A}\,\overline{B})=P(\overline{A\cup B})=1-P(A\cup B)=1-\{P(A)+P(B)-P(AB)\}.$$

由于 $333<\dfrac{2\ 000}{6}<334$，故得 $P(A)=\dfrac{333}{2\ 000}$.

由于 $\dfrac{2\ 000}{8}=250$，故得 $P(B)=\dfrac{250}{2\ 000}$.

又因一个数同时能被6与8整除，相当于能被24整除，故由 $83<\dfrac{2\ 000}{24}<84$，得

$$P(AB)=\frac{83}{2\ 000}.$$

于是，所求概率为

$$p=1-\left(\frac{333}{2\ 000}+\frac{250}{2\ 000}-\frac{83}{2\ 000}\right)=\frac{3}{4}. \blacksquare$$

三、几何概型

古典概型只考虑了有限等可能结果的随机试验的概率模型. 这里我们进一步研究样本空间为一线段、平面区域或空间立体等的等可能随机试验的概率模型——**几何概型**.

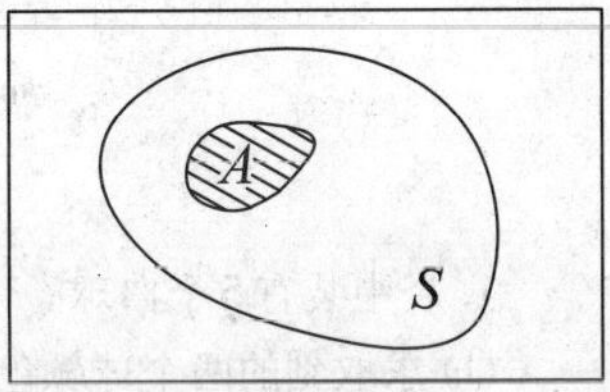

图1－3－1

(1) 设样本空间 S 是平面上某个区域，它的面积记为 $\mu(S)$；

(2) 向区域 S 上随机投掷一点，这里“随机投掷一点”的含义是指该点落入 S 内任何部分区域内的可能性只与区域 A 的面积 $\mu(A)$ 成比例，而与区域 A 的位置和形状无关，如图1－3－1所示. 向区域 S 上随机投掷一点，该点落在区域 A 的事件仍记为 A，则 A 的概率为 $P(A)=\lambda\mu(A)$，其中 λ 为常数，而 $P(S)=\lambda\mu(S)$，于是，得 $\lambda=\dfrac{1}{\mu(S)}$，从而事件 A 的概率为

$$P(A)=\frac{\mu(A)}{\mu(S)}. \tag{3.2}$$

注：若样本空间 S 为一线段或一空间立体，则向 S“投点”的相应概率仍可用

式(3.2)确定，但$\mu(\cdot)$应理解为长度或体积.

例5 某人午觉醒来，发觉表停了，他打开收音机，想听电台报时，设电台每正点时报时一次，求他(她)等待时间短于10分钟的概率.

解 以分钟为单位，记上一次报时时刻为0，则下一次报时时刻为60，于是，这个人打开收音机的时间必在(0, 60)内，记"等待时间短于10分钟"为事件A，则有

$$S=(0,60),\ A=(50,60)\subset S,$$

于是
$$P(A)=\frac{10}{60}=\frac{1}{6}.$$
■

例6（会面问题） 甲、乙两人相约在7点到8点之间在某地会面，先到者等候另一人20分钟，过时就离开. 如果每个人可在指定的一小时内任意时刻到达，试计算二人能够会面的概率.

解 记7点为计算时刻的0时，以分钟为单位，x, y分别记甲、乙到达指定地点的时刻，则样本空间为

$$S=\{(x,y)\,|\,0\le x\le 60,\ 0\le y\le 60\}.$$

以A表示事件"两人能会面"，则显然有

$$A=\{(x,y)\,|\,(x,y)\in S,\ |x-y|\le 20\}$$

(见图1-3-2).

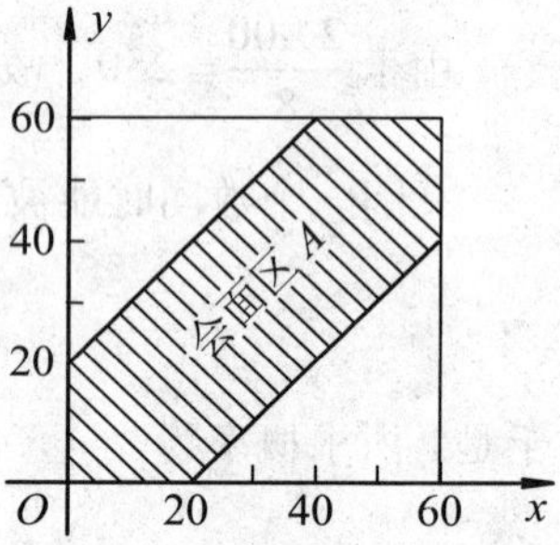

图1-3-2

根据题意，这是一个几何概型问题，于是

$$P(A)=\frac{\mu(A)}{\mu(S)}=\frac{60^2-40^2}{60^2}=\frac{5}{9}.$$
■

习题 1-3

1. 袋中装有5个白球，3个黑球，从中一次任取两个，

(1) 求取到的两个球颜色不同的概率；

(2) 求取到的两个球中有黑球的概率.

2. 10把钥匙中有3把能打开门，今任取两把，求能打开门的概率.

3. 两封信随机地投入四个邮筒，求前两个邮筒内没有信的概率及第一个邮筒内只有一封信的概率.

4. 一副扑克牌有52张，不放回抽样，每次一张，连续抽4张，求四张花色各异的概率.

5. 袋中有红、黄、黑色球各一个，有放回地抽取三次，求下列事件的概率：

$A=\{$三次都是红球$\}$，　　$B=\{$三次未抽到黑球$\}$，

$C=\{$颜色全不相同$\}$，　　$D=\{$颜色不全相同$\}$.

6. 从0, 1, 2, …, 9中任意选出3个不同的数字，试求下列事件的概率：

$A_1=\{$三个数字中不含0与5$\}$，$A_2=\{$三个数字中不含0或5$\}$.

7. 从一副扑克牌(52张)中任取3张(不重复), 计算取出的3张牌中至少有2张花色相同的概率.

8. 10个人中有一对夫妇, 他们随意坐在一张圆桌周围, 求该对夫妇正好坐在一起的概率.

9. 在1 500个产品中有400个次品、1 100个正品, 任取200个.

(1) 求恰有90个次品的概率; (2) 求至少有2个次品的概率.

10. 从5双不同的鞋子中任取4只, 问这4只鞋子中至少有两只配成一双的概率是多少?

11. 打桥牌时, 把一副扑克牌(52张)发给4人, 求指定的某人没有得到黑桃A或黑桃K的概率.

12. 50只铆钉随机地取来用在10个部件上, 其中有3个铆钉强度太弱, 每个部件用3只铆钉, 若将3只强度太弱的铆钉都装在一个部件上, 则这个部件强度就太弱, 问发生一个部件强度太弱的概率是多少?

13. 某专业研究生复试时, 有3张考签, 3个考生应试, 一个人抽一张后立即放回, 再由另一个人抽, 如此3人各抽一次, 求抽签结束后, 至少有一张考签没有被抽到的概率.

14. 从1到9的9个整数中有放回地随机取3次, 每次取一个数, 求取出的3个数之积能被10整除的概率.

15. 甲、乙两人约定在下午1时到2时之间到某站乘公共汽车, 又这段时间内有4班公共汽车, 它们的开车时刻分别为1:15、1:30、1:45、2:00. 如果他们约定最多等一辆车, 求甲、乙同乘一车的概率. 假定甲、乙两人到达车站的时刻是互不相关的, 且每人在1时到2时的任何时刻到达车站是等可能的.

§1.4 条 件 概 率

一、条件概率的概念

先由一个简单的例子引入条件概率的概念.

引例 一批同型号产品由甲、乙两厂生产, 产品结构如下表:

数量 / 厂别 / 等级	甲厂	乙厂	合计
合格品	475	644	1 119
次品	25	56	81
合计	500	700	1 200

从这批产品中随意地取一件, 则这件产品为次品的概率为

$$\frac{81}{1\,200}=6.75\,\%$$

现在假设被告知取出的产品是甲厂生产的, 那么这件产品为次品的概率又是多大呢? 回答这一问题并不困难. 当我们被告知取出的产品是甲厂生产的, 我们不能

肯定的只是该件产品是甲厂生产的500件中的哪一件，由于500件中有25件次品，自然我们可从中得出，在已知取出的产品是甲厂生产的条件下，它是次品的概率为 $\frac{25}{500}=5\%$. 记“取出的产品是甲厂生产的”这一事件为 A，“取出的产品为次品”这一事件为 B.

在事件 A 发生的条件下，求事件 B 发生的概率，这就是条件概率，记作 $P(B|A)$.

在本例中，我们注意到：

$$P(B|A)=\frac{25}{500}=\frac{25/1\,200}{500/1\,200}=\frac{P(AB)}{P(A)}.$$

事实上，容易验证，对一般的古典概型，只要 $P(A)>0$，总有

$$P(B|A)=\frac{P(AB)}{P(A)}.$$

在几何概型中(以平面区域情形为例)，对于在平面上的有界区域 S 内等可能投点(见图 1-4-1)，若已知 A 发生，则 B 发生的概率为

$$P(B|A)=\frac{\mu(AB)}{\mu(A)}=\frac{\mu(AB)/\mu(S)}{\mu(A)/\mu(S)}=\frac{P(AB)}{P(A)}.$$

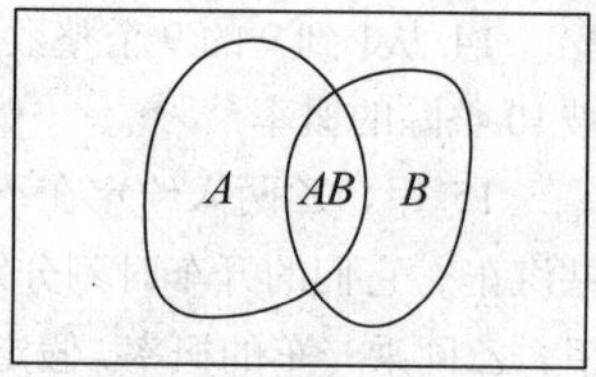

图 1-4-1

可见，在古典概型和几何概型这两类“等可能”概率模型中总有

$$P(B|A)=\frac{P(AB)}{P(A)}.$$

由这些共性得到启发，我们在一般的概率模型中引入条件概率的数学定义.

二、条件概率的定义

定义 1 设 A, B 是两个事件，且 $P(A)>0$，则称

$$P(B|A)=\frac{P(AB)}{P(A)} \tag{4.1}$$

为在事件 A 发生的条件下，事件 B 的**条件概率**. 相应地，把 $P(B)$ 称为**无条件概率**.

注：$P(B)$ 表示“B 发生”这个随机事件的概率，而 $P(B|A)$ 表示在 A 发生的条件下，事件 B 发生的条件概率. 计算 $P(B)$ 时，是在整个样本空间 S 上，考察 B 发生的概率，而计算 $P(B|A)$ 时，实际上是仅局限于在 A 事件发生的范围，来考察 B 事件发生的概率，一般地，$P(B|A)\neq P(B)$.

因条件概率是概率，故条件概率也具有下列性质：

设 A 是一事件，且 $P(A)>0$，则

(1) 对任一事件 B，$0\leq P(B|A)\leq 1$;

(2) $P(S|A)=1$;

(3) 设 $A_1, \cdots, A_n$ 互不相容，则

$$P(A_1 \cup \cdots \cup A_n | A) = P(A_1|A) + \cdots + P(A_n|A).$$

此外，前面所证概率的性质都适用于条件概率.

例1 一袋中装有10个球，其中3个黑球，7个白球，先后两次从袋中各取一球(不放回).

(1) 已知第一次取出的是黑球，求第二次取出的仍是黑球的概率；

(2) 已知第二次取出的是黑球，求第一次取出的也是黑球的概率.

解 记 A_i 为事件“第 i 次取到的是黑球”($i=1, 2$).

(1) 在已知 A_1 发生，即第一次取到的是黑球的条件下，第二次取球就在剩下的2个黑球、7个白球共9个球中任取一个，根据古典概率计算，取到黑球的概率为2/9，即有

$$P(A_2|A_1)=2/9.$$

(2) 在已知 A_2 发生，即第二次取到的是黑球的条件下，求第一次取到黑球的概率. 由于第一次取球发生在第二次取球之前，故问题的结构不像(1)那么直观. 我们可按定义计算 $P(A_1|A_2)$.

由 $P(A_1A_2)=\dfrac{\mathrm{P}_3^2}{\mathrm{P}_{10}^2}=\dfrac{1}{15}$，$P(A_2)=\dfrac{3}{10}$，可得

$$P(A_1|A_2)=\frac{P(A_1A_2)}{P(A_2)}=\frac{2}{9}. \quad ■$$

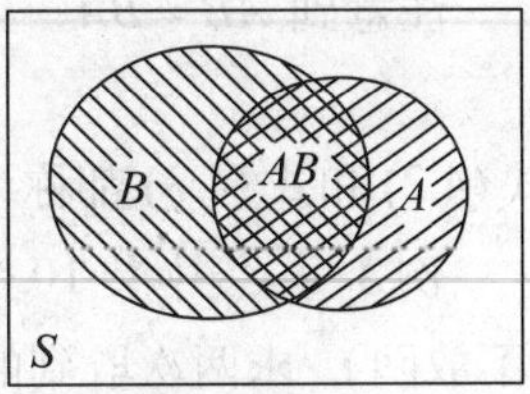

图1-4-2

注：① 用维恩图表示式(4.1)，如图1-4-2所示. 若事件 A 已发生，则为使 B 也发生，试验结果必须是既在 A 中又在 B 中的样本点，即此点必属于 AB. 因已知 A 已发生，故 A 成为计算条件概率 $P(B|A)$ 的新的样本空间.

② 计算条件概率有两种方法：

(a) 在样本空间 S 中，先求事件 $P(AB)$ 和 $P(A)$，再按定义计算 $P(B|A)$；

(b) 在缩减的样本空间 A 中求事件 B 的概率，就得到 $P(B|A)$.

例2 袋中有5个球，其中3个红球2个白球. 现从袋中不放回地连取两个. 已知第一次取到红球，求第二次取到白球的概率.

解 设 A 表示“第一次取到红球”，B 表示“第二次取到白球”，求 $P(B|A)$.

方法一 缩减样本空间 A 中的样本点数，即第一次取到红球的取法为 $\mathrm{P}_3^1\mathrm{P}_4^1$，其中，第二次取到白球的取法有 $\mathrm{P}_3^1\mathrm{P}_2^1$ 种，所以

$$P(B|A)=\frac{P_3^1 P_2^1}{P_3^1 P_4^1}=\frac{1}{2}.$$

也可以直接计算，因为第一次取走了一个红球，袋中只剩下 4 个球，其中有两个白球，再从中任取一个，取到白球的概率为 2/4，所以

$$P(B|A)=\frac{2}{4}=\frac{1}{2}.$$

方法二　在 5 个球中不放回连取两球的取法有 P_5^2 种，其中，第一次取到红球的取法有 $P_3^1 P_4^1$ 种，第一次取到红球第二次取到白球的取法有 $P_3^1 P_2^1$ 种，所以

$$P(A)=\frac{P_3^1 P_4^1}{P_5^2}=\frac{3}{5},\quad P(AB)=\frac{P_3^1 P_2^1}{P_5^2}=\frac{3}{10}.$$

由定义得

$$P(B|A)=\frac{P(AB)}{P(A)}=\frac{3/10}{3/5}=\frac{1}{2}.$$ ■

三、乘法公式

由条件概率的定义立即得到：

$$P(AB)=P(A)P(B|A)\quad (P(A)>0).\tag{4.2}$$

注意到 $AB=BA$，及 A, B 的对称性可得到：

$$P(AB)=P(B)P(A|B)\quad (P(B)>0).\tag{4.3}$$

式 (4.2) 和式 (4.3) 都称为**乘法公式**，利用它们可计算两个事件同时发生的概率.

例 3　一袋中装 10 个球，其中 3 个黑球、7 个白球，先后两次从中随意各取一球 (不放回)，求两次取到的均为黑球的概率.

分析　这一概率，我们曾用古典概型方法计算过，这里我们使用乘法公式来计算. 在本例中，问题本身提供了两步完成一个试验的结构，这恰恰与乘法公式的形式相应，合理地利用问题本身的结构来使用乘法公式往往是使问题得到简化的关键.

解　设 A_i 表示事件“第 i 次取到的是黑球”($i=1, 2$)，则 A_1A_2 表示事件“两次取到的均为黑球”. 由题设知：

$$P(A_1)=\frac{3}{10},\qquad P(A_2|A_1)=\frac{2}{9},$$

于是，根据乘法公式，有

$$P(A_1A_2)=P(A_1)P(A_2|A_1)=\frac{3}{10}\times\frac{2}{9}=\frac{1}{15}.$$ ■

注：乘法公式 (4.2) 和公式 (4.3) 可以推广到有限个事件积的概率情形：

设 $A_1, A_2, \cdots, A_n$ 为 n 个事件，且 $P(A_1A_2\cdots A_{n-1})>0$，则

$$P(A_1A_2\cdots A_n)=P(A_1)P(A_2|A_1)P(A_3|A_1A_2)\cdots P(A_n|A_1A_2\cdots A_{n-1}).\quad(4.4)$$

例 4 设某光学仪器厂制造的透镜，第一次落下时打破的概率为1/2，若第一次落下未打破，第二次落下打破的概率为 7/10，若前两次落下未打破，第三次落下打破的概率为 9/10. 试求透镜落下三次而未打破的概率.

解 以 $A_i\ (i=1,2,3)$ 表示事件"透镜第 i 次落下打破"，以 B 表示事件"透镜落下三次而未打破". 因为 $B=\overline{A}_1\overline{A}_2\overline{A}_3$，故有

$$P(B)=P(\overline{A}_1\overline{A}_2\overline{A}_3)=P(\overline{A}_1)P(\overline{A}_2|\overline{A}_1)P(\overline{A}_3|\overline{A}_1\overline{A}_2)$$

$$=\left(1-\frac{1}{2}\right)\left(1-\frac{7}{10}\right)\left(1-\frac{9}{10}\right)=\frac{3}{200}.$$

■

四、全概率公式

全概率公式是概率论中的一个基本公式.它将计算一个复杂事件的概率问题，转化为在不同情况或不同原因下发生的简单事件的概率的求和问题.

定理 1 设 $A_1,A_2,\cdots,A_n,\cdots$ 是一个完备事件组，且 $P(A_i)>0,\ i=1,2,\cdots$，则对任一事件 B，有

$$P(B)=P(A_1)P(B|A_1)+\cdots+P(A_n)P(B|A_n)+\cdots\quad(4.5)$$

证明

$$P(B)=P(B\cap S)=P(B\cap(\bigcup_i A_i))=P(\bigcup_i(B\cap A_i))$$

$$=\sum_i P(B\cap A_i)=\sum_i P(A_i)P(B|A_i).$$

■

注：公式指出，在复杂情况下直接计算 $P(B)$ 不易时，可根据具体情况构造一组完备事件 $\{A_i\}$，使事件 B 发生的概率是各事件 $A_i\ (i=1,2,\cdots)$ 发生的条件下引起事件 B 发生的概率的总和. 直观示意图见图1-4-3.

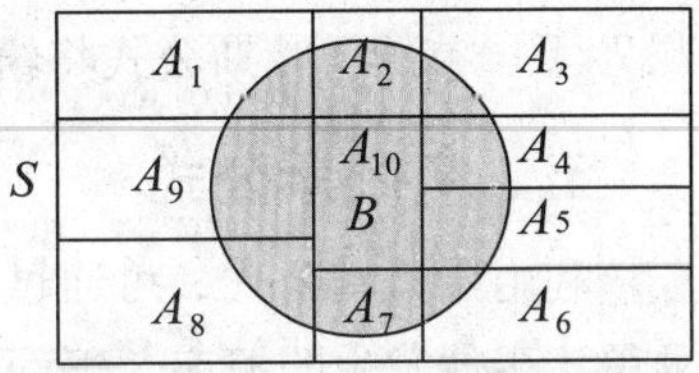

图 1-4-3

特别地，若取 $n=2$，并将 A_1 记为 A，则 A_2 就是 $\overline{A}$. 于是，可得

$$P(B)=P(A)P(B|A)+P(\overline{A})P(B|\overline{A}).$$

例 5 人们为了解一只股票未来一定时期内的价格变化，往往会去分析影响股票价格的基本因素，比如利率的变化. 现假设人们经分析估计利率下调的概率为60%，利率不变的概率为40%. 根据经验，人们估计，在利率下调的情况下，该只股票价格上涨的概率为80%，而在利率不变的情况下，其价格上涨的概率为40%，求该只股票将上涨的概率.

解 记 A 为事件"利率下调"，那么 $\overline{A}$ 即为"利率不变"，记 B 为事件"股票价格上涨". 据题设知

$$P(A)=60\%,\ P(\overline{A})=40\%,\ P(B|A)=80\%,\ P(B|\overline{A})=40\%,$$

于是

$$P(B)=P(AB)+P(\overline{A}B)=P(A)P(B|A)+P(\overline{A})P(B|\overline{A})$$
$$=60\%\times 80\%+40\%\times 40\%=64\%.$$

■

例 6 有三个罐子，1 号装有 2 红 1 黑共 3 个球，2 号装有 3 红 1 黑共 4 个球，3 号装有 2 红 2 黑共 4 个球．如图1－4－4 所示．某人从中随机取一罐，再从中任意取出一球，求取得红球的概率．

解 记 $B_i=\{$球取自 i 号罐$\}$，$i=1, 2, 3$；

$A=\{$取得红球$\}$.

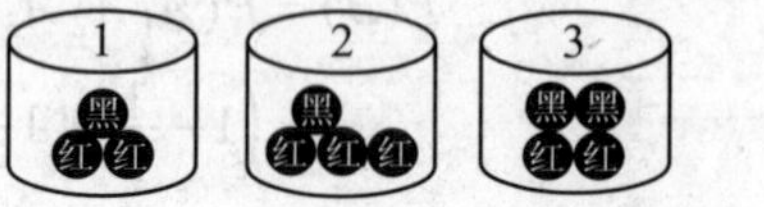

图1－4－4

因为 A 发生总是件随着 B_1, B_2, B_3 之一同时发生，B_1, B_2, B_3 是样本空间的一个划分．

由全概率公式得

$$P(A)=\sum_{i=1}^{3}P(B_i)P(A|B_i).$$

依题意：

$$P(A|B_1)=2/3,\qquad P(A|B_2)=3/4,\qquad P(A|B_3)=1/2,$$
$$P(B_1)=P(B_2)=P(B_3)=1/3.$$

代入数据计算得：

$$P(A)\approx 0.639.$$

■

现在如果我们取出的一个球是红球，那红球是从第一个罐中取出的概率是多少呢？下一节的贝叶斯公式将给出这个问题的解释．

五、贝叶斯公式

利用全概率公式，可通过综合分析一事件发生的不同原因或情况及其可能性来求得该事件发生的概率．下面给出的贝叶斯公式则考虑与之完全相反的问题，即一事件已经发生，要考察引发该事件发生的各种原因或情况的可能性大小．

定理 2 设 $A_1, A_2, \cdots, A_n, \cdots$ 是一完备事件组，则对任一事件 B, $P(B)>0$, 有

$$P(A_i|B)=\frac{P(A_iB)}{P(B)}=\frac{P(A_i)P(B|A_i)}{\sum_j P(A_j)P(B|A_j)},\quad i=1, 2, \cdots, \tag{4.6}$$

上述公式称为**贝叶斯公式**．

由条件概率的定义及全概率公式即可得证．

例 7 对于例 6，若取出的一球是红球，试求该红球是从第一个罐中取出的概率．

解 仍然用例 6 的记号．要求 $P(B_1|A)$，由贝叶斯公式知

$$P(B_1|A)=\frac{P(A|B_1)P(B_1)}{P(A|B_1)P(B_1)+P(A|B_2)P(B_2)+P(A|B_3)P(B_3)}$$

$$= \frac{P(A|B_1)P(B_1)}{P(A)} \approx 0.348.$$ ■

式 (4.6) 中, $P(A_i)$ 和 $P(A_i|B)$ 分别称为原因的**先验概率**和**后验概率**. $P(A_i)$ $(i=1, 2, \cdots)$ 是在没有进一步信息(不知道事件 B 是否发生)的情况下诸事件发生的概率. 在获得新的信息(知道 B 发生)后, 人们对诸事件发生的概率 $P(A_i|B)$ 就有了新的估计. 贝叶斯公式从数量上刻画了这种变化.

从医生给病人看病这个例子我们来解释一下先验概率和后验概率. 若 $A_1, A_2, \cdots, A_n$ 是病人可能患的不同种类的疾病, 在看病前先诊断这些疾病相关的指标(如: 验血, 体温, 等等), 若病人的某些指标偏离正常值(即 B 发生), 问该病人患什么病? 从概率论的角度看, 若 $P(A_i|B)$ 大, 则病人患 A_i 病的可能性也较大.

利用贝叶斯公式就可以计算. 人们通常喜欢找老医生看病, 主要是老医生经验丰富, 过去的经验能帮助医生作出较为准确的诊断, 就能更好地为病人治病, 而经验越丰富先验概率就越高, 贝叶斯公式正是利用了先验概率. 也正因为如此, 此类方法受到人们的普遍重视, 并称之为"贝叶斯方法".

习题 1-4

1. 一批产品 100 件, 有 80 件正品, 20 件次品, 其中甲厂生产的为 60 件, 有 50 件正品, 10 件次品, 余下的 40 件均由乙厂生产. 现从该批产品中任取一件, 记 A = "正品", B = "甲厂生产的产品", 求 $P(A)$, $P(B)$, $P(AB)$, $P(B|A)$, $P(A|B)$.

2. 假设一批产品中一、二、三等品各占 60%, 30%, 10%, 从中任取 1 件, 结果不是三等品, 求取到的是一等品的概率.

3. 已知 $P(A)=\frac{1}{4}$, $P(B|A)=\frac{1}{3}$, $P(A|B)=\frac{1}{2}$, 求 $P(A\cup B)$.

4. 设 A, B 为随机事件, $P(A)=0.7$, $P(B)=0.5$, $P(A-B)=0.3$, 求: $P(AB)$; $P(B-A)$; $P(\overline{B}|\overline{A})$.

5. 设事件 A 与 B 互斥, 且 $0<P(B)<1$, 试证明: $P(A|\overline{B})=\frac{P(A)}{1-P(B)}$.

6. 甲、乙两选手进行乒乓球单打比赛, 甲先发球, 甲发球成功后, 乙回球失误的概率为 0.3; 若乙回球成功, 甲回球失误的概率为 0.4; 若甲回球成功, 乙再次回球失误的概率为 0.5, 试计算这几个回合中乙输掉 1 分的概率.

7. 用 3 个机床加工同一种零件, 零件由各机床加工的概率分别为 0.5, 0.3, 0.2, 各机床加工的零件为合格品的概率分别等于 0.94, 0.9, 0.95, 求全部产品中的合格率.

8. 12 个乒乓球中有 9 个新的, 3 个旧的, 第一次比赛取出了 3 个, 用完后放回去, 第二次比赛又取出 3 个, 求第二次取到的 3 个球中有 2 个新球的概率.

9. 某仓库有同样规格的产品六箱, 其中三箱是甲厂生产的, 两箱是乙厂生产的, 另一箱是丙厂生产的，且它们的次品率依次为 $\frac{1}{10}$，$\frac{1}{15}$，$\frac{1}{20}$，现从中任取一件产品，试求取得的一件产品是正品的概率.

10. 某人忘记了电话号码的最后一个数字，因而他随意地拨号，求他拨号不超过三次而接通所需电话的概率，若已知最后一个数字是奇数，那么此概率是多少？

11. 轰炸机要完成它的使命，驾驶员必须要找到目标，同时投弹员必须要投中目标. 设驾驶员甲、乙找到目标的概率分别为 0.9、0.8；投弹员丙、丁在找到目标的条件下投中的概率分别为 0.7、0.6. 现在要配备两组轰炸人员，问甲、乙、丙、丁怎样配合才能使完成使命有较大的概率（只要有一架飞机投中目标即完成使命）？求此概率是多少.

12. 甲，乙两个盒子里各装有10只螺钉，每个盒子的螺钉中各有一只是次品，其余均为正品，现从甲盒中任取两只螺钉放入乙盒中，再从乙盒中取出两只，问从乙盒中取出的恰好是一只正品，一只次品的概率是多少？

§1.5　事件的独立性

由上节例子可知，一般情况下，$P(B)\neq P(B|A)$，亦即事件 A, B 中某个事件发生对另一个事件发生的概率是有影响的. 但在许多实际问题中，常会遇到两个事件中任何一个事件发生都不会对另一个事件发生的概率产生影响. 此时，$P(B)=P(B|A)$，故乘法公式可写成

$$P(AB)=P(A)P(B|A)=P(A)P(B).$$

由此引出了事件间的相互独立问题.

一、两个事件的独立性

定义 1　若两事件 A, B 满足

$$P(AB)=P(A)P(B) \tag{5.1}$$

则称 A, B **独立**，或称 A, B **相互独立**.

注：两事件互不相容与相互独立是完全不同的两个概念，它们分别从两个不同的角度表述了两事件间的某种联系. 互不相容是表述在一次随机试验中两事件不能同时发生，而相互独立是表述在一次随机试验中一事件是否发生与另一事件是否发生互无影响. 此外，当 $P(A)>0$，$P(B)>0$，则 A, B 相互独立与 A, B 互不相容不能同时成立. 进一步还可证明：若 A 与 B 既独立，又互斥，则 A 与 B 至少有一个是零概率事件.

定理 1　设 A, B 是两事件，若 A, B 相互独立，且 $P(B)>0$，则 $P(A|B)=P(A)$. 反之亦然.

证明　由条件概率和独立性的定义即得. ■

定理 2　设事件 A, B 相互独立，则事件 A 与 $\overline{B}$，$\overline{A}$ 与 B，$\overline{A}$ 与 $\overline{B}$ 也相互独立.

证明 由$A=A(B\cup\overline{B})=AB\cup A\overline{B}$, 得

$$P(A)=P(AB\cup A\overline{B})=P(AB)+P(A\overline{B})=P(A)P(B)+P(A\overline{B}),$$

$$P(A\overline{B})=P(A)[1-P(B)]=P(A)P(\overline{B}).$$

故A与$\overline{B}$相互独立. 由此易推得$\overline{A}$与B, $\overline{A}$与$\overline{B}$相互独立. ■

例1 从一副不含大小王的扑克牌中任取一张, 记$A=\{$抽到K$\}$, $B=\{$抽到的牌是黑色的$\}$, 问事件A、B是否独立?

解 方法一 利用定义判断. 由

$$P(A)=\frac{4}{52}=\frac{1}{13},\quad P(B)=\frac{26}{52}=\frac{1}{2},\quad P(AB)=\frac{2}{52}=\frac{1}{26},$$

得到$P(AB)=P(A)P(B)$, 故事件A、B独立.

方法二 利用条件概率判断. 由

$$P(A)=\frac{1}{13},\quad P(A|B)=\frac{2}{26}=\frac{1}{13},$$

得到$P(A)=P(A|B)$, 故事件A、B独立. ■

注: 由例1可见, 判断事件的独立性, 可利用定义或通过计算条件概率来判断. 但在实际应用中, 常根据问题的实际意义去判断两事件是否独立.

例如, 甲、乙两人向同一目标射击, 记事件$A=\{$甲命中$\}$, $B=\{$乙命中$\}$, 因"甲命中"并不影响"乙命中"的概率, 故A、B独立.

又如, 一批产品共n件, 从中抽取2件, 设事件$A_i=\{$第i件是合格品$\}$ $(i=1,2)$, 若抽取是有放回的, 则A_1与A_2独立. 因第二次抽取的结果不受第一次抽取的影响. 若抽取是无放回的, 则A_1与A_2不独立.

二、有限个事件的独立性

定义2 设A, B, C为三个事件, 若满足等式

$$\begin{cases} P(AB)=P(A)P(B) \\ P(AC)=P(A)P(C) \\ P(BC)=P(B)P(C) \\ P(ABC)=P(A)P(B)P(C) \end{cases}, \tag{5.2}$$

则称事件A, B, C**相互独立**.

对n个事件的独立性, 可类似地定义:

设$A_1, A_2, \cdots, A_n$是$n(n>1)$个事件, 若对任意$k(1<k\le n)$个事件$A_{i_1}, A_{i_2}, \cdots, A_{i_k}$ $(1\le i_1<i_2<\cdots<i_k\le n)$均满足等式

$$P(A_{i_1}A_{i_2}\cdots A_{i_k})=P(A_{i_1})P(A_{i_2})\cdots P(A_{i_k}), \tag{5.3}$$

则称事件$A_1, A_2, \cdots, A_n$**相互独立**.

注: 式 (5.3) 包含的等式总数为

$$C_n^2+C_n^3+\cdots+C_n^n=(1+1)^n-C_n^1-C_n^0=2^n-n-1.$$

定义 3　设 $A_1, A_2, \cdots, A_n$ 是 n 个事件，若其中任意两个事件之间均相互独立，则称 $A_1, A_2, \cdots, A_n$ **两两独立**.

多个相互独立事件具有如下性质:

性质 1　若事件 $A_1, A_2, \cdots, A_n\ (n\geq 2)$ 相互独立，则其中任意 $k\ (1<k\leq n)$ 个事件也相互独立.

性质 2　若 n 个事件 $A_1, A_2, \cdots, A_n\ (n\geq 2)$ 相互独立，则将 $A_1, A_2, \cdots, A_n$ 中任意 $m\ (1\leq m\leq n)$ 个事件换成它们的对立事件，所得的 n 个事件仍相互独立.

例 2　图 1-5-1 是一个串并联电路系统. A, B, C, D, E, F, G, H 都是电路中的元件. 它们下方的数字是它们各自正常工作的概率. 求电路系统的可靠性.

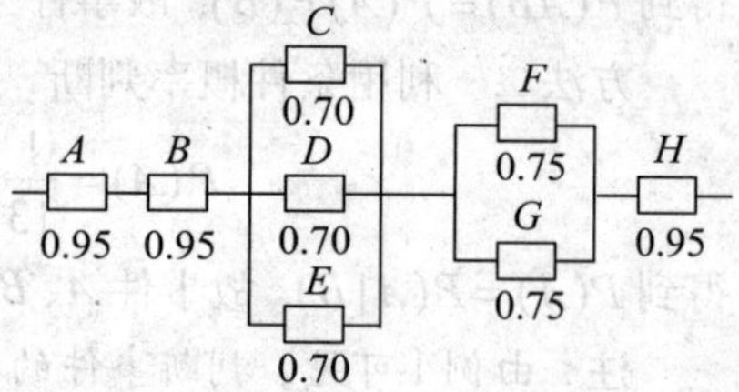

图 1-5-1

解　以 W 表示电路系统正常工作，因各元件独立工作，故有

$$P(W)=P(A)P(B)P(C\cup D\cup E)P(F\cup G)P(H),$$

其中

$$P(C\cup D\cup E)=1-P(\overline{C})P(\overline{D})P(\overline{E})=0.973,$$

$$P(F\cup G)=1-P(\overline{F})P(\overline{G})=0.937\,5,$$

代入得

$$P(W)\approx 0.782.$$ ■

例 3　甲，乙两人进行乒乓球比赛，每局甲胜的概率为 $p\ (p\geq 1/2)$. 问对甲而言，采用三局两胜制有利，还是采用五局三胜制有利. 设各局胜负相互独立.

解　采用三局两胜制，甲最终获胜，其胜局的情况是:“甲甲”或“乙甲甲”或“甲乙甲”. 而这三种结局互不相容，于是，由独立性得，甲最终获胜的概率为

$$p_1=p^2+2p^2(1-p).$$

采用五局三胜制，甲最终获胜，至少需比赛 3 局 (可能赛 3 局，也可能赛 4 局或 5 局)，且最后一局必须是甲胜，而前面甲需胜两局. 例如，共赛 4 局，则甲的胜局情况是:“甲乙甲甲”，“乙甲甲甲”，“甲甲乙甲”，且这三种结局互不相容. 由独立性得，在五局三胜制下甲最终获胜的概率为

$$p_2=p^3+C_3^2p^3(1-p)+C_4^2p^3(1-p)^2,$$

而

$$p_2-p_1=p^2(6p^3-15p^2+12p-3)=3p^2(p-1)^2(2p-1).$$

当 $p>\frac{1}{2}$ 时，$p_2>p_1$；当 $p=\frac{1}{2}$ 时，$p_2=p_1=\frac{1}{2}$. 故当 $p>\frac{1}{2}$ 时，对甲来说采用五局三胜制较为有利. 当 $p=\frac{1}{2}$ 时两种赛制下甲、乙最终获胜的概率是相同的，都是 50%. ■

三、伯努利概型

设随机试验只有两种可能的结果：事件 A 发生或事件 A 不发生，则称这样的试验为**伯努利 (Bernoulli) 试验**. 记

$$P(A)=p, \quad P(\overline{A})=1-p=q \quad (0<p<1,\ p+q=1).$$

将伯努利试验在相同条件下独立地重复进行 n 次，称这一串重复的独立试验为 **n 重伯努利试验**，或简称为**伯努利概型**.

注：n 重伯努利试验是一种很重要的数学模型，在实际问题中具有广泛的应用. 其特点是：事件 A 在每次试验中发生的概率均为 p，且不受其它各次试验中 A 是否发生的影响.

定理 3（**伯努利定理**）　设在一次试验中，事件 A 发生的概率为 $p\,(0<p<1)$，则在 n 重伯努利试验中，事件 A 恰好发生 k 次的概率为

$$b(k;n,p)=\mathrm{C}_n^k p^k(1-p)^{n-k} \quad (k=0,1,\cdots,n).$$

证明　记"第 i 次试验中事件 A 发生"这一事件为 A_i，$i=1,2,\cdots,n$，则"事件 A 恰好发生 k 次"（记作 B_k）是下列 C_n^k 个两两不相容事件的并：

$$A_{i_1}, A_{i_2}, \cdots, A_{i_k}, \overline{A}_{j_1}, \overline{A}_{j_2}, \cdots, \overline{A}_{j_{n-k}},$$

其中 $i_1, i_2, \cdots, i_k$ 是取遍 $1, 2, \cdots, n$ 中的任意 k 个数（共有 C_n^k 种取法），$j_1, j_2, \cdots, j_{n-k}$ 是取走 $i_1, i_2, \cdots, i_k$ 后剩下的 $n-k$ 个数. 而对任意取出的 $i_1, i_2, \cdots, i_k$，根据独立性及 $P(A_i)=p$，有

$$\begin{aligned}&P(A_{i_1}A_{i_2}\cdots A_{i_k}\overline{A}_{j_1}\overline{A}_{j_2}\cdots\overline{A}_{j_{n-k}})\\ &\quad=P(A_{i_1})P(A_{i_2})\cdots P(A_{i_k})P(\overline{A}_{j_1})P(\overline{A}_{j_2})\cdots P(\overline{A}_{j_{n-k}})=p^k q^{n-k}.\end{aligned}$$

故有

$$b(k;n,p)=P(B_k)=\mathrm{C}_n^k p^k q^{n-k}.$$ ■

推论 1　设在一次试验中，事件 A 发生的概率为 $p\,(0<p<1)$，则在伯努利试验序列中，事件 A 在第 k 次试验中才首次发生的概率为

$$p(1-p)^{k-1} \quad (k=1,2,\cdots).$$

注意到"事件 A 在第 k 次试验中才首次发生"等价于在前 k 次试验组成的 k 重伯努利试验中"事件 A 在前 $k-1$ 次试验中均不发生而在第 k 次试验中发生"，再由伯努利定理即推得.

例 4　某型号高炮，每门炮发射一发炮弹击中飞机的概率为 0.6，现若干门炮同时各射一发，

(1) 问：欲以 99% 的把握击中一架来犯的敌机至少需配置几门炮？

(2) 现有 3 门炮，欲以 99% 的把握击中一架来犯的敌机，问：每门炮的命中率应提高到多少？

解　(1) 设需配置n门炮. 因为n门炮是各自独立发射的, 因此, 该问题可以看作n重伯努利试验.

设A表示"高炮击中飞机", $P(A)=0.6$, B表示"敌机被击落", 问题归结为求满足下面不等式的n:

$$P(B)=\sum_{k=1}^{n} C_n^k\, 0.6^k\, 0.4^{n-k} \ge 0.99,$$

由
$$P(B)=1-P(\overline{B})=1-0.4^n \ge 0.99, \text{ 或 } 0.4^n \le 0.01,$$

解得
$$n \ge \frac{\lg 0.01}{\lg 0.4} \approx 5.03.$$

至少应配置 6 门炮才能达到要求.

(2) 设命中率为p, 由

$$P(B)=\sum_{k=1}^{3} C_3^k\, p^k q^{3-k} \ge 0.99$$

得
$$1-q^3 \ge 0.99,$$

解此不等式得$q \le 0.215$, 从而得$p \ge 0.785$, 即每门炮的命中率至少应为 0.785. ■

注: 对于给定一事件的概率求某个参数的逆问题, 应先求出事件的概率 (含所求参数), 从而得到所求参数满足的方程或不等式, 再解之.

习题　1-5

1. 设$P(AB)=0$, 则(　　).

(A) A和B不相容;　　(B) A和B独立;

(C) $P(A)=0$或$P(B)=0$;　　(D) $P(A-B)=P(A)$.

2. 每次试验成功率为$p\,(0<p<1)$, 进行重复试验, 求直到第十次试验才取得 4 次成功的概率.

3. 甲、乙两人射击, 甲击中的概率为 0.8, 乙击中的概率为 0.7, 两人同时射击, 并假定中靶与否是独立的. 求:

(1) 两人都中靶的概率;　　(2) 甲中乙不中的概率;　　(3) 甲不中乙中的概率.

4. 一个自动报警器由雷达和计算机两部分组成, 两部分有任何一个失灵, 这个报警器就失灵. 若使用100 小时后, 雷达失灵的概率为 0.1, 计算机失灵的概率为 0.3, 两部分失灵与否为独立的, 求这个报警器使用 100 小时而不失灵的概率.

5. 制造一种零件可采用两种工艺, 第一种工艺有三道工序, 每道工序的废品率分别为 0.1, 0.2, 0.3; 第二种工艺有两道工序, 每道工序的废品率都是 0.3. 如果用第一种工艺, 在合格零件中, 一级品率为 0.9; 而用第二种工艺, 合格品中的一级品率只有 0.8, 试问哪一种工艺能保证得到一级品的概率较大.

6. 3人独立地去破译一个密码，他们能译出的概率分别为 $\frac{1}{5}$，$\frac{1}{3}$，$\frac{1}{4}$，问能将此密码译出的概率是多少？

7. 甲、乙、丙3部机床独立地工作，由1个人照管. 某段时间，它们不需要照管的概率依次是0.9，0.8，0.85，求在这段时间内，机床因无人照管而停工的概率.

8. 一猎人用猎枪向一只野兔射击，第一枪距离野兔200m远，如果未击中，他追到离野兔150m远处进行第二次射击，如果仍未击中，他追到距离野兔100m处再进行第三次射击，此时击中的概率为 $\frac{1}{2}$，如果这个猎人射击的命中率与他离野兔的距离的平方成反比，求猎人击中野兔的概率.

9. 排球竞赛规则规定：发球方赢球时得分，输球时则被对方夺得发球权. 甲、乙两个排球队进行比赛，已知当甲队发球时，甲队赢球和输球的概率分别是0.4和0.6；当乙队发球时，甲队赢球和输球的概率都是0.5，无论哪个队先发球，比赛进行到任一队得分时为止，求当甲队发球时各队得分的概率.

10. 设有4个独立工作的元件1，2，3，4. 它们的可靠性分别为 p_1，p_2，p_3，p_4，将它们按右图的方式连接(称为并串联系统)，求这个系统的可靠性.

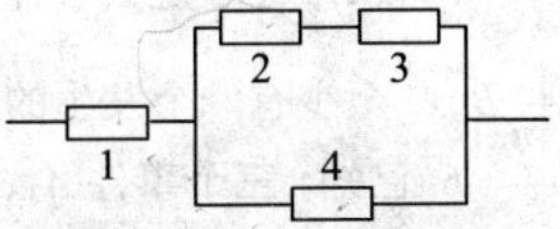

题10图

11. 设 A, B, C 三个事件相互独立，证明：$A\cup B$, AB 肯定与 C 相互独立.

12. 随机地掷一颗骰子，连续6次，求：(1) 恰有一次出现“6点”的概率；(2) 恰有两次出现“6点”的概率；(3) 至少有一次出现“6点”的概率.

13. 设事件 A 在每一次试验中发生的概率为0.3，当 A 发生不少于3次时，指示灯发出信号. (1) 进行了5次重复独立试验，求指示灯发出信号的概率；(2) 进行了7次重复独立试验，求指示灯发出信号的概率.

14. 如果一危险情况 C 发生时，一电路闭合并发出警报，我们可以借用两个或多个开关并联以改善可靠性，在 C 发生时这些开关每一个都应闭合，且若只要一个开关闭合了，警报就发出，如果两个这样的开关并联连接，它们每个具有0.96的可靠性（即在情况 C 发生时闭合的概率），问这时系统的可靠性（即电路闭合的概率）是多少？如果需要有一个可靠性至少为0.999 9的系统，则至少需要用多少只开关并联？设各开关闭合与否是相互独立的.

15. 有一大批产品，其验收方案如下：先做第一次检验：从中任取10件，经检验无次品，则接受这批产品，次品数大于2，则拒收；否则做第二次检验，其做法是从中再任取5件，仅当5件中无次品时接受这批产品. 若产品的次品率为10%，求：

(1) 这批产品经第一次检验就能被接受的概率；

(2) 需做第二次检验的概率；

(3) 这批产品按第二次检验的标准被接受的概率；

(4) 这批产品在第一次检验未能做决定且第二次检验时被接受的概率；

(5) 这批产品被接受的概率.

总 习 题 一

1. 一批产品有合格品也有废品，从中有放回地抽取（将产品取出一件观察后放回）三件产品，以 A_i ($i=1, 2, 3$) 表示第 i 次抽到废品，试以事件的集合表示下列情况：

(1) 第一次和第二次抽取至少抽到一件废品；　(2) 只有第一次抽到废品；

(3) 三次都抽到废品；　(4) 至少有一次抽到废品；　(5) 只有两次抽到废品.

2. 设事件 A, B, C 满足 $ABC \neq \varnothing$，试把下列事件表示为一些互不相容的事件的和：

$$A\cup B\cup C,\quad AB\cup C,\quad B-AC.$$

3. 证明下列等式：

(1) $A\cup B = A\cup B\overline{A}$;　(2) $B-A=\overline{A}B-\overline{A}\overline{B}$;　(3) $(A-B)\cup(B-A)=AB\cup\overline{A}\,\overline{B}$.

4. 若 $P(A)=0.5$, $P(B)=0.4$, $P(A-B)=0.3$, 求 $P(A\cup B)$ 和 $P(\overline{A}\cup\overline{B})$.

5. 设 A, B, C 是三事件，且 $P(A)=P(B)=P(C)=\dfrac{1}{4}$, $P(AB)=P(BC)=0$, $P(AC)=\dfrac{1}{8}$, 求 A, B, C 至少有一个发生的概率.

6. 已知：三个事件 A_1、A_2、A_3 都满足 $A_i\subset A$ ($i=1, 2, 3$)，证明：

$$P(A)\geq P(A_1)+P(A_2)+P(A_3)-2.$$

7. 某教育书店一天中售出数学类书籍 50 本，外语类书籍 50 本，理化类书籍 50 本，设每位顾客每类书至多购一本，其中，只购数学书的占顾客总数的 20％，只购外语书的占 25％，只购理化类书的占 15％，三类书全购的占 10％，问：

(1) 总共有多少顾客购书？

(2) 只购数学书和外语书的人数占顾客总人数的比例是多少？

8. 设一批产品共 100 件，其中 98 件正品，2 件次品，从中任意抽取 3 件（分三种情况：一次拿 3 件；每次拿 1 件，取后放回，拿 3 次；每次拿 1 件，取后不放回，拿 3 次），试求：

(1) 取出的 3 件中恰有 1 件是次品的概率；

(2) 取出的 3 件中至少有 1 件是次品的概率.

9. 某宾馆一楼有 3 部电梯，今有 5 人要乘坐电梯，假定各人选哪部电梯是随机的，求：每部电梯中至少有一人的概率.

10. 某教研室共有 11 名教师，其中男教师 7 名，现该教研室中要任选 3 名为优秀教师，求 3 名优秀教师中至少有 1 名女教师的概率.

11. 某地区电话号码是由 8 字打头的八个数字组成的 8 位数，求：

(1) 一个电话号码的八个数字全不相同的概率 p；

(2) 一个电话号码的八个数字不全相同的概率 q.

12. 甲、乙两人先后从 52 张牌中各抽取 13 张，求甲或乙拿到 4 张 A 的概率.

(1) 甲抽后不放回，乙再抽；　(2) 甲抽后将牌放回，乙再抽.

13. 包括 a 和 b 二人在内共 n 个人排队，求 a, b 间恰有 r 个人的概率.

14. 随机地向半圆 $0<y<\sqrt{2ax-x^2}$ (a为正常数) 内扔一个点，点落在半圆内任何区域内的概率与区域的面积成正比，求原点与该点的连线与 x 轴的夹角小于 $\dfrac{\pi}{4}$ 的概率.

15. 在某城市中发行三种报纸 A, B, C, 经调查在该市居民中, 订阅 A 报的有45%, 订阅 B 报的有35%, 订阅 C 报的有 30%, 同时订阅 A 及 B 报的有10%, 同时订阅 A 及 C 报的有 8%, 同时订阅 B 及 C 报的有5%, 同时订阅 A, B, C 报的有3%. 试求下列事件的概率:

(1) 只订 A 报; (2) 只订 A 及 B 报;

(3) 只订一种报纸; (4) 正好订两种报纸.

16. 10 个考签中有 4 个难签，3 人参加抽签考试，不重复地抽取，每人一次，甲先，乙次，丙最后，证明 3 人抽到难签的概率相等.

17. 一批零件共 100 个，次品率为 10%，每次从中任取一个零件，取后不放回，如果取到一个合格品就不再取下去，求在三次内取到合格品的概率.

18. 有两箱同种类的零件，第一箱装了 50 只，其中 10 只一等品；第二箱装 30 只，其中 18 只一等品，今从两箱中任挑出一箱，然后从该箱中取零件两次，每次任取一只，做不放回抽样. 求: (1) 第一次取到的是一等品的概率；(2) 在第一次取到的零件是一等品的条件下，第二次取到的也是一等品的概率.

19. 发报台分别以概率 0.6 和 0.4 发出信号“·”及“−”，由于通信系统受到干扰，当发出信号“·”时，收报台分别以概率 0.8 及 0.2 收到“·”及“−”；又当发出信号“−”时，收报台分别以概率 0.9 及 0.1 收到“−”及“·”，求当收报台收到“·”时，发报台确系发出信号“·”的概率，以及收到“−”时，确系发出“−”的概率.

20. 设袋中装有 a 只红球，b 只白球，每次自袋中任取一只球，观察颜色后放回，并同时再放入 m 只与所取出的那只同色的球. 连续在袋中取球四次，试求第一，二次取到红球且第三次取到白球，第四次取到红球的概率.

21. 一个开关电路如图所示，假设开关 a, b, c, d 开或关的概率都是 0.5，且各开关是否关闭相互独立. 求灯亮的概率以及如果发现灯亮时，开关 a 与 b 同时关闭的概率.

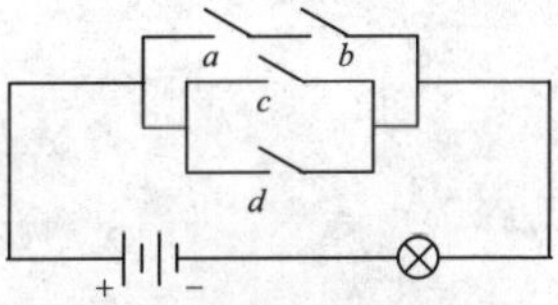

题 21 图

22. 设口袋中装有 $2n-1$ 只白球，$2n$ 只黑球，一次取出 n 只球，如果已知取出的球都是同一种颜色，试计算该颜色是黑色的概率.

23. 某人有两盒火柴，吸烟时从任一盒中取一根火柴，经过若干时间后，发现一盒火柴已用完. 如果最初两盒中各有 n 根火柴，求这时另一盒中还有 r 根火柴的概率.

24. 甲、乙、丙 3 人同向一飞机射击，设击中飞机的概率分别为 0.4，0.5，0.7. 如果只有 1 人击中飞机，则飞机被击落的概率是 0.2；如果有 2 人击中飞机，则飞机被击落的概率是 0.6；如果 3 人都击中飞机，则飞机一定被击落，求飞机被击落的概率.

25. 在平常的生活中，人们常常用“水滴石穿”、“只要功夫深，铁杵磨成针”来形容有志者事竟成. 但是，也有人认为这些是不可能的. 如果从概率的角度来看，就会发现这是很有道理的. 这是为什么?

26. 现有编号为 Ⅰ, Ⅱ, Ⅲ 的三个口袋，其中 Ⅰ 号袋内装有两个 1 号球，一个 2 号球与一个3号球；II号袋内装有两个1号球与一个3号球；III号袋内装有三个1号球与两个2号球. 现在先从I号袋内随机地取一个球，放入与球上号数相同的口袋中，第二次从该口袋中任取一个球，计算第二次取到几号球的概率最大，为什么？

27. 要验收一批 (100台) 微机，验收方案如下：自该批微机中随机地取出 3 台进行测试 (设三台微机的测试是相互独立的)，3 台中只要有一台在测试中被认为是次品，这批微机就会被拒绝接收. 由于测试条件和水平所限，将次品的微机误认为正品的概率为 0.05. 而将正品的微机误判为次品的概率为 0.01. 如果已知这 100 台微机中恰有 4 台次品，试问这批微机被接收的概率是多少？

28. 某种仪器由三个部件组装而成. 假设各部件质量互不影响且它们的优质品率分别为 0.8, 0.7 与 0.9. 已知：如果三个部件都是优质品，则组装后的仪器一定合格；如果有一个部件不是优质品，则组装后的仪器不合格率为 0.2；如果有两个部件不是优质品，则仪器的不合格率为 0.6；如果三个部件都不是优质品，则仪器的不合格率为 0.9.

(1) 求仪器的不合格率；

(2) 如果已发现一台仪器不合格，问它有几个部件不是优质品的概率最大.

第 2 章　随机变量及其分布

在随机试验中，人们除了对某些特定事件发生的概率感兴趣外，往往还关心某个与随机试验的结果相联系的变量．由于这一变量的取值依赖于随机试验的结果，因而被称为随机变量．与普通的变量不同，对于随机变量，人们无法事先预知其确切取值，但可以研究其取值的统计规律性．本章将介绍两类随机变量及描述随机变量统计规律性的分布．

§2.1　随 机 变 量

一、随机变量概念的引入

为全面研究随机试验的结果，揭示随机现象的统计规律性，需将随机试验的结果数量化，即把随机试验的结果与实数对应起来．

(1) 在有些随机试验中，试验的结果本身就由数量来表示．

例如，在抛掷一颗骰子，观察其出现的点数的试验中，试验的结果就可分别由数 1, 2, 3, 4, 5, 6 来表示．

(2) 在另一些随机试验中，试验结果看起来与数量无关，但可以指定一个数量来表示之．

例如，在抛掷一枚硬币观察其出现正面或反面的试验中，若规定“出现正面”对应数 1,“出现反面”对应数 −1, 则该试验的每一种可能结果，都有唯一确定的实数与之对应．

上述例子表明，随机试验的结果都可用一个实数来表示，这个数随着试验的结果不同而变化，因而，它是样本点的函数，这个函数就是我们要引入的随机变量．

二、随机变量的定义

定义 1　设随机试验的样本空间为 S，称定义在样本空间 S 上的实值单值函数 $X=X(\omega)$ 为**随机变量**．

注：随机变量即为定义在样本空间上的实值函数．如图 2−1−1 中画出了样本点 ω 与实数 $X=X(\omega)$ 对应的示意图．

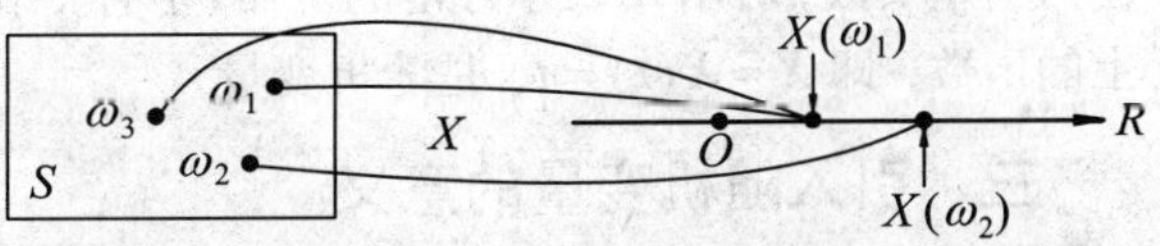

图 2－1－1

随机变量 X 的取值由样本点 ω 决定. 反之，使 X 取某一特定值 a 的那些样本点的全体构成样本空间 S 的一个子集，即

$$A=\{\omega \mid X(\omega)=a\}\subset S.$$

它是一个事件，当且仅当事件 A 发生时才有 $\{X=a\}$，为简便起见，今后将事件

$$A=\{\omega \mid X(\omega)=a\} \text{ 记为 } \{X=a\}.$$

随机变量通常用大写字母 X, Y, Z 或希腊字母 ξ, η 等表示. 而表示随机变量所取的值时，一般采用小写字母 x, y, z 等.

随机变量与高等数学中函数的比较：

(1) 它们都是实值函数，但前者在试验前只知道它可能取值的范围，而不能预先肯定它将取哪个值；

(2) 因试验结果的出现具有一定的概率，故前者取每个值和每个确定范围内的值也有一定的概率.

例1 在抛掷一枚硬币进行打赌时，若规定出现正面时抛掷者赢1元钱，出现反面时输1元钱，则其样本空间为

$$S=\{\text{正面，反面}\},$$

记赢钱数为随机变量 X，则 X 作为样本空间 S 的实值函数定义为

$$X(\omega)=\begin{cases}1, & \omega=\text{正面}\\ -1, & \omega=\text{反面}\end{cases}.$$

■

例2 在将一枚硬币抛掷三次，观察正面 H、反面 T 出现情况的试验中，其样本空间

$$S=\{HHH, HHT, HTH, THH, HTT, THT, TTH, TTT\}.$$

记每次试验出现正面 H 的总次数为随机变量 X，则 X 作为样本空间 S 上的函数定义为

ω	HHH	HHT	HTH	THH	HTT	THT	TTH	TTT
X	3	2	2	2	1	1	1	0

易见，使 X 取值为2的样本点构成的子集为

$$A=\{HHT, HTH, THH\},$$

故

$$P\{X=2\}=P(A)=3/8,$$

类似地，有

$$P\{X\le 1\}=P\{HTT, THT, TTH, TTT\}=4/8=1/2.$$

■

例3 在测试灯泡寿命的试验中，每一个灯泡的实际使用寿命可能是 $[0, +\infty)$ 中任何一个实数，若用 X 表示灯泡的寿命(小时)，则 X 是定义在样本空间 $S=\{t \mid t\ge 0\}$ 上的函数，即 $X=X(t)=t$，是随机变量. ■

三、引入随机变量的意义

随机变量的引入，使随机试验中的各种事件可通过随机变量的关系式表达出来.

例如，某城市的120急救电话每小时收到的呼叫次数 X 是一个随机变量.

事件{收到不少于20次呼叫}可表示为 $\{X \geq 20\}$;

事件{收到恰好为10次呼叫}可表示为 $\{X=10\}$.

由此可见，随机事件这个概念实际上是包容在随机变量这个更广的概念内. 也可以说，随机事件是以静态的观点来研究随机现象的，而随机变量则以动态的观点来研究.

随机变量概念的产生是概率论发展史上的重大事件. 引入随机变量后，对随机现象统计规律的研究，就由对事件及事件概率的研究转化为对随机变量及其取值规律的研究，使人们可利用数学分析的方法对随机试验的结果进行广泛而深入的研究.

随机变量因其取值方式不同，通常分为离散型和非离散型两类. 而非离散型随机变量中最重要的是连续型随机变量. 今后，我们主要讨论离散型随机变量和连续型随机变量.

习题 2-1

1. 随机变量的特征是什么?

*2. 试述随机变量的分类.

3. 盒中装有大小相同的10个球，编号为 0, 1, 2, ⋯, 9, 从中任取1个, 观察号码“小于5”, “等于5”, “大于5”的情况，试定义一个随机变量来表达上述随机试验结果，并写出该随机变量取每一个特定值的概率.

§2.2 离散型随机变量及其概率分布

一、离散型随机变量及其概率分布

设 X 是一个随机变量，如果它全部可能的取值只有有限个或可数无穷个，则称 X 为一个**离散型随机变量**.

设 $x_1, x_2, \cdots$ 是随机变量 X 的所有可能取值，对每个取值 x_i, $\{X=x_i\}$ 是其样本空间 S 上的一个事件，为描述随机变量 X，还需知道这些事件发生的可能性(概率).

定义1 设离散型随机变量 X 的所有可能取值为 $x_i\ (i=1, 2, \cdots)$,

$$P\{X=x_i\}=p_i,\ i=1, 2, \cdots$$

称为 X 的**概率分布**或**分布律**，也称**概率函数**.

常用表格形式来表示 X 的概率分布:

X	x_1	x_2	$\cdots$	x_n	$\cdots$
p_i	p_1	p_2	$\cdots$	p_n	$\cdots$

由概率的定义，$p_i\ (i=1,2,\cdots)$ 必然满足：

(1) $p_i \ge 0,\ i=1,2,\cdots$；　　　　(2) $\sum_i p_i = 1$.

例 1　某篮球运动员投中篮圈的概率是 0.9, 求他两次独立投篮投中次数 X 的概率分布.

解　X 可取 0, 1, 2 为值，记 $A_i=\{$第 i 次投中篮圈$\}$, $i=1,2$, 则

$$P(A_1)=P(A_2)=0.9,$$

$$P\{X=0\}=P(\overline{A_1}\,\overline{A_2})=P(\overline{A_1})P(\overline{A_2})=0.1\times 0.1=0.01,$$

$$\begin{aligned}P\{X=1\}&=P(A_1\overline{A_2}\cup\overline{A_1}A_2)\\&=P(A_1\overline{A_2})+P(\overline{A_1}A_2)=0.9\times 0.1+0.1\times 0.9=0.18,\end{aligned}$$

$$P\{X=2\}=P(A_1A_2)=P(A_1)P(A_2)=0.9\times 0.9=0.81,$$

且　　$$P\{X=0\}+P\{X=1\}+P\{X=2\}=1.$$

于是，X 的概率分布可表示为

X	0	1	2
p_i	0.01	0.18	0.81

■

关于分布律的说明：

若已知一个离散型随机变量 X 的概率分布：

X	x_1	x_2	$\cdots$	x_n	$\cdots$
p_i	p_1	p_2	$\cdots$	p_n	$\cdots$

则可以求得 X 所生成的任何事件的概率，特别地，

$$P\{a\le X\le b\}=P\left\{\bigcup_{a\le x_i\le b}\{X=x_i\}\right\}=\sum_{a\le x_i\le b}p_i.$$

例如，设 X 的概率分布由例 1 给出，则

$$P\{X<2\}=P\{X=0\}+P\{X=1\}=0.01+0.18=0.19,$$

$$P\{-2\le X\le 6\}=P\{X=0\}+P\{X=1\}+P\{X=2\}=1.$$

二、常用离散分布

1. 两点分布　实验只有两个结果

定义 2　若一个随机变量 X 只有两个可能取值，且其分布为

$$P\{X=x_1\}=p,\quad P\{X=x_2\}=1-p\quad (0<p<1),$$

则称 X 服从 x_1, x_2 处参数为 p 的**两点分布**.

特别地，若 X 服从 $x_1=1,\ x_2=0$ 处参数为 p 的两点分布，即

X	0	1
p_i	q	p

则称 X 服从参数为 p 的 **0－1 分布**，其中 $q=1-p$.

易见，(1) $0<p$, $q<1$；(2) $p+q=1$.

对于一个随机试验，若它的样本空间只包含两个元素，即

$$S=\{\omega_1, \omega_2\},$$

则总能在 S 上定义一个服从 0－1 分布的随机变量

$$X=X(\omega)=\begin{cases}0, & \omega=\omega_1\\ 1, & \omega=\omega_2\end{cases}$$

来描述这个随机试验的结果．例如，抛掷硬币试验，检查产品的质量是否合格，某工厂的电力消耗是否超过负荷等．

例 2 200 件产品中，有196 件是正品，4 件是次品，今从中随机地抽取一件，若规定 $X=\begin{cases}1, & \text{取到正品}\\ 0, & \text{取到次品}\end{cases}$，则

$$P\{X=1\}=\frac{196}{200}=0.98, \ P\{X=0\}=\frac{4}{200}=0.02.$$

于是，X 服从参数为 0.98 的两点分布． ■

2. 二项分布 n次发生k次

在 n 重伯努利试验中，设每次试验中事件 A 发生的概率为 p，用 X 表示 n 重伯努利试验中事件 A 发生的次数，则 X 的可能取值为 $0, 1, \cdots, n$，且对每一个 $k\,(0\le k\le n)$，事件 $\{X=k\}$ 即为"n 次试验中事件 A 恰好发生 k 次"，根据伯努利概型，有

$$P\{X=k\}=\mathrm{C}_n^k p^k(1-p)^{n-k}, \ k=0, 1, \cdots, n. \tag{2.1}$$

定义 3 若一个随机变量 X 的概率分布由式 (2.1) 给出，则称 X 服从参数为 n, p 的**二项分布**．记为 $X\sim b(n, p)$（或 $B(n, p)$）．

显然，(1) $P\{X=k\}\ge 0$；(2) $\sum_{k=0}^{n} P\{X=k\}=1$.

注：当 $n=1$ 时，式 (2.1) 变为

$$P\{X=k\}=p^k(1-p)^{1-k}, \ k=0, 1,$$

此时，随机变量 X 即服从 0－1 分布．

二项分布的图形特点：

在图 2－2－1 和图 2－2－2 中，我们分别给出了当 $n=10$, $p=0.7$ 和 $n=13$, $p=0.5$ 时二项分布的图形．

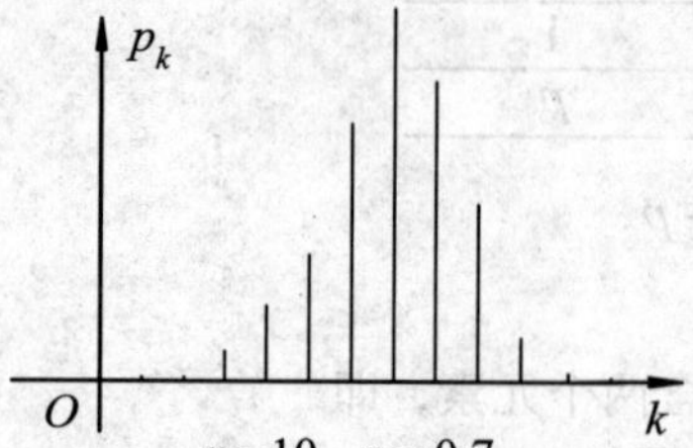

$n=10,\ p=0.7$

图 2-2-1

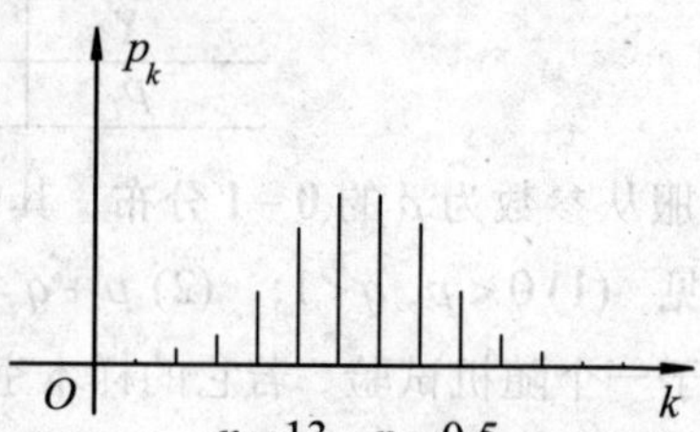

$n=13,\ p=0.5$

图 2-2-2

从图中可看出：对于固定的n及p，当k增加时，概率$P\{X=k\}$先是随之增加直至达到最大值，随后单调减少. 可以证明，一般的二项分布的图形也具有这一性质. 且

(1) 当$(n+1)p$不为整数时，二项概率$P\{X=k\}$在$k=[(n+1)p]$时达到最大值；

(2) 当$(n+1)p$为整数时，二项概率$P\{X=k\}$在$k=(n+1)p$和$k=(n+1)p-1$时达到最大值.

注：$[x]$为不超过x的最大整数.

例 3 已知100个产品中有5个次品，现从中有放回地取3次，每次任取1个，求在所取的3个中恰有2个次品的概率.

解 因为这是有放回地取3次，因此，这3次试验的条件完全相同且独立，它是伯努利试验. 依题意，每次试验取到次品的概率为0.05. 设X为所取的3个中的次品数，则$X\sim b(3,0.05)$，于是，所求概率为：

$$P\{X=2\}=C_3^2(0.05)^2(0.95)=0.007\,125.$$ ■

注：若将本例中的“有放回”改为“无放回”，那么各次试验条件就不同了，所以不再是伯努利概型，此时，只能用古典概型求解.

$$P\{X=2\}=\frac{C_{95}^1C_5^2}{C_{100}^3}\approx 0.005\,88.$$

例 4 某人进行射击，设每次射击的命中率为0.02，独立射击400次，试求至少击中两次的概率.

解 将一次射击看成是一次试验. 设击中的次数为X，则$X\sim b(400,0.02)$. X的分布律为

$$P\{X=k\}=C_{400}^k(0.02)^k(0.98)^{400-k},\ k=0,1,\cdots,400.$$

于是，所求概率为

$$\begin{aligned}P\{X\geq 2\}&=1-P\{X=0\}-P\{X=1\}\\&=1-(0.98)^{400}-400(0.02)(0.98)^{399}\approx 0.997\,2.\end{aligned}$$ ■

注：二项分布$b(n,p)$和两点分布$b(1,p)$还有一层密切关系. 仍设一个试验只有两个结果：A和$\overline{A}$，且$P(A)=p$. 现将试验独立进行n次，记X为n次试验中结果A出

现的次数，则 $X\sim b(n,p)$. 若记 X_i 为第 i 次试验中结果 A 出现的次数，即

$$X_i=\begin{cases}1, & \text{第 } i \text{ 次试验中结果 } A \text{ 出现}\\ 0, & \text{第 } i \text{ 次试验中结果 } A \text{ 不出现}\end{cases},\quad i=1,2,\cdots,n,$$

则 $X_i\sim b(1,p)$，并且 $X_1,X_2,\cdots,X_n$ 相互独立（相互独立的概念见第 3 章）. 根据 X 和 $X_1,X_2,\cdots,X_n$ 的定义，自然有

$$X=X_1+X_2+\cdots+X_n.$$

3. 泊松分布

定义 4　若一个随机变量 X 的概率分布为

$$P\{X=k\}=e^{-\lambda}\frac{\lambda^k}{k!},\ \lambda>0,\ k=0,1,2,\cdots, \tag{2.2}$$

则称 X 服从参数为 λ 的**泊松分布**，记为 $X\sim P(\lambda)$（或 $X\sim\pi(\lambda)$）.

易见，(1) $P\{X=k\}\geq 0,\ k=0,1,2,\cdots$;

(2) $\sum\limits_{k=0}^{\infty}P\{X=k\}=\sum\limits_{k=0}^{\infty}e^{-\lambda}\frac{\lambda^k}{k!}=e^{-\lambda}\sum\limits_{k=0}^{\infty}\frac{\lambda^k}{k!}=e^{-\lambda}e^{\lambda}=1.$

泊松分布的图形特征见图 2-2-3.

注：历史上，泊松分布是作为二项分布的近似，于 1837 年由法国数学家泊松引入的. 泊松分布是概率论中最重要的分布之一. 实际问题中许多随机现象都服从或近似服从泊松分布. 泊松分布的概率值可查附表 2.

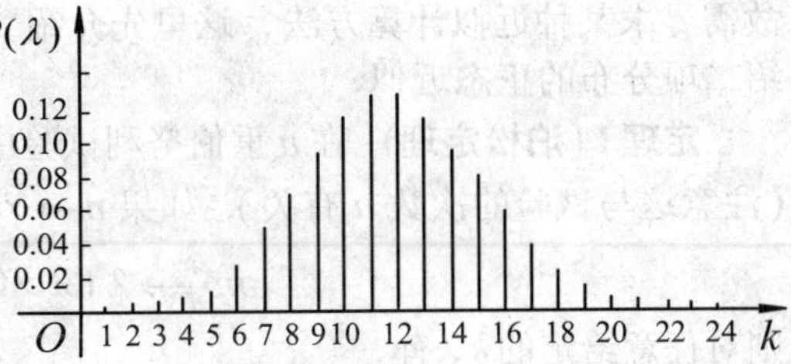

图 2-2-3

泊松分布产生的一般条件：

在自然界和现实生活中，常遇到在随机时刻出现的某种事件. 把在随机时刻相继出现的事件所形成的序列称为**随机事件流**. 若随机事件流具有平稳性、无后效性、普通性，则称该事件流为**泊松事件流（泊松流）**. 这里，

平稳性 —— 在任意时间区间内，事件发生 k 次 $(k\geq 0)$ 的概率只依赖于区间长度而与区间端点无关；

无后效性 —— 在不相重叠的时间段内，事件的发生相互独立；

普通性 —— 如果时间区间充分小，事件出现两次或两次以上的概率可忽略不计.

对泊松流，在任意时间间隔 $(0,t)$ 内，事件发生的次数服从参数为 λ 的泊松分布. λ 称为**泊松流的强度**.

例如，下列事件都可视为泊松流：

某电话交换台一定时间内收到的用户的呼叫次数；

到某机场降落的飞机数；

某售票窗口接待的顾客数；

一纺锭在某一时段内发生断头的次数；

一段时间间隔内某放射物放射的粒子数；

一段时间间隔内某容器内的细菌数，等等.

例 5 某一城市每天发生火灾的次数 X 服从参数 $\lambda=0.8$ 的泊松分布，求该城市一天内发生 3 次或 3 次以上火灾的概率.

解 由概率的性质及式 (2.2)，得

$$P\{X\geq 3\}=1-P\{X<3\}=1-P\{X=0\}-P\{X=1\}-P\{X=2\}$$

$$=1-e^{-0.8}\left(\frac{0.8^0}{0!}+\frac{0.8^1}{1!}+\frac{0.8^2}{2!}\right)\approx 0.047\,4.$$ ■

4. 二项分布的泊松近似

对二项分布 $b(n,p)$，当试验次数 n 很大时，计算其概率很麻烦.

例如，要计算

$$P\{X>5\}=\sum_{k=6}^{5\,000}P\{X=k\}=\sum_{k=6}^{5\,000}C_{5\,000}^{k}\left(\frac{1}{1\,000}\right)^k\left(\frac{999}{1\,000}\right)^{5\,000-k},$$

故需寻求某种近似计算方法. 这里先介绍二项分布的泊松近似，在 §4.4 中还将介绍二项分布的正态近似.

定理 1 (泊松定理) 在 n 重伯努利试验中，事件 A 在每次试验中发生的概率为 p_n (注意这与试验的次数 n 有关)，如果 $n\to\infty$ 时，

$$np_n\to\lambda\ (\lambda>0\ \text{为常数}),$$

则对任意给定的 k，有

$$\lim_{n\to\infty}b(k;n,p_n)=\lim_{n\to\infty}C_n^k p_n^k(1-p_n)^{n-k}=\frac{\lambda^k}{k!}e^{-\lambda}.$$

证明 略.

注: ① 定理的条件意味着当 n 很大时，p_n 必定很小. 因此，泊松定理表明，当 n 很大，p 接近 0 或 1 时，有下列近似公式:

$$C_n^k p^k(1-p)^{n-k}\approx\frac{\lambda^k}{k!}e^{-\lambda}\quad(\lambda=np).\tag{2.3}$$

实际计算中，$n\geq 100$，$np\leq 10$ 时近似效果就很好.

② 把在每次试验中出现概率很小的事件称作稀有事件，也称作小概率事件，此类事件如：彩票中奖、地震、火山爆发、特大洪水、意外事故等，则由泊松定理知，n 重伯努利试验中稀有事件出现的次数近似地服从泊松分布.

例 6 某公司生产一种产品 300 件. 根据历史生产记录知废品率为 0.01. 问现在这 300 件产品经检验废品数大于 5 的概率是多少？

解 把每件产品的检验看作一次伯努利试验，它有两个结果：

$$A=\{\text{正品}\},\ \overline{A}=\{\text{废品}\}.$$

检验300件产品就是作300次独立的伯努利试验. 用X表示检验出的废品数, 则$X\sim b(300, 0.01)$, 我们要计算$P\{X>5\}$.

对$n=300$, $p=0.01$, 有$\lambda=np=3$, 应用式(2.3)得

$$P\{X>5\}=\sum_{k=6}^{300} b(k;300,0.01)=1-\sum_{k=0}^{5} b(k;300,0.01)\approx 1-\sum_{k=0}^{5}\frac{e^{-3}}{k!}3^k.$$

查泊松分布表, 得

$$P\{X>5\}\approx 1-0.916\,082=0.083\,918.$$ ■

例 7 一家商店采用科学管理, 由该商店过去的销售记录知道, 某种商品每月的销售数可以用参数$\lambda=5$的泊松分布来描述, 为了以95%以上的把握保证不脱销, 问商店在月底至少应进该种商品多少件?

解 设该商品每月的销售数为X, 已知X服从参数$\lambda=5$的泊松分布. 设商店在月底应进该种商品m件, 求满足$P\{X\le m\}>0.95$的最小的m, 即

$$\sum_{k=0}^{m}\frac{e^{-5}5^k}{k!}>0.95.$$

查泊松分布表, 得

$$\sum_{k=0}^{9}\frac{e^{-5}5^k}{k!}\approx 0.968\,172,\quad \sum_{k=0}^{8}\frac{e^{-5}5^k}{k!}\approx 0.931\,906.$$

于是, 得$m=9$件. ■

习题 2-2

1. 设随机变量X服从参数为λ的泊松分布, 且$P\{X=1\}=P\{X=2\}$, 求λ.

2. 设随机变量X的分布律为

$$P\{X=k\}=\frac{k}{15},\ k=1,2,3,4,5,$$

试求: (1) $P\left\{\frac{1}{2}<X<\frac{5}{2}\right\}$; (2) $P\{1\le X\le 3\}$; (3) $P\{X>3\}$.

3. 已知随机变量X只能取$-1, 0, 1, 2$四个值, 相应概率依次为$\frac{1}{2c}, \frac{3}{4c}, \frac{5}{8c}, \frac{7}{16c}$, 试确定常数$c$, 并计算$P\{X<1 \mid X\ne 0\}$.

4. 一袋中装有5只球, 编号为1, 2, 3, 4, 5. 在袋中同时取3只, 以X表示取出的3只球中的最大号码, 写出随机变量X的分布律.

5. 某加油站替出租汽车公司代营出租汽车业务, 每出租一辆汽车, 可从出租汽车公司得到3元. 因代营业务, 每天加油站要多付给职工服务费60元. 设每天出租汽车数X是一个随机变量, 它的概率分布如下:

X	10	20	30	40
p_i	0.15	0.25	0.45	0.15

求因代营业务得到的收入大于当天的额外支出费用的概率.

6. 设自动生产线在调整以后出现废品的概率为 $p=0.1$, 当生产过程中出现废品时立即进行调整, X 代表在两次调整之间生产的合格品数, 试求:

(1) X 的概率分布; (2) $P\{X \geq 5\}$;

(3) 在两次调整之间能以 0.6 的概率保证生产的合格品数不少于多少?

7. 设某运动员投篮命中的概率为 0.6, 求他一次投篮时, 投篮命中次数的概率分布.

8. 某种产品共10件, 其中有3件次品, 现从中任取3件, 求取出的 3 件产品中次品数的概率分布.

9. 一批产品共10件, 其中有 7 件正品, 3件次品, 每次从这批产品中任取一件, 取出的产品仍放回去, 求直至取到正品为止所需次数 X 的概率分布.

10. 设随机变量 $X \sim b(2, p)$, $Y \sim b(3, p)$, 若 $P\{X \geq 1\} = \dfrac{5}{9}$, 求 $P\{Y \geq 1\}$.

11. 纺织厂女工照顾 800 个纺锭, 每一纺锭在某一段时间 τ 内断头的概率为 0.005. 求在 τ 这段时间内断头次数不大于 2 的概率.

12. 设书籍上每页的印刷错误的个数 X 服从泊松分布, 经统计发现在某本书上, 有一个印刷错误与有两个印刷错误的页数相同, 求任意检验 4 页, 每页上都没有印刷错误的概率.

13. 设在时间 t (分钟) 内, 通过某交叉路口的汽车数服从参数与 t 成正比的泊松分布, 已知在1分钟内没有汽车通过的概率为 0.2, 求在 2 分钟内最多一辆汽车通过的概率.

§2.3 随机变量的分布函数

当我们要描述一个随机变量时, 不仅要说明它能够取哪些值, 而且还要指出它取这些值的概率. 只有这样, 才能真正完整地刻画一个随机变量, 为此, 我们引入随机变量的分布函数的概念.

一、随机变量的分布函数

定义1 设 X 是一个随机变量, 称

$$F(x) = P\{X \leq x\} \quad (-\infty < x < +\infty) \tag{3.1}$$

为 X 的**分布函数**. 有时记作 $X \sim F(x)$ 或 $F_X(x)$.

注: ① 若将 X 看作数轴上随机点的坐标, 则分布函数 $F(x)$ 的值就表示 X 落在区间 $(-\infty, x]$ 内的概率, 因而 $0 \leq F(x) \leq 1$;

② 对任意实数 $x_1, x_2\ (x_1 < x_2)$, 随机点落在区间 $(x_1, x_2]$ 内的概率

$$P\{x_1 < X \leq x_2\} = P\{X \leq x_2\} - P\{X \leq x_1\} = F(x_2) - F(x_1);$$

③ 随机变量的分布函数是一个普通的函数, 它完整地描述了随机变量的统计规

律性．通过它，人们就可以利用数学分析的方法来全面研究随机变量．

分布函数的性质

(1) 单调非减．若 $x_1 < x_2$，则 $F(x_1) \le F(x_2)$．

事实上，由事件"$X \le x_2$"包含事件"$X \le x_1$"即得．

(2) $F(-\infty) = \lim\limits_{x \to -\infty} F(x) = 0$，$F(+\infty) = \lim\limits_{x \to +\infty} F(x) = 1$．

事实上，由事件 $X \le -\infty$ 和 $X \le +\infty$ 分别是不可能事件和必然事件即得．

(3) 右连续性．即 $\lim\limits_{x \to x_0^+} F(x) = F(x_0)$．

注：另一方面，若一个函数具有上述性质，则它一定是某个随机变量的分布函数．

例1　等可能地在数轴上的有界区间 $[a, b]$ 上投点，记 X 为落点的位置(数轴上的坐标)，求随机变量 X 的分布函数．

解　当 $x < a$ 时，$\{X \le x\}$ 是不可能事件，于是，

$$F(x) = P\{X \le x\} = 0.$$

当 $a \le x < b$ 时，由于 $\{X \le x\} = \{a \le X \le x\}$，且 $[a, x] \subset [a, b]$，由几何概率得知，

$$F(x) = P\{X \le x\} = P\{a \le X \le x\} = \frac{x-a}{b-a}.$$

当 $x \ge b$ 时，由于 $\{X \le x\} = \{a \le X \le b\}$，于是

$$F(x) = P\{X \le x\} = P\{a \le X \le b\} = \frac{b-a}{b-a} = 1.$$

综上可得 X 的分布函数为

$$F(x) = \begin{cases} 0, & x < a \\ \dfrac{x-a}{b-a}, & a \le x < b. \\ 1, & x \ge b \end{cases}$$ ■

二、离散型随机变量的分布函数

设离散型随机变量 X 的概率分布为

X	x_1	x_2	$\cdots$	x_n	$\cdots$
p_i	p_1	p_2	$\cdots$	p_n	$\cdots$

则 X 的分布函数为

$$F(x) = P\{X \le x\} = \sum_{x_i \le x} P\{X = x_i\} = \sum_{x_i \le x} p_i. \tag{3.2}$$

即，当 $x < x_1$ 时，$F(x) = 0$；

当 $x_1 \le x < x_2$ 时，$F(x) = p_1$；

当 $x_2 \le x < x_3$ 时，$F(x) = p_1 + p_2$；

……

当 $x_{n-1} \le x < x_n$ 时，$F(x) = p_1 + p_2 + \cdots + p_{n-1}$；

……

如图 2-3-1 所示，$F(x)$ 是一个阶梯形函数，它在 $x = x_i\ (i = 1, 2, \cdots)$ 处有跳跃，跳跃度恰为随机变量 X 在 $x = x_i$ 点的概率 $p_i = P\{X = x_i\}$.

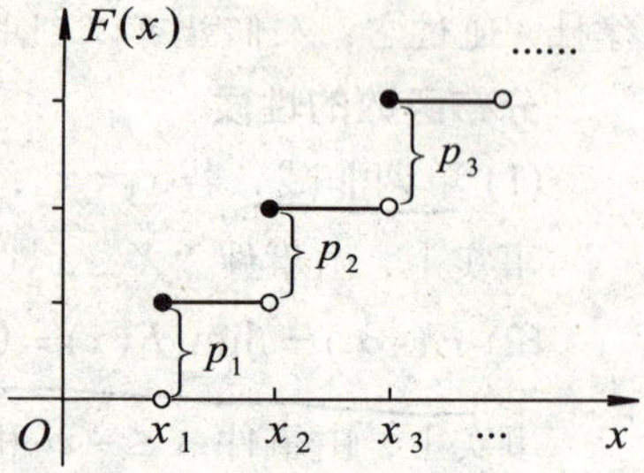

图 2-3-1

反之，若一个随机变量 X 的分布函数为阶梯形函数，则 X 一定是一个离散型随机变量，其概率分布亦由 $F(x)$ 唯一确定.

例 2　设随机变量 X 的分布律为

X	0	1	2
p_i	1/3	1/6	1/2

求 $F(x)$.

解　当 $x < 0$ 时，由 $\{X \le x\} = \varnothing$，得 $F(x) = P\{X \le x\} = 0$；

当 $0 \le x < 1$ 时，$F(x) = P\{X \le x\} = P\{X = 0\} = 1/3$；

当 $1 \le x < 2$ 时，$F(x) = P\{X = 0\} + P\{X = 1\} = \dfrac{1}{3} + \dfrac{1}{6} = \dfrac{1}{2}$；

当 $x \ge 2$ 时，$F(x) = P\{X = 0\} + P\{X = 1\} + P\{X = 2\} = 1$.

所以
$$F(x) = \begin{cases} 0, & x < 0 \\ 1/3, & 0 \le x < 1 \\ 1/2, & 1 \le x < 2 \\ 1, & x \ge 2 \end{cases}.$$

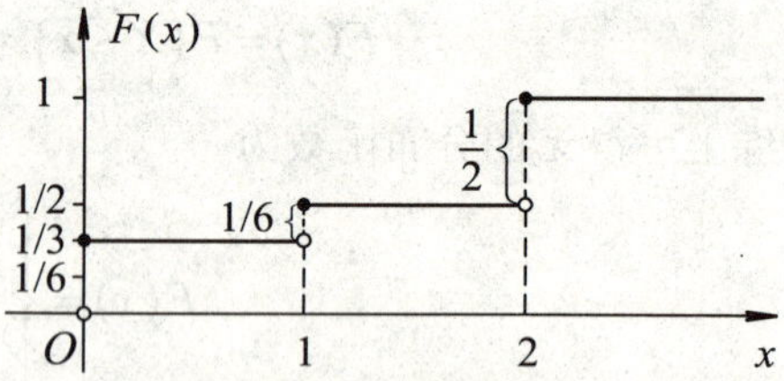

图 2-3-2

从图 2-3-2 不难看出，$F(x)$ 的图形是阶梯状的，在 $x = 0, 1, 2$ 处有跳跃，其跃度分别等于

$$P\{X = 0\},\ P\{X = 1\},\ P\{X = 2\}.$$ ■

例 3　设随机变量 X 的分布函数为

$$F(x) = \begin{cases} 0, & x < 1 \\ 9/19, & 1 \le x < 2 \\ 15/19, & 2 \le x < 3 \\ 1, & x \ge 3 \end{cases},$$

求 X 的概率分布.

解　由于 $F(x)$ 是一个阶梯形函数，故知 X 是一个离散型随机变量，$F(x)$ 的跳跃点分别为 1，2，3，对应的跳跃高度分别为 9/19, 6/19, 4/19, 如图 2-3-3 所示，故 X 的概率分布为

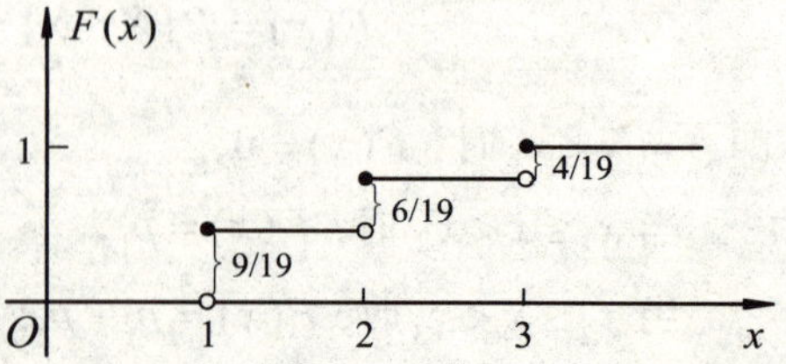

图 2-3-3

X	1	2	3
p_i	9/19	6/19	4/19

■

习题 2-3

1. $F(x)=\begin{cases}0, & x<-2\\ 0.4, & -2\le x<0\\ 1, & x\ge 0\end{cases}$，是随机变量 X 的分布函数，则 X 是________型的随机变量.

2. 设 $F(x)=\begin{cases}0, & x<0\\ x/2, & 0\le x<1\\ 1, & x\ge 1\end{cases}$，问 $F(x)$ 是否为某随机变量的分布函数.

3. 已知离散型随机变量 X 的概率分布为

$$P\{X=1\}=0.3,\ P\{X=3\}=0.5,\ P\{X=5\}=0.2.$$

试写出 X 的分布函数 $F(x)$，并画出图形.

4. 设离散型随机变量 X 的分布函数为 $F(x)=\begin{cases}0, & x<-1\\ 0.4, & -1\le x<1\\ 0.8, & 1\le x<3\\ 1, & x\ge 3\end{cases}$. 试求：(1) X 的概率分布；(2) $P\{X<2\mid X\ne 1\}$.

5. 设 X 的分布函数为 $F(x)=\begin{cases}0, & x<0\\ x/2, & 0\le x<1\\ x\quad 1/2, & 1\le x<1.5\\ 1, & x\ge 1.5\end{cases}$. 求 $P\{0.4<X\le 1.3\}$，$P\{X>0.5\}$，$P\{1.7<X\le 2\}$.

6. 设随机变量 X 的分布函数为

$$F(x)=A+B\arctan x\quad(-\infty<x<+\infty).$$

试求：(1) 系数 A 与 B；(2) X 落在 $(-1,1]$ 内的概率.

7. 在区间 $[0,a]$ 上任意投掷一个质点，以 X 表示这个质点的坐标. 设这个质点落在 $[0,a]$ 中任意小区间内的概率与这个小区间的长度成正比例. 试求 X 的分布函数.

§2.4 连续型随机变量及其概率密度

一、连续型随机变量及其概率密度

定义1 如果对随机变量 X 的分布函数 $F(x)$，存在非负可积函数 $f(x)$，使得对于任意实数 x，有

$$F(x)=P\{X\le x\}=\int_{-\infty}^{x}f(t)\,dt, \tag{4.1}$$

则称 X 为**连续型随机变量**，称 $f(x)$ 为 X 的**概率密度函数**，简称为**概率密度**或**密度函数**.

注：连续型随机变量 X 所有可能取值充满一个区间，对这种类型的随机变量，不能像离散型随机变量那样，以指定它取每个值时概率的方式去给出其概率分布，而是采用给出上面的"概率密度函数"的方式. 概率密度的含义就类似于物理中的线密度，类似于把单位质量按密度函数给定的值分布于 $(-\infty,+\infty)$. 对于离散的情形，是只把单位质量分布到了有限个或者可数个点处.

易见概率密度具有下列性质：

(1) $f(x)\ge 0$；

(2) $\int_{-\infty}^{+\infty}f(x)\,dx=1$.

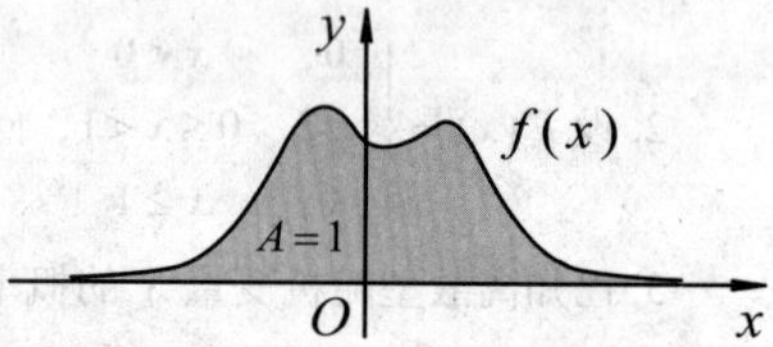

图 2－4－1

注：上述性质有明显的几何意义(见图2－4－1).

反之，可证一个函数若满足上述性质，则该函数一定可以作为某连续型随机变量的概率密度函数.

连续型随机变量分布函数的性质：

(1) 对一个连续型随机变量 X，若已知其密度函数 $f(x)$，则根据定义，可求得其分布函数 $F(x)$ (见图2－4－2)，同时，还可求得 X 的取值落在任意区间 $(a,b]$ 上的概率 (见图2－4－3)：

$$P\{a<X\le b\}=F(b)-F(a)=\int_{a}^{b}f(x)\,dx.$$

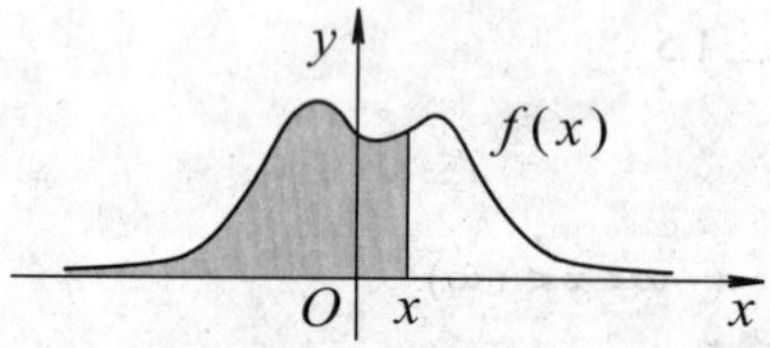

图 2－4－2

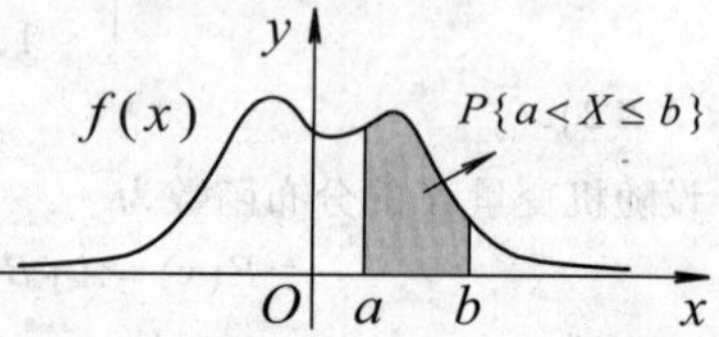

图 2－4－3

(2) 连续型随机变量 X 取任一指定值 $a(a\in\mathbf{R})$ 的概率为0. 因为

$$P\{X=a\}=\lim_{\Delta x\to 0^+}P\{a-\Delta x<X\le a\}=\lim_{\Delta x\to 0^+}\int_{a-\Delta x}^{a}f(x)\,dx=0,$$

故对连续型随机变量 X，有

$$P\{a<X\le b\}=P\{a\le X<b\}=P\{a\le X\le b\}=P\{a<X<b\}. \tag{4.2}$$

注：连续型随机变量 X 取任意值 a 的概率为0. 此性质与离散型随机变量是不同的，而且此性质也说明概率为零的事件不一定是不可能事件.

(3) 若 $f(x)$ 在点 x 处连续，则

$$F'(x)=f(x). \tag{4.3}$$

事实上，由定义和积分上限函数的导数公式即得. 另由式 (4.2) 得:

$$f(x)=\lim_{\Delta x\to 0^+}\frac{F(x+\Delta x)-F(x)}{\Delta x}=\lim_{\Delta x\to 0^+}\frac{P\{x<X\le x+\Delta x\}}{\Delta x}. \tag{4.4}$$

可将上式理解为: X 在点 x 处的密度 $f(x)$，恰好是 X 落在区间 $(x,\ x+\Delta x]$ 上的概率与区间长度 Δx 之比的极限 (比较线密度的定义). 由式 (4.4)，若不计高阶无穷小，则有

$$P\{x<X\le x+\Delta x\}\approx f(x)\Delta x, \tag{4.5}$$

即 X 落在小区间 $(x,\ x+\Delta x]$ 上的概率近似等于 $f(x)\Delta x$.

例 1 设随机变量 X 的分布函数为

$$F(x)=\begin{cases}0, & x\le 0\\ x^2, & 0<x<1\\ 1, & 1\le x\end{cases}.$$

求: (1) 概率 $P\{0.3<X<0.7\}$; (2) X 的密度函数.

解 由性质 (2) 和性质 (3), 有

(1) $P\{0.3<X<0.7\}=F(0.7)-F(0.3)=0.7^2-0.3^2=0.4$.

(2) X 的密度函数为

$$f(x)=F'(x)=\begin{cases}0, & x\le 0\\ 2x, & 0<x<1\\ 0, & 1\le x\end{cases}=\begin{cases}2x, & 0<x<1\\ 0, & \text{其它}\end{cases}.$$

■

二、常用连续型分布

1. 均匀分布

定义 2 若连续型随机变量 X 的概率密度为

$$f(x)=\begin{cases}1/(b-a), & a<x<b\\ 0, & \text{其它}\end{cases}, \tag{4.6}$$

则称 X 在区间 $(a,\ b)$ 上服从**均匀分布**, 记为 $X\sim U(a,\ b)$.

易见 (1) $f(x)\ge 0$; (2) $\int_{-\infty}^{+\infty}f(x)\,\mathrm{d}x=1$.

注: 在区间 (a,b) 上服从均匀分布的随机变量 X，其取值落在 (a,b) 中任意等长度的子区间内的概率是相同的，且与子区间的长度成正比. 事实上，任取子区间 $(c,\ c+l)\subset(a,\ b)$, 有

$$P\{c<X\le c+l\}=\int_c^{c+l}f(x)\,\mathrm{d}x=\int_c^{c+l}\frac{1}{b-a}\,\mathrm{d}x=\frac{l}{b-a}.$$

此外，由上节例 1，已求得 X 的分布函数

$$F(x)=\begin{cases}0, & x<a\\ (x-a)/(b-a), & a\le x<b\\ 1, & x\ge b\end{cases}. \tag{4.7}$$

例2　某公共汽车站从上午7时起，每15分钟来一班车，即7:00, 7:15, 7:30, 7:45等时刻有汽车到达此站，如果乘客到达此站的时间X是7:00到7:30之间的均匀随机变量，试求他候车时间少于5分钟的概率.

解　以7:00为起点0，以分为单位，依题意，$X\sim U(0,30)$,

$$f(x)=\begin{cases}1/30, & 0<x<30\\ 0, & 其它\end{cases}.$$

为使候车时间少于5分钟，乘客必须在7:10到7:15之间，或在7:25到7:30之间到达车站，故所求概率为

$$P\{10<X<15\}+P\{25<X<30\}=\int_{10}^{15}\frac{1}{30}\,\mathrm{d}x+\int_{25}^{30}\frac{1}{30}\,\mathrm{d}x=\frac{1}{3}.$$

即乘客候车时间少于5分钟的概率是1/3. ■

2. 指数分布

定义3　若随机变量X的概率密度为

$$f(x)=\begin{cases}\lambda e^{-\lambda x}, & x>0\\ 0, & 其它\end{cases},\ \lambda>0, \tag{4.8}$$

则称X服从参数为λ的**指数分布**. 简记为$X\sim e(\lambda)$.

易见 (1) $f(x)\ge 0$;　(2) $\int_{-\infty}^{+\infty}f(x)\,\mathrm{d}x=1$.

$f(x)$的几何图形如图2-4-4所示.

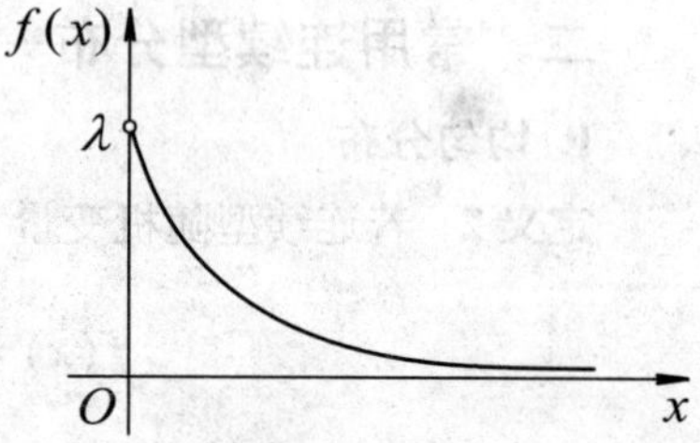

图 2-4-4

若X服从参数为λ的指数分布，易求出其分布函数

$$F(x)=\begin{cases}1-e^{-\lambda x}, & x>0\\ 0, & 其它\end{cases},\ \lambda>0. \tag{4.9}$$

注：指数分布常用来描述对某一事件发生的等待时间，因而，它在可靠性理论和排队论中有广泛的应用. 服从指数分布的随机变量X具有无记忆性，即对任意$s, t>0$，有

$$P\{X>s+t\mid X>s\}=P\{X>t\}, \tag{4.10}$$

因为 $P\{X>s+t\mid X>s\}=\dfrac{P\{(X>s+t)\bigcap(X>s)\}}{P\{X>s\}}$

$$=\frac{P\{X>s+t\}}{P\{X>s\}}=\frac{1-F(s+t)}{1-F(s)}=\frac{e^{-\lambda(s+t)}}{e^{-\lambda s}}=e^{-\lambda t}=P\{X>t\}.$$

若X表示某一元件的寿命，则式(4.10)表明：已知元件已使用了s小时，它总共

能使用至少 $s+t$ 小时的条件概率与从开始使用时算起它至少能使用 t 小时的概率相等，即元件对它已经使用过 s 小时没有记忆，具有这一性质是指数分布具有广泛应用的重要原因.

例 3 某元件的寿命 X 服从指数分布，已知其参数 $\lambda=\dfrac{1}{1\,000}$，求 3 个这样的元件使用 1 000 小时，至少已有一个损坏的概率.

解 由题设知，X 的分布函数为 $F(x)=\begin{cases}1-e^{-\frac{x}{1\,000}}, & x\geq 0\\ 0, & x<0\end{cases}$，由此得到

$$P\{X>1\,000\}=1-P\{X\leq 1\,000\}=1-F(1\,000)=e^{-1}.$$

各元件的寿命是否超过 1 000 小时是独立的，用 Y 表示三个元件中使用 1 000 小时损坏的元件数，则 $Y\sim b(3,1-e^{-1})$. 所求概率为

$$P\{Y\geq 1\}=1-P\{Y=0\}=1-C_3^0(1-e^{-1})^0(e^{-1})^3=1-e^{-3}.$$ ■

3. 正态分布

定义 4 若随机变量 X 的概率密度为

μ→位置参数
σ→形状参数

$$f(x)=\frac{1}{\sqrt{2\pi}\sigma}e^{-\frac{(x-\mu)^2}{2\sigma^2}},\quad -\infty<x<+\infty, \tag{4.11}$$

则称 X 服从参数为 μ 和 σ^2 的**正态分布**，记为 $X\sim N(\mu,\sigma^2)$，其中 μ 和 $\sigma(\sigma>0)$ 都是常数.

易见 (1) $f(x)\geq 0$;

(2) $$\int_{-\infty}^{+\infty}f(x)\,dx=\int_{-\infty}^{+\infty}\frac{1}{\sqrt{2\pi}\sigma}e^{-\frac{(x-\mu)^2}{2\sigma^2}}dx\overset{t=\frac{x-\mu}{\sigma}}{=\!=\!=}\frac{1}{\sqrt{2\pi}}\int_{-\infty}^{+\infty}e^{-\frac{t^2}{2}}dt=1.$$

其中利用了泊松积分 $\int_{-\infty}^{+\infty}e^{-t^2}dt=\sqrt{\pi}$.

一般来说，一个随机变量如果受到许多随机因素的影响，而其中每一个因素都不起主导作用 (作用微小)，则它服从正态分布. 这是正态分布在实践中得以广泛应用的原因. 例如，产品的质量指标，元件的尺寸，某地区成年男子的身高、体重，测量误差，射击目标的水平或垂直偏差，信号噪声，农作物的产量，等等，都服从或近似服从正态分布.

正态分布的图形特征：

(1) 密度曲线关于 $x=\mu$ 对称 (见图 2-4-5);

(2) 曲线在 $x=\mu$ 时达到最大值 $f(x)=\dfrac{1}{\sqrt{2\pi}\sigma}$;

(3) 曲线在 $x=\mu\pm\sigma$ 处有拐点且以 x 轴为渐近线;

(4) μ 确定了曲线的位置，σ 确定了曲线中峰的陡峭程度 (见图 2-4-6).

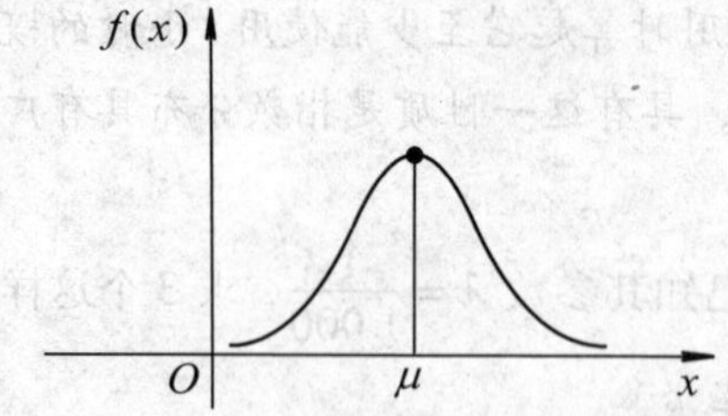

图 2-4-5

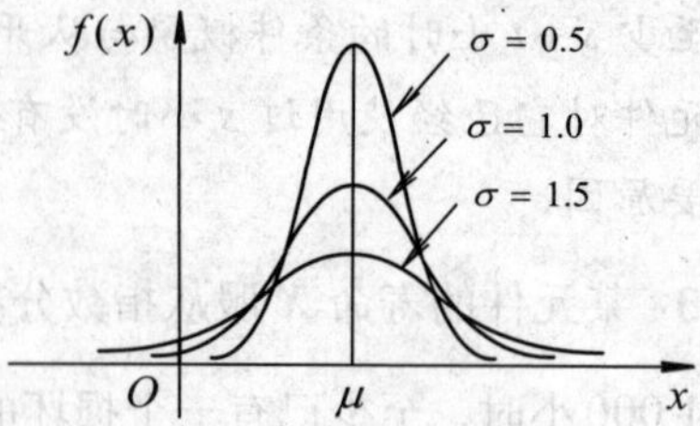

图 2-4-6

若 $X \sim N(\mu, \sigma^2)$，则 X 的分布函数为

$$F(x)=\frac{1}{\sqrt{2\pi}\sigma}\int_{-\infty}^{x} e^{-\frac{(t-\mu)^2}{2\sigma^2}}\mathrm{d}t,\quad -\infty<x<+\infty. \tag{4.12}$$

正态分布当 $\mu=0$，$\sigma=1$ 时称为**标准正态分布**，此时，其密度函数和分布函数常用 $\varphi(x)$ 和 $\Phi(x)$ 表示（见图 2-4-7 和图 2-4-8）.

$$\varphi(x)=\frac{1}{\sqrt{2\pi}}e^{-\frac{x^2}{2}},\qquad \Phi(x)=\frac{1}{\sqrt{2\pi}}\int_{-\infty}^{x}e^{-\frac{t^2}{2}}\mathrm{d}t.$$

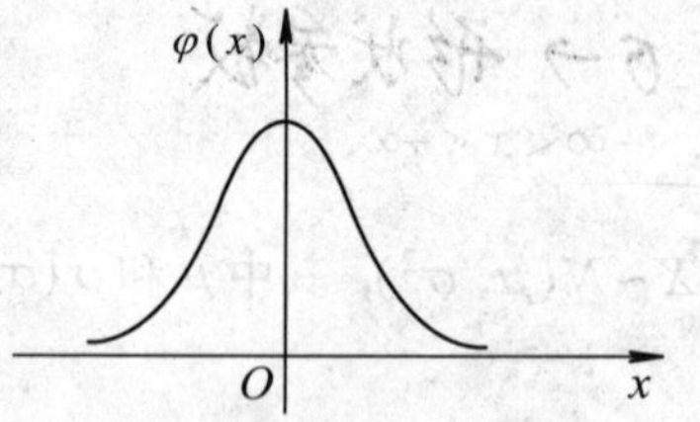

图 2-4-7

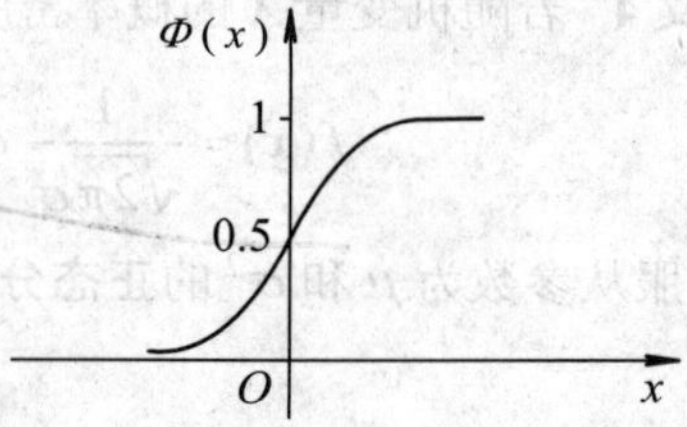

图 2-4-8

标准正态分布的重要性在于，任何一个一般的正态分布都可以通过线性变换转化为标准正态分布.

定理 1　设 $X \sim N(\mu, \sigma^2)$，则 $Y=\frac{X-\mu}{\sigma}\sim N(0,1)$.

证明　$Y=\frac{X-\mu}{\sigma}$ 的分布函数为

$$P\{Y\le x\}=P\left\{\frac{X-\mu}{\sigma}\le x\right\}=P\{X\le \mu+\sigma x\}=\int_{-\infty}^{\mu+\sigma x}\frac{1}{\sqrt{2\pi}\sigma}e^{-\frac{(t-\mu)^2}{2\sigma^2}}\mathrm{d}t$$

$$\overset{u=\frac{t-\mu}{\sigma}}{=\!=\!=}\frac{1}{\sqrt{2\pi}}\int_{-\infty}^{x}e^{-\frac{u^2}{2}}\mathrm{d}u=\Phi(x),$$

所以　$$Y=\frac{X-\mu}{\sigma}\sim N(0,1).$$ ■

对标准正态分布的分布函数 $\Phi(x)$，人们利用近似计算方法求出其近似值，并编制了标准正态分布表（见书后附表 3）供使用时查找.

标准正态分布表的使用：

(1) 表中给出了 $x>0$ 时，$\Phi(x)$ 的数值，当 $x<0$ 时，利用正态分布密度函数的对称性，易见有

$$\Phi(x)=1-\Phi(-x).$$

(2) 若 $X\sim N(0,1)$，则由连续型随机变量分布函数的性质 2，有

$$P\{a<X\leq b\}=P\{a\leq X\leq b\}=P\{a\leq X<b\}=P\{a<X<b\}=\Phi(b)-\Phi(a).$$

(3) 若 $X\sim N(\mu,\sigma^2)$，则 $Y=\dfrac{X-\mu}{\sigma}\sim N(0,1)$，故 X 的分布函数

$$F(x)=P\{X\leq x\}=P\left\{\frac{X-\mu}{\sigma}\leq\frac{x-\mu}{\sigma}\right\}=\Phi\left(\frac{x-\mu}{\sigma}\right);$$

$$P\{a<X\leq b\}=P\left\{\frac{a-\mu}{\sigma}<Y\leq\frac{b-\mu}{\sigma}\right\}=\Phi\left(\frac{b-\mu}{\sigma}\right)-\Phi\left(\frac{a-\mu}{\sigma}\right).$$

例 4　设 $X\sim N(1,4)$，求 $F(5)$，$P\{0<X\leq 1.6\}$，$P\{|X-1|\leq 2\}$.

解　这里 $\mu=1$，$\sigma=2$，故

$$F(5)=P\{X\leq 5\}=P\left\{\frac{X-1}{2}\leq\frac{5-1}{2}\right\}=\Phi\left(\frac{5-1}{2}\right)=\Phi(2)\xlongequal{\text{查表得}}0.977\,2;$$

$$P\{0<X\leq 1.6\}=\Phi\left(\frac{1.6-1}{2}\right)-\Phi\left(\frac{0-1}{2}\right)=\Phi(0.3)-\Phi(-0.5)$$

$$=0.617\,9-[1-\Phi(0.5)]=0.617\,9-(1-0.691\,5)=0.309\,4;$$

$$P\{|X-1|\leq 2\}=P\{-1\leq X\leq 3\}=P\left\{-1\leq\frac{X-1}{2}\leq 1\right\}=2\Phi(1)-1=0.682\,6.$$ ■

例 5　将一温度调节器放置在贮存着某种液体的容器内，调节器的温度定在 d℃，液体的温度 X（以℃计）是一个随机变量，且

$$X\sim N(d,0.5^2).$$

(1) 若 $d=90$℃，求 X 小于 89℃ 的概率；

(2) 若要求保持液体的温度至少为 80℃ 的概率不低于 0.99，问 d 至少为多少？

解　(1) 所求概率为

$$P\{X<89\}=P\left\{\frac{X-90}{0.5}<\frac{89-90}{0.5}\right\}=\Phi\left(\frac{89-90}{0.5}\right)=\Phi(-2)$$

$$=1-\Phi(2)=1-0.977\,2=0.022\,8.$$

(2) 依题意，所求 d 满足

$$0.99\leq P\{X\geq 80\}=P\left\{\frac{X-d}{0.5}\geq\frac{80-d}{0.5}\right\}=1-P\left\{\frac{X-d}{0.5}<\frac{80-d}{0.5}\right\}$$

$$=1-\Phi\left(\frac{80-d}{0.5}\right).$$

即

$$\Phi\left(\frac{80-d}{0.5}\right)\leq 1-0.99=1-\Phi(2.325)=\Phi(-2.325),$$

亦即
$$\frac{80-d}{0.5} \le -2.325.$$

故需 $d \ge 81.1625$. ■

例 6 已知某台机器生产的螺栓长度 X(单位：厘米)服从参数 $\mu=10.05$, $\sigma=0.06$ 的正态分布. 规定螺栓长度在 10.05 ± 0.12 内为合格品，试求螺栓为合格品的概率.

解 根据假设 $X\sim N(10.05, 0.06^2)$, 记 $a=10.05-0.12$, $b=10.05+0.12$, 则$\{a\le X\le b\}$表示螺栓为合格品. 于是

$$\begin{aligned}P\{a\le X\le b\}&=\Phi\left(\frac{b-\mu}{\sigma}\right)-\Phi\left(\frac{a-\mu}{\sigma}\right)\\&=\Phi(2)-\Phi(-2)=\Phi(2)-[1-\Phi(2)]\\&=2\Phi(2)-1=2\times0.9772-1=0.9544.\end{aligned}$$

即螺栓为合格品的概率等于 0.954 4. ■

注: 设 $X\sim N(\mu,\sigma^2)$, 则

(1) $P\{\mu-\sigma<X\le\mu+\sigma\}=P\left\{-1<\dfrac{X-\mu}{\sigma}\le1\right\}=\Phi(1)-\Phi(-1)$
$=2\Phi(1)-1=0.6826$;

(2) $P\{\mu-2\sigma<X\le\mu+2\sigma\}=\Phi(2)-\Phi(-2)=0.9544$;

(3) $P\{\mu-3\sigma<X\le\mu+3\sigma\}=\Phi(3)-\Phi(-3)=0.9974$.

如图 2-4-9 所示，尽管正态随机变量 X 的取值范围是 $(-\infty,+\infty)$，但它的值几乎全部集中在 $(\mu-3\sigma,\mu+3\sigma)$ 区间内，超出这个范围的可能性仅占不到 0.3%. 这在统计学上称为 **3σ 准则(三倍标准差原则)**.

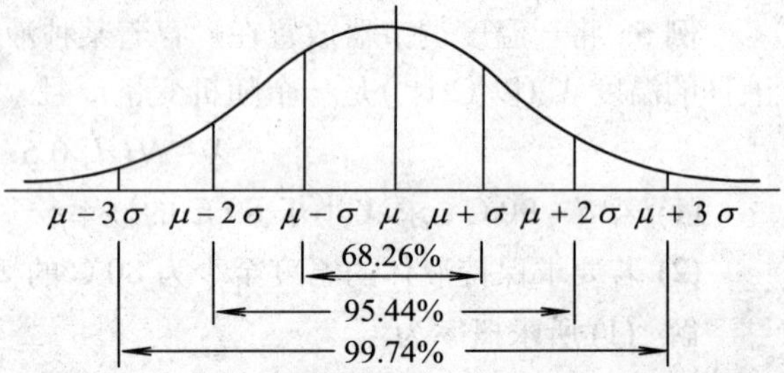

图 2-4-9

正态分布是概率论中最重要的分布，在应用及理论研究中占有头等重要的地位，它与二项分布以及泊松分布是概率论中最重要的三种分布，我们判断一个分布重要性的标准是：

(1) 在实际工作中经常碰到；

(2) 在理论研究中重要，有较好的性质；

(3) 用它能导出许多重要的分布.

随着课程学习的深入和众多案例的探讨，我们会发现这三种分布都满足这些要求.

习题 2-4

1. 设随机变量 X 的概率密度为

$$f(x)=\frac{1}{2\sqrt{\pi}}e^{-\frac{(x+3)^2}{4}} \quad (-\infty<x<+\infty),$$

则 $Y=$____________ $\sim N(0,1)$.

2. 已知 X 的概率密度函数为 $f(x)=\begin{cases}2x, & 0<x<1\\ 0, & \text{其它}\end{cases}$，求 $P\{X\le 0.5\}$；$P\{X=0.5\}$；$F(x)$.

3. 设连续型随机变量 X 的分布函数为

$$F(x)=\begin{cases}A+Be^{-2x}, & x>0\\ 0, & x\le 0\end{cases},$$

试求: (1) A, B 的值； (2) $P\{-1<X<1\}$； (3) 概率密度函数 $f(x)$.

4. 服从拉普拉斯分布的随机变量 X 的概率密度 $f(x)=Ae^{-|x|}$，求系数 A 及分布函数 $F(x)$.

5. 某型号电子管，其寿命 (以小时计) 为一随机变量，概率密度

$$f(x)=\begin{cases}100/x^2, & x\ge 100\\ 0, & \text{其它}\end{cases},$$

某一电子设备内配有三个这样的电子管，求电子管使用150小时都不需要更换的概率.

6. 设一个汽车站上，某路公共汽车每 5 分钟有一辆车到达，而乘客在 5 分钟内任一时间到达是等可能的，计算在车站候车的10位乘客中只有1位等待时间超过 4 分钟的概率.

7. 设 $X\sim N(3,2^2)$.

(1) 确定 c，使得 $P\{X>c\}=P\{X\le c\}$；

(2) 设 d 满足 $P\{X>d\}\ge 0.9$，问 d 至多为多少?

8. 设测量误差 $X\sim N(0,10^2)$，先进行100次独立测量，求误差的绝对值超过19.6的次数不小于3的概率.

9. 某玩具厂装配车间准备实行计件超产奖，为此需对生产定额作出规定. 根据以往记录，各工人每月装配产品数服从正态分布 $N(4\,000, 3\,600)$. 假定车间主任希望10%的工人获得超产奖，求：工人每月需完成多少件产品才能获奖？

10. 某地区18岁女青年的血压 (收缩压, 以 mmHg 计) 服从 $N(110,12^2)$. 在该地区任选一18岁女青年，测量她的血压 X.

(1) 求 $P\{X\le 105\}$，$P\{100<X\le 120\}$；

(2) 确定最小的 x，使 $P\{X>x\}\le 0.05$.

11. 设某城市男子身高 (单位：厘米) $X\sim N(170,36)$，问应如何选择公共汽车车门的高度使男子与车门碰头的机率小于 0.01.

12. 某人去火车站乘车，有两条路可以走. 第一条路程较短，但交通拥挤，所需时间 (单

位: 分钟) 服从正态分布 $N(40, 10^2)$; 第二条路程较长，但意外阻塞较少，所需时间服从正态分布 $N(50, 4^2)$. 求:

(1) 若动身时离火车开车时间只有60分钟，应走哪一条路线?

(2) 若动身时离火车开车时间只有45分钟，应走哪一条路线?

13. 设顾客排队等待服务的时间 X (以分计) 服从 $\lambda=1/5$ 的指数分布，某顾客等待服务，若超过10分钟，他就离开，他一个月要去等待服务5次，以 Y 表示一个月内他未等到服务而离开的次数，试求 Y 的概率分布和 $P\{Y\geq 1\}$.

14. 某仪器装有三只独立工作的同型号电子元件，其寿命 (单位: 小时) 都服从同一指数分布，密度函数为

$$f(x)=\begin{cases}\dfrac{1}{600}e^{-\frac{x}{600}}, & x>0\\ 0, & x\leq 0\end{cases},$$

试求在仪器使用的最初200小时内，至少有一只电子元件损坏的概率 α.

15. 设随机变量 $X\sim N(\mu, 4^2)$, $Y\sim N(\mu, 5^2)$; 记

$$p_1=P\{X\leq \mu-4\},\ p_2=P\{Y\geq \mu+5\},$$

试证对任意实数 μ, 均有 $p_1=p_2$.

§2.5 随机变量函数的分布

一、随机变量的函数

在讨论正态分布与标准正态分布的关系时，已知有结论: 若随机变量 $X\sim N(\mu, \sigma^2)$，则随机变量

$$Y=\frac{X-\mu}{\sigma}\sim N(0,1).$$

这里，Y 是随机变量 X 的函数，对 X 的每一个取值，Y 有唯一确定的取值与之对应. 由于 X 是随机变量，其取值事先不确定，因而，Y 的取值也随之不确定，即 Y 也是随机变量.

定义1 如果存在一个函数 $g(x)$, 使得随机变量 X, Y 满足:

$$Y=g(X),$$

则称 **随机变量 Y 是随机变量 X 的函数**.

注: 在概率论中, 我们主要研究的是随机变量函数的随机性特征, 即由自变量 X 的统计规律性出发研究因变量 Y 的统计规律性.

一般地，对任意区间 I, 令 $C=\{x\mid g(x)\in I\}$, 则

$$\{Y\in I\}=\{g(X)\in I\}=\{X\in C\},$$

$$P\{Y\in I\}=P\{g(X)\in I\}=P\{X\in C\}.$$

因此，随机变量 Y 与 X 的函数关系的确定，为我们从 X 的分布出发导出 Y 的分布提供了可能.

例如，设 X 是一随机变量，且 $Y=X^2$，则对任意 $x\geq 0$，有

$$P\{Y\leq x\}=P\{X^2\leq x\}=P\{-\sqrt{x}\leq X\leq \sqrt{x}\},$$

$$P\{Y=x\}=P\{X^2=x\}=P\{X=-\sqrt{x}\}+P\{X=\sqrt{x}\}.$$

二、离散型随机变量函数的分布

设离散型随机变量 X 的概率分布为

$$P\{X=x_i\}=p_i,\ i=1,2,\cdots$$

易见，X 的函数 $Y=g(X)$ 显然还是离散型随机变量.

如何由 X 的概率分布出发导出 Y 的概率分布？其一般方法是：先根据自变量 X 的可能取值确定因变量 Y 的所有可能取值，然后对 Y 的每一个可能取值 y_i $(i=1,2,\cdots)$ 确定相应的

$$C_i=\{x_j\mid g(x_j)=y_i\},$$

于是

$$\{Y=y_i\}=\{g(X)=y_i\}=\{X\in C_i\},$$

$$P\{Y=y_i\}=P\{X\in C_i\}=\sum_{x_j\in C_i}P\{X=x_j\}. \tag{5.1}$$

从而求得 Y 的概率分布.

上述过程表明：Y 的概率分布完全由 X 的概率分布所确定.

例 1 设随机变量 X 具有以下分布律，试求 $Y=(X-1)^2$ 的分布律.

X	-1	0	1	2
p_i	0.2	0.3	0.1	0.4

解 Y 所有可能的取值为 0, 1, 4, 由

$$P\{Y=0\}=P\{(X-1)^2=0\}=P\{X=1\}=0.1,$$

$$P\{Y=1\}=P\{X=0\}+P\{X=2\}=0.7,$$

$$P\{Y=4\}=P\{X=-1\}=0.2,$$

即得 Y 的分布律为

Y	0	1	4
p_i	0.1	0.7	0.2

■

三、连续型随机变量函数的分布

一般地，连续型随机变量的函数不一定是连续型随机变量，但我们主要讨论连续型随机变量的函数还是连续型随机变量的情形. 此时，我们不仅希望求出随机变

量函数的分布函数，而且还希望求出其概率密度函数.

设已知X的分布函数$F_X(x)$或概率密度函数$f_X(x)$，则随机变量函数$Y=g(X)$的分布函数可按如下方法求得：

$$F_Y(y)=P\{Y\le y\}=P\{g(X)\le y\}=P\{X\in C_y\}, \tag{5.2}$$

其中
$$C_y=\{x\,|\,g(x)\le y\}.$$

而$P\{X\in C_y\}$常常可由X的分布函数$F_X(x)$来表达或用其概率密度函数$f_X(x)$的积分来表达：

$$F_Y(y)=P\{X\in C_y\}=\int_{C_y} f_X(x)\,\mathrm{d}x, \tag{5.3}$$

进而可通过Y的分布函数$F_Y(y)$，求出Y的密度函数.

例2 设随机变量$X\sim N(0,1)$, $Y=e^X$, 求Y的概率密度函数.

解 设$F_Y(y)$, $f_Y(y)$分别为随机变量Y的分布函数和概率密度函数, 则当$y\le 0$时, 有

$$F_Y(y)=P\{Y\le y\}=P\{e^X\le y\}=P\{\varnothing\}=0.$$

当$y>0$时，因为$g(x)=e^x$是x的严格单调增函数，所以有

$$\{e^X\le y\}=\{X\le \ln y\},$$

因而

$$F_Y(y)=P\{Y\le y\}=P\{e^X\le y\}=P\{X\le \ln y\}=\frac{1}{\sqrt{2\pi}}\int_{-\infty}^{\ln y} e^{-\frac{x^2}{2}}\,\mathrm{d}x.$$

再由$f_Y(y)=F_Y'(y)$, 得

$$f_Y(y)=\begin{cases}\dfrac{1}{\sqrt{2\pi}\,y}e^{-\frac{(\ln y)^2}{2}}, & y>0\\[2ex] 0, & y\le 0\end{cases}.$$

通常称上式中的Y服从**对数正态分布**，它也是一种常用的寿命分布. ■

例3 设$X\sim f_X(x)=\begin{cases}x/8, & 0<x<4\\ 0, & \text{其它}\end{cases}$，求$Y=2X+8$的概率密度.

解 设Y的分布函数为$F_Y(y)$,

$$F_Y(y)=P\{Y\le y\}=P\{2X+8\le y\}=P\left\{X\le\frac{y-8}{2}\right\}=F_X\left(\frac{y-8}{2}\right).$$

于是, Y的密度函数

$$f_Y(y)=\frac{\mathrm{d}F_Y(y)}{\mathrm{d}y}=f_X\left(\frac{y-8}{2}\right)\cdot\frac{1}{2}.$$

注意到$0<x<4$时，即$8<y<16$时，$f_X\left(\dfrac{y-8}{2}\right)\ne 0$. 此时

$$f_X\left(\frac{y-8}{2}\right)=\frac{y-8}{16},$$

故
$$f_Y(y)=\begin{cases}\dfrac{y-8}{32}, & 8<y<16\\ 0, & \text{其它}\end{cases}.$$
■

例 4 已知随机变量 X 的分布函数 $F(x)$ 是严格单调的连续函数，证明 $Y=F(X)$ 服从 $[0, 1]$ 上的均匀分布.

证明 设 Y 的分布函数是 $G(y)$，由于 $0\le y\le 1$，于是，当 $y<0$ 时，$G(y)=0$；当 $y>1$ 时，$G(y)=1$.

又由于 X 的分布函数 F 是严格递增的连续函数，其反函数 F^{-1} 存在且严格递增. 于是，对 $0\le y\le 1$，

$$G(y)=P\{Y\le y\}=P\{F(X)\le y\}=P\{X\le F^{-1}(y)\}=F(F^{-1}(y))=y.$$

即 Y 的分布函数是

$$G(y)=\begin{cases}0, & y<0\\ y, & 0\le y\le 1,\\ 1, & y>1\end{cases}$$

求导得 Y 的密度函数

$$g(y)=\begin{cases}1, & 0\le y\le 1\\ 0, & \text{其它}\end{cases},$$

可见，Y 服从 $[0, 1]$ 上的均匀分布. ■

注：本例的结论在计算机模拟中有重要的应用.

对所有的单调函数 $g(x)$，下面的定理提供了计算 $Y=g(X)$ 的概率密度的一种简单方法.

定理 1 设随机变量 X 具有概率密度 $f_X(x)$，$x\in(-\infty, +\infty)$，又设 $y=g(x)$ 处处可导且恒有 $g'(x)>0$（或恒有 $g'(x)<0$），则 $Y=g(X)$ 是一个连续型随机变量，其概率密度为

$$f_Y(y)=\begin{cases}f_X[h(y)]|h'(y)|, & \alpha<y<\beta\\ 0, & \text{其它}\end{cases}, \tag{5.4}$$

其中 $x=h(y)$ 是 $y=g(x)$ 的反函数，且

$$\alpha=\min(g(-\infty), g(+\infty)),\quad \beta=\max(g(-\infty), g(+\infty)).$$

证明 只证 $g'(x)>0$ 的情况. 此时，$g(x)$ 在 $(-\infty, +\infty)$ 内严格单调增加，它的反函数 $h(y)$ 存在，且在 (α, β) 严格单调增加，可导. 分别记 X, Y 的分布函数为 $F_X(x)$, $F_Y(y)$. 现在先求 Y 的分布函数 $F_Y(y)$.

因为 $Y=g(X)$ 在 (α, β) 上取值，故当 $y\le\alpha$ 时，$F_Y(y)=P\{Y\le y\}=0$，当 $y\ge\beta$

时，$F_Y(y)=P\{Y\le y\}=1$，而当 $\alpha<y<\beta$ 时，有

$$F_Y(y)=P\{Y\le y\}=P\{g(X)\le y\}=P\{X\le h(y)\}=F_X[h(y)].$$

将 $F_X(Y)$ 关于 y 求导数，即得 Y 的概率密度

$$f_Y(y)=\begin{cases} f_X[h(y)]h'(y), & \alpha<y<\beta \\ 0, & \text{其它} \end{cases}. \tag{5.5}$$

对于 $g'(x)<0$ 的情况同样可以证明，此时有

$$f_Y(y)=\begin{cases} f_X[h(y)][-h'(y)], & \alpha<y<\beta \\ 0, & \text{其它} \end{cases}. \tag{5.6}$$

合并式(5.5)与式(5.6)，定理的结论得证.

若 $f(x)$ 在有限区间 $[a,b]$ 以外等于零，则只需假设在 $[a,b]$ 上恒有 $g'(x)>0$（或恒有 $g'(x)<0$），此时

$$\alpha=\min\{g(a),\ g(b)\},\quad \beta=\max\{g(a),\ g(b)\}.$$ ■

注：从前面例题可见，在求 $F_Y(y)=P\{Y\le y\}$ 的过程中，关键是设法从 $\{g(X)\le y\}$ 中解出 X，从而得到与 $\{g(X)\le y\}$ 等价的 X 的不等式．而利用本定理，在满足条件时可直接用它求出随机变量函数的概率密度．

例5 设随机变量 $X\sim N(\mu,\sigma^2)$，试证明 X 的线性函数

$$Y=aX+b\quad (a\ne 0)$$

也服从正态分布.

证明 X 的概率密度为

$$f_X(x)=\frac{1}{\sqrt{2\pi}\sigma}e^{-\frac{(x-\mu)^2}{2\sigma^2}},\quad -\infty<x<+\infty.$$

由 $y=g(x)=ax+b$，解得

$$x=h(y)=\frac{y-b}{a},\quad \text{且 } h'(y)=1/a.$$

由定理1得 $Y=aX+b$ 的概率密度为

$$f_Y(y)=\frac{1}{|a|}f_X\left(\frac{y-b}{a}\right)=\frac{1}{|a|}\frac{1}{\sqrt{2\pi}\sigma}e^{-\frac{\left(\frac{y-b}{a}-\mu\right)^2}{2\sigma^2}}$$

$$=\frac{1}{|a|\sigma\sqrt{2\pi}}e^{-\frac{[y-(b+a\mu)]^2}{2(a\sigma)^2}},\quad -\infty<y<+\infty.$$

即有 $Y=aX+b\sim N(a\mu+b,\ (a\sigma)^2)$.

特别地，若在本例中取 $a=\dfrac{1}{\sigma}$，$b=-\dfrac{\mu}{\sigma}$，则得

$$Y=\frac{X-\mu}{\sigma}\sim N(0,1).$$ ■

这就是上节中一个已知定理的结果.

例 6 设随机变量 X 在 $(0,1)$ 上服从均匀分布，求 $Y=-2\ln X$ 的概率密度.

解 在区间 $(0,1)$ 上，函数 $\ln x<0$, 故

$$y=-2\ln x>0,\quad y'=-\frac{2}{x}<0.$$

于是, y 在区间 $(0,1)$ 上单调下降，有反函数 $x=h(y)=e^{-y/2}$. 由前述定理得

$$f_Y(y)=\begin{cases} f_X(e^{-y/2})\left|\dfrac{\mathrm{d}(e^{-y/2})}{\mathrm{d}y}\right|, & 0<e^{-y/2}<1 \\ 0, & 其它 \end{cases}.$$

已知 X 在 $(0,1)$ 上服从均匀分布

$$f_X(x)=\begin{cases}1, & 0<x<1 \\ 0, & 其它\end{cases},$$

代入 $f_Y(y)$ 的表达式中，得

$$f_Y(y)=\begin{cases}e^{-y/2}/2, & y>0 \\ 0, & 其它\end{cases}.$$

即 Y 服从参数为 1/2 的指数分布. ■

注: 利用公式 (5.4) 直接写出 $Y=g(X)$ 的概率密度时，要注意两点:

① 首先要检验 $y=g(x)$ 是否是严格单调的，如果不是严格单调的，不能直接用公式 (5.4).

② 在公式中，$h'(y)$ 是要取绝对值的，否则会出现 $f_Y(y)$ 取值小于 0.

习题 2-5

1. 已知 X 的概率分布为:

X	-2	-1	0	1	2	3
p_i	$2a$	$1/10$	$3a$	a	a	$2a$

试求: (1) a; (2) $Y=X^2-1$ 的概率分布.

2. 设 X 的分布律为 $P\{X=k\}=\dfrac{1}{2^k}$, $k=1,2,\cdots$, 求 $Y=\sin\left(\dfrac{\pi}{2}X\right)$ 的分布律.

3. 设随机变量 X 服从 $[a,b]$ 上的均匀分布，令 $Y=cX+d\,(c\neq 0)$, 试求随机变量 Y 的密度函数.

4. 设随机变量 X 服从 $[0,1]$ 上的均匀分布，求随机变量函数 $Y=e^X$ 的概率密度 $f_Y(y)$.

5. 设 $X \sim N(0,1)$, 求 $Y=2X^2+1$ 的概率密度.

6. 设连续型随机变量 X 的概率密度为 $f(x)$, 分布函数为 $F(x)$, 求下列随机变量 Y 的概率密度: (1) $Y=1/X$; (2) $Y=|X|$.

7. 某物体的温度 $T(^\circ\mathrm{F})$ 是一个随机变量, 且有 $T \sim N(98.6, 2)$, 已知

$$\theta=(5/9)(T-32),$$

试求 $\theta(^\circ\mathrm{F})$ 的概率密度.

8. 设随机变量 X 在任一区间 $[a, b]$ 上的概率均大于 0, 其分布函数为 $F_X(x)$, 又 Y 在 $[0,1]$ 上服从均匀分布. 证明: $Z=F_X^{-1}(Y)$ 的分布函数与 X 的分布函数相同.

总 习 题 二

1. 从1~20的整数中取一个数, 若取到整数 k 的概率与 k 成正比, 求取到偶数的概率.

2. 若每次射击中靶的概率为 0.7, 求射击 10 炮,

(1) 命中 3 炮的概率;　　(2) 至少命中 3 炮的概率;　　(3) 最可能命中几炮.

3. 在保险公司里有 2 500 名同一年龄和同社会阶层的人参加了人寿保险, 在 1 年中每个人死亡的概率为 0.002, 每个参加保险的人在 1 月 1 日须交 120 元保险费, 而在死亡时家属可从保险公司里领取 20 000 元赔偿金. 求:

(1) 保险公司亏本的概率;

(2) 保险公司获利分别不少于 100 000 元, 200 000 元的概率.

4. 一台总机共有 300 台分机, 总机拥有 13 条外线, 假设每台分机向总机要外线的概率为 3%, 试求每台分机向总机要外线时, 能及时得到满足的概率和同时向总机要外线的分机的最可能台数.

5. 在长度为 t 的时间间隔内, 某急救中心收到紧急呼救的次数 X 服从参数为 $\dfrac{t}{2}$ 的泊松分布, 而与时间间隔的起点无关 (时间以小时计). 求:

(1) 某一天从中午 12 时至下午 3 时没有收到紧急呼救的概率;

(2) 某一天从中午 12 时至下午 5 时至少收到 1 次紧急呼救的概率.

6. 设 X 为一离散型随机变量, 其分布律为

X	-1	0	1
p_i	$1/2$	$1-2q$	q^2

试求: (1) q 值; (2) X 的分布函数.

7. 设随机变量 X 的分布函数为 $F(x)=\begin{cases} 0, & x<0 \\ A\sin x, & 0 \le x \le \pi/2 \\ 1, & x>\pi/2 \end{cases}$, 则 $A=$ ________,

$P\{|X|<\pi/6\}=$ ________.

8. 使用了 x 小时的电子管, 在以后的 Δx 小时内损坏的概率等于 $\lambda\Delta x+o(\Delta x)$, 其中 $\lambda>0$

是常数，求电子管在损坏前已使用时数 X 的分布函数 $F(x)$，并求电子管在 T 小时内损坏的概率．

9. 设连续型随机变量 X 的概率密度为

$$f(x)=\begin{cases} x, & 0<x\le 1 \\ 2-x, & 1<x\le 2, \\ 0, & \text{其它} \end{cases}$$

求其分布函数 $F(x)$．

10. 某城市饮用水的日消费量 X（单位：百万升）是随机变量，其密度函数为

$$f(x)=\begin{cases} xe^{-\frac{x}{3}}/9, & x>0 \\ 0, & \text{其它} \end{cases},$$

试求：(1) 该城市的饮用水日消费量不低于600万升的概率；

(2) 饮用水日消费量介于600万升到900万升的概率．

11. 已知 X 的概率密度为 $f(x)=\begin{cases} c\lambda e^{-\lambda x}, & x>a \\ 0, & \text{其它} \end{cases}$ $(\lambda>0)$，求常数 c 及 $P\{a-1<X\le a+1\}$．

12. 已知 X 的概率密度为 $f(x)=\begin{cases} 12x^2-12x+3, & 0<x<1 \\ 0, & \text{其它} \end{cases}$，计算 $P\{X\le 0.2\,|\,0.1<X\le 0.5\}$．

13. 若 $F_1(x), F_2(x)$ 为分布函数，

(1) 判断 $F_1(x)+F_2(x)$ 是不是分布函数，为什么？

(2) 若 a_1, a_2 是正常数，且 $a_1+a_2=1$．证明：$a_1F_1(x)+a_2F_2(x)$ 是分布函数．

14. 设随机变量 X 的概率密度 $\varphi(x)$ 为偶函数，试证对任意的 $a>0$，分布函数 $F(x)$ 满足：

(1) $F(-a)=1-F(a)$； (2) $P\{|X|>a\}=2[1-F(a)]$．

15. 设 K 在 $(0, 5)$ 上服从均匀分布，求 x 的方程 $4x^2+4Kx+K+2=0$ 有实根的概率．

16. 某单位招聘155人，按考试成绩录用，共有526人报名，假设报名者考试成绩 $X\sim N(\mu, \sigma^2)$，已知90分以上12人，60分以下83人，若从高分到低分依次录取，某人成绩为78分，问此人是否能被录取？

17. 假设某地在任何长为 t（年）的时间间隔内发生地震的次数 $N(t)$ 服从参数为 $\lambda=0.1t$ 的泊松分布，X 表示连续两次地震之间相隔的时间（单位：年）．

(1) 证明 X 服从指数分布并求出 X 的分布函数；

(2) 求今后3年内再次发生地震的概率；

(3) 求今后3年到5年内再次发生地震的概率．

18. 100个产品中，90个一等品，10个二等品，随机取2个安装在一台设备上，若一台设备中有 $i\ (i=0, 1, 2)$ 个二等品，则此设备的使用寿命服从参数为 $\lambda=i+1$ 的指数分布．

(1) 试求设备寿命超过1的概率；

(2) 已知设备寿命超过1，求安装在设备上的两个零件都是一等品的概率．

19. 设随机变量 X 的分布律为

X	-2	-1	0	1	3
p_i	1/5	1/6	1/5	1/15	11/30

试求 $Y=X^2$ 的分布律.

20. 设随机变量 X 的密度函数为 $f_X(x)=\begin{cases}0, & x<0\\ 2x^3e^{-x^2}, & x\geq 0\end{cases}$，求 $Y=2X+3$ 的密度函数.

21. 设随机变量 X 的概率密度为 $f_X(x)=\begin{cases}e^{-x}, & x>0\\ 0, & 其它\end{cases}$，求 $Y=e^X$ 的概率密度.

22. 设随机变量 X 的密度函数为

$$f_X(x)=\begin{cases}1-|x|, & -1<x<1\\ 0, & 其它\end{cases},$$

求随机变量 $Y=X^2+1$ 的分布函数与密度函数.

第3章 多维随机变量及其分布

在实际应用中,有些随机现象需要同时用两个或两个以上的随机变量来描述. 例如, 研究某地区学龄前儿童的发育情况时, 就要同时抽查儿童的身高X、体重Y, 这里, X和Y是定义在同一个样本空间$S=\{$某地区的全部学龄前儿童$\}$上的两个随机变量. 在这种情况下, 我们不但要研究多个随机变量各自的统计规律, 而且还要研究它们之间的统计相依关系, 因而还需考察它们联合取值的统计规律, 即多维随机变量的分布. 由于从二维推广到多维一般无实质性的困难, 故我们重点讨论二维随机变量.

§3.1 二维随机变量及其分布

一、二维随机变量

定义1 设随机试验的样本空间为S, $\omega\in S$为样本点, 而

$$X=X(\omega), \qquad Y=Y(\omega)$$

是定义在S上的两个随机变量, 称(X, Y)为定义在S上的**二维随机变量**或**二维随机向量**.

注: 一般地, 称n个随机变量的整体$X=(X_1, X_2, \cdots, X_n)$为**$n$维随机变量**或**$n$维随机向量**.

二、二维随机变量的分布函数

二维随机变量(X, Y)的性质不仅与X及Y有关, 而且还依赖于这两个随机变量的相互关系, 故需将(X, Y)作为一个整体进行研究. 与一维情况类似, 我们也借助"分布函数"来研究二维随机变量.

定义2 设(X, Y)是二维随机变量, 对任意实数x, y, 二元函数

$$F(x, y)=P\{(X\le x)\bigcap(Y\le y)\}\overset{\text{记为}}{=\!=}P\{X\le x, Y\le y\} \tag{1.1}$$

称为二维随机变量(X, Y)的**分布函数**或称为随机变量X和Y的**联合分布函数**.

若将二维随机变量(X, Y)视为平面上随机点的坐标, 则分布函数

$$F(x, y)=P\{X\le x, Y\le y\}$$

就是随机点 (X, Y) 落入区域 $\{(t, s) | t \le x,\ s \le y\}$ 的概率 (见图 3–1–1).

由概率的加法法则，随机点 (X, Y) 落入矩形域

$$\{x_1 < x \le x_2,\ y_1 < y \le y_2\}$$

的概率 (见图 3–1–2) 为

$$P\{x_1 < X \le x_2,\ y_1 < Y \le y_2\}$$
$$= F(x_2, y_2) - F(x_2, y_1) - F(x_1, y_2) + F(x_1, y_1). \tag{1.2}$$

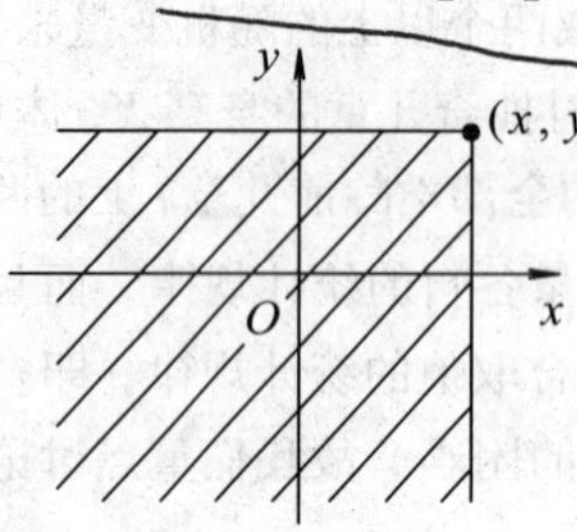

图 3–1–1

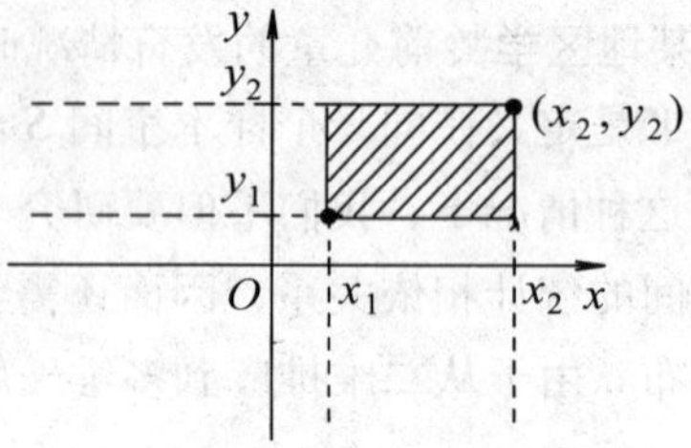

图 3–1–2

若已知 (X, Y) 的分布函数 $F(x, y)$，则可由 $F(x, y)$ 导出 X 和 Y 各自的分布函数 $F_X(x)$ 和 $F_Y(y)$：

$$F_X(x) = P\{X \le x\} = P\{X \le x, Y < +\infty\} = F(x, +\infty), \tag{1.3}$$

$$F_Y(y) = P\{Y \le y\} = P\{X < +\infty, Y \le y\} = F(+\infty, y), \tag{1.4}$$

分别称 $F_X(x)$ 和 $F_Y(y)$ 为 $F(x, y)$ 关于 X 和 Y 的**边缘分布函数**.

联合分布函数的性质：

(1) $0 \le F(x, y) \le 1$，且

(a) 对任意固定的 y，$F(-\infty, y) = 0$；

(b) 对任意固定的 x，$F(x, -\infty) = 0$；

(c) $F(-\infty, -\infty) = 0$，$F(+\infty, +\infty) = 1$.

注：以上四个等式可从几何上进行说明.

(2) $F(x, y)$ 关于 x 和 y 均为单调非减函数，即

(a) 对任意固定的 y，当 $x_2 > x_1$ 时，$F(x_2, y) \ge F(x_1, y)$；

(b) 对任意固定的 x，当 $y_2 > y_1$ 时，$F(x, y_2) \ge F(x, y_1)$.

(3) $F(x, y)$ 关于 x 和 y 均为右连续，即

$$F(x, y) = F(x+0, y),\quad F(x, y) = F(x, y+0).$$

注：根据这些性质，可以确定 $F(x, y)$ 中的未知常数，也可以验证某二元函数是否为某二维随机变量的分布函数.

三、二维离散型随机变量及其概率分布

定义 3　若二维随机变量 (X, Y) 只取有限个或可数个值，则称 (X, Y) 为**二维离散型随机变量**.

注: 由定义易知, (X, Y) 为二维离散型随机变量当且仅当 X, Y 均为离散型随机变量时成立.

若二维离散型随机变量 (X, Y) 所有可能的取值为 (x_i, y_j), $i, j=1, 2, \cdots$, 则称 $P\{X=x_i, Y=y_j\}=p_{ij}\ (i, j=1, 2, \cdots)$ 为二维离散型随机变量 (X, Y) 的**概率分布** (**分布律**), 或 X 与 Y 的**联合概率分布** (**分布律**).

易见, p_{ij} 满足下列性质:

(1) $p_{ij} \geq 0$, $i, j=1, 2, \cdots$;　　(2) $\sum\limits_i \sum\limits_j p_{ij}=1$.

与一维情形类似, 有时也将联合概率分布用表格形式来表示, 并称其为**联合概率分布表** (见表 3–1–1).

表 3–1–1　　**联合概率分布表**

X \ Y	y_1	y_2	$\cdots$	y_j	$\cdots$	$P\{X=x_i\}$
x_1	p_{11}	p_{12}	$\cdots$	p_{1j}	$\cdots$	$\sum\limits_j p_{1j}$
x_2	p_{21}	p_{22}	$\cdots$	p_{2j}	$\cdots$	$\sum\limits_j p_{2j}$
$\vdots$	$\vdots$	$\vdots$		$\vdots$		$\vdots$
x_i	p_{i1}	p_{i2}	$\cdots$	p_{ij}	$\cdots$	$\sum\limits_j p_{ij}$
$\vdots$	$\vdots$	$\vdots$		$\vdots$		$\vdots$
$P\{Y=y_j\}$	$\sum\limits_i p_{i1}$	$\sum\limits_i p_{i2}$	$\cdots$	$\sum\limits_i p_{ij}$	$\cdots$	

注: 对离散型随机变量而言, 联合概率分布不仅比联合分布函数更加直观, 而且能够更加方便地确定 (X, Y) 取值于任何区域 D 上的概率, 即

$$P\{(X, Y) \in D\}=\sum_{(x_i, y_j) \in D} p_{ij}. \tag{1.5}$$

特别地, 由联合概率分布可以确定联合分布函数:

$$F(x, y)=P\{X \leq x, Y \leq y\}=\sum_{x_i \leq x,\, y_j \leq y} p_{ij}. \tag{1.6}$$

由 X 和 Y 的联合概率分布, 可求出 X, Y 各自的概率分布:

$$p_{i\cdot}=P\{X=x_i\}=\sum_j p_{ij}, \quad i=1, 2, \cdots \tag{1.7}$$

$$p_{\cdot j}=P\{Y=y_j\}=\sum_i p_{ij}, \quad j=1, 2, \cdots \tag{1.8}$$

分别称 $p_{i\cdot}\ (i=1, 2, \cdots)$ 和 $p_{\cdot j}\ (j=1, 2, \cdots)$ 为 (X, Y) 关于 X 和 Y 的**边缘概率分布**.

注: $p_{i\cdot}$ 和 $p_{\cdot j}$ 分别等于联合概率分布表的行和与列和.

例 1　设随机变量 X 在 1, 2, 3, 4 四个整数中等可能地取一个值, 另一个随机变量 Y 在 $1 \sim X$ 中等可能地取一整数值, 试求 (X, Y) 的分布律.

解 由乘法公式容易求得 (X, Y) 的分布律，易知 $\{X=i, Y=j\}$ 的取值情况是：$i=1, 2, 3, 4$，j 取不大于 i 的正整数，且

$$P\{X=i, Y=j\}=P\{Y=j \mid X=i\}P\{X=i\}$$

$$=\frac{1}{i}\cdot\frac{1}{4},\ i=1, 2, 3, 4,\ j\le i.$$

于是，(X, Y) 的分布律见表 3-1-2. ■

表 3-1-2

Y \ X	1	2	3	4
1	1/4	1/8	1/12	1/16
2	0	1/8	1/12	1/16
3	0	0	1/12	1/16
4	0	0	0	1/16

例 2 把一枚均匀硬币抛掷三次，设 X 为三次抛掷中正面出现的次数，而 Y 为正面出现次数与反面出现次数之差的绝对值，求 (X, Y) 的概率分布及 (X, Y) 关于 X, Y 的边缘分布.

解 (X, Y) 可取值 (0, 3), (1, 1), (2, 1), (3, 3).

$P\{X=0,\ Y=3\}=(1/2)^3=1/8$，

$P\{X=1,\ Y=1\}=3(1/2)^3=3/8$，

$P\{X=2,\ Y=1\}=3/8$，

$P\{X=3,\ Y=3\}=1/8$.

故 (X, Y) 的概率分布如表 3-1-3 所示.

表 3-1-3

X \ Y	1	3
0	0	1/8
1	3/8	0
2	3/8	0
3	0	1/8

从概率分布表不难求得 (X, Y) 关于 X, Y 的边缘分布.

$P\{X=0\}=1/8$, $P\{X=1\}=3/8$,

$P\{X=2\}=3/8$, $P\{X=3\}=1/8$,

$P\{Y=1\}=3/8+3/8=3/4$,

$P\{Y=3\}=1/8+1/8=1/4$.

从而得到表 3-1-4. ■

表 3-1-4

X \ Y	1	3	$P\{X=x_i\}$
0	0	1/8	1/8
1	3/8	0	3/8
2	3/8	0	3/8
3	0	1/8	1/8
$P\{Y=y_i\}$	3/4	1/4	1

四、二维连续型随机变量及其概率密度

定义 4 设 (X, Y) 为二维随机变量，$F(x, y)$ 为其分布函数，若存在一个非负可积的二元函数 $f(x, y)$，使对任意实数 x, y，有

$$F(x, y)=\int_{-\infty}^{x}\int_{-\infty}^{y} f(s, t)\,\mathrm{d}s\mathrm{d}t,$$

则称 (X, Y) 为二维连续型随机变量，并称 $f(x, y)$ 为 (X, Y) 的概率密度（密度函数），或 X, Y 的联合概率密度（联合密度函数）.

概率密度函数 $f(x, y)$ 的性质：

(1) $f(x, y)\ge 0$.

(2) $\int_{-\infty}^{+\infty}\int_{-\infty}^{+\infty} f(x, y)\,\mathrm{d}x\mathrm{d}y=F(+\infty, +\infty)=1$.

(3) 设 D 是 xOy 平面上的区域，点 (X, Y) 落入 D 内的概率为

$$P\{(x, y) \in D\} = \iint_D f(x, y)\,\mathrm{d}x\mathrm{d}y. \tag{1.9}$$

特别地，边缘分布函数

$$\begin{aligned} F_X(x) &= P\{X \le x\} = P\{X \le x,\ Y < +\infty\} \\ &= \int_{-\infty}^{x}\int_{-\infty}^{+\infty} f(s, t)\,\mathrm{d}s\mathrm{d}t = \int_{-\infty}^{x}\left[\int_{-\infty}^{+\infty} f(s, t)\,\mathrm{d}t\right]\mathrm{d}s, \end{aligned}$$

上式表明：X 是连续型随机变量，且其密度函数为：

$$f_X(x) = \int_{-\infty}^{+\infty} f(x, y)\,\mathrm{d}y. \tag{1.10}$$

同理，Y 是连续型随机变量，且其密度函数为：

$$f_Y(y) = \int_{-\infty}^{+\infty} f(x, y)\,\mathrm{d}x. \tag{1.11}$$

分别称 $f_X(x)$ 和 $f_Y(y)$ 为 (X, Y) 关于 X 和 Y 的**边缘密度函数**.

(4) 若 $f(x, y)$ 在点 (x, y) 处连续，则有

$$\frac{\partial^2 F(x, y)}{\partial x \partial y} = f(x, y). \tag{1.12}$$

进一步，根据偏导数的定义，可推得：当 Δx, Δy 很小时，有

$$P\{x < X \le x + \Delta x,\ y < Y \le y + \Delta y\} \approx f(x, y)\Delta x \Delta y, \tag{1.13}$$

即 (X, Y) 落在区间 $(x, x+\Delta x] \times (y, y+\Delta y]$ 上的概率近似等于

$$f(x, y)\Delta x \Delta y.$$

例 3 设二维随机变量 (X, Y) 具有概率密度

$$f(x, y) = \begin{cases} 2e^{-(2x+y)}, & x > 0,\ y > 0 \\ 0, & \text{其它} \end{cases}.$$

(1) 求分布函数 $F(x, y)$；(2) 求概率 $P\{Y \le X\}$.

解 (1) $F(x, y) = \int_{-\infty}^{y}\int_{-\infty}^{x} f(s, t)\,\mathrm{d}s\mathrm{d}t = \begin{cases} \int_0^y\int_0^x 2e^{-(2s+t)}\,\mathrm{d}s\mathrm{d}t, & x > 0,\ y > 0 \\ 0, & \text{其它} \end{cases}$,

即有 $F(x, y) = \begin{cases} (1 - e^{-2x})(1 - e^{-y}), & x > 0,\ y > 0 \\ 0, & \text{其它} \end{cases}$.

(2) 将 (X, Y) 看作是平面上随机点的坐标，即有

$$\{Y \le X\} = \{(X, Y) \in G\},$$

其中 G 为 xOy 平面上直线 $y = x$ 及其下方的部分(见图 3-1-3). 于是

$$P\{Y \le X\} = P\{(X, Y) \in G\} = \iint_G f(x, y)\,\mathrm{d}x\mathrm{d}y$$

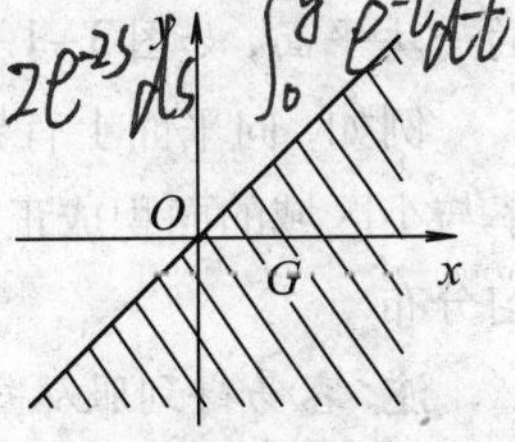

图 3-1-3

$$=\int_0^{+\infty}\int_y^{+\infty}2e^{-(2x+y)}\mathrm{d}x\mathrm{d}y=\int_0^{+\infty}e^{-y}[-e^{-2x}]\big|_y^{+\infty}\mathrm{d}y=\int_0^{+\infty}e^{-3y}\mathrm{d}y=\frac{1}{3}.$$ ■

例 4　设 (X, Y) 的概率密度是

$$f(x, y)=\begin{cases}cy(2-x), & 0\le x\le 1,\ 0\le y\le x\\ 0, & \text{其它}\end{cases},$$

求 (1) c 的值; (2) 两个边缘密度.

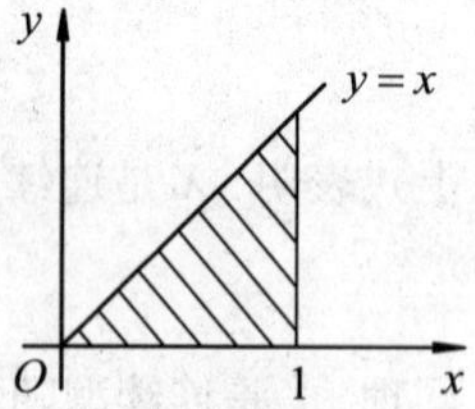

图 3–1–4

解　(1) 由 $\int_{-\infty}^{+\infty}\int_{-\infty}^{+\infty}f(x,y)\,\mathrm{d}x\mathrm{d}y=1$ 确定 c, 如图 3–1–4 所示,

$$\int_0^1\left[\int_0^x cy(2-x)\,\mathrm{d}y\right]\mathrm{d}x=c\int_0^1\frac{x^2(2-x)}{2}\mathrm{d}x=\frac{5c}{24}=1,$$

于是, $c=24/5$.

(2) $$f_X(x)=\int_0^x\frac{24}{5}y(2-x)\,\mathrm{d}y=\frac{12}{5}x^2(2-x)\quad(0\le x\le 1),$$

$$f_Y(y)=\int_y^1\frac{24}{5}y(2-x)\,\mathrm{d}x=\frac{24}{5}y\left(\frac{3}{2}-2y+\frac{y^2}{2}\right)\quad(0\le y\le 1),$$

即
$$f_X(x)=\begin{cases}\dfrac{12}{5}x^2(2-x), & 0\le x\le 1\\ 0, & \text{其它}\end{cases},$$

$$f_Y(y)=\begin{cases}\dfrac{24}{5}y\left(\dfrac{3}{2}-2y+\dfrac{y^2}{2}\right), & 0\le y\le 1\\ 0, & \text{其它}\end{cases}.$$ ■

五、二维均匀分布

设 G 是平面上的有界区域, 其面积为 A. 若二维随机变量 (X, Y) 具有概率密度函数

$$f(x, y)=\begin{cases}1/A, & (x, y)\in G\\ 0, & \text{其它}\end{cases},\tag{1.14}$$ 面积倒数

则称 (X, Y) 在 G 上服从**均匀分布**.

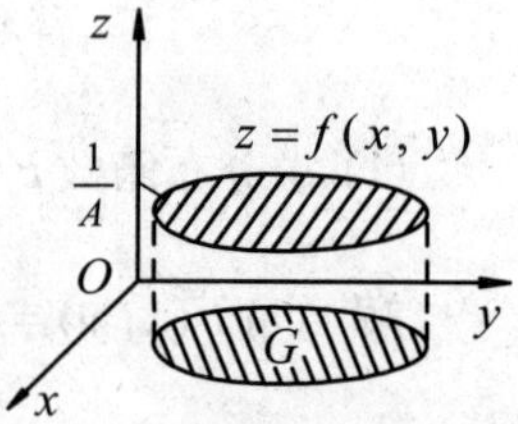

图 3–1–5

注: 若 (X, Y) 在 G 上服从均匀分布, 则其概率密度函数反映在几何上为定义在 xOy 面内区域 G 上的空间的一块平面, 如图 3–1–5 所示.

例如, 向平面上有界区域 G 上任投一质点, 若质点落在 G 内任一小区域 B 的概率与小区域的面积成正比, 而与 B 的位置无关, 则质点的坐标 (X, Y) 在 G 上服从均匀分布.

注: 容易得到服从矩形区域 $a\le x\le b$, $c\le y\le d$ 上的均匀分布 (X, Y) 的两个边缘分布仍为均匀分布, 且分别为

$$f_X(x)=\begin{cases}\dfrac{1}{b-a}, & a\le x\le b\\ 0, & 其它\end{cases},\qquad f_Y(y)=\begin{cases}\dfrac{1}{d-c}, & c\le y\le d\\ 0, & 其它\end{cases}.$$

但对其它形状的区域 G，不一定有上述结论.

例5 设 (X, Y) 服从单位圆域 $x^2+y^2\le 1$ 上(见图3-1-6)的均匀分布，求 X 和 Y 的边缘概率密度.

解 依题设，概率密度函数

$$f(x,y)=\begin{cases}1/\pi, & x^2+y^2\le 1\\ 0, & 其它\end{cases},$$

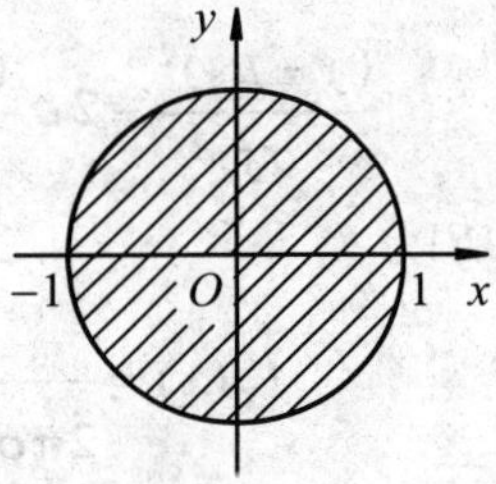

图 3-1-6

现应用式 (1.10) 计算 $f_X(x)$.

当 $x<-1$ 或 $x>1$ 时，$f(x, y)=0$，从而

$$f_X(x)=0.$$

当 $-1\le x\le 1$ 时，

$$f_X(x)=\int_{-\infty}^{+\infty} f(x, y)\,\mathrm{d}y=\int_{-\sqrt{1-x^2}}^{\sqrt{1-x^2}}\frac{1}{\pi}\,\mathrm{d}y=\frac{2}{\pi}\sqrt{1-x^2}.$$

于是，我们得到 X 的边缘概率密度

$$f_X(x)=\begin{cases}\dfrac{2}{\pi}\sqrt{1-x^2}, & -1\le x\le 1\\ 0, & 其它\end{cases},$$

由 X 和 Y 在问题中的地位的对称性，将上式中的 x 改成 y，就得到 Y 的边缘概率密度

$$f_Y(y)=\begin{cases}\dfrac{2}{\pi}\sqrt{1-y^2}, & -1<y<1\\ 0, & 其它\end{cases}.$$ ■

六、二维正态分布

若二维随机变量 (X, Y) 具有概率密度

$$f(x, y)=\frac{1}{2\pi\sigma_1\sigma_2\sqrt{1-\rho^2}}e^{-\frac{1}{2(1-\rho^2)}\left[\left(\frac{x-\mu_1}{\sigma_1}\right)^2-2\rho\left(\frac{x-\mu_1}{\sigma_1}\right)\left(\frac{y-\mu_2}{\sigma_2}\right)+\left(\frac{y-\mu_2}{\sigma_2}\right)^2\right]},\quad(1.15)$$

其中 $\mu_1, \mu_2, \sigma_1, \sigma_2, \rho$ 均为常数，且 $\sigma_1>0$，$\sigma_2>0$，$|\rho|<1$，则称 (X, Y) 服从参数为 μ_1，$\mu_2, \sigma_1^2, \sigma_2^2, \rho$ 的**二维正态分布**，记为

$$(X, Y)\sim N(\mu_1, \mu_2, \sigma_1^2, \sigma_2^2, \rho).$$

服从二维正态分布的概率密度函数的典型图形见图 3-1-7.

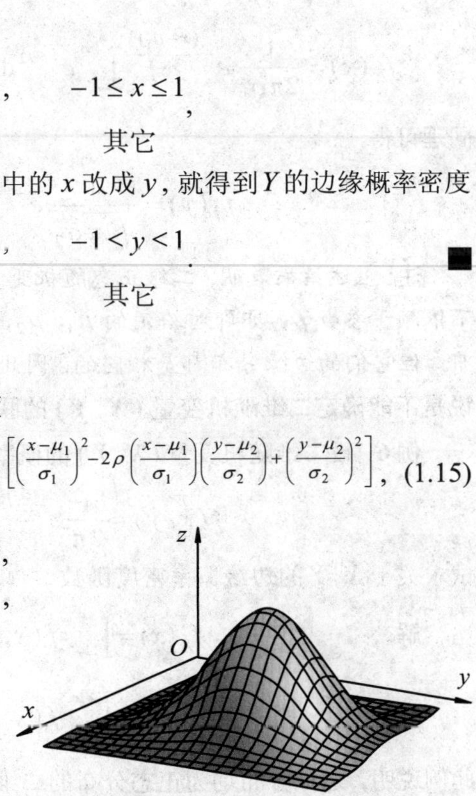

图 3-1-7

二维正态分布的两个边缘概率密度仍

是正态的，即

$$f_X(x)=\frac{1}{\sqrt{2\pi}\,\sigma_1}e^{-\frac{(x-\mu_1)^2}{2\sigma_1^2}},\ -\infty<x<+\infty$$

$$f_Y(y)=\frac{1}{\sqrt{2\pi}\,\sigma_2}e^{-\frac{(y-\mu_2)^2}{2\sigma_2^2}},\ -\infty<y<+\infty$$

事实上，因为 $f_X(x)=\int_{-\infty}^{+\infty}f(x,y)\,\mathrm{d}y$，且

$$\frac{(y-\mu_2)^2}{\sigma_2^2}-2\rho\frac{(x-\mu_1)(y-\mu_2)}{\sigma_1\sigma_2}=\left(\frac{y-\mu_2}{\sigma_2}-\rho\frac{x-\mu_1}{\sigma_1}\right)^2-\rho^2\frac{(x-\mu_1)^2}{\sigma_1^2},$$

所以

$$f_X(x)=\frac{1}{2\pi\sigma_1\sigma_2\sqrt{1-\rho^2}}e^{-\frac{(x-\mu_1)^2}{2\sigma_1^2}}\int_{-\infty}^{+\infty}e^{-\frac{1}{2(1-\rho^2)}\left(\frac{y-\mu_2}{\sigma_2}-\rho\frac{x-\mu_1}{\sigma_1}\right)^2}\mathrm{d}y.$$

若令 $t=\frac{1}{\sqrt{1-\rho^2}}\left(\frac{y-\mu_2}{\sigma_2}-\rho\frac{x-\mu_1}{\sigma_1}\right)$，则有

$$f_X(x)=\frac{1}{2\pi\sigma_1}e^{-\frac{(x-\mu_1)^2}{2\sigma_1^2}}\int_{-\infty}^{+\infty}e^{-t^2/2}\mathrm{d}t=\frac{1}{\sqrt{2\pi}\sigma_1}e^{-\frac{(x-\mu_1)^2}{2\sigma_1^2}},\quad -\infty<x<+\infty.$$

同理可得

$$f_Y(y)=\frac{1}{\sqrt{2\pi}\sigma_2}e^{-\frac{(y-\mu_2)^2}{2\sigma_2^2}},\quad -\infty<y<+\infty.$$

注：上述结果表明，二维正态随机变量的两个边缘分布都是一维正态分布，且都不依赖于参数 ρ，亦即对给定的 μ_1，μ_2，σ_1，σ_2，不同的 ρ 对应不同的二维正态分布，但它们的边缘分布都是相同的. 因此，**由关于 X 和关于 Y 的边缘分布，一般来说是不能确定二维随机变量 (X,Y) 的联合分布的.**

例 6 设二维随机变量 (X,Y) 的概率密度

$$f(x,y)=\frac{1}{2\pi}e^{-\frac{1}{2}(x^2+y^2)}(1+\sin x\sin y),$$

试求关于 X,Y 的边缘概率密度函数.

解

$$f_X(x)=\int_{-\infty}^{+\infty}f(x,y)\,\mathrm{d}y=\frac{1}{\sqrt{2\pi}}e^{-x^2/2},$$

$$f_Y(y)=\int_{-\infty}^{+\infty}f(x,y)\,\mathrm{d}x=\frac{1}{\sqrt{2\pi}}e^{-y^2/2}.$$

■

此例说明，边缘分布均为正态分布的二维随机变量，其联合分布不一定是二维正态分布.

习题 3-1

1. 设 (X, Y) 的分布律为

X \ Y	1	2	3
1	1/6	1/9	1/18
2	1/3	a	1/9

求 a.

2. 设 (X, Y) 的分布函数为 $F(x, y)$, 试用 $F(x, y)$ 表示：

(1) $P\{a<X\le b,\ Y\le c\}$;　　(2) $P\{0<Y\le b\}$;　　(3) $P\{X>a,\ Y\le b\}$.

3. 设二维随机变量 (X, Y) 的分布函数为 $F(x, y)$，分布律如下：

X \ Y	1	2	3	4
1	1/4	0	0	1/16
2	1/16	1/4	0	1/4
3	0	1/16	1/16	0

试求：(1) $P\left\{\frac{1}{2}<X<\frac{3}{2},\ 0<Y<4\right\}$;　　(2) $P\{1\le X\le 2,\ 3\le Y\le 4\}$;

(3) $F(2,3)$.

4. 设 X, Y 为随机变量，且 $P\{X\ge 0, Y\ge 0\}=\frac{3}{7}$, $P\{X\ge 0\}=P\{Y\ge 0\}=\frac{4}{7}$, 求 $P\{\max\{X, Y\}\ge 0\}$, $P\{\min\{X, Y\}<0\}$.

5. (X, Y) 只取下列数值中的值：$(0, 0)$, $(-1, 1)$, $(-1, 1/3)$, $(2, 0)$, 且相应概率依次为 $\frac{1}{6}$, $\frac{1}{3}$, $\frac{1}{12}$, $\frac{5}{12}$. 请列出 (X, Y) 的概率分布表，并写出关于 Y 的边缘分布.

6. 设随机变量 (X, Y) 服从二维正态分布 $N(0, 0, 10^2, 10^2, 0)$, 其概率密度为

$$f(x, y)=\frac{1}{200\pi}e^{-\frac{x^2+y^2}{200}},$$

求 $P\{X\le Y\}$.

7. 设随机变量 (X, Y) 的概率密度为

$$f(x, y)=\begin{cases} k(6-x-y), & 0<x<2,\ 2<y<4 \\ 0, & \text{其它} \end{cases}.$$

(1) 确定常数 k;　　(2) 求 $P\{X<1, Y<3\}$;

(3) 求 $P\{X<1.5\}$;　　(4) 求 $P\{X+Y\le 4\}$.

8. 已知 X 和 Y 的联合密度为

$$f(x, y)=\begin{cases} cxy, & 0\le x\le 1,\ 0\le y\le 1 \\ 0, & \text{其它} \end{cases},$$

试求：(1) 常数 c；(2) X 和 Y 的联合分布函数 $F(x, y)$.

9. 设二维随机变量 (X, Y) 的概率密度为

$$f(x, y)=\begin{cases}4.8y(1-x), & 0\le x\le 1,\ x\le y\le 1\\ 0, & \text{其它}\end{cases},$$

求边缘概率密度 $f_Y(y)$.

10. 设 (X, Y) 在曲线 $y=x^2$, $y=x$ 所围成的区域 G 内服从均匀分布, 求联合概率密度和边缘概率密度.

§3.2 条件分布与随机变量的独立性

一、条件分布的概念

在第 1 章中, 曾介绍了条件概率的概念, 那是对随机事件而言的. 本节要通过随机事件的条件概率引入随机变量的条件概率分布的概念.

引例 考虑某大学的全体学生, 从中随机抽取一个学生, 分别以 X 和 Y 表示其体重和身高, 则 X 和 Y 都是随机变量, 它们都有一定的概率分布. 现在若限制 $1.7<Y<1.8$ (米), 在这个条件下去求 X 的条件分布, 这就意味着要从该校的学生中把身高在 1.7 米和 1.8 米之间的那些人都挑出来, 然后在挑出的学生中求其体重的分布.

易见, 设 X 是一个随机变量, 其分布函数为

$$F_X(x)=P\{X\le x\},\ -\infty<x<+\infty,$$

若另外有一事件 A 已经发生, 并且 A 的发生可能会对事件 $\{X\le x\}$ 发生的概率产生影响, 则对任一给定的实数 x, 记

$$F(x|A)=P\{X\le x\,|\,A\},\ -\infty<x<+\infty, \tag{2.1}$$

并称 $F(x|A)$ 为在 A 发生的条件下, X 的**条件分布函数**.

例 1 设 X 服从 $[0, 1]$ 上的均匀分布, 求在已知 $X>1/2$ 的条件下 X 的条件分布函数.

解 由条件分布函数的定义, 有

$$F\left(x\,|\,X>\frac{1}{2}\right)=\frac{P\{X\le x,\ X>1/2\}}{P\{X>1/2\}}.$$

由于 X 服从 $[0, 1]$ 上的均匀分布, 故 $P\left\{X>\frac{1}{2}\right\}=\frac{1}{2}$.

当 $x\le\frac{1}{2}$ 时, $\qquad P\left\{X\le x,\ X>\frac{1}{2}\right\}=0,$

而当 $x>\frac{1}{2}$ 时, $\qquad P\left\{X\le x,\ X>\frac{1}{2}\right\}=F(x)-F\left(\frac{1}{2}\right)=F(x)-\frac{1}{2},$

其中 $F(x)$ 为 X 的分布函数. 我们已知

$$F(x)=\begin{cases}0, & x<0\\ x, & 0\le x\le 1,\\ 1, & x>1\end{cases}$$

于是，当 $x>\frac{1}{2}$ 时，

$$P\{X\le x,\ X>1/2\}=\begin{cases}x-1/2, & 1/2<x\le 1\\ 1/2, & x>1\end{cases},$$

从而 $F\left(x\mid X>\frac{1}{2}\right)=\begin{cases}0, & x\le 1/2\\ 2x-1, & 1/2<x\le 1.\\ 1, & x>1\end{cases}$ ■

二、随机变量的独立性

设 A 是随机变量 Y 所生成的事件：$A=\{Y\le y\}$，且 $P\{Y\le y\}>0$，则有

$$F(x\mid Y\le y)=\frac{P\{X\le x,\ Y\le y\}}{P\{Y\le y\}}=\frac{F(x,\ y)}{F_Y(y)}.$$

一般地，由于随机变量 X,Y 之间存在相互联系，因而，一个随机变量的取值可能会影响另一个随机变量的取值统计规律性．在何种情况下，随机变量 X,Y 之间没有上述影响，而具有所谓的“独立性”，我们引入如下定义．

定义1 设随机变量 (X,Y) 的联合分布函数为 $F(x,y)$，边缘分布函数为 $F_X(x)$，$F_Y(y)$，若对任意实数 x,y，有

$$P\{X\le x,\ Y\le y\}=P\{X\le x\}P\{Y\le y\},$$

即

$$F(x,\ y)=F_X(x)F_Y(y),\tag{2.2}$$

则称随机变量 **X 和 Y 相互独立**．

注：若随机变量 X 与 Y 相互独立，则联合分布可由边缘分布唯一确定．

关于随机变量的独立性，有下列两个定理．

定理1 随机变量 X 与 Y 相互独立的充要条件是 X 所生成的任何事件与 Y 生成的任何事件独立，即对任意实数集 A,B，有

$$P\{X\in A,\ Y\in B\}=P\{X\in A\}P\{Y\in B\}.$$

证明 略． ■

定理2 如果随机变量 X 与 Y 相互独立，则对任意函数 $g_1(x)$，$g_2(y)$ 均有 $g_1(X)$，$g_2(Y)$ 相互独立．

证明 令 $\zeta=g_1(X)$，$\eta=g_2(Y)$，对任意 x,y，记

$$D_x^1=\{t\mid g_1(t)\le x\},\ D_y^2=\{t\mid g_2(t)\le y\},$$

则由定理1，有

$$P\{\zeta\le x,\ \eta\le y\}=P\{g_1(X)\le x,\ g_2(Y)\le y\}=P\{X\in D_x^1,\ Y\in D_y^2\}$$

$$=P\{X\in D_x^1\}P\{Y\in D_y^2\}=P\{\zeta\le x\}P\{\eta\le y\}.$$

从而，由定义知 ζ 与 η 相互独立. ■

注：关于两个随机变量的独立性的概念和讨论可以推广到 n 个随机变量的情形.

三、离散型随机变量的条件分布与独立性

设 (X, Y) 是二维离散型随机变量，其概率分布为

$$P\{X=x_i,\ Y=y_j\}=p_{ij},\qquad i, j=1, 2, \cdots,$$

则由条件概率公式，当 $P\{Y=y_j\}>0$ 时，有

$$P\{X=x_i\mid Y=y_j\}=\frac{P\{X=x_i,\ Y=y_j\}}{P\{Y=y_j\}}=\frac{p_{ij}}{p_{\cdot j}},\ i=1, 2, \cdots, \tag{2.3}$$

称其为在 $Y=y_j$ 条件下随机变量 X 的**条件概率分布**.

类似地，定义在 $X=x_i$ 条件下随机变量 Y 的条件概率分布

$$P\{Y=y_j\mid X=x_i\}=\frac{P\{X=x_i,\ Y=y_j\}}{P\{X=x_i\}}=\frac{p_{ij}}{p_{i\cdot}},\ \ j=1, 2, \cdots. \tag{2.4}$$

注：条件分布是一种概率分布，它具有概率分布的一切性质.

对离散型随机变量 (X, Y)，其独立性的定义等价于：

定义 2　若对 (X, Y) 的所有可能取值 (x_i, y_j)，有

$$P\{X=x_i,\ Y=y_j\}=P\{X=x_i\}P\{Y=y_j\},$$

即

$$p_{ij}=p_{i\cdot}\,p_{\cdot j},\ \ i, j=1, 2, \cdots, \tag{2.5}$$

则称 X 和 Y **相互独立**.

例 2　设 X 与 Y 的联合概率分布为

X \ Y	-1	0	2
0	0.1	0.2	0
1	0.3	0.05	0.1
2	0.15	0	0.1

(1) 求 $Y=0$ 时，X 的条件概率分布；

(2) 判断 X 与 Y 是否相互独立？

解　(1) $P\{Y=0\}=0.2+0.05+0=0.25$，在 $Y=0$ 时，X 的条件概率分布为：

$$P\{X=0\mid Y=0\}=\frac{P\{X=0,\ Y=0\}}{P\{Y=0\}}=\frac{0.2}{0.25}=0.8,$$

$$P\{X=1\mid Y=0\}=\frac{P\{X=1,\ Y=0\}}{P\{Y=0\}}=\frac{0.05}{0.25}=0.2,$$

$$P\{X=2\mid Y=0\}=\frac{P\{X=2,\ Y=0\}}{P\{Y=0\}}=\frac{0}{0.25}=0.$$

(2) 因为

$$P\{X=0\}=0.1+0.2=0.3,$$
$$P\{Y=-1\}=0.1+0.3+0.15=0.55.$$

而 $P\{X=0, Y=-1\}=0.1$，可见

$$P\{X=0, Y=-1\}\neq P\{X=0\}P\{Y=-1\},$$

所以，X 与 Y 不独立. ■

例 3 设随机变量 X 与 Y 相互独立，表 3-2-1 列出了二维随机变量 (X,Y) 的联合分布律及关于 X 和关于 Y 的边缘分布律中的部分数值，试将其余数值填入表中的空白处.

表 3-2-1

X \ Y	y_1	y_2	y_3	$P\{X=x_i\}=p_{i\cdot}$
x_1		1/8		
x_2	1/8			
$P\{Y=y_j\}=p_{\cdot j}$	1/6			1

解 由于

$$P\{X=x_1, Y=y_1\}=P\{Y=y_1\}-P\{X=x_2, Y=y_1\}=\frac{1}{6}-\frac{1}{8}=\frac{1}{24},$$

考虑到 X 与 Y 相互独立，有

$$P\{X=x_1\}P\{Y=y_1\}=P\{X=x_1, Y=y_1\},$$

所以
$$P\{X=x_1\}=\frac{1/24}{1/6}=\frac{1}{4}.$$

同理，可以导出其它数值. 故 (X, Y) 的联合分布律如表 3-2-2 所示：

表 3-2-2

X \ Y	y_1	y_2	y_3	$P\{X=x_i\}=p_{i\cdot}$
x_1	1/24	1/8	1/12	1/4
x_2	1/8	3/8	1/4	3/4
$P\{Y=y_j\}=p_{\cdot j}$	1/6	1/2	1/3	1

■

四、连续型随机变量的条件密度与独立性

设 (X, Y) 是二维连续型随机变量，由于对任意 x, y,

$$P\{X=x\}=0,\quad P\{Y=y\}=0,$$

所以不能直接用条件概率公式引入“条件分布函数”.

定义 3 设二维连续型随机变量 (X, Y) 的概率密度为 $f(x, y)$，边缘概率密度为 $f_X(x)$, $f_Y(y)$，则对一切使 $f_X(x)>0$ 的 x，定义在 $X=x$ 的条件下 Y 的**条件密度函数**为

$$f_{Y|X}(y|x)=\frac{f(x,y)}{f_X(x)}. \tag{2.6}$$

类似地，对一切使 $f_Y(y)>0$ 的 y，定义在 $Y=y$ 的条件下 X 的**条件密度函数**为

$$f_{X|Y}(x|y)=\frac{f(x,y)}{f_Y(y)}. \tag{2.7}$$

关于定义表达式内涵的解释，以 $f_{X|Y}(x|y)=\dfrac{f(x,y)}{f_Y(y)}$ 为例，有

$$\begin{aligned}f_{X|Y}(x|y)\,\mathrm{d}x&=\frac{f(x,y)\,\mathrm{d}x\mathrm{d}y}{f_Y(y)\,\mathrm{d}y}\approx\frac{P\{x\le X<x+\mathrm{d}x,\ y\le Y<y+\mathrm{d}y\}}{P\{y\le Y<y+\mathrm{d}y\}}\\&=P\{x\le X<x+\mathrm{d}x\mid y\le Y<y+\mathrm{d}y\}.\end{aligned}$$

换句话说，对很小的 $\mathrm{d}x$ 和 $\mathrm{d}y$，$f_{X|Y}(x|y)\,\mathrm{d}x$ 表示已知 Y 取值于 y 和 $y+\mathrm{d}y$ 之间的条件下，X 取值于 x 和 $x+\mathrm{d}x$ 之间的条件概率.

运用条件密度函数，我们可以在已知某一随机变量值的条件下，定义与另一随机变量有关的事件的条件概率. 即，若 (X,Y) 是连续型随机变量，则对任一集合 A，

$$P\{X\in A\mid Y=y\}=\int_A f_{X|Y}(x|y)\,\mathrm{d}x. \tag{2.8}$$

特别地，取 $A=(-\infty,x)$，定义在已知 $Y=y$ 的条件下 X 的条件分布函数为

$$F_{X|Y}(x|y)=P\{X\le x\mid Y=y\}=\int_{-\infty}^{x} f_{X|Y}(t|y)\,\mathrm{d}t. \tag{2.9}$$

对二维连续型随机变量 (X,Y)，其独立性的定义等价于：

定义4　设 (X,Y) 为二维连续型随机变量，$f(x,y)$ 为其联合概率密度. $f_X(x)$，$f_Y(y)$ 分别为 X 与 Y 的边缘概率密度，若对任意的 x，y，有

$$f(x,y)=f_X(x)f_Y(y) \tag{2.10}$$

几乎处处成立，则称 X, Y **相互独立**.

注：这里"几乎处处成立"的含义是：在平面上除去面积为零的集合外，处处成立.

例4　设 (X,Y) 的概率密度为

$$f(x,y)=\begin{cases}xe^{-(x+y)}, & x>0,\ y>0\\ 0, & 其它\end{cases},$$

问 X 和 Y 是否独立？

解

$$f_X(x)=\int_0^{+\infty}xe^{-(x+y)}\,\mathrm{d}y=xe^{-x},\quad x>0,$$

$$f_Y(y)=\int_0^{+\infty}xe^{-(x+y)}\,\mathrm{d}x=e^{-y},\quad y>0.$$

即

$$f_X(x)=\begin{cases}xe^{-x}, & x>0\\ 0, & 其它\end{cases},\qquad f_Y(y)=\begin{cases}e^{-y}, & y>0\\ 0, & 其它\end{cases}.$$

对一切 x，y，均有

$$f(x, y) = f_X(x) f_Y(y),$$

故 X, Y 独立. ■

例 5　甲乙两人约定中午12:30在某地会面. 若甲来到的时间在12:15到12:45之间是均匀分布的. 乙独立地到达, 且到达时间在12:00到13:00之间是均匀分布的. 试求先到的人等待另一人到达的时间不超过5分钟的概率. 求甲先到的概率是多少?

解　设 X 为甲到达时刻, Y 为乙到达时刻, 以12时为起点, 以分为单位, 依题意, $X \sim U(15, 45)$, $Y \sim U(0, 60)$, 即有

$$f_X(x) = \begin{cases} 1/30, & 15 < x < 45 \\ 0, & \text{其它} \end{cases}, \quad f_Y(y) = \begin{cases} 1/60, & 0 < y < 60 \\ 0, & \text{其它} \end{cases}.$$

由 X 与 Y 的独立性知

$$f(x, y) = \begin{cases} 1/1\,800, & 15 < x < 45,\ 0 < y < 60 \\ 0, & \text{其它} \end{cases},$$

先到的人等待另一人到达的时间不超过5分钟的概率为 $P\{|X-Y| \le 5\}$ (见图3-2-1). 甲先到的概率为 $P\{X<Y\}$.

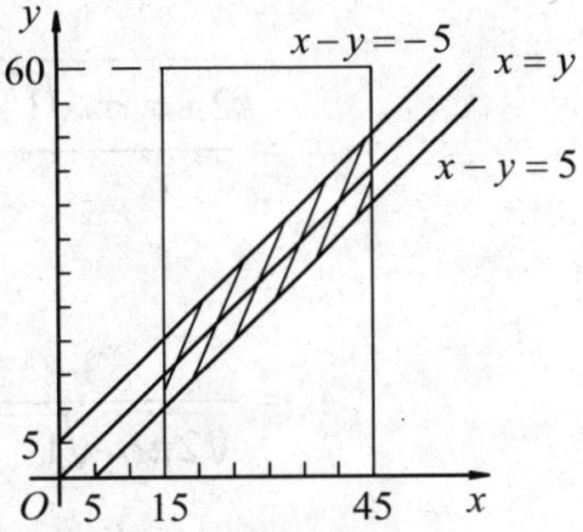

图 3-2-1

$$P\{|X-Y| \le 5\} = P\{-5 \le X - Y \le 5\}$$
$$= \int_{15}^{45} \left[\int_{x-5}^{x+5} \frac{1}{1\,800}\,\mathrm{d}y \right] \mathrm{d}x = \frac{1}{6},$$

$$P\{X<Y\} = \int_{15}^{45} \left[\int_{x}^{60} \frac{1}{1\,800}\,\mathrm{d}y \right] \mathrm{d}x = 1/2.$$ ■

例 6　设随机变量 (X, Y) 的概率密度为

$$f(x, y) = \begin{cases} e^{-y}, & 0 < x < y \\ 0, & \text{其它} \end{cases}.$$

(1) 求 X 与 Y 的边缘概率密度, 并判断 X 与 Y 是否相互独立;

(2) 求在 $Y=y$ 的条件下, X 的条件概率密度.

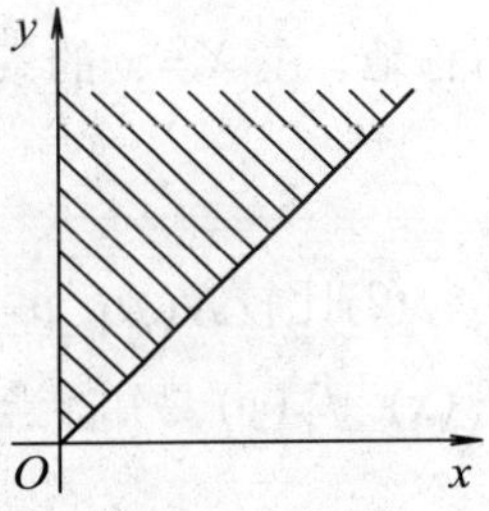

图 3-2-2

解　(1) 由 $f_X(x) = \int_{-\infty}^{+\infty} f(x, y)\,\mathrm{d}y\ (-\infty < x < +\infty)$ 知,

如图3-2-2所示, 当 $x \le 0$ 时, $f_X(x) = 0$; 当 $x > 0$ 时,

$$f_X(x) = \int_x^{+\infty} e^{-y}\,\mathrm{d}y = e^{-x},$$

所以
$$f_X(x) = \begin{cases} e^{-x}, & x > 0 \\ 0, & x \le 0 \end{cases}.$$

类似可得
$$f_Y(y) = \begin{cases} ye^{-y}, & y > 0 \\ 0, & y \le 0 \end{cases}.$$

由于当 $0 < x < y$ 时, $f_X(x) \cdot f_Y(y) \ne f(x, y)$, 故 X 与 Y 不相互独立.

(2) 由(1)知，当 $y>0$ 时，$f_Y(y)>0$，所以，在 $Y=y$ 的条件下，X 的条件概率密度为

$$f_{X|Y}(x|y)=\frac{f(x,y)}{f_Y(y)}=\begin{cases}1/y, & 0<x<y\\ 0, & \text{其它}\end{cases}.$$ ■

例 7 设 $(X,Y)\sim N(\mu_1,\mu_2,\sigma_1^2,\sigma_2^2,\rho)$.

(1) 求 $f_{X|Y}(x|y)$ 和 $f_{Y|X}(y|x)$.

(2) 证明 X 与 Y 相互独立的充要条件是 $\rho=0$.

解 (1) $f_{X|Y}(x|y)=\dfrac{f(x,y)}{f_Y(y)}$

$$=\frac{\dfrac{1}{2\pi\sigma_1\sigma_2\sqrt{1-\rho^2}}e^{-\frac{1}{2(1-\rho^2)}\left[\frac{(x-\mu_1)^2}{\sigma_1^2}-2\rho\frac{(x-\mu_1)(y-\mu_2)}{\sigma_1\sigma_2}+\frac{(y-\mu_2)^2}{\sigma_2^2}\right]}}{\dfrac{1}{\sqrt{2\pi}\sigma_2}e^{-\frac{(y-\mu_2)^2}{2\sigma_2^2}}}$$

$$=\frac{1}{\sqrt{2\pi}\sigma_1\sqrt{1-\rho^2}}e^{-\frac{1}{2(1-\rho^2)}\left(\frac{x-\mu_1}{\sigma_1}-\rho\frac{y-\mu_2}{\sigma_2}\right)^2}$$

$$=\frac{1}{\sqrt{2\pi}\sigma_1\sqrt{1-\rho^2}}e^{-\frac{1}{2\sigma_1^2(1-\rho^2)}\left[x-\mu_1-\frac{\sigma_1}{\sigma_2}\rho(y-\mu_2)\right]^2},$$

故在 $Y=y$ 的条件下，X 服从正态分布

$$N\left(\mu_1+\frac{\sigma_1}{\sigma_2}\rho(y-\mu_2),\ \sigma_1^2(1-\rho^2)\right);$$

对称地，在 $X=x$ 的条件下，Y 服从正态分布

$$N\left(\mu_2+\frac{\sigma_2}{\sigma_1}\rho(x-\mu_1),\ \sigma_2^2(1-\rho^2)\right).$$

(2) 比较 $N(\mu_1,\mu_2,\sigma_1^2,\sigma_2^2,\rho)$ 与 $N_1(\mu_1,\sigma_1^2)$, $N_2(\mu_2,\sigma_2^2)$ 的密度函数：$f(x,y)$, $f_X(x)$, $f_Y(y)$ 易知，当且仅当 $\rho=0$ 时，

$$f(x,y)=f_X(x)f_Y(y),$$

即，当且仅当 $\rho=0$ 时，X 与 Y 相互独立. ■

习题 3-2

1. 二维随机变量 (X,Y) 的分布律为

X \ Y	0	1
0	7/15	7/30
1	7/30	1/15

(1) 求 Y 的边缘分布律；　　(2) 求 $P\{Y=0 \mid X=0\}, P\{Y=1 \mid X=0\}$;

(3) 判定 X 与 Y 是否独立？

2. 将某一医药公司 9 月份和 8 月份的青霉素针剂的订货单数分别记为 X 与 Y. 据以往积累的资料知，X 和 Y 的联合分布律为

X \ Y	51	52	53	54	55
51	0.06	0.05	0.05	0.01	0.01
52	0.07	0.05	0.01	0.01	0.01
53	0.05	0.10	0.10	0.05	0.05
54	0.05	0.02	0.01	0.01	0.03
55	0.05	0.06	0.05	0.01	0.03

(1) 求边缘分布律；　　(2) 求 8 月份的订单数为 51 时，9 月份订单数的条件分布律.

3. 已知 (X, Y) 的分布律如右表所示，求：

(1) 在 $Y=1$ 的条件下，X 的条件分布律；

(2) 在 $X=2$ 的条件下，Y 的条件分布律.

X \ Y	0	1	2
0	1/4	1/8	0
1	0	1/3	0
2	1/6	0	1/8

4. 已知 (X, Y) 的概率密度函数为

$$f(x, y)=\begin{cases}3x, & 0<x<1,\ 0<y<x \\ 0, & \text{其它}\end{cases},$$

求：(1) 边缘概率密度函数；(2) 条件概率密度函数.

5. 设 X 与 Y 相互独立，其概率分布如表 (a) 及表 (b) 所示，求 (X, Y) 的联合概率分布，$P\{X+Y=1\}$, $P\{X+Y \neq 0\}$.

表 (a)

X	-2	-1	0	1/2
p_i	1/4	1/3	1/12	1/3

表 (b)

Y	$-1/2$	1	3
p_i	1/2	1/4	1/4

6. 某旅客到达火车站的时间 X 均匀分布在早上 7:55 ~ 8:00，而火车这段时间开出的时间 Y 的密度函数为

$$f_Y(y)=\begin{cases}\dfrac{2(5-y)}{25}, & 0 \leq y \leq 5 \\ 0, & \text{其它}\end{cases},$$

求此人能及时上火车的概率.

7. 设随机变量 X 与 Y 都服从 $N(0,1)$ 分布，且 X 与 Y 相互独立，求 (X, Y) 的联合概率密度函数.

8. 设随机变量 X 的概率密度为

$$f(x)=\frac{1}{2} e^{-|x|} \quad (-\infty<x<+\infty),$$

问: X 与 $|X|$ 是否相互独立?

9. 设 X 和 Y 是两个相互独立的随机变量, X 在 $(0,1)$ 上服从均匀分布, Y 的概率密度为

$$f_Y(y)=\begin{cases}\frac{1}{2}e^{-\frac{y}{2}}, & y>0\\ 0, & y\le 0\end{cases},$$

(1) 求 X 与 Y 的联合概率密度;

(2) 设有 a 的二次方程 $a^2+2Xa+Y=0$, 求它有实根的概率.

§3.3　二维随机变量函数的分布

在实际应用中, 有些随机变量往往是两个或两个以上随机变量的函数. 例如, 考虑全国年龄在 40 岁以上的人群, 用 X 和 Y 分别表示一个人的年龄和体重, Z 表示这个人的血压, 并且已知 Z 与 X, Y 的函数关系式为

$$Z=g(X,Y),$$

现希望通过 (X,Y) 的分布来确定 Z 的分布. 此类问题就是我们将要讨论的两个随机变量函数的分布问题.

在本节中, 我们重点讨论两种特殊的函数关系:

(a) $Z=X+Y$;

(b) $Z=\max\{X,Y\}$ 和 $Z=\min\{X,Y\}$, 其中 X 与 Y 相互独立.

注: 应指出的是, 将两个随机变量函数的分布问题推广到 n 个随机变量函数的分布问题只是表述和计算的繁杂程度的提高, 并没有本质性的差异.

一、离散型随机变量的函数的分布

设 (X,Y) 是二维离散型随机变量, $g(x,y)$ 是一个二元函数, 则 $g(X,Y)$ 作为 (X,Y) 的函数是一个随机变量. 如果 (X,Y) 的概率分布为:

$$P\{X=x_i, Y=y_j\}=p_{ij}\quad (i,j=1,2,\cdots),$$

设 $Z=g(X,Y)$ 的所有可能取值为 z_k, $k=1,2,\cdots$, 则 Z 的概率分布为:

$$P\{Z=z_k\}=P\{g(X,Y)=z_k\}=\sum_{g(x_i,y_j)=z_k}P\{X=x_i,Y=y_j\}$$

$$=\sum_{g(x_i,y_j)=z_k}p_{ij},\ k=1,2,\cdots. \tag{3.1}$$

例如, 若 X, Y 独立, 且

$$P\{X=k\}=a_k,\ P\{Y=k\}=b_k,\ k=0,1,2,\cdots,$$

则 $Z=X+Y$ 的概率分布为

$$P\{Z=r\}=P\{X+Y=r\}=\sum_{i=0}^{r}P\{X=i,\ Y=r-i\}=\sum_{i=0}^{r}P\{X=i\}P\{Y=r-i\}$$
$$=a_0b_r+a_1b_{r-1}+\cdots+a_rb_0,\quad r=0,1,2,\cdots.$$

即
$$P\{Z=r\}=\sum_{i=0}^{r}a_ib_{r-i}. \tag{3.2}$$

这个公式称为**离散型卷积公式**.

例1　设随机变量 (X,Y) 的概率分布如下表:

X \ Y	−1	0	1	2
−1	0.2	0.15	0.1	0.3
2	0.1	0	0.1	0.05

求随机变量 (X,Y) 的函数 Z 的分布:

(1) $Z=X+Y$;　　(2) $Z=XY$.

解　由 (X,Y) 的概率分布可得:

p_{ij}	0.2	0.15	0.1	0.3	0.1	0	0.1	0.05
(X,Y)	(−1,−1)	(−1,0)	(−1,1)	(−1,2)	(2,−1)	(2,0)	(2,1)	(2,2)
$Z=X+Y$	−2	−1	0	1	1	2	3	4
$Z=XY$	1	0	−1	−2	−2	0	2	4

与一维离散型随机变量函数的分布的求法相同, 把 Z 值相同项对应的概率值合并得:

(1) $Z=X+Y$ 的概率分布为:

Z	−2	−1	0	1	2	3	4
p_k	0.2	0.15	0.1	0.4	0	0.1	0.05

(2) $Z=XY$ 的概率分布为:

Z	−2	−1	0	1	2	4
p_k	0.4	0.1	0.15	0.2	0.1	0.05

■

例2　若 X 和 Y 相互独立, 它们分别服从参数为 λ_1,λ_2 的泊松分布, 证明 $Z=X+Y$ 服从参数为 $\lambda_1+\lambda_2$ 的泊松分布.

解　依题意

$$P\{X=i\}=\frac{e^{-\lambda_1}\lambda_1^i}{i!},\ i=0,1,2,\cdots,\qquad P\{Y=j\}=\frac{e^{-\lambda_2}\lambda_2^j}{j!},\ j=0,1,2,\cdots,$$

由离散型卷积公式得

$$P\{Z=r\}=\sum_{i=0}^{r}P\{X=i,\ Y=r-i\}=\sum_{i=0}^{r}e^{-\lambda_1}\frac{\lambda_1^i}{i!}\cdot e^{-\lambda_2}\frac{\lambda_2^{r-i}}{(r-i)!}$$
$$=\frac{e^{-(\lambda_1+\lambda_2)}}{r!}\sum_{i=0}^{r}\frac{r!}{i!(r-i)!}\lambda_1^i\lambda_2^{r-i}=\frac{e^{-(\lambda_1+\lambda_2)}}{r!}(\lambda_1+\lambda_2)^r,\ r=0,1,\cdots$$

即 Z 服从参数为 $\lambda_1+\lambda_2$ 的泊松分布. ■

二、连续型随机变量的函数的分布

设 (X, Y) 是二维连续型随机变量, 其概率密度函数为 $f(x, y)$, 令 $g(x, y)$ 为一个二元函数, 则 $g(X, Y)$ 是 (X, Y) 的函数.

可用类似于求一元随机变量函数分布的方法来求 $Z=g(X, Y)$ 的分布.

(1) 求分布函数 $F_Z(z)$,

$$F_Z(z)=P\{Z\le z\}=P\{g(X,Y)\le z\}=P\{(X,Y)\in D_Z\}=\iint_{D_Z} f(x,y)\,\mathrm{d}x\mathrm{d}y \quad (3.3)$$

其中, $D_Z=\{(x, y)\mid g(x, y)\le z\}$.

(2) 求其概率密度函数 $f_Z(z)$, 对几乎所有的 z, 有

$$f_Z(z)=F_Z'(z). \quad (3.4)$$

在求随机变量 (X, Y) 的函数 $Z=g(X, Y)$ 的分布时, 关键是设法将其转化为 (X, Y) 在一定范围内取值的形式, 从而利用已知 (X, Y) 的分布求出 $Z=g(X, Y)$ 的分布.

例 3 设随机变量 X 与 Y 相互独立, 且同服从 $[0,1]$ 上的均匀分布, 试求 $Z=|X-Y|$ 的分布函数与密度函数.

解 依题意, 可作图 3–3–1. 先求 Z 的分布函数

$$F_Z(z)=P\{|X-Y|\le z\}=\begin{cases}0, & z\le 0\\ P\{-z\le X-Y\le z\}, & 0<z<1\\ 1, & z\ge 1\end{cases}$$

$$=\begin{cases}0, & z\le 0\\ 1-(1-z)^2, & 0<z<1,\\ 1, & z\ge 1\end{cases}$$

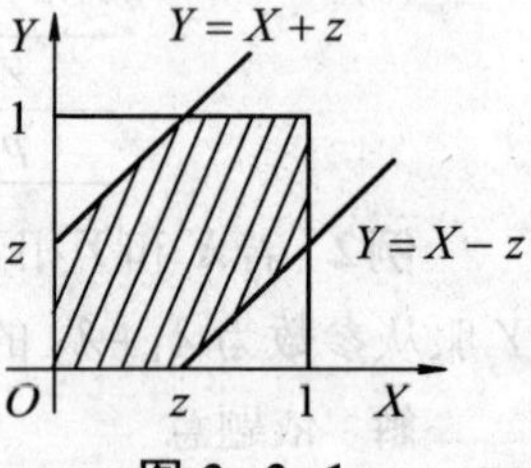

图 3–3–1

则 $Z=|X-Y|$ 的概率密度为

$$f_Z(z)=F_Z'(z)=\begin{cases}2(1-z), & 0<z<1\\ 0, & \text{其它}\end{cases}.$$ ■

下面我们来求 (X, Y) 的两个特殊函数的分布.

1. $Z=X+Y$ 的分布

设 (X, Y) 是二维连续型随机变量, 其概率密度函数为 $f(x, y)$, 求 $Z=X+Y$ 的概率密度函数 $f_Z(z)$.

设 Z 的分布函数为 $F_Z(z)$, 则

$$F_Z(z)=P\{Z\le z\}=P\{X+Y\le z\}=\iint_D f(x,y)\,\mathrm{d}x\mathrm{d}y.$$

这里积分区域 $D=\{(x,y)\mid x+y\le z\}$ 是直线 $x+y=z$ 左下方的半平面(见图3-3-2)，即

$$F_Z(z)=\iint\limits_{x+y\le z} f(x,y)\,\mathrm{d}x\mathrm{d}y.$$

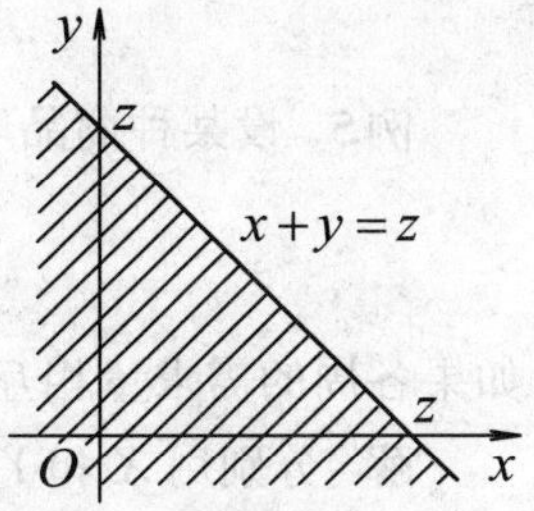

图3-3-2

化成累次积分，得

$$F_Z(z)=\int_{-\infty}^{+\infty}\left[\int_{-\infty}^{z-y} f(x,y)\,\mathrm{d}x\right]\mathrm{d}y.$$

固定z和y，对方括号内的积分作变量代换，令$x=u-y$，得

$$F_Z(z)=\int_{-\infty}^{+\infty}\left[\int_{-\infty}^{z} f(u-y,y)\,\mathrm{d}u\right]\mathrm{d}y=\int_{-\infty}^{z}\left[\int_{-\infty}^{+\infty} f(u-y,y)\,\mathrm{d}y\right]\mathrm{d}u.$$

由概率密度与分布函数的关系，即得 $Z=X+Y$ 的概率密度为：

$$f_Z(z)=F_Z'(z)=\int_{-\infty}^{+\infty} f(z-y,y)\,\mathrm{d}y,$$

由X和Y的对称性，$f_Z(z)$又可写成

$$f_Z(z)=F_Z'(z)=\int_{-\infty}^{+\infty} f(x,z-x)\,\mathrm{d}x.$$

以上两式即是两个随机变量和的概率密度的一般公式.

注：特别地，当X和Y独立时，设(X,Y)关于X,Y的边缘密度函数分别为$f_X(x)$，$f_Y(y)$，则上述两式化为

$$f_Z(z)=\int_{-\infty}^{+\infty} f_X(z-y)f_Y(y)\,\mathrm{d}y, \tag{3.5}$$

$$f_Z(z)=\int_{-\infty}^{+\infty} f_X(x)f_Y(z-x)\,\mathrm{d}x. \tag{3.6}$$

以上两个公式称为**卷积公式**.

例4 设X和Y相互独立，均服从$N(0,1)$分布，求$Z=X+Y$的概率密度函数.

解 由卷积公式得

$$\begin{aligned}f_Z(z)&=\int_{-\infty}^{+\infty} f_X(x)f_Y(z-x)\,\mathrm{d}x\\&=\frac{1}{2\pi}\int_{-\infty}^{+\infty} e^{-\frac{x^2}{2}}\cdot e^{-\frac{(z-x)^2}{2}}\,\mathrm{d}x=\frac{1}{2\pi}e^{-\frac{z^2}{4}}\int_{-\infty}^{+\infty} e^{-\left(x-\frac{z}{2}\right)^2}\,\mathrm{d}x,\end{aligned}$$

令 $t=x-\dfrac{z}{2}$，得

$$f_Z(z)=\frac{1}{2\pi}e^{-\frac{z^2}{4}}\int_{-\infty}^{+\infty} e^{-t^2}\,\mathrm{d}t=\frac{1}{2\pi}e^{-\frac{z^2}{4}}\sqrt{\pi}=\frac{1}{2\sqrt{\pi}}e^{-\frac{z^2}{4}}.$$

即$Z\sim N(0,2)$. ■

类似地，利用卷积公式可得到下列定理.

定理1 设X,Y相互独立，且$X\sim N(\mu_1,\sigma_1^2)$，$Y\sim N(\mu_2,\sigma_2^2)$，则$Z=X+Y$仍然服从正态分布，且

$$Z \sim N(\mu_1+\mu_2,\ \sigma_1^2+\sigma_2^2).$$

例5 设某种商品一周的需求量是一个随机变量，其概率密度函数为

$$f(x)=\begin{cases} xe^{-x}, & x>0 \\ 0, & 其它 \end{cases},$$

如果各周的需求量相互独立，求两周需求量的概率密度函数.

解 分别用 X 和 Y 表示第一、二周的需求量，则

$$f_X(x)=\begin{cases} xe^{-x}, & x>0 \\ 0, & 其它 \end{cases},\quad f_Y(y)=\begin{cases} ye^{-y}, & y>0 \\ 0, & 其它 \end{cases},$$

从而两周需求量 $Z=X+Y$，由卷积公式

$$f_Z(z)=\int_{-\infty}^{+\infty} f_X(x)\, f_Y(z-x)\,\mathrm{d}x.$$

当 $z\le 0$ 时，若 $x>0$，则 $z-x<0$，$f_Y(z-x)=0$；若 $x\le 0$，则 $f_X(x)=0$，从而 $f_Z(z)=0$.

当 $z>0$ 时，若 $x\le 0$，则 $f_X(x)=0$；若 $z-x\le 0$，即 $z\le x$，则 $f_Y(z-x)=0$. 因此，当 $0<x<z$ 时，

$$\int_{-\infty}^{+\infty} f_X(x)f_Y(z-x)\mathrm{d}x=\int_0^z xe^{-x}(z-x)e^{-(z-x)}\mathrm{d}x=\frac{z^3}{6}e^{-z},$$

从而

$$f_Z(z)=\begin{cases} \dfrac{z^3}{6}e^{-z}, & z>0 \\ 0, & 其它 \end{cases}.$$

■

2. $M=\max\{X,Y\}$ 及 $N=\min\{X,Y\}$ 的分布

设随机变量 X,Y 相互独立，其分布函数分别为 $F_X(x)$ 和 $F_Y(y)$，由于 $M=\max\{X,Y\}$ 不大于 z 等价于 X 和 Y 都不大于 z，故有

$$\begin{aligned} F_M(z)&=P\{M\le z\}=P\{X\le z, Y\le z\} \\ &=P\{X\le z\}P\{Y\le z\}=F_X(z)F_Y(z); \end{aligned} \tag{3.7}$$

类似地，可得 $N=\min\{X,Y\}$ 的分布函数

$$\begin{aligned} F_N(z)&=P\{N\le z\}=1-P\{N>z\}=1-P\{X>z, Y>z\} \\ &=1-P\{X>z\}P\{Y>z\}=1-[1-F_X(z)][1-F_Y(z)]. \end{aligned} \tag{3.8}$$

注：上述结果易推广到 n 维情形：设 $X_1,\cdots,X_n$ 是 n 个相互独立的随机变量，其分布函数分别为 $F_{X_i}(x)\ (i=1,\cdots,n)$，则 $M=\max\{X_1,\cdots,X_n\}$ 的分布函数为

$$F_M(z)=F_{X_1}(z)\cdots F_{X_n}(z). \tag{3.9}$$

$N=\min\{X_1,\cdots,X_n\}$ 的分布函数为

$$F_N(z)=1-[1-F_{X_1}(z)]\cdots[1-F_{X_n}(z)]. \tag{3.10}$$

例6 设系统 L 由两个相互独立的子系统 L_1，L_2 连接而成，连接的方式分别为

串联、并联、备用（当系统 L_1 损坏时，系统 L_2 开始工作），如图 3－3－3 所示.

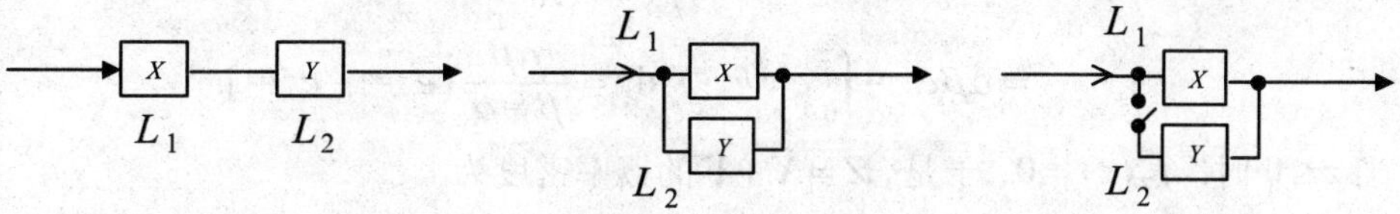

图 3－3－3

设 L_1, L_2 的寿命分别为 X, Y，已知它们的概率密度分别为

$$f_X(x)=\begin{cases}\alpha e^{-\alpha x}, & x>0\\ 0, & x\le 0\end{cases},\qquad f_Y(y)=\begin{cases}\beta e^{-\beta y}, & y>0\\ 0, & y\le 0\end{cases},$$

其中 $\alpha>0$，$\beta>0$ 且 $\alpha\neq\beta$. 试分别就以上三种连接方式写出 L 的寿命 Z 的概率密度.

解 (1) 串联的情况.

由于当 L_1, L_2 中有一个损坏时，系统 L 就停止工作，所以这时 L 的寿命为

$$Z=\min\{X,Y\}.$$

由题设知，X, Y 的分布函数分别为

$$F_X(x)=\begin{cases}1-e^{-\alpha x}, & x>0\\ 0, & x\le 0\end{cases},\qquad F_Y(y)=\begin{cases}1-e^{-\beta y}, & y>0\\ 0, & y\le 0\end{cases},$$

于是，$Z=\min\{X,Y\}$ 的分布函数为

$$F_{\min}(z)=1-[1-F_X(z)][1-F_Y(z)]=\begin{cases}1-e^{-(\alpha+\beta)z}, & z>0\\ 0, & z\le 0\end{cases}.$$

$Z=\min\{X,Y\}$ 的概率密度为

$$f_{\min}(z)=\begin{cases}(\alpha+\beta)e^{-(\alpha+\beta)z}, & z>0\\ 0, & z\le 0\end{cases}.$$

(2) 并联的情况.

由于当且仅当 L_1, L_2 都损坏时，系统 L 才停止工作，所以这时 L 的寿命 Z 为 $Z=\max\{X,Y\}$. 于是，Z 的分布函数为

$$F_{\max}(z)=F_X(z)F_Y(z)=\begin{cases}(1-e^{-\alpha z})(1-e^{-\beta z}), & z>0\\ 0, & z\le 0\end{cases}.$$

从而 $Z=\max\{X,Y\}$ 的概率密度为

$$f_{\max}(z)=\begin{cases}\alpha e^{-\alpha z}+\beta e^{-\beta z}-(\alpha+\beta)e^{-(\alpha+\beta)z}, & z>0\\ 0, & z\le 0\end{cases}.$$

(3) 备用的情况.

由于当系统 L_1 损坏时系统 L_2 才开始工作，因此，整个系统 L 的寿命 Z 是 L_1, L_2 两者寿命之和，即 $Z=X+Y$.

当 $z>0$ 时，$Z=X+Y$ 的概率密度为

$$f_Z(z)=\int_{-\infty}^{+\infty} f_X(z-y)f_Y(y)\,\mathrm{d}y=\int_0^z \alpha e^{-\alpha(z-y)}\beta e^{-\beta y}\mathrm{d}y$$

$$=\alpha\beta e^{-\alpha z}\int_0^z e^{-(\beta-\alpha)y}\mathrm{d}y=\frac{\alpha\beta}{\beta-\alpha}[e^{-\alpha z}-e^{-\beta z}].$$

当 $z\le 0$ 时，$f_Z(z)=0$，于是，$Z=X+Y$ 的概率密度为

$$f_Z(z)=\begin{cases}\dfrac{\alpha\beta}{\beta-\alpha}[e^{-\alpha z}-e^{-\beta z}], & z>0\\ 0, & z\le 0\end{cases}.$$ ■

习题 3-3

1. 设随机变量 X 和 Y 相互独立，且都等可能地取 1, 2, 3 为值，求随机变量 $U=\max\{X, Y\}$ 和 $V=\min\{X, Y\}$ 的联合分布.

2. 设 (X, Y) 的分布律为

X \ Y	-1	1	2
-1	1/10	1/5	3/10
2	1/5	1/10	1/10

试求：(1) $Z=X+Y$； (2) $Z=XY$； (3) $Z=X/Y$； (4) $Z=\max\{X,Y\}$ 的分布律.

3. 设二维随机向量 (X,Y) 服从矩形区域 $D=\{(x, y)\,|\,0\le x\le 2,\ 0\le y\le 1\}$ 上的均匀分布，且

$$U=\begin{cases}0, & X\le Y\\ 1, & X>Y\end{cases};\qquad V=\begin{cases}0, & X\le 2Y\\ 1, & X>2Y\end{cases}.$$

求 U 与 V 的联合概率分布.

4. 设 (X, Y) 的联合概率密度为

$$f(x, y)=\frac{1}{2\pi}e^{-\frac{x^2+y^2}{2}},\ Z=\sqrt{X^2+Y^2},$$

求 Z 的概率密度.

5. 设随机变量 (X, Y) 的概率密度为

$$f(x, y)=\begin{cases}\dfrac{1}{2}(x+y)e^{-(x+y)}, & x>0,\ y>0\\ 0, & \text{其它}\end{cases}.$$

(1) 问 X 和 Y 是否相互独立？ (2) 求 $Z=X+Y$ 的概率密度.

6. 设随机变量 X, Y 相互独立，若 X 服从 $(0,1)$ 上的均匀分布，Y 服从参数为 1 的指数分布，求随机变量 $Z=X+Y$ 的概率密度.

7. 设随机变量 (X, Y) 的概率密度为

$$f(x, y)=\begin{cases}be^{-(x+y)}, & 0<x<1,\ 0<y<+\infty\\ 0, & \text{其它}\end{cases}.$$

(1) 试确定常数 b；

(2) 求边缘概率密度 $f_X(x)$, $f_Y(y)$;

(3) 求函数 $U=\max\{X, Y\}$ 的分布函数.

8. 设系统 L 是由两个相互独立的子系统 L_1 和 L_2 以串联方式联接而成，L_1 与 L_2 的寿命分别为 X 与 Y, 其概率密度分别为

$$\varphi_1(x)=\begin{cases}\alpha e^{-\alpha x}, & x>0\\ 0, & x\le 0\end{cases},\qquad \varphi_2(y)=\begin{cases}\beta e^{-\beta y}, & y>0\\ 0, & y\le 0\end{cases},$$

其中 $\alpha>0$, $\beta>0$, $\alpha\neq\beta$, 试求系统 L 的寿命 Z 的概率密度.

9. 设随机变量 X, Y 相互独立，且服从同一分布．试证明：

$$P\{a<\min\{X, Y\}\le b\}=[P\{X>a\}]^2-[P\{X>b\}]^2.$$

10. 设随机变量 X 与 Y 相互独立，且分别服从二项分布 $B(n, p)$ 与 $B(m, p)$, 求证：

$$X+Y\sim B(n+m, p).$$

总 习 题 三

1. 在一箱子中装有 12 只开关，其中 2 只是次品，在其中取两次，每次任取一只，考虑两种试验：(1) 有放回抽样；(2) 不放回抽样.

我们定义随机变量 X, Y 如下：

$$X=\begin{cases}0, & \text{若第一次取出的是正品}\\ 1, & \text{若第一次取出的是次品}\end{cases};\qquad Y=\begin{cases}0, & \text{若第二次取出的是正品}\\ 1, & \text{若第二次取出的是次品}\end{cases}.$$

试分别就 (1), (2) 两种情况，写出 X 和 Y 的联合分布律.

2. 假设随机变量 Y 服从参数为 1 的指数分布，随机变量

$$X_k=\begin{cases}0, & Y\le k\\ 1, & Y>k\end{cases}\quad (k=1, 2),$$

求 (X_1, X_2) 的联合分布律与边缘分布律.

3. 在元旦茶话会上，发给每人一袋水果，内装 3 个橘子，2 个苹果，3 个香蕉．今从袋中随机抽出 4 个，以 X 记橘子数，Y 记苹果数，求 (X, Y) 的联合分布.

4. 设随机变量 X 与 Y 相互独立，下表列出了二维随机变量 (X, Y) 的联合分布律及关于 X 与 Y 的边缘分布律中的部分数值，试将其余数值填入表中的空白处：

X \ Y	y_1	y_2	y_3	$p_{i\cdot}$
x_1		1/8		
x_2	1/8			
$p_{\cdot j}$	1/6			1

5. 设随机变量 (X, Y) 的联合分布如右表，求：

(1) a 值；

(2) (X, Y) 的联合分布函数 $F(x, y)$;

(3) (X, Y) 关于 X, Y 的边缘分布函数 $F_X(x)$ 与 $F_Y(y)$.

X \ Y	−1	0
1	1/4	1/4
2	1/6	a

6. 设随机变量 (X, Y) 的联合概率密度为

$$f(x, y)=\begin{cases} c(R-\sqrt{x^2+y^2}), & x^2+y^2<R^2 \\ 0, & x^2+y^2\ge R^2 \end{cases},$$

求：(1) 常数 c；(2) $P\{X^2+Y^2\le r^2\}$ $(r<R)$.

7. 设

$$f(x, y)=\begin{cases} 1, & 0\le x\le 2,\ \max(0, x-1)\le y\le \min(1, x) \\ 0, & \text{其它} \end{cases},$$

求 $f_X(x)$ 和 $f_Y(y)$.

8. 若 (X, Y) 的分布律如右表所示，则 α，β 应满足的条件是______，若 X 与 Y 独立，则 $\alpha=$ ______，$\beta=$ ______.

Y \ X	1	2	3
1	1/6	1/9	1/18
2	1/3	α	β

9. 设二维随机变量 (X, Y) 的概率密度函数为

$$f(x, y)=\begin{cases} ce^{-(2x+y)}, & x>0,\ y>0 \\ 0, & \text{其它} \end{cases}.$$

(1) 确定常数 c；　(2) 求 X, Y 的边缘概率密度函数；

(3) 求联合分布函数 $F(x, y)$；　(4) 求 $P\{Y\le X\}$；

(5) 求条件概率密度函数 $f_{X|Y}(x|y)$；　(6) 求 $P\{X<2|Y<1\}$.

10. 设随机变量 X 以概率 1 取值为 0，而 Y 是任意的随机变量，证明 X 与 Y 相互独立.

11. 设连续型随机变量 (X, Y) 的两个分量 X 和 Y 相互独立，且服从同一分布. 试证

$$P\{X\le Y\}=1/2.$$

12. 设二维随机变量 (X, Y) 的联合分布律为

Y \ X	x_1	x_2	x_3
y_1	a	1/9	c
y_2	1/9	b	1/3

若 X 与 Y 相互独立，求参数 a, b, c 的值.

13. 已知随机变量 X_1 和 X_2 的概率分布为

X_1	−1	0	1
p_i	1/4	1/2	1/4

X_2	0	1
p_i	1/2	1/2

且 $P\{X_1X_2=0\}=1$.

(1) 求 X_1 和 X_2 的联合分布律；　(2) 问 X_1 和 X_2 是否独立？

14. 设 (X, Y) 的联合密度函数为

$$f(x, y)=\begin{cases} \dfrac{1}{\pi R^2}, & x^2+y^2\le R^2 \\ 0, & \text{其它} \end{cases}.$$

(1) 求 X 与 Y 的边缘概率密度；　　(2) 求条件概率密度，并问 X 与 Y 是否独立？

15. 设 (X,Y) 的概率密度为

$$f(x,y)=\begin{cases}1, & 0<x<1,\ 0<y<2(1-x)\\ 0, & \text{其它}\end{cases},$$

求 $Z=X+Y$ 的概率密度.

16. 设二维随机变量 (X,Y) 的概率密度为

$$f(x,y)=\begin{cases}2e^{-(x+2y)}, & x>0,\ y>0\\ 0, & \text{其它}\end{cases},$$

求随机变量 $Z=X+2Y$ 的分布函数.

17. 设随机变量 X 与 Y 相互独立，其概率密度函数分别为

$$f_X(x)=\begin{cases}1, & 0\le x\le 1\\ 0, & \text{其它}\end{cases};\qquad f_Y(y)=\begin{cases}Ae^{-y}, & y>0\\ 0, & y\le 0\end{cases}.$$

求：(1) 常数 A；　　(2) 随机变量 $Z=2X+Y$ 的概率密度函数.

18. 设随机变量 X,Y 相互独立，若 X 与 Y 分别服从区间 $(0,1)$ 与 $(0,2)$ 上的均匀分布，求 $U=\max\{X,Y\}$ 与 $V=\min\{X,Y\}$ 的概率密度.

第4章 随机变量的数字特征

前面讨论了随机变量的分布函数，从中知道随机变量的分布函数能完整地描述随机变量的统计规律性.

但在许多实际问题中,人们并不需要去全面考察随机变量的变化情况,而只要知道它的某些数字特征即可.

例如，在评价某地区粮食产量的水平时，通常只需知道该地区粮食的平均产量.又如,在评价一批棉花的质量时，既要注意纤维的平均长度，又要注意纤维长度与平均长度之间的偏离程度，平均长度较大，偏离程度较小，则质量就较好，等等.

实际上，描述随机变量的平均值和偏离程度的某些数字特征在理论和实践上都具有重要的意义,它们能更直接、更简洁、更清晰和更实用地反映出随机变量的本质.

本章将要讨论的随机变量的常用数字特征有：数学期望、方差、相关系数、矩.

§4.1 数 学 期 望

一、离散型随机变量的数学期望

平均值是日常生活中最常用的一个数字特征，它对评判事物、做出决策等具有重要作用. 例如，某商场计划于5月1日在户外搞一次促销活动，统计资料表明，如果在商场内搞促销活动，可获得经济效益3万元；在商场外搞促销活动，如果不遇到雨天可获得经济效益12万元，遇到雨天则会带来经济损失5万元. 若前一天的天气预报称当日有雨的概率为40%，则商场应如何选择促销方式？

显然，商场该日在商场外搞促销活动预期获得的经济效益X是一个随机变量，其概率分布为

$$P\{X=x_1\}=P\{X=12\}=0.6=p_1,\quad P\{X=x_2\}=P\{X=-5\}=0.4=p_2.$$

要做出决策就要将此时的平均效益与3万元进行比较，如何求平均效益呢？要客观地反映平均效益，既要考虑X的所有取值，又要考虑X取每一个值时的概率，即为

$$\sum_{i=1}^{2}x_ip_i=12\times 0.6+(-5)\times 0.4=5.2\,(\text{万元}).$$

这个平均效益称为随机变量X的数学期望. 一般地，可给出如下定义：

定义 1 设离散型随机变量 X 的概率分布为

$$P\{X=x_i\}=p_i,\ i=1, 2, \cdots,$$

如果级数 $\sum\limits_{i=1}^{\infty} x_i p_i$ 绝对收敛，则定义 X 的**数学期望**（又称**均值**）为

$$E(X)=\sum_{i=1}^{\infty} x_i p_i. \tag{1.1}$$

注：符号 $E(X)$ 有时简写为 EX. 同样，对于连续型随机变量也是这样规定.

例 1 甲，乙两人进行打靶，所得分数分别记为 X_1, X_2，它们的分布律分别为

X_1	0	1	2
p_i	0	0.2	0.8

X_2	0	1	2
p_i	0.6	0.3	0.1

试评定他们的成绩的好坏.

解 我们来计算 X_1 的数学期望，得

$$E(X_1)=0\times 0+1\times 0.2+2\times 0.8=1.8 \text{ (分)}.$$

这意味着，如果甲进行很多次的射击，那么，所得分数的算术平均就接近 1.8，而乙所得分数的数学期望为

$$E(X_2)=0\times 0.6+1\times 0.3+2\times 0.1=0.5 \text{ (分)}.$$

很明显，乙的成绩远不如甲. ■

例 2 某种产品每件表面上的疵点数服从参数 $\lambda=0.8$ 的泊松分布，若规定疵点数不超过 1 个为一等品，价值 10 元；疵点数大于 1 个不多于 4 个为二等品，价值 8 元；疵点数超过 4 个为废品. 求：

(1) 每件产品的废品率；　　(2) 每件产品的平均价值.

解 设 X 代表每件产品上的疵点数，由题意知 $\lambda=0.8$.

(1) 因为

$$P\{X>4\}=1-P\{X\le 4\}=1-\sum_{k=0}^{4}\frac{0.8^k}{k!}e^{-0.8}=0.001\,411,$$

所以每件产品的废品率为 0.001 411.

(2) 设 Y 代表每件产品的价值，那么 Y 的概率分布为：

Y	10	8	0
p_i	$P\{X\le 1\}$	$P\{1<X\le 4\}$	$P\{X>4\}$

所以每件产品的平均价值为

$$\begin{aligned} E(Y)&=10\times P\{X\le 1\}+8\times P\{1<X\le 4\}+0\times P\{X>4\}\\ &=10\times\sum_{k=0}^{1}\frac{0.8^k}{k!}e^{-0.8}+8\times\sum_{k=2}^{4}\frac{0.8^k}{k!}e^{-0.8}+0\\ &\approx 9.61 \text{ (元)}. \end{aligned}$$

■

二、连续型随机变量的数学期望

设 X 是连续型随机变量，其密度函数为 $f(x)$，在数轴上取很密的分点 $\cdots < x_0 < x_1 < x_2 < \cdots$，则 X 落在小区间 $[x_i, x_{i+1})$ 的概率（见图4-1-1）为

$$P\{x_i \le X < x_{i+1}\} = \int_{x_i}^{x_{i+1}} f(x)\,dx \approx f(x_i)\Delta x_i .$$

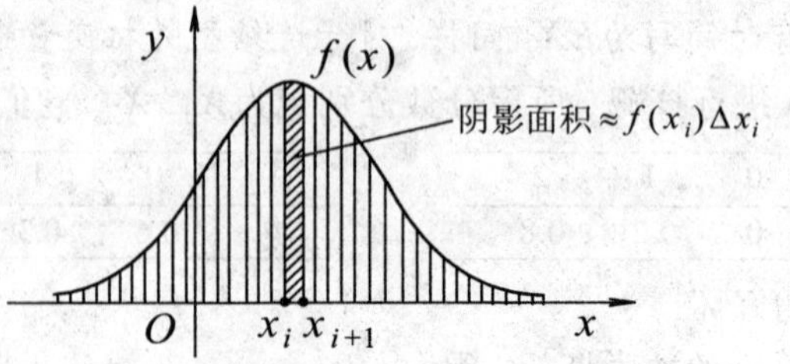

图 4-1-1

此时，概率分布

X_i	$\cdots$	x_0	x_1	$\cdots$	x_n	$\cdots$
p_i	$\cdots$	$f(x_0)\Delta x_0$	$f(x_1)\Delta x_1$	$\cdots$	$f(x_n)\Delta x_n$	$\cdots$

可视为X的离散近似，服从上述分布的离散型随机变量的数学期望 $\sum_i x_i f(x_i)\Delta x_i$ 也可近似表示为积分 $\int_{-\infty}^{+\infty} x f(x)\,dx$.

定义2　设 X 是连续型随机变量，其密度函数为 $f(x)$，如果 $\int_{-\infty}^{+\infty} x f(x)\,dx$ 绝对收敛，定义 X 的**数学期望**为

$$E(X) = \int_{-\infty}^{+\infty} x f(x)\,dx \qquad (1.2)$$

注：并非所有随机变量都有数学期望.

例3　已知随机变量 X 的分布函数

$$F(x) = \begin{cases} 0, & x \le 0 \\ x/4, & 0 < x \le 4, \\ 1, & x > 4 \end{cases}$$

求 $E(X)$.

解　随机变量X的分布密度为

$$f(x) = F'(x) = \begin{cases} 1/4, & 0 < x \le 4 \\ 0, & \text{其它} \end{cases},$$

故
$$E(X) = \int_{-\infty}^{+\infty} x f(x)\,dx = \int_0^4 x \cdot \frac{1}{4}\,dx = \frac{x^2}{8}\Big|_0^4 = 2.$$
■

例4　某商店对某种家用电器的销售采用先使用后付款的方式. 记使用寿命为X

(以年计), 规定:

$X \le 1$, 一台付款1 500元; $1 < X \le 2$, 一台付款2 000元;

$2 < X \le 3$, 一台付款2 500元; $X > 3$, 一台付款3 000元.

设寿命X服从指数分布, 概率密度为

$$f(x)=\begin{cases}\dfrac{1}{10}e^{-x/10}, & x>0\\ 0, & x\le 0\end{cases},$$

试求该类家用电器一台收费Y的数学期望.

解 先求出寿命X落在各个时间区间的概率, 即有

$$P\{X\le 1\}=\int_0^1 \frac{1}{10}e^{-x/10}\,dx=1-e^{-0.1}\approx 0.095\,2,$$

$$P\{1<X\le 2\}=\int_1^2 \frac{1}{10}e^{-x/10}\,dx=e^{-0.1}-e^{-0.2}\approx 0.086\,1,$$

$$P\{2<X\le 3\}=\int_2^3 \frac{1}{10}e^{-x/10}\,dx=e^{-0.2}-e^{-0.3}\approx 0.077\,9,$$

$$P\{X>3\}=\int_3^{+\infty} \frac{1}{10}e^{-x/10}\,dx=e^{-0.3}\approx 0.740\,8,$$

则Y的分布律为

Y	1 500	2 000	2 500	3 000
p_i	0.095 2	0.086 1	0.077 9	0.740 8

得 $E(Y)=2\,732.15$, 即平均一台收费 2 732.15元. ■

三、随机变量函数的数学期望

设X是随机变量, $g(x)$为实函数, 则$Y=g(X)$也是随机变量. 理论上, 虽然可通过X的分布求出$g(X)$的分布, 再按定义求出$g(X)$的数学期望$E[g(X)]$, 但这种求法一般比较复杂.

下面不加证明地引入有关计算随机变量函数的数学期望的定理:

定理1 设X是一个随机变量, $Y=g(X)$, 且$E(Y)$存在, 于是

(1) 若X为离散型随机变量, 其概率分布为

$$P\{X=x_i\}=p_i,\ i=1,2,\cdots,$$

则Y的数学期望为

$$E(Y)=E[g(X)]=\sum_{i=1}^{\infty} g(x_i)\,p_i. \tag{1.3}$$

取值乘概率

(2) 若X为连续型随机变量, 其概率密度为$f(x)$, 则Y的数学期望为

$$E(Y)=E[g(X)]=\int_{-\infty}^{+\infty} g(x)f(x)\,dx. \tag{1.4}$$

取值乘密度

注: 定理的重要性在于, 求$E[g(X)]$时, 不必知道$g(X)$的分布, 只需知道X的分

布即可. 这给求随机变量函数的数学期望带来很大方便.

上述定理可推广到二维以上的情形, 即有下列定理:

定理2 设 (X,Y) 是二维随机变量, $Z=g(X,Y)$, 且 $E(Z)$ 存在, 于是

(1) 若 (X,Y) 为离散型随机变量, 其概率分布为

$$P\{X=x_i, Y=y_j\}=p_{ij}\ (i,j=1,2,\cdots),$$

则 Z 的数学期望为

$$E(Z)=E[g(X,Y)]=\sum_{j=1}^{\infty}\sum_{i=1}^{\infty}g(x_i,y_j)p_{ij}; \tag{1.5}$$

(2) 若 (X,Y) 为连续型随机变量, 其概率密度为 $f(x,y)$, 则 Z 的数学期望为

$$E(Z)=E[g(X,Y)]=\int_{-\infty}^{+\infty}\int_{-\infty}^{+\infty}g(x,y)f(x,y)\,dxdy. \tag{1.6}$$

例5 设 (X,Y) 的联合概率分布为:

X \ Y	0	1	2	3
1	0	3/8	3/8	0
3	1/8	0	0	1/8

求 $E(X), E(Y), E(XY)$.

解 要求 $E(X)$ 和 $E(Y)$, 需先求出 X 和 Y 的边缘分布. 关于 X 和 Y 的边缘分布为

X	1	3
p_i	3/4	1/4

Y	0	1	2	3
p_i	1/8	3/8	3/8	1/8

于是

$$E(X)=1\times\frac{3}{4}+3\times\frac{1}{4}=\frac{3}{2},$$

$$E(Y)=0\times\frac{1}{8}+1\times\frac{3}{8}+2\times\frac{3}{8}+3\times\frac{1}{8}=\frac{3}{2},$$

$$E(XY)=(1\times0)\times0+(1\times1)\times\frac{3}{8}+(1\times2)\times\frac{3}{8}+(1\times3)\times0$$
$$+(3\times0)\times\frac{1}{8}+(3\times1)\times0+(3\times2)\times0+(3\times3)\times\frac{1}{8}=9/4.$$ ■

例6 设随机变量 X 在 $[0,\pi]$ 上服从均匀分布, 求

$$E(X),\ E(\sin X),\ E(X^2) \text{ 及 } E[X-E(X)]^2.$$

解 $E(X)=\int_{-\infty}^{+\infty}xf(x)\,dx=\int_0^{\pi}x\cdot\frac{1}{\pi}\,dx=\frac{\pi}{2},$

$$E(\sin X)=\int_{-\infty}^{+\infty}\sin x f(x)\,dx=\int_0^{\pi}\sin x\cdot\frac{1}{\pi}\,dx=\frac{1}{\pi}(-\cos x)\Big|_0^{\pi}=\frac{2}{\pi},$$

$$E(X^2)=\int_{-\infty}^{+\infty}x^2f(x)\,dx=\int_0^{\pi}x^2\cdot\frac{1}{\pi}\,dx=\frac{\pi^2}{3},$$

$$E[X-E(X)]^2=E\left(X-\frac{\pi}{2}\right)^2=\int_0^{\pi}\left(x-\frac{\pi}{2}\right)^2\cdot\frac{1}{\pi}\,dx=\frac{\pi^2}{12}.$$ ■

例 7 设国际市场每年对我国某种出口商品的需求量是随机变量X(单位:吨), 它服从区间[2 000, 4 000]上的均匀分布, 每销售出一吨该种商品, 可为国家赚取外汇 3 万元; 若销售不出去, 则每吨商品需贮存费 1 万元. 问该商品应出口多少吨, 才能使国家的平均收益最大?

解 设该商品应出口t吨, 显然, 应要求$2\,000 \le t \le 4\,000$, 国家收益Y(单位: 万元)是X的函数$Y = g(X)$, 表达式为

$$Y = g(X) = \begin{cases} 3t, & X \ge t \\ 4X - t, & X < t \end{cases}.$$

设X的概率密度函数为$f(x)$, 则

$$f(x) = \begin{cases} 1/2\,000, & 2\,000 \le x \le 4\,000 \\ 0, & \text{其它} \end{cases},$$

于是, Y的期望为

$$\begin{aligned} E(Y) &= \int_{-\infty}^{+\infty} g(x) f(x) \mathrm{d}x = \int_{2\,000}^{4\,000} \frac{1}{2\,000} g(x) \mathrm{d}x \\ &= \frac{1}{2\,000} \left[\int_{2\,000}^{t} (4x - t) \mathrm{d}x + \int_{t}^{4\,000} 3t \mathrm{d}x \right] \\ &= \frac{1}{2\,000} (-2t^2 + 14\,000t - 8 \times 10^6). \end{aligned}$$

考虑t的取值使$E(Y)$达到最大, 易得$t^* = 3\,500$, 因此, 出口3 500吨商品为宜. ■

四、数学期望的性质

性质 1 若C是常数, 则$E(C) = C$.

性质 2 若C是常数, 则$E(CX) = CE(X)$.

证明 只对离散型情形进行证明, 连续型情形留给读者.

设X的概率分布为$P\{X = x_i\} = p_i$, $(i = 1, 2, \cdots)$, 由定理 1, 有

$$E(CX) = \sum_{i=1}^{\infty} (Cx_i) p_i = C \sum_{i=1}^{\infty} x_i p_i = CE(X).$$ ■

性质 3 $E(X_1 + X_2) = E(X_1) + E(X_2)$. E(aX+bY+c)=aE(X)+bE(Y)+C

注: 综合性质 2 和性质 3, 我们有:

$$E\left(\sum_{i=1}^{n} C_i X_i\right) = \sum_{i=1}^{n} C_i E(X_i), \text{ 其中 } C_i\ (i = 1, 2, \cdots, n) \text{ 是常数}.$$

性质 4 设X, Y相互独立, 则$E(XY) = E(X)E(Y)$.

证明 只对连续型情形进行证明, 离散型情形留给读者.

设(X, Y)的联合密度函数为$f(x, y)$, 其边缘概率密度分别为$f_X(x)$和$f_Y(y)$, 由定理 2 知

$$E(XY)=\int_{-\infty}^{+\infty}\int_{-\infty}^{+\infty}xyf(x,y)\,\mathrm{d}x\mathrm{d}y,$$

因为 X 和 Y 相互独立，$f(x,y)=f_X(x)\cdot f_Y(y)$，所以有

$$\begin{aligned}E(XY)&=\int_{-\infty}^{+\infty}\int_{-\infty}^{+\infty}xyf_X(x)\cdot f_Y(y)\,\mathrm{d}x\mathrm{d}y=\int_{-\infty}^{+\infty}xf_X(x)\,\mathrm{d}x\cdot\int_{-\infty}^{+\infty}yf_Y(y)\,\mathrm{d}y\\&=E(X)E(Y).\end{aligned}$$ ■

注: 由 $E(XY)=E(X)E(Y)$ 不一定能推出 X, Y 独立.

例如，在例 5 中，我们已计算得

$$E(XY)=E(X)E(Y)=9/4,$$

但 $P\{X=1,Y=0\}=0$, $P\{X=1\}=3/4$, $P\{Y=0\}=1/8$，显然

$$P\{X=1,Y=0\}\neq P\{X=1\}\cdot P\{Y=0\},$$

故 X 与 Y 不独立.

例 8　一民航送客车载有 20 位旅客自机场开出，旅客有 10 个车站可以下车．如到达一个车站没有旅客下车就不停车．以 X 表示停车的次数，求 $E(X)$（设每位旅客在各个车站下车是等可能的，并设各旅客是否下车相互独立）.

解　引入随机变量

$$X_i=\begin{cases}0, & \text{在第 } i \text{ 站没有人下车}\\ 1, & \text{在第 } i \text{ 站有人下车}\end{cases},\quad i=1,2,\cdots,10.$$

易知

$$X=X_1+X_2+\cdots+X_{10}.$$

现在来求 $E(X)$. 按题意，任一旅客不在第 i 站下车的概率为 9/10，因此，20 位旅客都不在第 i 站下车的概率为 $(9/10)^{20}$，在第 i 站有人下车的概率为 $1-(9/10)^{20}$，也就是

$$P\{X_i=0\}=(9/10)^{20},\ P\{X_i=1\}=1-(9/10)^{20},\ i=1,2,\cdots,10.$$

由此

$$E(X_i)=1-(9/10)^{20},\ i=1,2,\cdots,10.$$

$$\begin{aligned}E(X)&=E(X_1+X_2+\cdots+X_{10})=E(X_1)+E(X_2)+\cdots+E(X_{10})\\&=10[1-(9/10)^{20}]\approx 8.784\ (\text{次}).\end{aligned}$$ ■

注: 本题是将 X 分解成数个随机变量之和，然后利用随机变量和的数学期望等于随机变量的数学期望之和来求数学期望，这种处理方法具有一定的普遍意义.

习题 4-1

1. 设随机变量 X 服从参数为 p 的 0－1 分布，求 $E(X)$.

2. 袋中有 n 张卡片，记有号码 $1,2,\cdots,n$. 现从中有放回地抽出 k 张卡片，求号码之和 X 的数学期望.

3. 某产品的次品率为 0.1，检验员每天检验 4 次．每次随机地取 10 件产品进行检验，如

发现其中的次品数多于1, 就去调整设备. 以 X 表示一天中调整设备的次数, 试求 $E(X)$. (设诸产品是否为次品是相互独立的.)

4. 据统计, 一位60岁的健康(一般体检未发生病症)者, 在5年之内仍然活着和自杀死亡的概率为 p ($0<p<1$, p 为已知), 在5年之内非自杀死亡的概率为 $1-p$, 保险公司开办5年人寿保险, 条件是参加者需交纳人寿保险费 a 元 (a 已知), 若5年内非自杀死亡, 公司赔偿 b 元 ($b>a$), 应如何确定 b 才能使公司可期望获益? 若有 m 人参加保险, 公司可期望从中收益多少?

5. 对任意随机变量 X, 若 $E(X)$ 存在, 则 $E[E(E(X))]$ 等于__________.

6. 设随机变量 X 的分布律为

X	-2	0	2
p_i	0.4	0.3	0.3

求 $E(X)$, $E(X^2)$, $E(3X^2+5)$.

7. 设连续型随机变量 X 的概率密度为

$$f(x)=\begin{cases} kx^a, & 0<x<1 \\ 0, & \text{其它} \end{cases},$$

其中 $k, a>0$, 又已知 $E(X)=0.75$, 求 k, a 的值.

8. 设随机变量 X 的概率密度为

$$f(x)=\begin{cases} 1-|1-x|, & 0<x<2 \\ 0, & \text{其它} \end{cases},$$

求 $E(X)$.

9. 一工厂生产的某种设备的寿命 X (以年计)服从指数分布, 概率密度为

$$f(x)=\begin{cases} \frac{1}{4}e^{-\frac{x}{4}}, & x>0 \\ 0, & x\le 0 \end{cases},$$

工厂规定, 出售的设备若在售出一年之内损坏可予以调换. 若工厂售出一台设备赢利100元, 调换一台设备厂方需花300元. 试求厂方出售一台设备净赢利的数学期望.

10. 设随机变量 X 的概率密度为

$$f(x)=\begin{cases} e^{-x}, & x>0 \\ 0, & x\le 0 \end{cases}.$$

(1) 求 $Y=2X$ 的数学期望; (2) 求 $Y=e^{-2X}$ 的数学期望.

11. 设 (X,Y) 的分布律为

Y \ X	1	2	3
-1	0.2	0.1	0.0
0	0.1	0.0	0.3
1	0.1	0.1	0.1

(1) 求 $E(X)$, $E(Y)$; (2) 设 $Z=Y/X$, 求 $E(Z)$; (3) 设 $Z=(X-Y)^2$, 求 $E(Z)$.

12. 设 (X, Y) 的概率密度为

$$f(x,y)=\begin{cases}12y^2, & 0\le y\le x\le 1\\ 0, & 其它\end{cases},$$

求 $E(X), E(Y), E(XY), E(X^2+Y^2)$.

13. 设 X 和 Y 相互独立，概率密度分别为

$$\varphi_1(x)=\begin{cases}2x, & 0\le x\le 1\\ 0, & 其它\end{cases},\quad \varphi_2(y)=\begin{cases}e^{-(y-5)}, & y>5\\ 0, & 其它\end{cases},$$

求 $E(XY)$.

§4.2 方　　差

随机变量的数学期望是对随机变量**取值水平**的综合评价，而随机变量**取值的稳定性**是判断随机现象性质的另一个十分重要的指标.

例如，甲、乙两人同时向目标靶射击 10 发子弹，射击成绩都为平均 7 环，射击结果如图 4-2-1 和图 4-2-2 所示. 试评价甲、乙的射击水平.

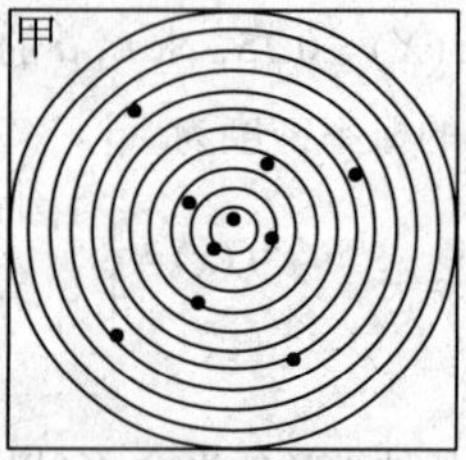

图 4-2-1

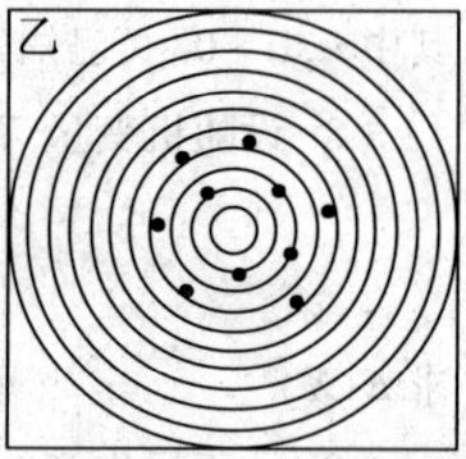

图 4-2-2

因为乙的击中点比较集中，即射击的偏差比甲小，故认为乙的射击水平比甲高.

本节将引进另一个数字特征——方差，用它来度量随机变量取值在其均值附近的平均偏离程度.

一、方差的定义

定义 1　设 X 是一个随机变量，若 $E[X-E(X)]^2$ 存在，则称它为 X 的**方差**，记为

$$D(X)=E[X-E(X)]^2.$$

注：符号 $D(X)$ 有时简写为 DX. 同样，对于连续型随机变量也是这样规定.

方差的算术平方根 $\sqrt{D(X)}$ 称为**标准差**或**均方差**. 它与 X 具有相同的度量单位，在实际应用中经常使用.

注：方差刻画了随机变量 X 的取值与数学期望的偏离程度，它的大小可以衡量随机变量取值的稳定性.

E(X) 是一个常数，常数的期望是本身 $E[E(X)]=E(X)$

从方差的定义易见：

(1) 若 X 的取值比较集中，则方差较小；

(2) 若 X 的取值比较分散，则方差较大；

(3) 若方差 $D(X)=0$，则随机变量 X 以概率 1 取常数值，此时，X 也就不是随机

变量了.

二、方差的计算

若 X 是**离散型**随机变量，且其概率分布为

$$P\{X=x_i\}=p_i,\ i=1,2,\cdots,$$

则
$$D(X)=\sum_{i=1}^{\infty}[x_i-E(X)]^2 p_i; \tag{2.1}$$

若 X 是**连续型**随机变量，且其概率密度为 $f(x)$，则

$$D(X)=\int_{-\infty}^{+\infty}[x-E(X)]^2 f(x)\,\mathrm{d}x. \tag{2.2}$$

由数学期望的性质，易得计算方差的一个**简化公式**：

$$D(X)=E(X^2)-[E(X)]^2. \tag{2.3}$$

证明 因为 $[X-E(X)]^2=X^2-2X\cdot E(X)+[E(X)]^2$，所以

$$\begin{aligned}E[X-E(X)]^2&=E[X^2-2X\cdot E(X)+(E(X))^2]\\&=E(X^2)-2E(X)\cdot E(X)+[E(X)]^2=E(X^2)-[E(X)]^2.\end{aligned}$$

设随机变量 X 具有数学期望 $E(X)=\mu$，方差 $D(X)=\sigma^2\neq 0$，称

$$X^*=\frac{X-\mu}{\sigma}$$

为 X 的**标准化随机变量**. 易见

$$E(X^*)=\frac{1}{\sigma}E(X-\mu)=\frac{1}{\sigma}[E(X)-\mu]=0,$$

$$\begin{aligned}D(X^*)&=E(X^{*2})-[E(X^*)]^2=E\left[\left(\frac{X-\mu}{\sigma}\right)^2\right]\\&=\frac{1}{\sigma^2}E[(X-\mu)^2]=\frac{\sigma^2}{\sigma^2}=1,\end{aligned}$$ ■

即标准化随机变量 X^* 的数学期望为 0，方差为 1. 由于标准化随机变量是无量纲的，可以消除原始变量受到量纲因素的影响，因而在统计分析中有着广泛的应用.

例 1 设随机变量 X 具有 0−1 分布，其分布律为

$$P\{X=0\}=1-p,\ P\{X=1\}=p,$$

求 $E(X),D(X)$.

解 $E(X)=0\cdot(1-p)+1\cdot p=p,\quad E(X^2)=0^2\cdot(1-p)+1^2\cdot p=p.$

故
$$D(X)=E(X^2)-[E(X)]^2=p-p^2=p(1-p).$$ ■

例 2 设 $X\sim P(\lambda)$，求 $E(X),D(X)$.

解 随机变量 X 的分布律为

$$P\{X=k\}=\frac{\lambda^k e^{-\lambda}}{k!},\ k=0,1,2,\cdots;\lambda>0.$$

由定义得

$$E(X)=\sum_{k=0}^{\infty}k\frac{\lambda^k e^{-\lambda}}{k!}=\lambda e^{-\lambda}\sum_{k=1}^{\infty}\frac{\lambda^{k-1}}{(k-1)!}=\lambda e^{-\lambda}\cdot e^{\lambda}=\lambda,$$

$$\begin{aligned}E(X^2)&=E[X(X-1)+X]=E[X(X-1)]+E(X)\\&=\sum_{k=0}^{\infty}k(k-1)\frac{\lambda^k e^{-\lambda}}{k!}+\lambda=\lambda^2 e^{-\lambda}\sum_{k=2}^{\infty}\frac{\lambda^{k-2}}{(k-2)!}+\lambda\\&=\lambda^2 e^{-\lambda}e^{\lambda}+\lambda=\lambda^2+\lambda,\end{aligned}$$

故方差

$$D(X)=E(X^2)-[E(X)]^2=\lambda.$$ ■

由此可知，泊松分布的数学期望与方差相等，都等于参数 λ. 因为泊松分布只含有一个参数 λ, 只要知道它的数学期望或方差就能完全确定它的分布.

例 3　设 $X\sim U(a,b)$, 求 $E(X), D(X)$.

解　X 的概率密度为

$$f(x)=\begin{cases}\dfrac{1}{b-a}, & a<x<b\\ 0, & 其它\end{cases},$$

而

$$E(X)=\int_{-\infty}^{+\infty}xf(x)\,\mathrm{d}x=\int_a^b\frac{x}{b-a}\,\mathrm{d}x=\frac{a+b}{2},$$

故所求方差为

$$D(X)=E(X^2)-[E(X)]^2=\int_a^b x^2\frac{1}{b-a}\,\mathrm{d}x-\left(\frac{a+b}{2}\right)^2=\frac{(b-a)^2}{12}.$$ ■

例 4　设随机变量 X 服从指数分布, 其概率密度为

$$f(x)=\begin{cases}\dfrac{1}{\theta}e^{-x/\theta}, & x>0\\ 0, & x\le 0\end{cases},$$

其中 $\theta>0$, 求 $E(X), D(X)$.

解　$E(X)=\int_{-\infty}^{+\infty}xf(x)\,\mathrm{d}x=\int_0^{+\infty}x\frac{1}{\theta}e^{-x/\theta}\,\mathrm{d}x=-xe^{-x/\theta}\Big|_0^{+\infty}+\int_0^{+\infty}e^{-x/\theta}\,\mathrm{d}x=\theta,$

$$\begin{aligned}E(X^2)&=\int_{-\infty}^{+\infty}x^2 f(x)\,\mathrm{d}x=\int_0^{+\infty}x^2\frac{1}{\theta}e^{-x/\theta}\,\mathrm{d}x=-x^2e^{-x/\theta}\Big|_0^{+\infty}+\int_0^{+\infty}2xe^{-x/\theta}\,\mathrm{d}x\\&=2\theta^2,\end{aligned}$$

于是

$$D(X)=E(X^2)-[E(X)]^2=2\theta^2-\theta^2=\theta^2,$$

即有

$$E(X)=\theta,\quad D(X)=\theta^2.$$ ■

例 5　设随机变量 X,Y 的联合分布在以点 $(0,1),(1,0),(1,1)$ 为顶点的三角形区域上服从均匀分布, 试求随机变量 $Z=X+Y$ 的期望与方差.

解　三角形区域 G 如图4-2-3所示，G 的面积为1/2，所以 (X, Y) 的联合概率密度为

$$f(x,y)=\begin{cases}2, & (x,y)\in G\\ 0, & (x,y)\overline{\in} G\end{cases}.$$

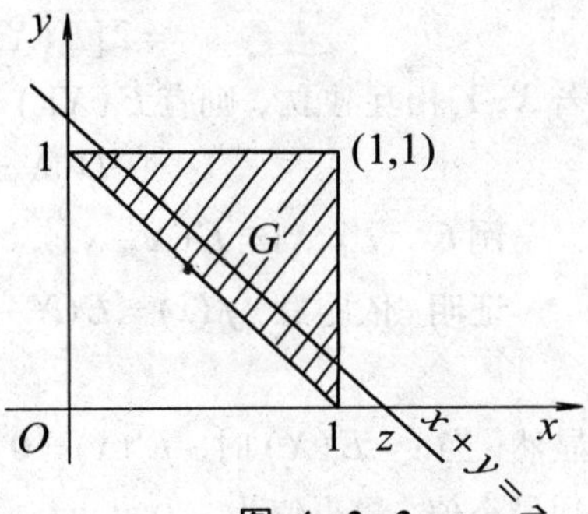

图 4-2-3

于是

$$E(X+Y)=\int_{-\infty}^{+\infty}\int_{-\infty}^{+\infty}(x+y)f(x,y)\,\mathrm{d}x\mathrm{d}y$$
$$=\int_0^1\mathrm{d}x\int_{1-x}^{1}2(x+y)\,\mathrm{d}y$$
$$=\int_0^1(x^2+2x)\,\mathrm{d}x=\left(\frac{x^3}{3}+x^2\right)\Big|_0^1=\frac{4}{3}.$$

$$E[(X+Y)^2]=\int_{-\infty}^{+\infty}\int_{-\infty}^{+\infty}(x+y)^2f(x,y)\,\mathrm{d}x\mathrm{d}y=\int_0^1\mathrm{d}x\int_{1-x}^{1}2(x+y)^2\,\mathrm{d}y$$
$$=\frac{2}{3}\int_0^1(x^3+3x^2+3x)\,\mathrm{d}x=\frac{11}{6}.$$

$$D(X+Y)=E[(X+Y)^2]-[E(X+Y)]^2=\frac{11}{6}-\left(\frac{4}{3}\right)^2=\frac{1}{18}.$$ ■

三、方差的性质

性质1　设 C 为常数，则 $D(C)=0$.

性质2　设 X 是随机变量，若 C 为常数，则

$$D(CX)=C^2D(X). \tag{2.4}$$

性质3　设 X, Y 是两个随机变量，则

$$D(X\pm Y)=D(X)+D(Y)\pm 2E\{[X-E(X)][Y-E(Y)]\}. \tag{2.5}$$

特别地，若 X, Y 相互独立，则

$$D(X\pm Y)=D(X)+D(Y). \tag{2.6}$$

注：对 n 维情形，若 $X_1, X_2, \cdots, X_n$ 相互独立，则

$$D\left[\sum_{i=1}^n X_i\right]=\sum_{i=1}^n D(X_i),\qquad D\left[\sum_{i=1}^n C_iX_i\right]=\sum_{i=1}^n C_i^2D(X_i).$$

证明　由数学期望的性质，性质1, 2 显然成立. 下面证性质3.

$$D(X\pm Y)=E[(X\pm Y)-E(X\pm Y)]^2=E[(X-E(X))\pm(Y-E(Y))]^2$$
$$=E[X-E(X)]^2+E[Y-E(Y)]^2\pm 2E\{[X-E(X)][Y-E(Y)]\}$$
$$=D(X)+D(Y)\pm 2E\{[X-E(X)][Y-E(Y)]\}.$$

上式右端第三项：

$$2E\{[X-E(X)][Y-E(Y)]\}=2E[XY-XE(Y)-YE(X)+E(X)E(Y)]$$
$$=2[E(XY)-E(X)E(Y)-E(Y)E(X)+E(X)E(Y)]$$

$$=2[E(XY)-E(X)E(Y)].$$

若X,Y相互独立，则有$E(XY)=E(X)E(Y)$，故

$$D(X\pm Y)=D(X)+D(Y). \quad \blacksquare$$

例6 设$f(x)=E(X-x)^2$, $x\in R$，证明：当$x=E(X)$时，$f(x)$达到最小值.

证明 依题意，$f(x)=E(X-x)^2=E(X^2)-2xE(X)+x^2$，两边对$x$求导数，有

$$f'(x)=2x-2E(X).$$

显然，当$x=E(X)$时，$f'(x)=0$. 又因$f''(x)=2>0$，所以当$x=E(X)$时，$f(x)$达到最小值，最小值为

$$f(E(X))=E(X-E(X))^2=D(X). \quad \blacksquare$$

这个例子又一次说明了数学期望$E(X)$是随机变量X取值的集中位置，反映了X的平均值.

例7 设$X\sim b(n,p)$，求$E(X),D(X)$.

解 X表示n重伯努利试验中“成功”的次数. 若设

$$X_i=\begin{cases}1, & 第\ i\ 次试验成功\\ 0, & 第\ i\ 次试验失败\end{cases}, \quad i=1,2,\cdots,n,$$

则$X=\sum\limits_{i=1}^{n}X_i$是$n$次试验中“成功”的次数，且$X_i$服从0–1分布.

$$E(X_i)=P\{X_i=1\}=p, \quad E(X_i^2)=p,$$

故 $$D(X_i)=E(X_i^2)-[E(X_i)]^2=p-p^2=p(1-p), \quad i=1,2,\cdots,n.$$

由于$X_1,X_2,\cdots,X_n$相互独立，于是

$$E(X)=\sum_{i=1}^{n}E(X_i)=np, \qquad D(X)=\sum_{i=1}^{n}D(X_i)=np(1-p) \quad \blacksquare$$

例8 设$X\sim N(\mu,\sigma^2)$，求$E(X)$, $D(X)$.

解 先求标准正态变量$Z=\dfrac{X-\mu}{\sigma}$的数学期望和方差.

因为Z的概率密度为

$$\varphi(t)=\frac{1}{\sqrt{2\pi}}e^{-t^2/2} \quad (-\infty<t<+\infty),$$

所以 $$E(Z)=\frac{1}{\sqrt{2\pi}}\int_{-\infty}^{+\infty}te^{-t^2/2}\mathrm{d}t=\frac{-1}{\sqrt{2\pi}}e^{-t^2/2}\Big|_{-\infty}^{+\infty}=0,$$

$$D(Z)=E(Z^2)-[E(Z)]^2=\frac{1}{\sqrt{2\pi}}\int_{-\infty}^{+\infty}t^2e^{-t^2/2}\mathrm{d}t=-\frac{1}{\sqrt{2\pi}}\int_{-\infty}^{+\infty}t\,\mathrm{d}(e^{-t^2/2})$$

$$=\frac{-t}{\sqrt{2\pi}}e^{-t^2/2}\Big|_{-\infty}^{+\infty}+\frac{1}{\sqrt{2\pi}}\int_{-\infty}^{+\infty}e^{-t^2/2}\mathrm{d}t$$

$$=\frac{1}{\sqrt{\pi}}\int_{-\infty}^{+\infty}e^{-t^2/2}\mathrm{d}\left(\frac{t}{\sqrt{2}}\right)=\frac{1}{\sqrt{\pi}}\cdot\sqrt{\pi}=1.$$

因 $X=\mu+\sigma Z$，即得

$$E(X)=E(\mu+\sigma Z)=\mu,$$

$$D(X)=D(\mu+\sigma Z)=D(\mu)+D(\sigma Z)=\sigma^2 D(Z)=\sigma^2. \quad ■$$

这就是说，正态分布的概率密度中的两个参数 μ 和 σ 分别是该分布的数学期望和均方差，因而，正态分布完全可由它的数学期望和方差所确定.

注：常用分布的数学期望及方差参见本书附表1.

*四、条件数学期望和条件方差简介

由于随机变量之间存在相互联系，一个随机变量的取值可能会对另一随机变量的分布产生影响，这种影响会在数字特征上得到反映.

下面要讨论的是：在某个随机变量取某值的条件下，求另一个与之相关的随机变量的数字特征. 作为简介，这里我们直接给出它们的定义.

(1) 设 (X,Y) 是离散型随机向量，其概率分布为

$$P\{X=x_i, Y=y_j\}=p_{ij} \quad (i=1,2,\cdots;\ j=1,2,\cdots).$$

定义2 ① 称 $E(Y|X=x_i)=\sum\limits_j y_j P\{Y=y_j|X=x_i\}$（绝对收敛）为在 $X=x_i$ 条件下 Y 的**条件数学期望**；

类似地，称 $E(X|Y=y_j)=\sum\limits_i x_i P\{X=x_i|Y=y_j\}$（绝对收敛）为在 $Y=y_j$ 条件下 X 的**条件数学期望**.

② 称 $D(Y|X=x_i)=\sum\limits_j [y_j-E(Y|X=x_i)]^2 P\{Y=y_j|X=x_i\}$（绝对收敛）为在 $X=x_i$ 条件下 Y 的**条件方差**；

类似地，称 $D(X|Y=y_j)=\sum\limits_i [x_i-E(X|Y=y_j)]^2 P\{X=x_i|Y=y_j\}$（绝对收敛）为在 $Y=y_j$ 条件下 X 的**条件方差**.

(2) 设 (X,Y) 是连续型随机向量，$f_{Y|X}(y|x)$ 是在 $X=x$ 条件下 Y 的概率密度，$f_{X|Y}(x|y)$ 是在 $Y=y$ 条件下 X 的概率密度.

定义3 ① 称 $E(Y|X=x)=\int_{-\infty}^{+\infty}yf_{Y|X}(y|x)\mathrm{d}y$（绝对收敛）为在 $X=x$ 条件下 Y 的**条件数学期望**；

类似地，称 $E(X|Y=y)=\int_{-\infty}^{+\infty}xf_{X|Y}(x|y)\mathrm{d}x$（绝对收敛）为在 $Y=y$ 条件下 X 的**条件数学期望**.

② 称 $D(Y|X=x)=\int_{-\infty}^{+\infty}[y-E(Y|X=x)]^2 f_{Y|X}(y|x)\,\mathrm{d}y$ (绝对收敛) 为在 $X=x$ 条件下 Y 的**条件方差**;

类似地, 称 $D(X|Y=y)=\int_{-\infty}^{+\infty}[x-E(X|Y=y)]^2 f_{X|Y}(x|y)\,\mathrm{d}x$ (绝对收敛) 为在 $Y=y$ 条件下 X 的**条件方差**.

例 9 设 $(X,Y)\sim N(\mu_1,\mu_2,\sigma_1^2,\sigma_2^2,\rho)$, 求 $E(Y|X=x)$, $D(Y|X=x)$.

解 由 $f_{Y|X}(y|x)=\dfrac{f(x,y)}{f_X(x)}$ 及 §3.2 例 7 知, 在 $X=x$ 条件下 Y 的条件分布仍为正态分布:

$$N\left(\mu_2+\rho\frac{\sigma_2}{\sigma_1}(x-\mu_1),\ \sigma_2^2(1-\rho^2)\right),$$

于是

$$E(Y|X=x)=\mu_2+\rho\frac{\sigma_2}{\sigma_1}(x-\mu_1),$$

$$D(Y|X=x)=\sigma_2^2(1-\rho^2).$$ ■

注: 读者可利用定义直接求出, 结果相同.

习题 4-2

1. 设随机变量 X 服从泊松分布, 且 $P\{X=1\}=P\{X=2\}$, 求 $E(X)$, $D(X)$.

2. 下列命题中错误的是(　　).

(A) 若 $X\sim p(\lambda)$, 则 $E(X)=D(X)=\lambda$;

(B) 若 X 服从参数为 λ 的指数分布, 则 $E(X)=D(X)=\dfrac{1}{\lambda}$;

(C) 若 $X\sim b(1,\theta)$, 则 $E(X)=\theta$, $D(X)=\theta(1-\theta)$;

(D) 若 X 服从区间 $[a,b]$ 上的均匀分布, 则 $E(X^2)=\dfrac{a^2+ab+b^2}{3}$.

3. 设 $X_1,X_2,\cdots,X_n$ 是相互独立的随机变量, 且都服从正态分布 $N(\mu,\sigma^2)$, $(\sigma>0)$, 则 $\bar{X}=\dfrac{1}{n}\sum_{i=1}^{n}X_i$ 服从的分布是 ______.

4. 若 $X_i\sim N(\mu_i,\sigma_i^2)(i=1,2,\cdots,n)$, 且 $X_1,X_2,\cdots,X_n$ 相互独立, 则 $Y=\sum_{i=1}^{n}(a_iX_i+b_i)$ 服从的分布是 ______.

5. 设随机变量 X 服从泊松分布, 且

$$3P\{X=1\}+2P\{X=2\}=4P\{X=0\},$$

求 X 的期望与方差.

6. 设甲、乙两家灯泡厂生产的灯泡的寿命 (单位: 小时) X 和 Y 的分布律分别为

X	900	1 000	1 100
p_i	0.1	0.8	0.1

,

Y	950	1 000	1 050
p_i	0.3	0.4	0.3

,

试问哪家工厂生产的灯泡质量较好?

7. 已知 $X\sim b(n,p)$, 且 $E(X)=3$, $D(X)=2$, 试求 X 的全部可能取值, 并计算 $P\{X\le 8\}$.

8. 设 $X\sim N(1,2)$, Y 服从参数为3的泊松分布, 且 X 与 Y 独立, 求 $D(XY)$.

9. 设随机变量 X_1,X_2,X_3,X_4 相互独立, 且有 $E(X_i)=i$, $D(X_i)=5-i$, $i=1,2,3,4$. 设

$$Y=2X_1-X_2+3X_3-\frac{1}{2}X_4,$$

求 $E(Y)$, $D(Y)$.

10. 5家商店联营, 它们每两周售出的某种农产品的数量(以kg计)分别为 X_1,X_2,X_3,X_4,X_5. 已知 $X_1\sim N(200,225)$, $X_2\sim N(240,240)$, $X_3\sim N(180,225)$, $X_4\sim N(260,265)$, $X_5\sim N(320,270)$, X_1,X_2,X_3,X_4,X_5 相互独立.

(1) 求5家商店两周的总销售量的均值和方差;

(2) 商店每隔两周进货一次, 为了使新的供货到达前商店不会脱销的概率大于0.99, 问商店的仓库应至少储存该产品多少千克?

11. 设随机变量 $X_1,X_2,\cdots,X_n$ 相互独立, 且都服从数学期望为1的指数分布, 求

$$Z=\min\{X_1,X_2,\cdots,X_n\}$$

的数学期望和方差.

§4.3 协方差与相关系数

对多维随机变量, 随机变量的数学期望和方差只反映了各自的平均值与偏离程度, 并没能反映随机变量之间的关系. 本节将要讨论的协方差是反映随机变量之间依赖关系的一个数字特征.

在证明方差的性质时, 我们已经知道, 当 X 与 Y 相互独立时, 有

$$E\{[X-E(X)][Y-E(Y)]\}=0.$$

反之则说明, 当 $E\{[X-E(X)][Y-E(Y)]\}\neq 0$ 时, X 与 Y 一定不相互独立. 这说明 $E\{[X-E(X)][Y-E(Y)]\}$ 在一定程度上反映了随机变量 X 与 Y 之间的关系.

一、协方差的定义

定义1 设 (X,Y) 为二维随机向量, 若

$$E\{[X-E(X)][Y-E(Y)]\}$$

存在, 则称其为随机变量 X 和 Y 的**协方差**, 记为 $\mathrm{cov}(X,Y)$, 即

$$\mathrm{cov}(X,Y)=E\{[X-E(X)][Y-E(Y)]\}. \tag{3.1}$$

按定义，若 (X, Y) 为离散型随机向量，其概率分布为

$$P\{X=x_i, Y=y_j\}=p_{ij} \quad (i, j=1,2,\cdots),$$

则
$$\operatorname{cov}(X, Y)=\sum_{i, j}[x_i-E(X)][y_j-E(Y)]\cdot p_{ij}; \tag{3.2}$$

若 (X, Y) 为连续型随机向量，其概率分布为 $f(x, y)$，则

$$\operatorname{cov}(X, Y)=\int_{-\infty}^{+\infty}\int_{-\infty}^{+\infty}[x-E(X)][y-E(Y)]f(x, y)\,\mathrm{d}x\mathrm{d}y. \tag{3.3}$$

此外，利用数学期望的性质，易将协方差的计算化简为

$$\operatorname{cov}(X, Y)=E(XY)-E(X)E(Y). \tag{3.4}$$

事实上，

$$\begin{aligned}\operatorname{cov}(X, Y)&=E\{[X-E(X)][Y-E(Y)]\}\\&=E(XY)-E(X)E(Y)-E(Y)E(X)+E(X)E(Y)\\&=E(XY)-E(X)E(Y).\end{aligned}$$

特别地，当 X 与 Y 独立时，有

$$\operatorname{cov}(X, Y)=0.$$

二、协方差的性质

(1) 协方差的基本性质.

① $\operatorname{cov}(X, X)=D(X)$;

② $\operatorname{cov}(X, Y)=\operatorname{cov}(Y, X)$;

③ $\operatorname{cov}(aX, bY)=ab\operatorname{cov}(X, Y)$，其中 a, b 是常数；

④ $\operatorname{cov}(C, X)=0$，$C$ 为任意常数；

⑤ $\operatorname{cov}(X_1+X_2, Y)=\operatorname{cov}(X_1, Y)+\operatorname{cov}(X_2, Y)$;

⑥ 当 X 与 Y 相互独立时，则 $\operatorname{cov}(X, Y)=0$.

(2) 随机变量和的方差与协方差的关系.

$$D(X\pm Y)=D(X)+D(Y)\pm 2\operatorname{cov}(X, Y). \tag{3.5}$$

特别地，若 X 与 Y 相互独立，则

$$D(X\pm Y)=D(X)+D(Y).$$

注：① 上述结果可推广至 n 维情形：

$$D\left(\sum_{i=1}^{n}X_i\right)=\sum_{i=1}^{n}D(X_i)+2\sum_{1\le i<j\le n}\operatorname{cov}(X_i, X_j).$$

② 若 $X_1, X_2, \cdots, X_n$ 两两独立，则

$$D\left(\sum_{i=1}^{n}X_i\right)=\sum_{i=1}^{n}D(X_i).$$

③ 可以证明：如果 X, Y 的方差存在，则

$$|\operatorname{cov}(X,Y)|\le E|[(X-E(X)(Y-E(Y))]|\le\sqrt{D(X)}\sqrt{D(Y)}. \tag{3.6}$$

例 1 已知离散型随机向量 (X,Y) 的概率分布见表 4－3－1，求 $\operatorname{cov}(X, Y)$.

表 4－3－1

X \ Y	-1	0	2
0	0.1	0.2	0
1	0.3	0.05	0.1
2	0.15	0	0.1

解 容易求得 X 的概率分布为

$$P\{X=0\}=0.3,\quad P\{X=1\}=0.45,$$
$$P\{X=2\}=0.25.$$

Y 的概率分布为

$$P\{Y=-1\}=0.55,\quad P\{Y=0\}=0.25,\quad P\{Y=2\}=0.2.$$

于是有
$$E(X)=0\times0.3+1\times0.45+2\times0.25=0.95,$$
$$E(Y)=(-1)\times0.55+0\times0.25+2\times0.2=-0.15.$$

计算得

$$\begin{aligned}E(XY)=&0\times(-1)\times0.1+0\times0\times0.2+0\times2\times0\\&+1\times(-1)\times0.3+1\times0\times0.05+1\times2\times0.1\\&+2\times(-1)\times0.15+2\times0\times0+2\times2\times0.1=0.\end{aligned}$$

于是
$$\operatorname{cov}(X,Y)=E(XY)-E(X)E(Y)=0.95\times0.15=0.142\,5.$$ ■

例 2 设连续型随机变量 (X,Y) 的密度函数为

$$f(x,y)=\begin{cases}8xy, & 0\le x\le y\le1\\ 0, & 其它\end{cases},$$

求 $\operatorname{cov}(X,Y)$.

解 由 (X,Y) 的密度函数求得其边缘密度函数分别为

$$f_X(x)=\begin{cases}4x(1-x^2), & 0\le x\le1\\ 0, & 其它\end{cases},\qquad f_Y(y)=\begin{cases}4y^3, & 0\le y\le1\\ 0, & 其它\end{cases},$$

于是
$$E(X)=\int_{-\infty}^{+\infty}xf_X(x)\,\mathrm{d}x=\int_0^1x\cdot4x(1-x^2)\,\mathrm{d}x=\frac{8}{15},$$
$$E(Y)=\int_{-\infty}^{+\infty}yf_Y(y)\,\mathrm{d}y=\int_0^1y\cdot4y^3\,\mathrm{d}y=\frac{4}{5},$$
$$E(XY)=\int_{-\infty}^{+\infty}\int_{-\infty}^{+\infty}xyf(x,y)\,\mathrm{d}x\mathrm{d}y=\int_0^1\mathrm{d}x\int_x^1xy\cdot8xy\cdot\mathrm{d}y=\frac{4}{9},$$

故
$$\operatorname{cov}(X,Y)=E(XY)-E(X)\cdot E(Y)=\frac{4}{9}-\frac{8}{15}\times\frac{4}{5}=\frac{4}{225}.$$ ■

三、相关系数的定义

协方差是对两个随机变量的协同变化的度量，其大小在一定程度上反映了 X 和 Y 相互间的关系，但它还受 X 与 Y 本身度量单位的影响. 例如，kX 和 kY 之间的统计关系与 X 和 Y 之间的统计关系应该是一样的，但其协方差却扩大了 k^2 倍，即

$$\operatorname{cov}(kX,kY)=k^2\operatorname{cov}(X,Y).$$

为了避免随机变量因本身度量单位不同而影响它们相互关系的度量，可将每个随机变量标准化，即取

$$X^*=\frac{X-E(X)}{\sqrt{D(X)}},\quad Y^*=\frac{Y-E(Y)}{\sqrt{D(Y)}},$$

并将 $\operatorname{cov}(X^*, Y^*)$ 作为 X 与 Y 之间相互关系的一种度量，而

$$\operatorname{cov}(X^*, Y^*)=\frac{\operatorname{cov}(X, Y)}{\sqrt{D(X)D(Y)}}.$$

定义 2　设 (X, Y) 为二维随机变量，$D(X)>0$，$D(Y)>0$，称

$$\rho_{XY}=\frac{\operatorname{cov}(X, Y)}{\sqrt{D(X)D(Y)}} \tag{3.7}$$

为随机变量 X 和 Y 的**相关系数**. 有时也记 ρ_{XY} 为 ρ. 特别地，当 $\rho_{XY}=0$ 时，称 X 与 Y 不相关.

四、相关系数的性质

(1) $|\rho_{XY}|\le 1$.

证明　由方差的性质和协方差的定义知，对任意实数 b，有

$$0\le D(Y-bX)=b^2D(X)+D(Y)-2b\operatorname{cov}(X, Y),$$

令 $b=\dfrac{\operatorname{cov}(X, Y)}{D(X)}$，则

$$D(Y-bX)=D(Y)-\frac{[\operatorname{cov}(X, Y)]^2}{D(X)}=D(Y)\left[1-\frac{[\operatorname{cov}(X, Y)]^2}{D(X)D(Y)}\right]$$
$$=D(Y)[1-\rho_{XY}^2],$$

由于方差 $D(Y)$ 是正的，故必有 $1-\rho_{XY}^2\ge 0$，所以 $|\rho_{XY}|\le 1$.

(2) 若 X 和 Y 相互独立，则 $\rho_{XY}=0$，即 X 与 Y 不相关.

(3) 若 $D(X)>0$，$D(Y)>0$，则当且仅当存在常数 $a, b\,(a\ne 0)$，使

$$P\{Y=aX+b\}=1$$

时，$|\rho_{XY}|=1$. 而且当 $a>0$ 时，$\rho_{XY}=1$；当 $a<0$ 时，$\rho_{XY}=-1$.

证明　略(见配套学习软件).

注：① 相关系数 ρ_{XY} 刻画了随机变量 Y 与 X 之间的“线性相关”程度. $|\rho_{XY}|$ 的值越接近 1，Y 与 X 的线性相关程度越高；$|\rho_{XY}|$ 的值越近于 0，Y 与 X 的线性相关程度越弱. 当 $|\rho_{XY}|=1$ 时，Y 与 X 的变化可完全由 X 的线性函数给出. 当 $\rho_{XY}=0$ 时，Y 与 X 之间不是线性关系.

② 当 $\rho_{XY}=0$ 时，只说明 Y 与 X 没有线性关系，并不能说明 Y 与 X 之间没有其

它函数关系，从而不能推出 Y 与 X 独立.

(4) 设 $e=E[Y-(aX+b)]^2$，称为用 $aX+b$ 来近似 Y 的均方误差，则有下列结论：设 $D(X)>0, D(Y)>0$，则

$$a_0=\frac{\operatorname{cov}(X,Y)}{D(X)},\quad b_0=E(Y)-a_0E(X) \tag{3.8}$$

使均方误差达到最小.

证明 因

$$e=E[Y-(aX+b)]^2=E(Y^2)+a^2E(X^2)+b^2-2aE(XY)+2abE(X)-2bE(Y),$$

由
$$\begin{cases}\dfrac{\partial e}{\partial a}=2aE(X^2)-2E(XY)+2bE(X)=0\\[2mm] \dfrac{\partial e}{\partial b}=2b+2aE(X)-2E(Y)=0\end{cases},$$

解得方程的唯一解：

$$a_0=\frac{\operatorname{cov}(X,Y)}{D(X)},\quad b_0=E(Y)-a_0E(X).$$ ■

注：我们可用均方误差 e 来衡量以 $aX+b$ 近似表示 Y 的精确程度，e 值越小表示 $aX+b$ 与 Y 的近似程度越高，且知最佳的线性近似为 a_0X+b_0，其均方误差 $e=D(Y)(1-\rho_{XY}^2)$. 从这个侧面也能说明 $|\rho_{XY}|$ 越接近1，e 越小；反之，$|\rho_{XY}|$ 越近于 0，e 就越大，Y 与 X 的线性相关性越小.

例3 设 (X, Y) 的分布律为

Y \ X	-2	-1	1	2	$P\{Y=y_j\}$
1	0	1/4	1/4	0	1/2
4	1/4	0	0	1/4	1/2
$P\{X=x_i\}$	1/4	1/4	1/4	1/4	1

易知 $E(X)=0$, $E(Y)=5/2$, $E(XY)=0$，于是，$\rho_{XY}=0$, X, Y 不相关. 这表示 X, Y 不存在线性关系. 但

$$P\{X=-2, Y=1\}=0\neq P\{X=-2\}P\{Y=1\},$$

故 X, Y 不是相互独立的. ■

事实上，X 和 Y 具有关系：$Y=X^2$, Y 的值完全可由 X 的值来确定.

例4 设 θ 服从 $[-\pi, \pi]$ 上的均匀分布，且 $X=\sin\theta$, $Y=\cos\theta$，判断 X 与 Y 是否不相关，是否独立？

解 由于

$$E(X)=\frac{1}{2\pi}\int_{-\pi}^{\pi}\sin\theta\,\mathrm{d}\theta=0,\quad E(Y)=\frac{1}{2\pi}\int_{-\pi}^{\pi}\cos\theta\,\mathrm{d}\theta=0,$$

而
$$E(XY)=\frac{1}{2\pi}\int_{-\pi}^{\pi}\sin\theta\cos\theta\,d\theta=0.$$
因此
$$E(XY)=E(X)E(Y),$$
从而X与Y不相关. 但由于X与Y满足关系:
$$X^2+Y^2=1,$$
所以X与Y不独立. ■

例5 设二维随机变量$(X, Y)\sim N(\mu_1, \mu_2, \sigma_1^2, \sigma_2^2, \rho)$, 求相关系数$\rho_{XY}$.

解 根据二维正态分布的边缘概率密度知
$$E(X)=\mu_1,\ E(Y)=\mu_2,\ D(X)=\sigma_1^2,\ D(Y)=\sigma_2^2.$$
而
$$\begin{aligned}\operatorname{cov}(X, Y)&=\int_{-\infty}^{+\infty}\int_{-\infty}^{+\infty}(x-\mu_1)(y-\mu_2)f(x, y)\,dxdy\\&=\frac{1}{2\pi\sigma_1\sigma_2\sqrt{1-\rho^2}}\int_{-\infty}^{+\infty}\int_{-\infty}^{+\infty}(x-\mu_1)(y-\mu_2)\\&\quad\times\exp\left[\frac{-1}{2(1-\rho^2)}\left(\frac{y-\mu_2}{\sigma_2}-\rho\frac{x-\mu_1}{\sigma_1}\right)^2-\frac{(x-\mu_1)^2}{2\sigma_1^2}\right]dxdy.\end{aligned}$$
令$t=\frac{1}{\sqrt{1-\rho^2}}\left(\frac{y-\mu_2}{\sigma_2}-\rho\frac{x-\mu_1}{\sigma_1}\right)$, $u=\frac{x-\mu_1}{\sigma_1}$, 则有
$$\begin{aligned}\operatorname{cov}(X, Y)&=\frac{1}{2\pi}\int_{-\infty}^{+\infty}\int_{-\infty}^{+\infty}(\sigma_1\sigma_2\sqrt{1-\rho^2}\,tu+\rho\sigma_1\sigma_2u^2)e^{-(u^2+t^2)/2}\,dtdu\\&=\frac{\rho\sigma_1\sigma_2}{2\pi}\left(\int_{-\infty}^{+\infty}u^2e^{-\frac{u^2}{2}}du\right)\left(\int_{-\infty}^{+\infty}e^{-\frac{t^2}{2}}dt\right)\\&\quad+\frac{\sigma_1\sigma_2\sqrt{1-\rho^2}}{2\pi}\left(\int_{-\infty}^{+\infty}ue^{-\frac{u^2}{2}}du\right)\left(\int_{-\infty}^{+\infty}te^{-\frac{t^2}{2}}dt\right)\\&=\frac{\rho\sigma_1\sigma_2}{2\pi}\sqrt{2\pi}\cdot\sqrt{2\pi}=\rho\sigma_1\sigma_2,\end{aligned}$$
于是
$$\rho_{XY}=\frac{\operatorname{cov}(X, Y)}{\sqrt{D(X)}\sqrt{D(Y)}}=\rho.$$

这就是说, 二维正态随机变量(X, Y)的概率密度中的参数ρ就是X和Y的相关系数, 因而, 二维正态随机变量的分布完全可由X, Y各自的数学期望、方差以及它们的相关系数所确定. ■

注: 在上一章中我们已经得到: 若(X, Y)服从二维正态分布, 则X和Y相互独立的充要条件为$\rho=0$. 现在知道ρ即为X与Y的相关系数, 故有下列结论: **若(X, Y)服从二维正态分布, 则X与Y相互独立, 当且仅当X与Y不相关.**

五、矩的概念

定义 3 设 X 和 Y 为随机变量，k, l 为正整数，称

$E(X^k)$	为 $\boldsymbol{k}$ 阶原点矩（简称 $\boldsymbol{k}$ 阶矩）;
$E\{[X-E(X)]^k\}$	为 $\boldsymbol{k}$ 阶中心矩;
$E(\lvert X\rvert^k)$	为 $\boldsymbol{k}$ 阶绝对原点矩;
$E(\lvert X-E(X)\rvert^k)$	为 $\boldsymbol{k}$ 阶绝对中心矩;
$E(X^kY^l)$	为 X 和 Y 的 $\boldsymbol{k+l}$ 阶混合矩;
$E\{[X-E(X)]^k[Y-E(Y)]^l\}$	为 X 和 Y 的 $\boldsymbol{k+l}$ 阶混合中心矩.

注:由定义可见:

① X 的数学期望 $E(X)$ 是 X 的一阶原点矩;

② X 的方差 $D(X)$ 是 X 的二阶中心矩;

③ 协方差 $\operatorname{cov}(X,Y)$ 是 X 和 Y 的二阶混合中心矩.

六、协方差矩阵

将二维随机变量 (X_1, X_2) 的四个二阶中心矩

$$c_{11}=E\{[X_1-E(X_1)]^2\}, \qquad c_{22}=E\{[X_2-E(X_2)]^2\},$$

$$c_{12}=E\{[X_1-E(X_1)][X_2-E(X_2)]\}, \qquad c_{21}=E\{[X_2-E(X_2)][X_1-E(X_1)]\}$$

排成矩阵的形式：$\begin{pmatrix} c_{11} & c_{12} \\ c_{21} & c_{22} \end{pmatrix}$（对称矩阵），称此矩阵为 (X_1, X_2) 的**协方差矩阵**.

类似可定义 n 维随机变量 $(X_1, X_2, \cdots, X_n)$ 的协方差矩阵. 如果

$$c_{ij}=\operatorname{cov}(X_i, X_j)=E\{[X_i-E(X_i)][X_j-E(X_j)]\} \quad (i, j=1,2,\cdots,n)$$

都存在，则称 $\boldsymbol{C}=\begin{pmatrix} c_{11} & c_{12} & \cdots & c_{1n} \\ c_{21} & c_{22} & \cdots & c_{2n} \\ \cdots & \cdots & \cdots & \cdots \\ c_{n1} & c_{n2} & \cdots & c_{nn} \end{pmatrix}$ 为 $(X_1, X_2, \cdots, X_n)$ 的**协方差矩阵**.

*七、n 维正态分布的概率密度

先考虑二维正态分布的概率密度，再将其推广到 n 维情形. 二维正态随机向量 (X_1, X_2) 的概率密度为

$$f(x_1, x_2)=\frac{1}{2\pi\sigma_1\sigma_2\sqrt{1-\rho^2}} e^{-\frac{1}{2(1-\rho^2)}\left[\left(\frac{x_1-\mu_1}{\sigma_1}\right)^2-2\rho\left(\frac{x_1-\mu_1}{\sigma_1}\right)\left(\frac{x_2-\mu_2}{\sigma_2}\right)+\left(\frac{x_2-\mu_2}{\sigma_2}\right)^2\right]}.$$

记 $\boldsymbol{X}=\begin{pmatrix} x_1 \\ x_2 \end{pmatrix}$, $\boldsymbol{\mu}=\begin{pmatrix} \mu_1 \\ \mu_2 \end{pmatrix}$, 协方差矩阵 $\boldsymbol{C}=\begin{pmatrix} c_{11} & c_{12} \\ c_{21} & c_{22} \end{pmatrix}$, 易验算

$$(\boldsymbol{X}-\boldsymbol{\mu})^{\mathrm{T}}\boldsymbol{C}^{-1}(\boldsymbol{X}-\boldsymbol{\mu})=\frac{1}{(1-\rho^2)}\left[\left(\frac{x_1-\mu_1}{\sigma_1}\right)^2-2\rho\left(\frac{x_1-\mu_1}{\sigma_1}\right)\left(\frac{x_2-\mu_2}{\sigma_2}\right)+\left(\frac{x_2-\mu_2}{\sigma_2}\right)^2\right],$$

故二维正态随机向量 (X_1, X_2) 的概率密度可用矩阵表示为

$$f(x_1, x_2)=\frac{1}{(2\pi)^{2/2}|\boldsymbol{C}|^{1/2}}\exp\left\{-\frac{1}{2}(\boldsymbol{X}-\boldsymbol{\mu})^{\mathrm{T}}\boldsymbol{C}^{-1}(\boldsymbol{X}-\boldsymbol{\mu})\right\},$$

其中 $(\boldsymbol{X}-\boldsymbol{\mu})^{\mathrm{T}}$ 是 $(\boldsymbol{X}-\boldsymbol{\mu})$ 的转置.

进一步, 设 $\boldsymbol{X}^{\mathrm{T}}=(X_1, X_2, \cdots, X_n)$ 是一个 n 维随机向量, 若它的概率密度为

$$f(x_1, x_2, \cdots, x_n)=\frac{1}{(2\pi)^{n/2}|\boldsymbol{C}|^{1/2}}\exp\left\{-\frac{1}{2}(\boldsymbol{X}-\boldsymbol{\mu})^{\mathrm{T}}\boldsymbol{C}^{-1}(\boldsymbol{X}-\boldsymbol{\mu})\right\},$$

则称 $\boldsymbol{X}$ 服从 **n 维正态分布**. 其中, $\boldsymbol{C}$ 是 $(X_1, X_2, \cdots, X_n)$ 的协方差矩阵, $|\boldsymbol{C}|$ 是它的行列式, $\boldsymbol{C}^{-1}$ 表示 $\boldsymbol{C}$ 的逆矩阵, $\boldsymbol{X}$ 和 $\boldsymbol{\mu}$ 是 n 维列向量, $(\boldsymbol{X}-\boldsymbol{\mu})^{\mathrm{T}}$ 是 $(\boldsymbol{X}-\boldsymbol{\mu})$ 的转置.

*八、n 维正态分布的几个重要性质

(1) n 维正态变量 $(X_1, X_2, \cdots, X_n)$ 的每一个分量 $X_i\,(i=1,2,\cdots,n)$ 都是正态变量; 反之, 若 $X_1, X_2, \cdots, X_n$ 都是正态变量, 且相互独立, 则 $(X_1, X_2, \cdots, X_n)$ 是 n 维正态变量.

注: 性质中若不具有相互独立性, 则反之不一定成立.

(2) n 维随机向量 $(X_1, X_2, \cdots, X_n)$ 服从 n 维正态分布的充分必要条件是 $X_1, X_2, \cdots, X_n$ 的任意线性组合 $l_1X_1+l_2X_2+\cdots+l_nX_n$ 均服从一维正态分布 (其中 $l_1, l_2, \cdots, l_n$ 不全为零).

(3) 若 $(X_1, X_2, \cdots, X_n)$ 服从 n 维正态分布, 设 $Y_1, Y_2, \cdots, Y_k$ 是 $X_j\,(j=1,2,\cdots,n)$ 的线性函数, 则 $(Y_1, Y_2, \cdots, Y_k)$ 服从 k 维正态分布.

注: 这一性质称为正态变量的线性变换不变性.

(4) 设 $(X_1, X_2, \cdots, X_n)$ 服从 n 维正态分布, 则 “$X_1, X_2, \cdots, X_n$ 相互独立” 等价于 “$X_1, X_2, \cdots, X_n$ 两两不相关”.

例 6　设随机变量 X 和 Y 相互独立, 且

$$X\sim N(1, 2),\ Y\sim N(0, 1),$$

试求 $Z=2X-Y+3$ 的概率密度.

解　$X\sim N(1,2)$, $Y\sim N(0,1)$, 且 X 与 Y 独立, 故 X 和 Y 的联合分布为正态分布, X 和 Y 的任意线性组合是正态分布, 即

$$Z\sim N(E(Z),\ D(Z)).$$

由　$E(Z)=2E(X)-E(Y)+3=2+3=5,\quad D(Z)=4D(X)+D(Y)=8+1=9,$

得　$$Z\sim N(5, 3^2),$$

故 Z 的概率密度是

$$f_Z(z)=\frac{1}{3\sqrt{2\pi}}e^{-\frac{(z-5)^2}{18}},\quad -\infty<z<+\infty.$$ ■

习题 4-3

1. 设(X,Y)服从二维正态分布，则下列条件中不是X,Y相互独立的充分必要条件是(　　).

(A) X, Y不相关；　　(B) $E(XY)=E(X)E(Y)$；

(C) $\mathrm{cov}(X,Y)=0$；　　(D) $E(X)=E(Y)=0$.

2. 设X服从参数为2的泊松分布，$Y=3X-2$，试求$E(Y), D(Y), \mathrm{cov}(X,Y)$及$\rho_{XY}$.

3. 设随机变量X的方差$D(X)=16$，随机变量Y的方差$D(Y)=25$，又X与Y的相关系数$\rho_{XY}=0.5$，求$D(X+Y)$与$D(X-Y)$.

4. 设(X,Y)服从单位圆域$G: x^2+y^2\le 1$上的均匀分布，证明X,Y不相关.

5. 设100件产品中的一、二、三等品率分别为0.8, 0.1和0.1. 现从中随机地取1件，并记

$$X_i=\begin{cases}1, & \text{取得 } i \text{ 等品}\\ 0, & \text{其它}\end{cases}\quad (i=1,2,3),$$

求$\rho_{X_1X_2}$.

6. 设$X\sim N(\mu,\sigma^2)$, $Y\sim N(\mu,\sigma^2)$，且X, Y相互独立，试求

$$Z_1=\alpha X+\beta Y \text{ 和 } Z_2=\alpha X-\beta Y$$

的相关系数(其中α,β是不为零的常数).

7. 设随机变量(X,Y)具有概率密度

$$f(x,y)=\begin{cases}\frac{1}{8}(x+y), & 0\le x\le 2, 0\le y\le 2\\ 0, & \text{其它}\end{cases},$$

求$E(X), E(Y), \mathrm{cov}(X,Y), \rho_{XY}, D(X+Y)$.

8. 设随机变量(X,Y)的分布律为

Y \ X	−1	0	1
−1	1/8	1/8	1/8
0	1/8	0	1/8
1	1/8	1/8	1/8

试验证X和Y是不相关的，且X和Y不相互独立.

9. 设二维随机变量(X,Y)的概率密度为

$$f(x,y)=\begin{cases}\frac{1}{\pi}, & x^2+y^2\le 1\\ 0, & \text{其它}\end{cases},$$

试验证X和Y是不相关的，且X和Y不相互独立.

10. 设 (X,Y) 服从二维正态分布，且 $X\sim N(0,3)$, $Y\sim N(0,4)$, 相关系数 $\rho_{XY}=-1/4$, 试写出 X 与 Y 的联合概率密度.

11. 设 (X,Y) 服从二维正态分布，且 $D(X)=\sigma_X^2$, $D(Y)=\sigma_Y^2$. 证明：当 $a^2=\dfrac{\sigma_X^2}{\sigma_Y^2}$ 时，随机变量 $W=X-aY$ 与 $V=X+aY$ 相互独立.

12. 设随机变量 X 服从拉普拉斯分布，其概率密度为

$$f(x)=\frac{1}{2\lambda}e^{-\frac{|x|}{\lambda}},\ -\infty<x<+\infty,$$

其中 $\lambda>0$ 为常数，求 X 的 k 阶中心矩.

§4.4　大数定理与中心极限定理

概率论与数理统计是研究随机现象统计规律性的学科．而随机现象的统计规律性是在相同条件下进行大量重复试验时呈现出来的．例如，在概率的统计定义中，曾提到一事件发生的频率具有稳定性，即事件发生的频率趋于事件发生的概率，其中所指的是：当试验的次数无限增大时，事件发生的频率在某种收敛意义下逼近某一定数(事件发生的概率)．这就是最早的一个大数定理．一般的大数定理讨论 n 个随机变量的平均值的稳定性．大数定理对上述情况从理论的高度进行了论证．本节我们先介绍基本的大数定理，然后，再介绍另一类基本的中心极限定理．

一、切比雪夫 (Chebyshev) 不等式

定理1　设随机变量 X 的期望 $E(X)=\mu$, 方差 $D(X)=\sigma^2$, 则对于任意给定的正数 ε, 有

$$P\{|X-\mu|\geq\varepsilon\}\leq\frac{\sigma^2}{\varepsilon^2},\tag{4.1}$$

这个不等式称为**切比雪夫不等式**.

证明　这里只证明 X 为连续型随机变量的情形．设 X 的概率密度为 $f(x)$, 则有(见图4－4－1):

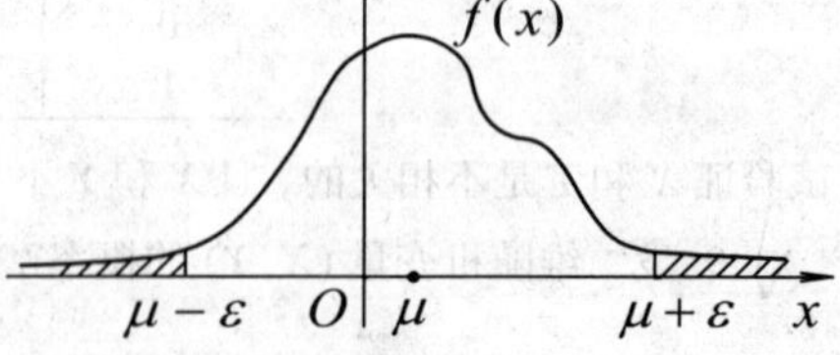

图 4－4－1

$$\begin{aligned}P\{|X-\mu|\geq\varepsilon\}&=\int_{|x-\mu|\geq\varepsilon}f(x)\,\mathrm{d}x\\&\leq\int_{|x-\mu|\geq\varepsilon}\frac{|x-\mu|^2}{\varepsilon^2}f(x)\,\mathrm{d}x\\&\leq\frac{1}{\varepsilon^2}\int_{-\infty}^{+\infty}(x-\mu)^2f(x)\,\mathrm{d}x=\frac{\sigma^2}{\varepsilon^2}.\end{aligned}$$

■

注：切比雪夫不等式也可以写成

$$P\{|X-\mu|<\varepsilon\}\geq 1-\frac{\sigma^2}{\varepsilon^2}. \tag{4.2}$$

切比雪夫不等式表明：随机变量X的方差越小，则事件$\{|X-\mu|<\varepsilon\}$发生的概率越大，即X的取值基本上集中在它的期望μ附近. 由此可见方差刻画了随机变量取值的离散程度.

在方差已知的情况下，切比雪夫不等式给出了X与它的期望μ的偏差不小于ε的概率的估计式. 如取$\varepsilon=3\sigma$，则有

$$P\{|X-\mu|\geq 3\sigma\}\leq\frac{\sigma^2}{9\sigma^2}\approx 0.111. \tag{4.3}$$

于是，对任意给定的分布，只要期望和方差存在，则随机变量X取值偏离μ超过3倍均方差的概率小于0.111.

此外，切比雪夫不等式作为一个理论工具，它的应用是普遍的.

例1 在每次试验中，事件A发生的概率为0.75，试用切比雪夫不等式求：独立试验次数n最小取何值时，事件A出现的频率在0.74～0.76之间的概率至少为0.90？

解 设X为n次试验中，事件A出现的次数，则$X\sim b(n, 0.75)$，且

$$\mu=0.75n,\qquad \sigma^2=0.75\times 0.25n=0.1875n,$$

所求为满足$P\{0.74<X/n<0.76\}\geq 0.90$的最小的$n$. 由

$$\begin{aligned}P\{0.74n<X<0.76n\}&=P\{-0.01n<X-0.75n<0.01n\}\\&=P\{|X-\mu|<0.01n\},\end{aligned}$$

在切比雪夫不等式中取$\varepsilon=0.01n$，则

$$\begin{aligned}P\{0.74<X/n<0.76\}&=P\{|X-\mu|<0.01n\}\\&\geq 1-\frac{\sigma^2}{(0.01n)^2}=1-\frac{0.1875n}{0.0001n^2}=1-\frac{1875}{n}.\end{aligned}$$

依题意，取n使$1-\dfrac{1875}{n}\geq 0.9$，解得

$$n\geq\frac{1875}{1-0.9}=18750.$$

即n取18 750时，可以使得在n次独立重复试验中，事件A出现的频率在0.74～0.76之间的概率至少为0.90. ■

二、大数定理

首先引入随机变量序列$X_1, X_2, \cdots, X_n, \cdots$相互独立的概念. 若对于任意$n>1$，$X_1, X_2, \cdots, X_n$都相互独立，则称$X_1, X_2, \cdots, X_n, \cdots$相互独立.

定理 2　设随机变量 $X_1, X_2, \cdots, X_n, \cdots$ 相互独立，且具有相同的期望和方差：

$$E(X_i)=\mu,\quad D(X_i)=\sigma^2,\quad i=1,2,\cdots.$$

记 $Y_n=\frac{1}{n}\sum_{i=1}^{n}X_i$，则对任意 $\varepsilon>0$，有

$$\lim_{n\to\infty}P\{|Y_n-\mu|<\varepsilon\}=1. \tag{4.4}$$

证明　$E(Y_n)=\frac{1}{n}\sum_{i=1}^{n}E(X_i)=\mu,\quad D(Y_n)=\frac{1}{n^2}\sum_{i=1}^{n}D(X_i)=\frac{\sigma^2}{n},$

由切比雪夫不等式，得

$$P\{|Y_n-\mu|<\varepsilon\}\geq 1-\frac{\sigma^2}{n\varepsilon^2},$$

令 $n\to\infty$，再注意到概率不可能大于 1，即证得式 (4.4).　■

注：式 (4.4) 表明：对任意 $\varepsilon>0$，事件 $\{|Y_n-\mu|<\varepsilon\}$ 发生的概率很大，从概率意义上指出了当 n 很大时，Y_n 逼近 μ 的确切含义. 在概率论中，我们把式 (4.4) 表示的收敛性称为随机变量序列 $Y_1, Y_2, \cdots, Y_n, \cdots$ **依概率收敛**于 μ，记为

$$Y_n\xrightarrow{P}\mu.$$

定理 2 表明：随机变量 $X_1, X_2, \cdots, X_n$ 的算术平均值序列 $\{Y_n\}$ 依概率收敛于其数学期望 μ.

推论　设 n_A 是 n 重伯努利试验中事件 A 发生的次数，p 是事件 A 在每次试验中发生的概率，则对任意的 $\varepsilon>0$，有

$$\lim_{n\to\infty}P\left\{\left|\frac{n_A}{n}-p\right|<\varepsilon\right\}=1. \tag{4.5}$$

证明　因为 $n_A\sim b(n,p)$，所以

$$n_A=X_1+X_2+\cdots+X_n,$$

其中 $X_1, X_2, \cdots, X_n$ 相互独立，且都服从以 p 为参数的 0–1 分布. 因而

$$E(X_i)=p,\quad D(X_i)=p(1-p)\quad (i=1,2,\cdots,n),$$

注意到 $\frac{1}{n}\sum_{i=1}^{n}X_i=\frac{n_A}{n}$，由定理 2 得式 (4.5).　■

注：① 这个推论就是最早的一个大数定理，称为**伯努利定理**. 它表明：当重复试验次数 n 充分大时，事件 A 发生的频率 $\frac{n_A}{n}$ 依概率收敛于事件 A 发生的概率 p. 定理以严格的数学形式表达了频率的稳定性. 在实际应用中，当试验次数很大时，便可以用事件发生的频率来近似代替事件的概率.

② 如果事件 A 的概率很小，则由伯努利定理知，事件 A 发生的频率也是很小的，或者说事件 A 很少发生，即“概率很小的随机事件在个别试验中几乎不会发生”. 这

一原理称为**小概率原理**，它的实际应用很广泛．但应注意到，小概率事件与不可能事件是有区别的．在多次试验中，小概率事件也可能发生．

三、中心极限定理

在实际问题中，许多随机现象是由大量相互独立的随机因素综合影响所形成的，其中每一个因素在总的影响中所起的作用是微小的．这类随机变量一般都服从或近似服从正态分布．以一门大炮的射程为例，影响大炮的射程的随机因素包括：大炮炮身结构导致的误差，炮弹及炮弹内炸药质量导致的误差，瞄准时的误差，受风速、风向的干扰而造成的误差等．其中每一种误差造成的影响在总的影响中所起的作用是微小的，并且可以看成是相互独立的，人们关心的是这众多误差因素对大炮射程所造成的总的影响．因此，需要讨论大量独立随机变量和的问题．

中心极限定理是棣莫佛 (De Moivre) 在 18 世纪首先提出的，至今其内容已经非常丰富．这些定理在很一般的条件下证明了无论随机变量 X_i $(i=1,2,\cdots)$ 服从什么分布，当 $n\to\infty$ 时 n 个随机变量的和 $\sum\limits_{i=1}^{n}X_i$ 的极限分布是正态分布．利用这些结论，数理统计中许多复杂随机变量的分布可以用正态分布近似，而正态分布有许多完美的理论，从而可以获得既实用又简单的统计分析．下面我们仅介绍其中两个最基本的结论．

定理 3 设随机变量 $X_1,X_2,\cdots,X_n,\cdots$ 相互独立，服从同一分布，且 $E(X_i)=\mu$，$D(X_i)=\sigma^2$ $(i=1,2,\cdots)$，则

$$\lim_{n\to\infty}P\left\{\frac{\sum\limits_{i=1}^{n}X_i-n\mu}{\sigma\sqrt{n}}\leq x\right\}=\int_{-\infty}^{x}\frac{1}{\sqrt{2\pi}}e^{-t^2/2}\,\mathrm{d}t. \tag{4.6}$$

注：这个定理的证明是 20 世纪 20 年代由林德伯格 (Lindeberg) 和勒维 (Levy) 给出的．定理表明：当 n 充分大时，n 个具有期望和方差的独立同分布的随机变量之和近似服从正态分布．虽然在一般情况下，我们很难求出 $X_1+X_2+\cdots+X_n$ 的分布的确切形式，但当 n 很大时，可求出其近似分布．由定理结论，有

$$\frac{\sum\limits_{i=1}^{n}X_i-n\mu}{\sigma\sqrt{n}}\overset{\text{近似}}{\sim}N(0,1),\qquad \text{即}\quad \frac{\frac{1}{n}\sum\limits_{i=1}^{n}X_i-\mu}{\sigma/\sqrt{n}}\overset{\text{近似}}{\sim}N(0,1),$$

于是

$$\overline{X}=\frac{1}{n}\sum_{i=1}^{n}X_i\overset{\text{近似}}{\sim}N(\mu,\sigma^2/n). \tag{4.7}$$

所以定理 3 又可表述为：当 n 充分大时，均值为 μ，方差为 $\sigma^2>0$ 的独立同分布的随机变量 $X_1,X_2,\cdots,X_n,\cdots$ 的算术平均值 $\overline{X}$ 近似地服从均值为 μ，方差为 σ^2/n

的正态分布. 这一结果是数理统计中大样本统计推断的理论基础.

例 2　一盒同型号螺丝钉共有 100 个，已知该型号的螺丝钉的重量是一个随机变量，期望值是 100 g，标准差是 10 g，求一盒螺丝钉的重量超过 10.2 kg 的概率.

解　设 X_i 为第 i 个螺丝钉的重量，$i=1,2,\cdots,100$，且它们之间独立同分布，于是，一盒螺丝钉的重量为 $X=\sum\limits_{i=1}^{100}X_i$，而且

$$\mu=E(X_i)=100,\quad \sigma=\sqrt{D(X_i)}=10,\quad n=100.$$

由中心极限定理有

$$\begin{aligned}P\{X>10\,200\}&=P\left\{\frac{\sum\limits_{i=1}^{n}X_i-n\mu}{\sigma\sqrt{n}}>\frac{10\,200-n\mu}{\sigma\sqrt{n}}\right\}\\&=P\left\{\frac{X-10\,000}{100}>\frac{10\,200-10\,000}{100}\right\}\\&=P\left\{\frac{X-10\,000}{100}>2\right\}=1-P\left\{\frac{X-10\,000}{100}\le 2\right\}\\&\approx 1-\Phi(2)=1-0.977\,25=0.022\,75.\end{aligned}$$

即一盒螺丝钉的重量超过 10.2 kg 的概率为 0.022 75. ■

例 3　计算机在进行数学计算时，遵从四舍五入原则. 为简单计，现在对小数点后面第一位进行舍入运算，则可以认为误差 X 服从 $[-0.5, 0.5]$ 上的均匀分布. 若在一项计算中进行了 100 次数字计算，求平均误差落在区间 $\left[-\frac{\sqrt{3}}{20},\frac{\sqrt{3}}{20}\right]$ 上的概率.

解　$n=100$，用 X_i 表示第 i 次运算中产生的误差. $X_1, X_2, \cdots, X_{100}$ 相互独立，都服从 $[-0.5, 0.5]$ 上的均匀分布. 这时，$E(X_i)=0$，$D(X_i)=\frac{1}{12}$，$i=1,2,\cdots,100$，从而，近似地有

$$Y_{100}=\frac{\sum\limits_{i=1}^{100}X_i-100\times 0}{\sqrt{100/12}}=\frac{\sqrt{3}}{5}\sum_{i=1}^{100}X_i\sim N(0,1).$$

于是，平均误差 $\overline{X}=\frac{1}{100}\sum\limits_{i=1}^{100}X_i$ 落在区间 $\left[-\frac{\sqrt{3}}{20},\frac{\sqrt{3}}{20}\right]$ 上的概率为

$$P\left\{-\frac{\sqrt{3}}{20}\le\overline{X}\le\frac{\sqrt{3}}{20}\right\}=P\left\{-\frac{\sqrt{3}}{20}\le\frac{1}{100}\sum_{i=1}^{100}X_i\le\frac{\sqrt{3}}{20}\right\}$$

$$= P\left\{-3 \le \frac{\sqrt{3}}{5}\sum_{i=1}^{100} X_i \le 3\right\} \approx \Phi(3) - \Phi(-3) \approx 0.997\,3.$$

注意到 $\frac{\sqrt{3}}{20} \approx 0.086\,6$，于是，平均误差 $\overline{X}$ 几乎完全取值于区间 $[-0.086\,6, 0.086\,6]$ 之内. ■

下面介绍定理 3 的一个重要特例，它是历史上最早的中心极限定理，由棣莫佛提出，拉普拉斯推广，故又称为棣莫佛－拉普拉斯定理.

定理 4(**棣莫佛－拉普拉斯定理**) 设随机变量 $X_1, X_2, \cdots, X_n, \cdots$ 相互独立，并且都服从参数为 p 的两点分布，则对任意实数 x，有

$$\lim_{n\to\infty} P\left\{\frac{\sum_{i=1}^{n} X_i - np}{\sqrt{np(1-p)}} \le x\right\} = \int_{-\infty}^{x} \frac{1}{\sqrt{2\pi}} e^{-\frac{t^2}{2}}\,\mathrm{d}t = \Phi(x) \tag{4.8}$$

证明 $E(X_k) = p$，$D(X_k) = p(1-p)$ $(k = 1, 2, \cdots, n)$，由式 (4.6) 即可证得定理的结论. ■

注：根据 §2.2 例 4 后的注可知，二项分布 $b(n, p)$ 可分解为 n 个相互独立、服从同一分布 $b(1, p)$(两点分布)的随机变量之和，故定理 4 的结论对服从参数为 n, p 的二项分布也成立，即，正态分布是二项分布的极限分布.

例 4 某车间有 200 台车床，在生产期间由于需要检修、调换刀具、变换位置及调换工作等，故常需车床停工. 设开工率为 0.6，并设每台车床的工作是独立的，且在开工时需电力 1 千瓦. 问应供应多少千瓦电力就能以 99.9% 的概率保证该车间不会因供电不足而影响生产？

解 对每台车床的观察作为一次试验，每次试验观察该台车床在某时刻是否工作，工作的概率为 0.6，共进行 200 次试验. 用 X 表示在某时刻工作着的车床数，依题意，$X \sim b(200, 0.6)$，现在的问题是：求满足 $P\{X \le N\} \ge 0.999$ 的最小的 N.

由定理 4 的注知，$\frac{X - np}{\sqrt{np(1-p)}}$ 近似服从 $N(0, 1)$，这里

$$np = 120, \quad np(1-p) = 48,$$

于是

$$P\{X \le N\} \approx \Phi\left(\frac{N-120}{\sqrt{48}}\right).$$

由 $\Phi\left(\frac{N-120}{\sqrt{48}}\right) \ge 0.999$，查正态分布函数表得 $\Phi(3.1) - 0.999$. 故

$$\frac{N-120}{\sqrt{48}} \ge 3.1,$$

从中解得 $N \geq 141.5$，即所求 $N=142$．也就是说，应供应 142 千瓦电力就能以 99.9% 的概率保证该车间不会因供电不足而影响生产．■

例 5　某市保险公司开办一年人身保险业务，被保险人每年需交付保险费160元，若一年内发生重大人身事故，其本人或家属可获2万元赔偿金．已知该市人员一年内发生重大人身事故的概率为0.005，现有5 000人参加此项保险，问保险公司一年内从此项业务中所得到的总收益在20万元到40万元之间的概率是多少？

解　记

$$X_i=\begin{cases}1, & \text{若第 } i \text{ 个被保险人发生重大事故}\\ 0, & \text{若第 } i \text{ 个被保险人未发生重大事故}\end{cases}, \quad i=1,2,\cdots,5\,000,$$

于是，X_i 均服从参数为 $p=0.005$ 的两点分布，$P\{X_i=1\}=0.005$，$np=25$．$\sum\limits_{i=1}^{5\,000} X_i$ 是 5 000个被保险人中一年内发生重大人身事故的人数，保险公司一年内从此项业务中所得到的总收益为 $(0.016\times 5\,000-2\times\sum\limits_{i=1}^{5\,000} X_i)$ 万元．所以

$$P\left\{20 \leq 0.016\times 5\,000-2\sum_{i=1}^{5\,000} X_i \leq 40\right\}$$

$$=P\left\{20 \leq \sum_{i=1}^{5\,000} X_i \leq 30\right\}$$

$$=P\left\{\frac{20-25}{\sqrt{25\times 0.995}} \leq \frac{\sum X_i-25}{\sqrt{25\times 0.995}} \leq \frac{30-25}{\sqrt{25\times 0.995}}\right\} \text{（这里用} \sum \text{暂代} \sum_{i=1}^{5\,000}\text{）}$$

$$\approx \Phi(1)-\Phi(-1)\approx 0.682\,6.$$ ■

例 6　高尔顿钉板试验

图 4-4-2 是高尔顿钉板，常常在赌博游戏中见到，庄家常常在两边放置值钱的东西来吸引顾客，现在可用中心极限定理来揭穿这个赌博中的奥秘．

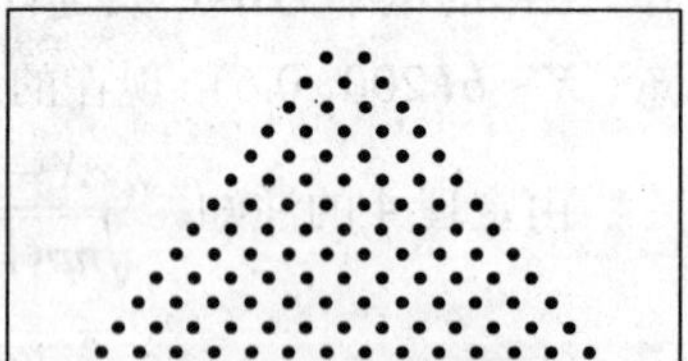

图 4-4-2

设 n 为钉子的排数，记随机变量

$$X_i=\begin{cases}1, & \text{第 } i \text{ 次碰钉后小球从左边落下}\\ -1, & \text{第 } i \text{ 次碰钉后小球从右边落下}\end{cases}.$$

易见，X_i 服从两点分布，其分布律为

X_i	1	−1
p_i	1/2	1/2

，且 $E(X_i)=0$，$D(X_i)=1$，$i=1,2,\cdots$．

设 Y_n 表示第 n 次碰钉后小球的位置，显然，$Y_n = \sum_{k=1}^{n} X_i$，由中心极限定理知

$$Y_n \overset{\text{近似}}{\sim} N(0, n),$$

且 $E(Y_n)=0, D(Y_n)=n$. 如图 4－4－2 所示，钉板有 $n=16$ 层，则均方差 $\sigma=\sqrt{16}=4$，由正态分布的特征，小球落入中间的概率远远大于落入两边的概率．■

习题 4-4

1. 一颗骰子连续掷 4 次，点数总和记为 X，试估计 $P\{10<X<18\}$.

2. 设随机变量 X 与 Y 的数学期望分别为 -2 和 2，方差分别为 1 和 4，而相关系数为 -0.5，根据切比雪夫不等式估计 $P\{|X+Y|\geq 6\}$.

3. 设 $X_1, X_2, \cdots, X_n$ 为随机变量序列，a 为常数，则 $\{X_n\}$ 依概率收敛于 a 是指__________.

4. 设总体 X 服从参数为 2 的指数分布，$X_1, X_2, \cdots, X_n$ 为来自总体 X 的一个样本，则当 $n\to\infty$ 时，$Y_n=\frac{1}{n}\sum_{i=1}^{n}X_i^2$ 依概率收敛于__________.

5. 从某厂产品中任取 200 件，检查结果发现其中有 4 件废品．我们能否相信该产品的废品率不超过 0.005？

6. 有一批建筑房屋用的木柱，其中 80％ 的长度不小于 3 m．现从这批木柱中随机地取出100 根，问其中至少有 30 根短于 3m 的概率是多少？

7. 一部件包括 10 部分，每部分的长度是一个随机变量，它们相互独立，服从同一分布，其数学期望为 2mm，均方差为 0.05mm，规定总长度为 (20 ± 0.1)mm 时产品合格，试求产品合格的概率．

8. 据以往经验，某种电器元件的寿命服从均值为100小时的指数分布．现随机地取16只，设它们的寿命是相互独立的，求这 16 只元件的寿命的总和大于 1 920 小时的概率．

9. 检验员逐个地检查某种产品，每次花10秒钟检查一个，但也可能有的产品需要重复检查一次再用去10 秒钟，假定每个产品需要重复检查的概率为 $\frac{1}{2}$，求在 8 小时内检验员检查的产品多于 1 900 个的概率．

10. 某车间有同型号机床 200 部，每部开动的概率为 0.7，假定各机床开关是独立的，开动时每部要消耗电能 15 个单位．问电厂最少要供应这个车间多少电能，才能以 95％ 的概率保证不致于因供电不足而影响生产．

11. 某电视机厂每月生产一万台电视机，但它的显像管车间的正品率为 0.8，为了以 0.997 的概率保证出厂的电视机都装上正品的显像管，问该车间每月应生产多少只显像管？

12. (1) 一复杂的系统由 100 个相互独立起作用的部件所组成．在整个运行期间每个部件损坏的概率为 0.10，为了使整个系统起作用，必须至少有 85 个部件正常工作，求整个系统起作用的概率．

(2) 一复杂的系统由 n 个相互独立起作用的部件所组成，每个部件的可靠性为0.90，且必须至少有80%的部件工作才能使整个系统正常工作，问 n 至少为多大才能使系统的可靠性不低于0.95？

13. 抽样检查产品质量时，如果发现有多于10个的次品，则拒绝接受这批产品. 设某批产品的次品率为10%，问至少应抽取多少个产品检查，才能保证拒绝接受该产品的概率达到0.9？

总 习 题 四

1. 10个人随机地进入15个房间，每个房间容纳的人数不限，设 X 表示有人的房间数，求 $E(X)$(设每个人进入每个房间是等可能的，且各人是否进入房间相互独立).

2. 某城市一天内发生严重刑事案件数 Y 服从以1/3为参数的泊松分布，以 X 记一年内未发生严重刑事案件的天数，求 X 的数学期望.

3. 将 n 只球(1~n 号)随机地放进 n 只盒子(1~n 号)中去，一只盒子装一只球. 若一只球装入与球同号的盒子中，称为一个配对，记 X 为总的配对数，求 $E(X)$.

4. 某车间生产的圆盘其直径在区间 (a, b) 内服从均匀分布. 试求圆盘面积的数学期望.

5. 设 X 与 Y 是相互独立且均服从正态分布 $N\left(0, \frac{1}{2}\right)$ 的随机变量，求 $|X-Y|$ 的数学期望.

6. 设随机变量 X 和 Y 相互独立，且都服从标准正态分布，求 $Z=\sqrt{X^2+Y^2}$ 的数学期望.

7. 甲，乙两人相约于某地在12:00~13:00会面，设 X, Y 分别是甲，乙到达的时间，且设 X 和 Y 相互独立，已知 X, Y 的概率密度分别为

$$f_X(x)=\begin{cases}3x^2, & 0<x<1\\ 0, & \text{其它}\end{cases},\qquad f_Y(y)=\begin{cases}2y, & 0<y<1\\ 0, & \text{其它}\end{cases},$$

求先到达者需要等待的时间的数学期望.

8. 设某厂生产的某种产品不合格率为10%，假设生产一件不合格品，要亏损2元，每生产一件合格品，则获利10元，求每件产品的平均利润.

9. 投篮测试规则为每人最多投三次，投中为止，且第 i 次投中得分为 $(4-i)$ 分，$i=1, 2, 3$. 若三次均未投中不得分. 假设某人投篮测试的平均次数为1.56次.

(1) 求该人投篮的命中率；　　(2) 求该人投篮的平均得分.

10. 一台设备由三大部件构成，在设备运转中部件需调整的概率为0.1, 0.2, 0.3，假设各部件的状态相互独立，以 X 表示同时需要调整的部件数，试求 X 的期望与方差.

11. 设随机变量 X 的概率密度为

$$f(x)=\begin{cases}ax^2+bx+c, & 0<x<1\\ 0, & \text{其它}\end{cases},$$

并已知 $E(X)=0.5$, $D(X)=0.15$，求系数 a, b, c.

12. 卡车装运水泥，设每袋水泥重量 X(以kg计)服从 $N(50, 2.5^2)$，问最多装多少袋水泥

使总重量超过 2 000 kg 的概率不大于 0.05？

13. 设随机变量 X_1, X_2, X_3 相互独立，其中 X_1 在 $[0, 6]$ 上服从均匀分布，X_2 服从参数 $\lambda=\frac{1}{2}$ 的指数分布，X_3 服从参数 $\lambda=3$ 的泊松分布，记 $Y=X_1-2X_2+3X_3$，求 $D(Y)$.

14. 设 X 服从参数为 1 的指数分布，且 $Y=X+e^{-2X}$，求 $E(Y)$ 与 $D(Y)$.

15. 已知 $X\sim N(1, 3^2)$，$Y\sim N(0, 4^2)$，$\rho_{XY}=-\frac{1}{2}$，设 $Z=\frac{X}{3}+\frac{Y}{2}$，求 Z 的期望与方差及 X 与 Z 的相关系数.

16. 设 X, Y 的概率密度为

$$f(x, y)=\begin{cases}1, & |y|\le x,\ 0\le x\le 1\\ 0, & \text{其它}\end{cases}.$$

(1) 求关于 X, Y 的边缘概率密度；(2) 求 $E(X), E(Y)$ 及 $D(X), D(Y)$；(3) 求 $\operatorname{cov}(X, Y)$.

17. 设随机变量 $X\sim U(0, 1)$，$Y\sim U(1, 3)$，X 与 Y 相互独立，求 $E(XY)$ 与 $D(XY)$.

18. 设 $E(X)=2$，$E(Y)=4$，$D(X)=4$，$D(Y)=9$，$\rho_{XY}=0.5$，求：

(1) $U=3X^2-2XY+Y^2-3$ 的数学期望；　　(2) $V=3X-Y+5$ 的方差.

19. 设 $W=(aX+3Y)^2$，$E(X)=E(Y)=0$，$D(X)=4$，$D(Y)=16$，$\rho_{XY}=-0.5$. 求常数 a，使 $E(W)$ 为最小，并求 $E(W)$ 的最小值.

20. 某班有学生 n 名，开新年联欢会，每人带一份礼物互赠，礼物集中放在一起，并将礼物编了号，当交换礼物时，每人随机地拿到一个号码，并以此去领取礼物，试求恰好拿到自己准备的礼物的人数 X 的期望和方差.

21. 设 A 和 B 是随机试验 E 上的两事件，且 $P(A)>0$，$P(B)>0$，定义随机变量 X, Y 为

$$X=\begin{cases}1, & \text{若 } A \text{ 发生}\\ 0, & \text{若 } A \text{ 不发生}\end{cases},\qquad Y-\begin{cases}1, & \text{若 } B \text{ 发生}\\ 0, & \text{若 } B \text{ 不发生}\end{cases},$$

证明：若 $\rho_{XY}=0$，则 X 和 Y 必定相互独立.

22. 设二维随机变量 $(X, Y)\sim N(0, 0, \sigma_1^2, \sigma_2^2, \rho)$，其中 $\sigma_1^2\ne\sigma_2^2$. 又设

$$X_1=X\cos\alpha+Y\sin\alpha,\quad X_2=-X\sin\alpha+Y\cos\alpha,$$

问何时 X_1 与 X_2 不相关，X_1 与 X_2 独立？

23. 在每次试验中，事件 A 发生的概率为 0.5，利用切比雪夫不等式估计，在 1 000 次独立重复试验中，事件 A 发生的次数在 400 ~ 600 之间的概率.

24. 设在某种重复独立试验中，每次试验事件 A 发生的概率为 1/4，问能以 0.999 7 的概率保证在 1 000 次试验中 A 发生的频率与 1/4 相差多少？此时 A 发生的次数在哪个范围之内？

25. 利用仪器测量已知量 a 时，所发生的随机误差的分布在独立试验的过程中保持不变，设 $X_1, X_2, \cdots, X_n, \cdots$ 是各次测量的结果，可否用 $\frac{1}{n}\sum_{i=1}^{n}(X_i-a)^2$ 作为仪器误差的方差的近似值(设仪器无系统偏差).

26. 一保险公司有 10 000 人投保，每人每年付 12 元保险费，已知一年内投保人死亡率为 0.006，如死亡，公司付给死者家属 1 000 元，求：

(1) 保险公司年利润为 0 的概率；　　(2) 保险公司年利润不少于 60 000 元的概率.

27. 设各零件的重量都是随机变量，它们相互独立，且服从相同的分布，其数学期望为 0.5kg，均方差为 0.1kg，问 5 000 只零件的总重量超过 2 510kg 的概率是多少？

28. 一个供电网内共有 10 000 盏功率相同的灯，夜晚每一盏灯开着的概率都是 0.7. 假设各盏灯开、关彼此独立. 求夜晚同时开着的灯数在 6 800 到 7 200 之间的概率.

29. 假设一条自动生产线生产的产品合格率是 0.8. 要使一批产品的合格率达到在 76% 与 84% 之间的概率不小于 90%，问这批产品至少要生产多少件？

30. 用棣莫佛－拉普拉斯中心极限定理证明，在伯努利试验中，若 $0<p<1$，则不论 k 如何，总有 $P\{|\mu_n-np|<k\}\to 0\ \ (n\to\infty)$.

31. 设 $X_1, X_2, \cdots, X_n, \cdots$ 为独立同分布的随机变量序列，已知

$$E(X_i)=\mu,\ D(X_i)=\sigma^2\ (\sigma\neq 0).$$

证明：当 n 充分大时，算术平均 $\overline{X}_n=\dfrac{1}{n}\sum\limits_{i=1}^{n}X_i$ 近似服从正态分布，并指出分布中的参数.

第5章　数理统计的基础知识

在前四章中我们介绍了概率论的基本内容，概率论是在已知随机变量服从某种分布的条件下，来研究随机变量的性质、数字特征及其应用的. 从本章开始，我们将讲述数理统计的基本内容. 数理统计作为一门学科诞生于19世纪末20世纪初，是具有广泛应用的一个数学分支，它以概率论为基础，根据试验或观察得到的数据来研究随机现象，以便对研究对象的客观规律性做出合理的估计和判断.

由于大量随机现象必然呈现出它的规律性，故理论上只要对随机现象进行足够多次的观察，研究对象的规律性就一定能清楚地呈现出来. 但实际上人们常常无法对所研究的对象的全体（或总体）进行观察，而只能抽取其中的部分（或样本）进行观察或试验以获得有限的数据.

数理统计的任务包括：怎样有效地收集、整理有限的数据资料；怎样对所得的数据资料进行分析、研究，从而对研究对象的性质、特点作出合理的推断，此即所谓的统计推断问题. 本章主要讲述统计推断的基本内容.

§5.1　数理统计的基本概念

一、总体与总体分布

在数理统计中，把研究的问题所涉及的对象的全体所组成的集合称为**总体**（或**母体**）. 把构成总体的每一个成员（或元素）称为**个体**. 总体中所包含的个体的数量称为**总体的容量**. 容量为有限的称为**有限总体**；容量为无限的称为**无限总体**. 总体与个体之间的关系，即集合与元素之间的关系.

例如，考察某大学一年级新生的体重和身高，则该校一年级的全体新生就构成了一个总体，每一名新生就是一个个体. 又如，研究某灯泡厂生产的一批灯泡的质量，则该灯泡的全体构成了一个总体，其中每一个灯泡就是一个个体.

实际上，我们真正关心的并不是总体或个体本身，而是它们的某项数量指标（或几项数量指标）. 如在上述前一总体（一年级新生）中，我们所关心的只是新生的体重和身高，而在后一总体（一批灯泡）中，我们关心的仅仅是灯泡的寿命. 在试验中，数量指标 X 是一个随机变量（或随机向量），X 的概率分布完整地描述了这一数量指标在总体中的分布情况. 由于我们只关心总体的数量指标 X，因此就把总体与 X 的所有可能取值的全体组成的集合等同起来，并把 X 的分布称为总体分布，同时，常把总体与总体分布视为同义词.

定义1 统计学中称随机变量(或向量)X为**总体**，并把随机变量(或向量)的分布称为**总体分布**.

注:①有时对个体的特性的直接描述并非是数量指标,但总可以将其数量化,如检验某学校全体学生的血型，试验的结果有O型、A型、B型、AB型4种,若分别以1, 2, 3, 4依次记这4种血型，则试验的结果就可以用数量来表示了.

②总体的分布一般来说是未知的,有时即使知道其分布的类型(如正态分布、二项分布等),但不知道这些分布中所含的参数(如μ, σ^2, ρ等). 数理统计的任务就是根据总体中部分个体的数据资料来对总体的未知分布进行统计推断.

二、样本与样本分布

由于总体的分布一般是未知的,或者它的某些参数是未知的,为了判断总体服从何种分布或估计未知参数应取何值，我们可从总体中抽取若干个个体进行观察，从中获得研究总体的一些观察数据,然后通过对这些数据的统计分析,对总体的分布做出判断或对未知参数做出合理估计. 一般的方法是按一定原则从总体中抽取若干个体进行观察，这个过程叫做**抽样**. 显然，对每个个体的观察结果是随机的,可将其看成是一个随机变量的取值，这样就把每个个体的观察结果与一个随机变量的取值对应起来了. 于是,我们可记从总体X中第i次抽取的个体指标为$X_i\ (i=1,2,\cdots,n)$,则X_i是一个随机变量；用$x_i\ (i=1,2,\cdots,n)$记个体指标X_i的具体观察值. 我们称$X_1, X_2,\cdots, X_n$为总体X的**样本**；称样本观察值$x_1, x_2,\cdots, x_n$为**样本值**；样本所含个体数目称为**样本容量**(或**样本大小**).

为了使抽取的样本能很好地反映总体的信息，除了对样本的容量有一定的要求外，还对样本的抽取方式有一定的要求，最常用的一种抽样方法称为**简单随机抽样**. 它要求抽取的样本满足下面两个条件:

(1) 代表性:$X_1, X_2, \cdots, X_n$与所考察的总体具有相同的分布;

(2) 独立性:$X_1, X_2, \cdots, X_n$是相互独立的随机变量.

由简单随机抽样得到的样本称为**简单随机样本**，它可用与总体同分布的n个相互独立的随机变量$X_1, X_2,\cdots, X_n$表示. 显然,简单随机样本是一种非常理想化的样本，在实际应用中要获得严格意义下的简单随机样本并不容易.

对有限总体,若采用有放回抽样就能得到简单随机样本,但有放回抽样使用起来不方便,故实际操作中通常采用的是无放回抽样,当所考察的总体的容量很大时,无放回抽样与有放回抽样的区别很小，此时可近似地把无放回抽样所得到的样本看成是一个简单随机样本. 对无限总体，因抽取一个个体不影响它的分布，故采用无放回抽样即可得到一个简单随机样本.

注:后面假定所考虑的样本均为**简单随机样本**，简称为**样本**.

例1 样本及观察值的表示方法:

(1) 某食品厂用自动装罐机生产净重为345克的午餐肉罐头，由于随机性，每个

罐头的净重都有差别. 现在从生产线上随机抽取10个罐头, 称其净重, 得如下结果:

344 336 345 342 340 338 344 343 344 343

这是一个容量为10的样本的观察值, 它是来自该生产线罐头净重这一总体的一个样本的观察值.

(2) 对363个零售商店调查得到周零售额 (单位: 元) 的结果如下:

零售额	≤1 000	(1 000, 5 000]	(5 000,10 000]	(10 000, 20 000]	(20 000, 30 000]
商店数	61	135	110	42	15

这是一个容量为363的样本的观察值, 对应的总体是所有零售店的周零售额. 不过这里没有给出每一个样本的具体的观察值, 而是给出了样本观察值所在的区间, 称为**分组样本的观察值**. 这样一来当然会损失一些信息, 但是在样本量较大时, 这种经过整理的数据更能使人们对总体有一个大致的印象. ■

设总体 X 的分布函数为 $F(x)$, 由样本的独立性, 则简单随机样本 $X_1, X_2, \cdots, X_n$ 的联合分布函数为

$$F(x_1, x_2, \cdots, x_n) = \prod_{i=1}^{n} F(x_i), \tag{1.1}$$

并称其为**样本分布**.

特别地, 若总体 X 为离散型随机变量, 其概率分布为 $P\{X=x_i\}=p(x_i)$, x_i 取遍 X 所有可能取值, 则样本的概率分布为

$$p(x_1, x_2, \cdots, x_n) = P\{X_1=x_1, X_2=x_2, \cdots, X_n=x_n\} = \prod_{i=1}^{n} p(x_i), \tag{1.2}$$

分别称 $p(x_i)$ 与 $p(x_1, x_2, \cdots, x_n)$ 为**离散总体概率分布与离散样本概率分布**.

若总体 X 为连续型随机变量, 其概率密度为 $f(x)$, 则样本的概率密度为

$$f(x_1, x_2, \cdots, x_n) = \prod_{i=1}^{n} f(x_i), \tag{1.3}$$

分别称 $f(x)$ 与 $f(x_1, x_2, \cdots, x_n)$ 为**连续总体概率密度与连续样本概率密度**.

例2 若总体 X 服从正态分布, 则称总体 X 为正态总体. 正态总体是统计应用中最常见的总体. 现设总体 X 服从正态分布 $N(\mu, \sigma^2)$, 则其样本概率密度由下式给出:

$$f(x_1, x_2, \cdots, x_n) = \prod_{i=1}^{n} \frac{1}{\sigma\sqrt{2\pi}} \exp\left\{-\frac{1}{2}\left(\frac{x_i-\mu}{\sigma}\right)^2\right\}$$

$$= \left(\frac{1}{\sigma\sqrt{2\pi}}\right)^n \exp\left\{-\frac{1}{2\sigma^2}\sum_{i=1}^{n}(x_i-\mu)^2\right\}. \quad ■$$

例3 如果总体 X 服从以 $p\,(0<p<1)$ 为参数的0–1分布, 则称总体 X 为0–1总体, 即

$$P\{X=1\}=p, \quad P\{X=0\}=1-p.$$

不难算出其样本 $X_1, X_2, \cdots, X_n$ 的概率分布为

$$P\{X_1=i_1,\ X_2=i_2,\cdots,\ X_n=i_n\}=p^{s_n}(1-p)^{n-s_n},$$

其中 $i_k(1\le k\le n)$ 取 1 或 0, 而 $s_n=i_1+i_2+\cdots+i_n$, 它恰好等于样本中取值为 1 的分量之总数. 服从 0－1 分布的总体具有较广泛的应用背景. 概率 p 通常可视为某实际总体 (如工厂的某一批产品) 中具有某特征 (如废品) 的个体所占的比例. 从总体中随机抽取一个个体, 可视为一个随机试验, 试验结果可用一随机变量 X 来刻画: 若恰好抽到具有该特征的个体, 记 $X=1$; 否则, 记 $X=0$. 这样, X 便服从以 p 为参数的 0－1 分布. 通常参数 p 是未知的, 故需通过抽样对其做统计推断. ■

三、统计推断问题简述

总体和样本是数理统计中的两个基本概念. 样本来自总体, 自然带有总体的信息, 从而可以从这些信息出发去研究总体的某些特征(分布或分布中的参数). 另一方面, 由样本研究总体可以省时省力(特别是针对破坏性的抽样试验而言). 我们称通过总体 X 的一个样本 $X_1, X_2, \cdots, X_n$ 对总体 X 的分布进行推断的问题为**统计推断问题**.

总体、样本、样本值的关系:

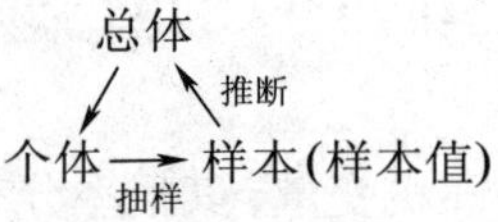

在实际应用中, 总体的分布一般是未知的, 或虽然知道总体分布所属的类型, 但其中含有未知参数. 统计推断就是利用样本值来对总体的分布类型、未知参数进行估计和推断.

四、分组数据统计表和频率直方图

通过观察或试验得到的样本值, 一般是杂乱无章的, 需要进行整理才能从总体上呈现其统计规律性. 分组数据统计表或频率直方图是两种常用的整理方法.

1. 分组数据表: 若样本值较多时, 可将其分成若干组, 分组的区间长度一般取成相等, 称区间的长度为**组距**. 分组的组数应与样本容量相适应. 分组太少, 则难以反映出分布的特征; 若分组太多, 则由于样本取值的随机性而使分布显得杂乱. 因此, 分组时, 确定分组数(或组距)应以突出分布的特征并冲淡样本的随机波动性为原则. 区间所含的样本值个数称为该区间的**组频数**. 组频数与总的样本容量之比称为**组频率**.

2. 频率直方图: 频率直方图能直观地表示出组频数的分布, 其步骤如下:

设 $x_1, x_2, \cdots, x_n$ 是样本的 n 个观察值.

(1) 求出 $x_1, x_2, \cdots, x_n$ 中的最小者 $x_{(1)}$ 和最大者 $x_{(n)}$.

(2) 选取常数 a (略小于 $x_{(1)}$) 和 b (略大于 $x_{(n)}$), 并将区间 $[a, b]$ 等分成 m 个小区间(一般取 m 使 m/n 在 1/10 左右, 且小区间不包含右端点):

$$[t_i,\ t_i+\Delta t),\quad \Delta t=\frac{b-a}{m},\quad i=1, 2, \cdots, m. \tag{1.4}$$

(3) 求出组频数 n_i，组频率 $n_i/n \triangleq f_i$，以及

$$h_i=\frac{f_i}{\Delta t}\ (i=1,2,\cdots,m). \tag{1.5}$$

(4) 在 $[t_i, t_i+\Delta t)$ 上以 h_i 为高，Δt 为宽作小矩形，其面积恰为 f_i，所有小矩形合在一起就构成了频率直方图.

例 4 从某厂生产的某种零件中随机抽取120个，测得其质量(单位:g)如表5–1–1所示. 列出分组表，并作频率直方图.

表 5–1–1

200	202	203	208	216	206	222	213	209	219
216	203	197	208	206	209	206	208	202	203
206	213	218	207	208	202	194	203	213	211
193	213	208	208	204	206	204	206	208	209
213	203	206	207	196	201	208	207	213	208
210	208	211	211	214	220	211	203	216	221
211	209	218	214	219	211	208	221	211	218
218	190	219	211	208	199	214	207	207	214
206	217	214	201	212	213	211	212	216	206
210	216	204	221	208	209	214	214	199	204
211	201	216	211	209	208	209	202	211	207
220	205	206	216	213	206	206	207	200	198

解 我们先从这 120 个样本值中找出最小值为 190，最大值为 222，取 a=189.5，b=222.5，然后将区间 [189.5, 222.5] 等分成 11 个小区间，其组距 $\Delta t=3$. 其分组表及频率直方图分别见表 5–1–2 和图 5–1–1.

表 5–1–2

区间	组频数 n_i	组频率 f_i	高 $h_i=f_i/\Delta t$
189.5～192.5	1	1/120	1/360
192.5～195.5	2	2/120	2/360
195.5～198.5	3	3/120	3/360
198.5～201.5	7	7/120	7/360
201.5～204.5	14	14/120	14/360
204.5～207.5	20	20/120	20/360
207.5～210.5	23	23/120	23/360
210.5～213.5	22	22/120	22/360
213.5～216.5	14	14/120	14/360
216.5～219.5	8	8/120	8/360
219.5～222.5	6	6/120	6/360
合计	120	1	

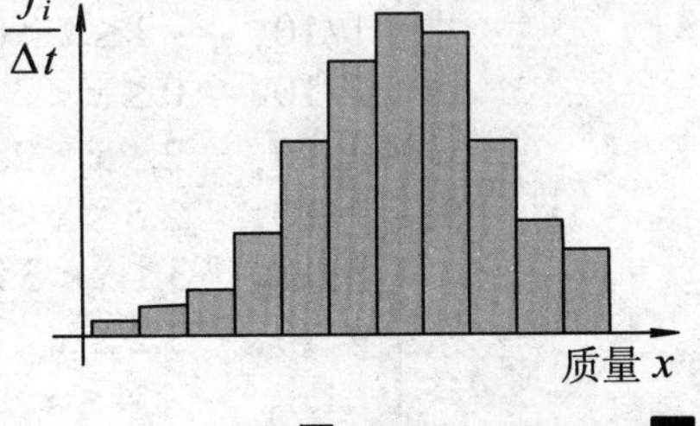

图 5–1–1 ■

从图 5–1–1 中可以看出，频率直方图呈中间高、两头低的“倒钟形”，可以粗略地认为该种零件的质量服从正态分布，其数学期望在 209 附近. 对此，我们将在第 7

章中进行检验.

五、经验分布函数

样本的频率直方图可以形象地描述总体的概率分布的大致形态，而经验分布函数则可以用来描述总体分布函数的大致形状.

定义 2 设总体 X 的一个容量为 n 的样本的样本值 $x_1, x_2, \cdots, x_n$ 可按大小次序排列成 $x_{(1)} \le x_{(2)} \le \cdots \le x_{(n)}$. 若 $x_{(k)} \le x < x_{(k+1)}$ $(k=1, 2, \cdots, n-1)$, 则不大于 x 的样本值的频率为 k/n. 因而，函数

$$F_n(x)=\begin{cases}0, & x<x_{(1)} \\ k/n, & x_{(k)} \le x < x_{(k+1)}, \\ 1, & x \ge x_{(n)}\end{cases} \tag{1.6}$$

与事件$\{X \le x\}$在n次独立重复试验中的频率是相同的, 我们称$F_n(x)$为**经验分布函数**.

对于经验分布函数 $F_n(x)$, 格里汶科 (Glivenko) 在 1933 年证明了以下的结果: 对于任一实数 x, 当 $n \to \infty$ 时, $F_n(x)$ 以概率 1 一致收敛于总体的分布函数 $F(x)$, 即

$$P\{\lim_{n\to\infty} \sup_{-\infty<x<+\infty} |F_n(x)-F(x)|=0\}=1.$$

因此, 对于任一实数 x, 当 n 充分大时, 经验分布函数的任一个观察值 $F_n(x)$ 与总体分布函数 $F(x)$ 只有微小的差别, 从而, 在实际应用中可当作 $F(x)$ 来使用. 这就是由样本推断总体其可行性的最基本的理论依据.

例 5 随机观察总体 X, 得到一个容量为 10 的样本值：

$$3.2 \quad 2.5 \quad -2 \quad 2.5 \quad 0 \quad 3 \quad 2 \quad 2.5 \quad 2 \quad 4$$

求 X 的经验分布函数.

解 把样本值按从小到大的顺序排列为

$$-2<0<2=2<2.5=2.5=2.5<3<3.2<4.$$

于是, 得经验分布函数为

$$F_{10}(x)=\begin{cases}0, & x<-2 \\ 1/10, & -2 \le x<0 \\ 2/10, & 0 \le x<2 \\ 4/10, & 2 \le x<2.5 \\ 7/10, & 2.5 \le x<3 \\ 8/10, & 3 \le x<3.2 \\ 9/10, & 3.2 \le x<4 \\ 1, & 4 \le x\end{cases},$$

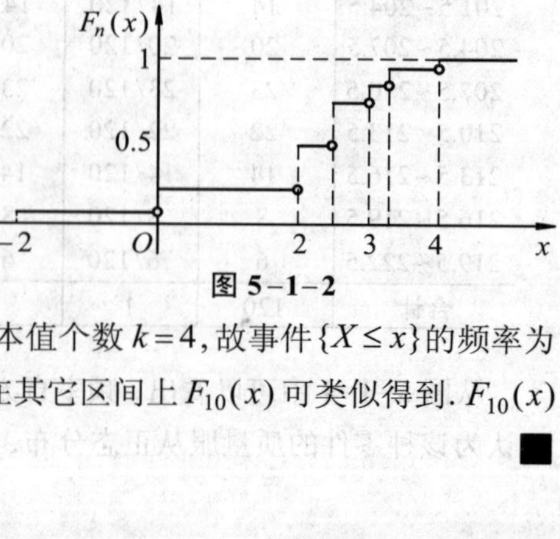

图 5-1-2

其中如求 $2 \le x < 2.5$, 事件 $\{X \le x\}$ 包含的样本值个数 $k=4$, 故事件 $\{X \le x\}$ 的频率为 4/10, 从而, 当 $2 \le x < 2.5$ 时, $F_{10}(x)=4/10$. 在其它区间上 $F_{10}(x)$ 可类似得到. $F_{10}(x)$ 如图 5-1-2 所示. ■

图 5-1-2 中经验分布函数 $F_n(x)$ 是一个阶梯形函数，当样本容量增大时，相邻两阶梯的跃度变低，阶梯宽度变窄，容易想象，这样的阶梯形折线几乎就是一条曲线，如果设总体 X 的分布函数为 $F(x)$，则 $F_n(x)$ 非常接近于 $F(x)$.

六、统计量

为了由样本推断总体，需构造一些合适的统计量，再由这些统计量来推断未知总体. 这里，样本的统计量即为样本的函数. 广义地讲，统计量可以是样本的任一函数，但由于构造统计量的目的是为推断未知总体的分布，故在构造统计量时，就不应包含总体的未知参数，为此引入下列定义.

定义 3 设 $X_1, X_2, \cdots, X_n$ 为总体 X 的一个样本，称此样本的任一不含总体分布未知参数的函数为该样本的**统计量**.

例如，设总体 X 服从正态分布，$E(X)=5$，$D(X)=\sigma^2$，σ^2 未知. $X_1, X_2, \cdots, X_n$ 为总体 X 的一个样本，令

$$S_n = X_1 + X_2 + \cdots + X_n, \quad \overline{X} = \frac{S_n}{n},$$

则 S_n 与 $\overline{X}$ 均为样本 $X_1, X_2, \cdots, X_n$ 的统计量. 但 $U = \dfrac{n(\overline{X}-5)}{\sigma}$ 不是该样本的统计量，因其含有总体分布中的未知参数 σ.

注：当样本 $X_1, X_2, \cdots, X_n$ 未取一组具体样本值时，统计量用大写字母表示；当样本 $X_1, X_2, \cdots, X_n$ 取一组具体样本值时，统计量用小写字母 $x_1, x_2, \cdots, x_n$ 表示.

七、常用统计量

以下设 $X_1, X_2, \cdots, X_n$ 为总体 X 的一个样本.

1. 样本均值

$$\overline{X} = \frac{1}{n}\sum_{i=1}^{n} X_i . \tag{1.7}$$

2. 样本方差

$$S^2 = \frac{1}{n-1}\sum_{i=1}^{n}(X_i - \overline{X})^2 . \tag{1.8}$$

注：称 $Q = \sum\limits_{i=1}^{n}(X_i - \overline{X})^2$ 为样本的偏差平方和. 我们有

$$Q = \sum_{i=1}^{n}(X_i^2 - 2X_i\overline{X} + \overline{X}^2) = (\sum_{i=1}^{n} X_i^2 - n\overline{X}^2).$$

从而

$$S^2 = \frac{1}{n-1}(\sum_{i=1}^{n} X_i^2 - n\overline{X}^2). \tag{1.9}$$

3. 样本标准差

$$S=\sqrt{\frac{1}{n-1}\sum_{i=1}^{n}(X_i-\overline{X})^2}. \tag{1.10}$$

4. 样本 (k 阶) 原点矩

$$A_k=\frac{1}{n}\sum_{i=1}^{n}X_i^k,\quad k=1,2,\cdots. \tag{1.11}$$

5. 样本 (k 阶) 中心矩

$$B_k=\frac{1}{n}\sum_{i=1}^{n}(X_i-\overline{X})^k,\ k=2,3,\cdots. \tag{1.12}$$

其中样本二阶中心矩

$$B_2=\frac{1}{n}\sum_{i=1}^{n}(X_i-\overline{X})^2,$$

又称作**未修正样本方差**.

注:上述五种统计量可统称为**矩统计量**,简称为**样本矩**,它们都是样本的显函数,它们的观察值仍分别称为样本均值、样本方差、样本标准差、样本(k 阶) 原点矩、样本(k 阶) 中心矩.

6. 顺序统计量　将样本中的各分量按由小到大的次序排列成

$$X_{(1)}\le X_{(2)}\le\cdots\le X_{(n)},$$

则称 $X_{(1)},X_{(2)},\cdots,X_{(n)}$ 为样本的一组顺序统计量,$X_{(i)}$ 称为样本的**第 i 个顺序统计量**. 特别地,称 $X_{(1)}$ 与 $X_{(n)}$ 分别为**样本极小值**与**样本极大值**,并称 $X_{(n)}-X_{(1)}$ 为样本的**极差**.

例 6　某厂实行计件工资制,为及时了解情况,随机抽取 30 名工人,调查各自在一周内加工的零件数,然后按规定算出每名工人的周工资如下 (单位:元):

156 134 160 141 159 141 161 157 171 155 149 144 169 138 168
147 153 156 125 156 135 156 151 155 146 155 157 198 161 151

这便是一个容量为 30 的样本观察值,其样本均值为:

$$\bar{x}=\frac{1}{30}(156+134+\cdots+161+151)=153.5.$$

它反映了该厂工人周工资的一般水平.

进一步我们计算样本方差 s^2 及样本标准差 s. 由于

$$\sum_{i=1}^{30}x_i^2=156^2+134^2+\cdots+151^2=712\ 155,$$

代入式 (1.8),得样本方差为

$$s^2=\frac{1}{30-1}\left(\sum_{i=1}^{30}x_i^2-30\bar{x}^2\right)=\frac{1}{30-1}\times5\ 287.5\approx182.327\ 6,$$

样本标准差为

$$s=\sqrt{182.3276}\approx 13.50.$$ ■

例7(分组样本均值与方差的近似计算) 如果在例6中收集得到的样本观察值用分组样本形式给出(见表5–1–3),此时样本均值可用下面的方法近似计算:以 x_i ($i=1,2,\cdots,k$) 表示第 i 个组的组中值(即区间的中点),n_i 为第 i 组的频数,且 $\sum_{i=1}^{k}n_i=n$,则

$$\bar{x}\approx\frac{1}{n}\sum_{i=1}^{k}n_i x_i=\frac{4\,600}{30}\approx 153.33, \quad (1.13)$$

这与例6的完全样本均值结果差不多.

表5–1–3 某厂30名工人周平均工资额

周工资额区间	工人数n_i	组中值x_i	$n_i x_i$
[120,130)	1	125	125
[130,140)	3	135	405
[140,150)	6	145	870
[150,160)	14	155	2 170
[160,170)	4	165	660
[170,180)	1	175	175
[180,190)	0	185	0
[190,200)	1	195	195
合计	30		4 600

对给出分组样本的场合,也可求样本方差与样本标准差的近似值,此时有如下近似式

$$s^2\approx\frac{1}{n-1}\left[\sum_{i=1}^{k}n_i x_i^2-\frac{1}{n}\left(\sum_{i=1}^{k}n_i x_i\right)^2\right] \quad (1.14)$$

$$\approx\frac{1}{n-1}\left(\sum_{i=1}^{k}n_i x_i^2-n\bar{x}^2\right). \quad (1.15)$$

这里符号同前,而 $\bar{x}$ 是由式(1.13)近似得出的.由于

$$\sum_{i=1}^{k}n_i x_i=4\,600,\ n=30,$$

$$\sum_{i=1}^{k}n_i x_i^2=1\times125^2+3\times135^2+\cdots+1\times195^2=710\,350,$$

代入式(1.14)后,得样本方差为

$$s^2\approx\frac{1}{30-1}\left(710\,350-\frac{4\,600^2}{30}\right)\approx\frac{5\,016.666\,7}{30-1}\approx 172.988\,5,$$

样本标准差为 $s\approx\sqrt{172.988\,5}\approx 13.15$.结果与例6中的相差不大. ■

注:在样本容量较大时,给出分组样本是常用的一种方法,虽然会损失一些信息,但给出的信息与总体数字特征还是十分接近的.上述样本均值 $\bar{x}$ 也可表示为

$$\bar{x}=\sum_{i=1}^{k}\frac{n_i}{n}x_i,$$

称为**加权平均**,$\frac{n_i}{n}$ 称为 x_i ($i=1,2,\cdots,k$) 的**权**.

例 8　设我们获得了如下三个样本:

样本 A: 3, 4, 5, 6, 7;

样本 B: 1, 3, 5, 7, 9;

样本 C: 1, 5, 9.

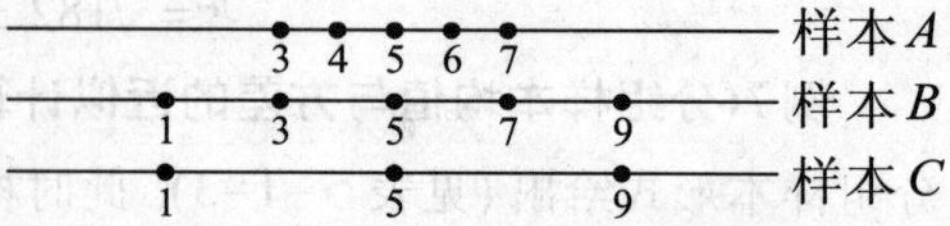

图 5-1-3　三个样本的观察值

如果将它们画在数轴上(见图 5-1-3),明显可见它们的“分散”程度是不同的:样本 A 在这三个样本中是比较密集的,而样本 C 比较分散.

这一直觉可以用样本方差来表示. 这三个样本的均值都是5, 即 $\bar{x}_A=\bar{x}_B=\bar{x}_C=5$, 而样本容量 $n_A=5$, $n_B=5$, $n_C=3$, 从而它们的样本方差分别为:

$$s_A^2=\frac{1}{5-1}[(3-5)^2+(4-5)^2+(5-5)^2+(6-5)^2+(7-5)^2]=\frac{10}{4}=2.5,$$

$$s_B^2=\frac{1}{5-1}[(1-5)^2+(3-5)^2+(5-5)^2+(7-5)^2+(9-5)^2]=\frac{40}{4}=10,$$

$$s_C^2=\frac{1}{3-1}[(1-5)^2+(5-5)^2+(9-5)^2]=\frac{32}{2}=16.$$

由此可见 $s_C^2>s_B^2>s_A^2$. 这与直觉是一致的, 它们反映了取值的分散程度. 由于样本方差的量纲与样本的量纲不一致, 故常用样本标准差表示分散程度, 这里有

$$s_A\approx 1.58,\ \ s_B\approx 3.16,\ \ s_C=4, \text{同样有 } s_C>s_B>s_A.$$ ■

由于样本方差(或样本标准差)很好地反映了总体方差(或标准差)的信息, 因此, 当方差 σ^2 未知时, 常用 S^2 去估计, 而总体标准差 σ 则常用样本标准差 S 去估计.

习题 5-1

1. 已知总体 X 服从 $[0,\lambda]$ 上的均匀分布(λ 未知), $X_1, X_2, \cdots, X_n$ 为 X 的样本, 则(　　).

(A) $\frac{1}{n}\sum_{i=1}^{n}X_i-\frac{\lambda}{2}$ 是一个统计量;

(B) $\frac{1}{n}\sum_{i=1}^{n}X_i-E(X)$ 是一个统计量;

(C) X_1+X_2 是一个统计量;

(D) $\frac{1}{n}\sum_{i=1}^{n}X_i^2-D(X)$ 是一个统计量.

2. 观察一个连续型随机变量, 抽到 100 株“豫农一号”玉米的穗位(单位: cm), 得到如下表中所列的数据. 按区间 [70, 80), [80, 90), ⋯, [150, 160), 将 100 个数据分成 9 个组, 列出分组数据的统计表(包括频率和累积频率), 并画出频率及累积频率的直方图.

127	118	121	113	145	125	87	94	118	111
102	72	113	76	101	134	107	118	114	128
118	114	117	120	128	94	124	87	88	105
115	134	89	141	114	119	150	107	126	95
137	108	129	136	98	121	91	111	134	123
138	104	107	121	94	126	108	114	103	129
103	127	93	86	113	97	122	86	94	118
109	84	117	112	112	125	94	73	93	94
102	108	158	89	127	115	112	94	118	114
88	111	111	104	101	129	144	128	131	142

3. 测得 20 个毛坯重量 (单位: g), 列成如下简表:

毛坯重量	185	187	192	195	200	202	205	206
频数	1	1	1	1	1	2	1	1
毛坯重量	207	208	210	214	215	216	218	227
频数	2	1	1	1	2	1	2	1

将其按区间 [183.5, 192.5), …, [219.5, 228.5) 分为 5 组, 列出分组统计表, 并画出频率直方图.

4. 某地区抽样调查 200 个居民户的月人均收入, 得如下统计资料:

月人均收入(百元)	5~6	6~7	7~8	8~9	9~10	10~11	11~12	合计
户数	18	35	76	24	19	14	14	200

求样本容量 n, 样本均值 $\overline{X}$, 样本方差 S^2.

5. 设总体 X 服从二项分布 $B\left(10, \dfrac{3}{100}\right)$, $X_1, X_2, \cdots, X_n$ 为来自该总体的简单随机样本, $\overline{X}=\dfrac{1}{n}\sum\limits_{i=1}^{n}X_i$ 与 $S_n^2=\dfrac{1}{n}\sum\limits_{i=1}^{n}(X_i-\overline{X})^2$ 分别表示样本均值和样本二阶中心矩, 试求 $E(\overline{X})$, $E(S_n^2)$.

6. 设某商店 100 天销售电视机的情况有如下统计资料:

日售出台数 k	2	3	4	5	6	合计
天数 f_k	20	30	10	25	15	100

求样本容量 n, 经验分布函数 $F_n(x)$.

7. 设总体 X 的分布函数为 $F(x)$, 分布密度为 $f(x)$, $X_1, X_2, \cdots, X_n$ 为来自总体 X 的一个样本, 记 $X_{(1)}=\min\limits_{1\le i\le n}(X_i)$, $X_{(n)}=\max\limits_{1\le i\le n}(X_i)$, 试求 $X_{(1)}$ 和 $X_{(n)}$ 各自的分布函数和分布密度.

8. 设总体 X 服从指数分布 $e(\lambda)$, X_1, X_2 是容量为 2 的样本, 求 $X_{(1)}$, $X_{(2)}$ 的概率密度.

9. 设电子元件的寿命时间 X (单位: 小时) 服从参数 $\lambda=0.001\,5$ 的指数分布, 今独立测试 $n=6$ 个元件, 记录它们的失效时间. 求:

(1) 没有元件在 800 小时之前失效的概率; (2) 没有元件最后超过 3 000 小时的概率.

10. 设总体 X 任意, 期望为 μ, 方差为 σ^2, 若至少要以 95% 的概率保证

$$\left|\overline{X}-\mu\right|<0.1\sigma,$$

问样本容量 n 应取多大?

§ 5.2 常用统计分布

取得总体的样本后,通常是借助样本的统计量对未知的总体分布进行推断. 为此,需进一步确定相应的统计量所服从的分布,除在概率论中所提到的常用分布外,本节还要介绍几个在统计学中常用的统计分布: χ^2 分布, t 分布, F 分布.

一、分位数

设随机变量 X 的分布函数为 $F(x)$, 对给定的实数 $\alpha(0<\alpha<1)$, 若实数 F_α 满足

$$P\{X>F_\alpha\}=\alpha,$$

则称 F_α 为随机变量 X 分布的水平 α 的**上侧分位数**.

若实数 $T_{\alpha/2}$ 满足

$$P\{|X|>T_{\alpha/2}\}=\alpha,$$

则称 $T_{\alpha/2}$ 为随机变量 X 分布的水平 α 的**双侧分位数**.

例如, 标准正态分布的上侧分位数和双侧分位数分别如图 5-2-1 和图 5-2-2 所示.

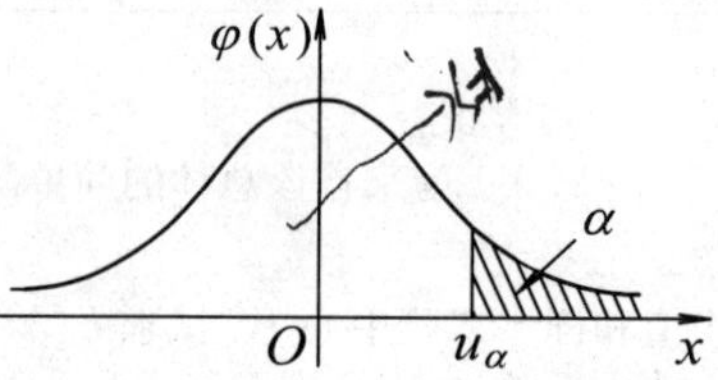

图 5-2-1

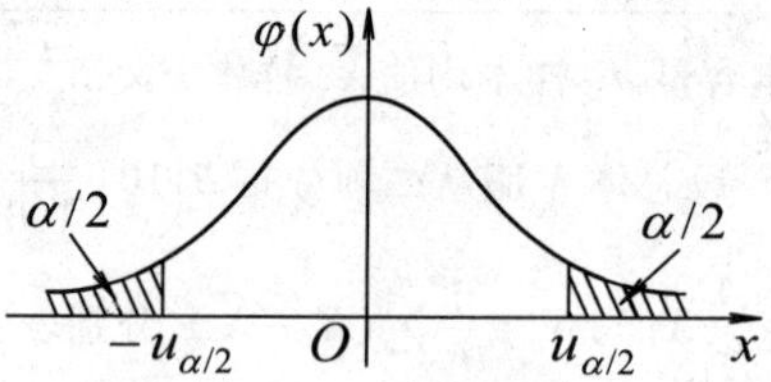

图 5-2-2

通常, 直接求解分位数是很困难的, 对常用的统计分布, 可利用附录中给出的分布函数值表或分位数表来得到分位数的值.

例 1 设 $\alpha=0.05$, 求标准正态分布的水平 0.05 的上侧分位数和双侧分位数.

解 由于 $\Phi(u_{0.05})=1-0.05=0.95$, 查标准正态分布函数值可得 $u_{0.05}=1.645$. 而水平 0.05 的双侧分位数为 $u_{0.025}$, 它满足

$$\Phi(u_{0.025})=1-0.025=0.975,$$

查表得

$$u_{0.025}=1.96.$$

■

注: 后文分别记 u_α 与 $u_{\alpha/2}$ 为标准正态分布的上侧分位数与双侧分位数.

二、χ^2 分布

定义 1 设 $X_1, X_2, \cdots, X_n$ 是取自总体 $N(0, 1)$ 的样本, 称统计量

$$\chi^2=X_1^2+X_2^2+\cdots+X_n^2 \tag{2.1}$$

服从自由度为 n 的 **χ^2 分布**, 记为 $\chi^2 \sim \chi^2(n)$.

这里, 自由度是指式 (2.1) 右端所包含的独立变量的个数.

χ^2 分布是海尔墨特(Hermert)和卡.皮尔逊(K.Pearson)分别于1875年和1890年导出的.它主要适用于对拟合优度检验和独立性检验,以及对总体方差的估计和检验等.相关内容将在随后的章节中介绍.

$\chi^2(n)$ 分布的概率密度:

$$f(x)=\begin{cases}\dfrac{1}{2^{n/2}\Gamma(n/2)}x^{\frac{n}{2}-1}e^{-\frac{1}{2}x}, & x>0\\ 0, & x\le 0\end{cases}.$$

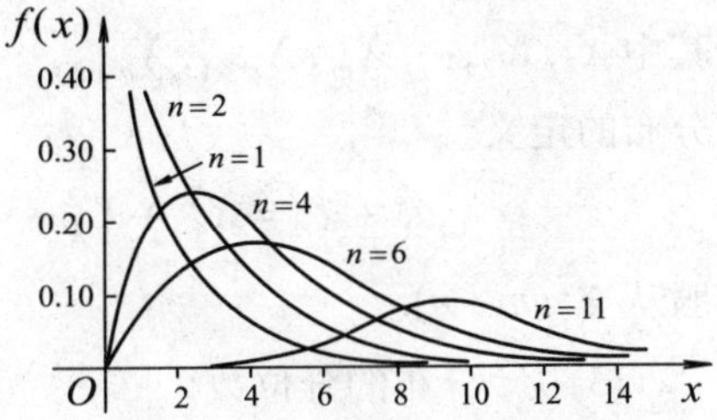

图 5-2-3

其中 $\Gamma(\cdot)$ 为Gamma函数. $f(x)$ 的图形如图5-2-3所示.

注: Gamma函数的定义为:

$$\Gamma(\alpha)=\int_0^{+\infty}x^{\alpha-1}e^{-x}\mathrm{d}x.$$

它具有下述运算性质:

(1) $\Gamma(\alpha+1)=\alpha\Gamma(\alpha)$; (2) $\Gamma(n)=(n-1)!$, n 为正整数; (3) $\Gamma\left(\dfrac{1}{2}\right)=\sqrt{\pi}$.

从图中可以看出, n 越大, 密度函数图形越对称.

可以证明, **χ^2 分布具有如下性质:**

(1) χ^2 分布的数学期望与方差:

若 $\chi^2\sim\chi^2(n)$, 则 $E(\chi^2)=n$, $D(\chi^2)=2n$.

证明 由 $X_i\sim N(0,1)$, 有

$$E(X_i^2)=D(X_i)=1,$$

$$E(X_i^4)=\frac{1}{\sqrt{2\pi}}\int_{-\infty}^{+\infty}t^4e^{-\frac{t^2}{2}}\mathrm{d}t=-\frac{1}{\sqrt{2\pi}}\int_{-\infty}^{+\infty}t^3\mathrm{d}(e^{-\frac{t^2}{2}})$$

$$=\left(-\frac{t^3}{\sqrt{2\pi}}e^{-\frac{t^2}{2}}\right)\Bigg|_{-\infty}^{+\infty}+3\int_{-\infty}^{+\infty}t^2\cdot\frac{1}{\sqrt{2\pi}}e^{-\frac{t^2}{2}}\mathrm{d}t=0+3\times E(X_i^2)=0+3\times1=3,$$

$$D(X_i^2)=E(X_i^4)-[E(X_i^2)]^2=3-1=2,\ i=1,2,\cdots,n,$$

再由 $X_1, X_2,\cdots,X_n$ 的独立性, 得

$$E(\chi^2)=E\left(\sum_{i=1}^nX_i^2\right)=\sum_{i=1}^nE(X_i^2)=n,$$

$$D(\chi^2)=D\left(\sum_{i=1}^nX_i^2\right)=\sum_{i=1}^nD(X_i^2)=2n.$$ ■

(2) χ^2 分布的可加性:

若 $\chi_1^2 \sim \chi^2(m)$, $\chi_2^2 \sim \chi^2(n)$, 且 χ_1^2, χ_2^2 相互独立, 则

$$\chi_1^2 + \chi_2^2 \sim \chi^2(m+n).$$

证明　由 χ^2 分布的定义, 可设

$$\chi_1^2 = X_1^2 + X_2^2 + \cdots + X_m^2, \quad \chi_2^2 = X_{m+1}^2 + X_{m+2}^2 + \cdots + X_{m+n}^2,$$

其中 $X_1, X_2, \cdots, X_m, X_{m+1}, X_{m+2}, \cdots, X_{m+n}$ 均服从 $N(0, 1)$, 且相互独立, 于是, 由 χ^2 分布的定义

$$\chi_1^2 + \chi_2^2 = X_1^2 + X_2^2 + \cdots + X_m^2 + X_{m+1}^2 + X_{m+2}^2 + \cdots + X_{m+n}^2$$

服从 $\chi^2(m+n)$. ■

(3) χ^2 分布的分位数:

设 $\chi^2 \sim \chi^2(n)$, 对给定的实数 $\alpha\ (0<\alpha<1)$, 称满足条件

$$P\{\chi^2 > \chi_\alpha^2(n)\} = \int_{\chi_\alpha^2(n)}^{+\infty} f(x)\,\mathrm{d}x = \alpha \tag{2.2}$$

的数 $\chi_\alpha^2(n)$ 为 **$\chi^2(n)$ 分布的水平 α 的上侧分位数**, 简称为上侧 α 分位数. 对不同的 α 与 n, 分位数的值已经编制成表供查用 (参见本书附表 5).

例如, 查表得:

$$\chi_{0.1}^2(25) = 34.382, \quad \chi_{0.05}^2(10) = 18.307.$$

表中只给出了自由度 $n \le 45$ 时的上侧分位数.

费歇 (R.A.Fisher) 曾证明: 当 n 充分大时, 近似地有

$$\chi_\alpha^2(n) \approx \frac{1}{2}(u_\alpha + \sqrt{2n-1})^2, \tag{2.3}$$

其中 u_α 是标准正态分布的水平 α 的上侧分位数. 利用式 (2.3) 可对 $n>45$ 时的上侧分位数进行近似计算.

例如, 由式 (2.3) 可得

$$\chi_{0.05}^2(50) \approx \frac{1}{2}(1.645 + \sqrt{99})^2 \approx 67.221,$$

而由更详细的表可得到 $\chi_{0.05}^2(50) = 67.505$.

例 2　设 $X_1, \cdots, X_6$ 是来自总体 $N(0, 1)$ 的样本, 又设

$$Y = (X_1 + X_2 + X_3)^2 + (X_4 + X_5 + X_6)^2,$$

试求常数 C, 使 CY 服从 χ^2 分布.

解　因为 $X_1 + X_2 + X_3 \sim N(0, 3)$, $X_4 + X_5 + X_6 \sim N(0, 3)$, 所以

$$\frac{X_1 + X_2 + X_3}{\sqrt{3}} \sim N(0, 1), \quad \frac{X_4 + X_5 + X_6}{\sqrt{3}} \sim N(0, 1),$$

且它们相互独立. 于是,

$$\left(\frac{X_1+X_2+X_3}{\sqrt{3}}\right)^2+\left(\frac{X_4+X_5+X_6}{\sqrt{3}}\right)^2\sim\chi^2(2).$$

故应取 $C=\frac{1}{3}$, 从而有 $\frac{1}{3}Y\sim\chi^2(2)$. ■

三、*t* 分布

关于 t 分布的早期理论工作, 是英国统计学家威廉·西利·戈塞特(WillamSealy Gosset)在1900年进行的. t 分布是小样本分布, 小样本一般是指 $n<30$. t 分布适用于当总体标准差未知时, 用样本标准差代替总体标准差, 由样本平均数推断总体平均数以及两个小样本之间差异的显著性检验等.

定义2 设 $X\sim N(0,1)$, $Y\sim\chi^2(n)$, 且 X 与 Y 相互独立, 则称

$$T=\frac{X}{\sqrt{Y/n}} \tag{2.4}$$

服从自由度为 n 的 **t 分布**, 记为 $T\sim t(n)$. $t(n)$ 分布的概率密度为:

$$f(x)=\frac{\Gamma[(n+1)/2]}{\sqrt{n\pi}\,\Gamma(n/2)}\left(1+\frac{x^2}{n}\right)^{-\frac{n+1}{2}},\quad -\infty<x<+\infty.$$

t 分布具有如下性质:

(1) $f(x)$ 的图形关于 y 轴对称(见图 5-2-4), 且

$$\lim_{x\to\infty}f(x)=0.$$

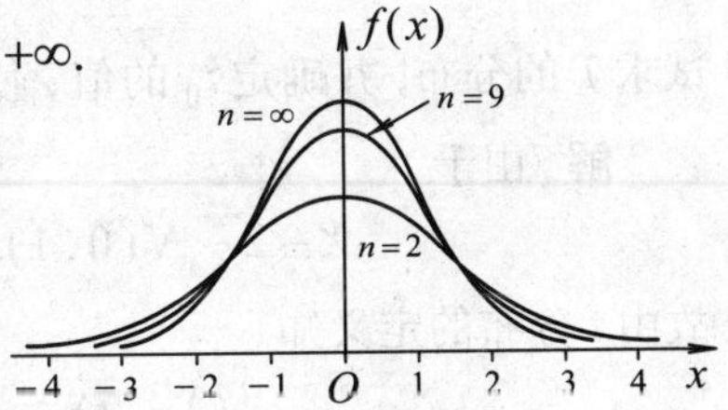

图 5-2-4

(2) 当 n 充分大时, t 分布近似于标准正态分布. 事实上,

$$\lim_{n\to+\infty}f(x)=\frac{1}{\sqrt{2\pi}}e^{-\frac{x^2}{2}}.$$

但当 n 较小时, t 分布与标准正态分布相差较大.

(3) t 分布的分位数:

设 $T\sim t(n)$, 对给定的实数 $\alpha\ (0<\alpha<1)$, 称满足条件

$$P\{T>t_\alpha(n)\}=\int_{t_\alpha(n)}^{+\infty}f(x)\,\mathrm{d}x=\alpha \tag{2.5}$$

的数 $t_\alpha(n)$ 为 **$t(n)$ 分布的水平 α 的上侧分位数**. 由密度函数 $f(x)$ 的对称性, 可得

$$t_{1-\alpha}(n)=-t_\alpha(n). \tag{2.6}$$

对不同的 α 与 n, t 分布的上侧分位数可从本书附表4中查得.

类似地, 我们可以给出 t 分布的双侧分位数

$$P\{|T|>t_{\alpha/2}(n)\}=\int_{-\infty}^{-t_{\alpha/2}(n)}f(x)\,\mathrm{d}x+\int_{t_{\alpha/2}(n)}^{+\infty}f(x)\,\mathrm{d}x=\alpha,$$

显然有

$$P\{T>t_{\alpha/2}(n)\}=\alpha/2\;;\;P\{T<-t_{\alpha/2}(n)\}=\alpha/2.$$

例如，设 $T\sim t(8)$，对水平 $\alpha=0.05$，查表得到

$$t_{\alpha}(8)=1.859\,5,\quad t_{\alpha/2}(8)=2.306\,0.$$

故有　$P\{T>1.859\,5\}=P\{T<-1.859\,5\}=P\{|T|>2.306\,0\}=0.05.$

注：① 当自由度 n 充分大时，t 分布近似于标准正态分布，故有

$$t_{\alpha}(n)\approx u_{\alpha};\qquad t_{\alpha/2}(n)\approx u_{\alpha/2}.$$

一般地，当 $n>45$ 时，t 分布的分位数可用正态分布的分位数近似.

② 设 $t_{\alpha}(n)$ 为 $t(n)$ 的上侧 α 分位数，则

$$P\{T<t_{\alpha}(n)\}=1-\alpha,\quad P\{T<-t_{\alpha}(n)\}=\alpha,\quad P\{|T|>t_{\alpha}(n)\}=2\alpha.$$

例 3　设随机变量 $X\sim N(2,1)$，随机变量 Y_1,Y_2,Y_3,Y_4 均服从 $N(0,4)$，且 X,Y_i $(i=1,2,3,4)$ 都相互独立，令

$$T=\frac{4(X-2)}{\sqrt{\sum_{i=1}^{4}Y_i^2}},$$

试求 T 的分布，并确定 t_0 的值，使 $P\{|T|>t_0\}=0.01$.

解　由于

$$X-2\sim N(0,1),\quad Y_i/2\sim N(0,1),\quad i=1,2,3,4,$$

故由 t 分布的定义知

$$T=\frac{4(X-2)}{\sqrt{\sum_{i=1}^{4}Y_i^2}}=\frac{X-2}{\sqrt{\sum_{i=1}^{4}\left(\frac{Y_i}{4}\right)^2}}=\frac{X-2}{\sqrt{\sum_{i=1}^{4}\left(\frac{Y_i}{2}\right)^2\Big/4}}\sim t(4),$$

即 T 服从自由度为 4 的 t 分布：$T\sim t(4)$. 由 $P\{|T|>t_0\}=0.01$，对于 $n=4$，$\alpha=0.01$，查附表 4 得：$t_0=t_{\alpha/2}(4)=t_{0.005}(4)=4.604\,1$. ■

四、F 分布

F 分布是以统计学家 R.A.Fisher 姓氏的第一个字母命名的. 用于方差分析、协方差分析和回归分析等.

定义 3　设 $X\sim\chi^2(m)$，$Y\sim\chi^2(n)$，且 X 与 Y 相互独立，则称

$$F=\frac{X/m}{Y/n}=\frac{nX}{mY}>0 \tag{2.7}$$

服从自由度为 (m,n) 的 **F 分布**，记为 $F\sim F(m,n)$.

$F(m,n)$ 分布的概率密度为：

$$f(x)=\begin{cases}\dfrac{\Gamma[(m+n)/2]}{\Gamma(m/2)\Gamma(n/2)}\left(\dfrac{m}{n}\right)\left(\dfrac{m}{n}x\right)^{\frac{m}{2}-1}\left(1+\dfrac{m}{n}x\right)^{-\frac{1}{2}(m+n)}, & x>0\\ 0, & x\le 0\end{cases}.$$

密度函数 $f(x)$ 的图形见图5-2-5.

***F* 分布具有如下性质**:

(1) 若 $X\sim t(n)$, 则 $X^2\sim F(1,n)$.

(2) 若 $F\sim F(m,n)$, 则

$$\frac{1}{F}\sim F(n,m).$$

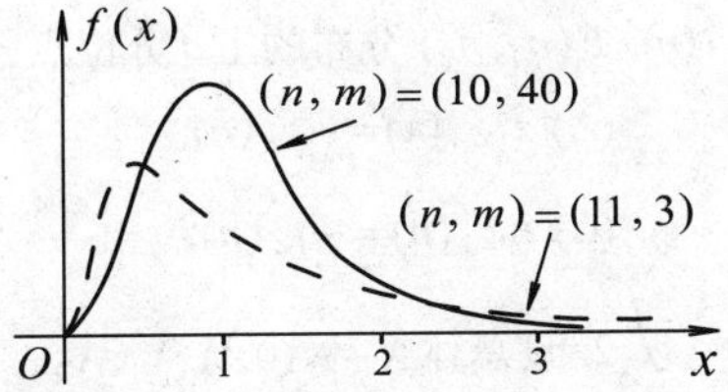

图 5-2-5

(3) F 分布的分位数:

设 $F\sim F(n,m)$, 对给定的实数 $\alpha\,(0<\alpha<1)$, 称满足条件

$$P\{F>F_\alpha(n,m)\}=\int_{F_\alpha(n,m)}^{+\infty}f(x)\,\mathrm{d}x=\alpha \tag{2.8}$$

的数 $F_\alpha(n,m)$ 为 **$F(n,m)$ 分布的水平 α 的上侧分位数**, 如图5-2-6 所示. F分布的上侧分位数可自附表6 中查得. 例如

$F_{0.05}(10,5)=4.74$, $F_{0.025}(5,10)=4.24$.

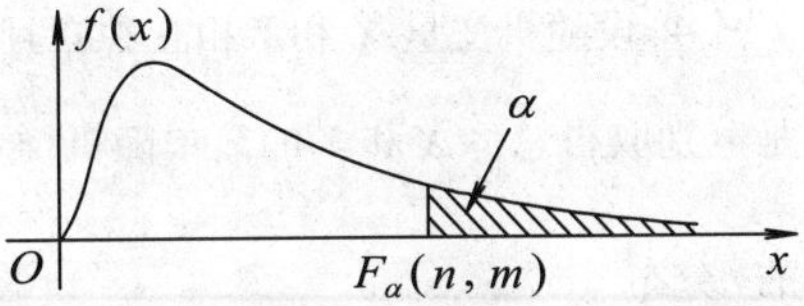

图 5-2-6

(4) F 分布的分位数的一个重要性质:

$$F_\alpha(m,n)=\frac{1}{F_{1-\alpha}(n,m)}. \tag{2.9}$$

此式常常用来求 F 分布表中没有列出的某些上侧分位数. 例如

$$F_{0.95}(12,9)=\frac{1}{F_{0.05}(9,12)}=\frac{1}{2.80}\approx 0.357.$$

例4　设总体 X 服从标准正态分布, $X_1,X_2,\cdots,X_n$ 是来自总体 X 的一个简单随机样本, 试问统计量

$$Y=\left(\frac{n}{5}-1\right)\sum_{i=1}^{5}X_i^2\Big/\sum_{i=6}^{n}X_i^2,\ n>5$$

服从何种分布?

解　因为 $X_i\sim N(0,1)$, 故 $\sum\limits_{i=1}^{5}X_i^2\sim\chi^2(5)$, $\sum\limits_{i=6}^{n}X_i^2\sim\chi^2(n-5)$, 且 $\sum\limits_{i=1}^{5}X_i^2$ 与 $\sum\limits_{i=6}^{n}X_i^2$ 相互独立, 所以

$$\frac{\sum\limits_{i=1}^{5}X_i^2/5}{\sum\limits_{i=6}^{n}X_i^2/(n-5)}\sim F(5,n-5),$$

再由统计量 Y 的表达式, 即得 $Y\sim F(5,n-5)$. ■

习题 5-2

1. 对于给定的正数 $a(0<a<1)$, 设 z_a, $\chi_a^2(n)$, $t_a(n)$, $F_a(n_1, n_2)$ 分别是标准正态分布, $\chi^2(n)$, $t(n)$, $F(n_1, n_2)$ 分布的上 a 分位点，则下面的结论中不正确的是( ).

(A) $z_{1-a}(n)=-z_a(n)$; (B) $\chi_{1-a}^2(n)=-\chi_a^2(n)$;

(C) $t_{1-a}(n)=-t_a(n)$; (D) $F_{1-a}(n_1, n_2)=\dfrac{1}{F_a(n_2, n_1)}$.

2. 设总体 $X\sim N(0,1)$, $X_1, X_2, \cdots, X_n$ 为简单随机样本，试问：下列各统计量服从什么分布？

(1) $\dfrac{X_1-X_2}{\sqrt{X_3^2+X_4^2}}$; (2) $\dfrac{\sqrt{n-1}X_1}{\sqrt{X_2^2+X_3^2+\cdots+X_n^2}}$; (3) $\left(\dfrac{n}{3}-1\right)\sum_{i=1}^{3}X_i^2\Big/\sum_{i=4}^{n}X_i^2$.

3. 设 X_1, X_2, X_3, X_4 是取自正态总体 $X\sim N(0, 2^2)$ 的简单随机样本，且

$$Y=a(X_1-2X_2)^2+b(3X_3-4X_4)^2,$$

则 a, b 分别为何值时，统计量 Y 服从 χ^2 分布，其自由度是多少？

4. 设随机变量 X 和 Y 相互独立且都服从正态分布 $N(0, 3^2)$. $X_1, X_2, \cdots, X_9$ 和 $Y_1, Y_2, \cdots, Y_9$ 是分别取自总体 X 和 Y 的简单随机样本. 试证统计量 $T=\dfrac{X_1+X_2+\cdots+X_9}{\sqrt{Y_1^2+Y_2^2+\cdots+Y_9^2}}$ 服从自由度为 9 的 t 分布.

5. 设总体 $X\sim N(0,4)$, 而 $X_1, X_2, \cdots, X_{15}$ 为取自该总体的样本，则随机变量

$$Y=\frac{X_1^2+X_2^2+\cdots+X_{10}^2}{2(X_{11}^2+X_{12}^2+\cdots+X_{15}^2)}$$

服从什么分布？参数为多少？

6. 证明：若随机变量 X 服从 $F(n_1, n_2)$ 分布，则

(1) $Y=\dfrac{1}{X}$ 服从 $F(n_2, n_1)$ 分布; (2) 并由此证明 $F_{1-\alpha}(n_1, n_2)=\dfrac{1}{F_\alpha(n_2, n_1)}$.

7. 查表求标准正态分布的下列上侧分位数：$u_{0.4}$, $u_{0.2}$, $u_{0.1}$ 与 $u_{0.05}$.

8. 查表求 χ^2 分布的下列上侧分位数：$\chi_{0.95}^2(5)$, $\chi_{0.05}^2(5)$, $\chi_{0.99}^2(10)$ 与 $\chi_{0.01}^2(10)$.

9. 查表求 F 分布的下列上侧分位数：$F_{0.95}(4,6)$, $F_{0.975}(3,7)$ 与 $F_{0.99}(5,5)$.

10. 查表求 t 分布的下列上侧分位数：$t_{0.05}(3)$, $t_{0.01}(5)$, $t_{0.10}(7)$ 与 $t_{0.005}(10)$.

§5.3 抽 样 分 布

一、抽样分布

有时，总体分布的类型虽然已知，但其中含有未知参数，此时需对总体的未知

参数或对总体的数字特征(如数学期望、方差等)进行统计推断，此类问题称为**参数统计推断**. 在参数统计推断问题中，常需利用总体的样本构造出合适的统计量，并使其服从或渐近地服从已知的分布. 统计学中泛称统计量分布为**抽样分布**.

讨论抽样分布的途径有两个：一是精确地求出抽样分布，并称相应的统计推断为**小样本统计推断**；另一种方式是让样本容量趋于无穷，并求出抽样分布的极限分布，然后，在样本容量充分大时，再利用该极限分布作为抽样分布的近似分布，进而对未知参数进行统计推断，称与此相应的统计推断为**大样本统计推断**. 这里重点讨论正态总体的抽样分布，属小样本统计范畴，此外，也简要介绍一般总体的某些抽样分布的极限分布，属大样本统计范畴.

二、单正态总体的抽样分布

设总体 X 的均值为 μ，方差为 σ^2, $X_1, X_2, \cdots, X_n$ 是取自 X 的一个样本，$\overline{X}$ 与 S^2 分别为该样本的样本均值与样本方差，则有

$$E(\overline{X})=\mu, \quad D(\overline{X})=\sigma^2/n,$$

而
$$E(S^2)=E\left[\frac{1}{n-1}\left(\sum_{i=1}^{n}X_i^2-n\overline{X}^2\right)\right]=\frac{1}{n-1}\left[\sum_{i=1}^{n}E(X_i^2)-nE(\overline{X}^2)\right]$$
$$=\frac{1}{n-1}\left[\sum_{i=1}^{n}(\sigma^2+\mu^2)-n(\sigma^2/n+\mu^2)\right]=\sigma^2.$$

进一步，若设 $X\sim N(\mu,\sigma^2)$，则根据正态分布的性质，可得到下列定理：

定理 1 设总体 $X\sim N(\mu,\sigma^2)$, $X_1, X_2, \cdots, X_n$ 是取自 X 的一个样本，$\overline{X}$ 为该样本的样本均值，则有

(1) $\overline{X}\sim N(\mu,\sigma^2/n)$; (3.1)

(2) $U=\dfrac{\overline{X}-\mu}{\sigma/\sqrt{n}}\sim N(0,1)$. (3.2)

定理 2 设总体 $X\sim N(\mu,\sigma^2)$, $X_1, X_2, \cdots, X_n$ 是取自 X 的一个样本，$\overline{X}$ 与 S^2 分别为该样本的样本均值与样本方差，则有

(1) $\chi^2=\dfrac{n-1}{\sigma^2}S^2=\dfrac{1}{\sigma^2}\sum\limits_{i=1}^{n}(X_i-\overline{X})^2\sim\chi^2(n-1)$; (3.3)

(2) $\overline{X}$ 与 S^2 相互独立.

该定理的严格证明需要用到多重积分的变量替换公式，正交矩阵的一些性质以及很强的数学推导技巧，此处略去其证明.

定理 3 设总体 $X\sim N(\mu,\sigma^2)$, $X_1, X_2, \cdots, X_n$ 是取自 X 的一个样本，$\overline{X}$ 与 S^2 分别为该样本的样本均值与样本方差，则有

(1) $\chi^2=\dfrac{1}{\sigma^2}\sum_{i=1}^{n}(X_i-\mu)^2\sim\chi^2(n)$;　　(3.4)

(2) $T=\dfrac{\overline{X}-\mu}{S/\sqrt{n}}\sim t(n-1)$.　　(3.5)

证明 (1) 是 χ^2 分布定义的直接推论.

对 (2), 利用定理 1 的结论 (2) 和定理 2 的结论 (1), 有

$$\frac{\overline{X}-\mu}{\sigma/\sqrt{n}}\sim N(0,1),\qquad \frac{n-1}{\sigma^2}S^2\sim\chi^2(n-1),$$

且两者相互独立, 由 t 分布的定义, 即得

$$T=\frac{\overline{X}-\mu}{\sigma/\sqrt{n}}\Bigg/\sqrt{\frac{(n-1)S^2}{\sigma^2(n-1)}}\sim t(n-1).$$ ■

例 1 设 $X\sim N(21,2^2)$, $X_1,X_2,\cdots,X_{25}$ 为 X 的一个样本, 求:

(1) 样本均值 $\overline{X}$ 的数学期望与方差;　　(2) $P\{|\overline{X}-21|\le 0.24\}$.

解 (1) 由于 $X\sim N(21,2^2)$, 样本容量 $n=25$, 所以 $\overline{X}\sim N\left(21,\dfrac{2^2}{25}\right)$, 于是

$$E(\overline{X})=21,\ D(\overline{X})=\frac{2^2}{25}=0.4^2.$$

(2) 由 $\overline{X}\sim N(21,0.4^2)$, 得 $\dfrac{\overline{X}-21}{0.4}\sim N(0,1)$, 故

$$P\{|\overline{X}-21|\le 0.24\}=P\left\{\left|\frac{\overline{X}-21}{0.4}\right|\le 0.6\right\}=2\Phi(0.6)-1=0.451\,4.$$ ■

例 2 假设某物体的实际重量为 μ, 但它是未知的. 现在用一架天平去称它, 共称了 n 次, 得到 $X_1,X_2,\cdots,X_n$. 假设每次称量过程彼此独立且没有系统误差, 则可以认为这些测量值都服从正态分布 $N(\mu,\sigma^2)$, 方差 σ^2 反映了天平及测量过程的总精度, 通常我们用样本均值 $\overline{X}$ 去估计 μ, 根据定理 1, $\overline{X}\sim N\left(\mu,\dfrac{\sigma^2}{n}\right)$. 再从正态分布的 3σ 性质知

$$P\left\{|\overline{X}-\mu|<\frac{3\sigma}{\sqrt{n}}\right\}\ge 99.7\%.$$

这就是说, 估计值 $\overline{X}$ 与真值 μ 的偏差不超过 $3\sigma/\sqrt{n}$ 的概率为 99.7%, 并且随着称量次数 n 的增加, 这个偏差界限 $3\sigma/\sqrt{n}$ 愈来愈小. 例如, 若 $\sigma=0.1$, $n=10$, 则

$$P\left\{|\overline{X}-\mu|<\frac{3\times 0.1}{\sqrt{10}}\right\}\approx P\{|\overline{X}-\mu|<0.09\}\ge 99.7\%.$$

于是, 我们可以以 99.7% 的概率断言, $\overline{X}$ 与物体真正重量 μ 的偏差不超过 0.09. 如

果将称量次数 n 增加到100, 则

$$P\left\{|\overline{X}-\mu|<\frac{3\times 0.1}{\sqrt{100}}\right\}=P\{|\overline{X}-\mu|<0.03\}\geq 99.7\%.$$

这时, 我们可以以同样的概率断言, $\overline{X}$ 与物体真正重量 μ 的偏差不超过0.03. ■

例3 在设计导弹发射装置时, 重要事情之一是研究弹着点偏离目标中心的距离的方差. 对于一类导弹发射装置, 弹着点偏离目标中心的距离服从正态分布 $N(\mu,\sigma^2)$, 这里 $\sigma^2=100$ 米^2, 现在进行了25次发射试验, 用 S^2 记这25次试验中弹着点偏离目标中心的距离的样本方差. 试求 S^2 超过50米^2 的概率.

解 根据定理2, 有 $\dfrac{(n-1)S^2}{\sigma^2}\sim\chi^2(n-1)$, 故

$$P\{S^2>50\}=P\left\{\frac{(n-1)S^2}{\sigma^2}>\frac{(n-1)50}{\sigma^2}\right\}=P\left\{\chi^2(24)>\frac{24\times 50}{100}\right\}$$

$$=P\{\chi^2(24)>12\}>P\{\chi^2(24)>12.401\}=0.975.$$

于是, 我们可以以超过97.5%的概率断言, S^2 超过50米^2. ■

三、双正态总体的抽样分布

定理4 设 $X\sim N(\mu_1,\sigma_1^2)$ 与 $Y\sim N(\mu_2,\sigma_2^2)$ 是两个相互独立的正态总体, 又设 $X_1,X_2,\cdots,X_{n_1}$ 是取自总体 X 的样本, $\overline{X}$ 与 S_1^2 分别为该样本的样本均值与样本方差. $Y_1,Y_2,\cdots,Y_{n_2}$ 是取自总体 Y 的样本, $\overline{Y}$ 与 S_2^2 分别为此样本的样本均值与样本方差. 再记 S_w^2 为 S_1^2 与 S_2^2 的加权平均, 即

$$S_w^2=\frac{(n_1-1)S_1^2+(n_2-1)S_2^2}{n_1+n_2-2}. \tag{3.6}$$

则 (1) $U=\dfrac{(\overline{X}-\overline{Y})-(\mu_1-\mu_2)}{\sqrt{\sigma_1^2/n_1+\sigma_2^2/n_2}}\sim N(0,1);$ (3.7)

(2) $F=\left(\dfrac{\sigma_2}{\sigma_1}\right)^2\dfrac{S_1^2}{S_2^2}\sim F(n_1-1,n_2-1);$ (3.8)

(3) 当 $\sigma_1^2=\sigma_2^2=\sigma^2$ 时,

$$T=\frac{(\overline{X}-\overline{Y})-(\mu_1-\mu_2)}{S_w\sqrt{1/n_1+1/n_2}}\sim t(n_1+n_2-2). \tag{3.9}$$

证明 (1) 由定理1知

$$\overline{X}\sim N\left(\mu_1,\frac{\sigma_1^2}{n_1}\right),\quad \overline{Y}\sim N\left(\mu_2,\frac{\sigma_2^2}{n_2}\right).$$

再因两个总体 X 与 Y 相互独立，从而它们的样本均值 $\overline{X}$ 与 $\overline{Y}$ 也相互独立，故

$$\overline{X}-\overline{Y}\sim N\left(\mu_1-\mu_2,\ \frac{\sigma_1^2}{n_1}+\frac{\sigma_2^2}{n_2}\right).$$

即
$$U=\frac{(\overline{X}-\overline{Y})-(\mu_1-\mu_2)}{\sqrt{\sigma_1^2/n_1+\sigma_2^2/n_2}}\sim N(0,1).$$

(2) 由定理2知

$$\frac{n_1-1}{\sigma_1^2}S_1^2\sim\chi^2(n_1-1),\quad \frac{n_2-1}{\sigma_2^2}S_2^2\sim\chi^2(n_2-1).$$

再因两个总体 X 与 Y 相互独立，从而它们的样本方差也相互独立，故由 F 分布的定义，得

$$F=\frac{\dfrac{n_1-1}{\sigma_1^2}S_1^2\Big/(n_1-1)}{\dfrac{n_2-1}{\sigma_2^2}S_2^2\Big/(n_2-1)}\sim F(n_1-1,\ n_2-1).$$

(3) 记 $\dfrac{1}{n}=\dfrac{1}{n_1}+\dfrac{1}{n_2}$，当 $\sigma_1^2=\sigma_2^2=\sigma^2$ 时，由(1)中已证事实，知

$$U_1=\frac{(\overline{X}-\overline{Y})-(\mu_1-\mu_2)}{\sigma/\sqrt{n}}\sim N(0,1).$$

由定理2知

$$\frac{n_1-1}{\sigma^2}S_1^2\sim\chi^2(n_1-1),\quad \frac{n_2-1}{\sigma^2}S_2^2\sim\chi^2(n_2-1),$$

因为 $\dfrac{n_1-1}{\sigma^2}S_1^2,\ \dfrac{n_2-1}{\sigma^2}S_2^2$ 相互独立，于是

$$V=\left(\frac{n_1-1}{\sigma^2}S_1^2\right)+\left(\frac{n_2-1}{\sigma^2}S_2^2\right)=\frac{1}{\sigma^2}\{(n_1-1)S_1^2+(n_2-1)S_2^2\}\sim\chi^2(n_1+n_2-2).$$

此外，对任意 x, y 与任意 $s_1>0,\ s_2>0$，有

$$\begin{aligned}&P\{\overline{X}\le x,\ \overline{Y}\le y,\ S_1^2\le s_1,\ S_2^2\le s_2\}\\&\quad=P\{\overline{X}\le x,\ S_1^2\le s_1\}P\{\overline{Y}\le y,\ S_2^2\le s_2\}\quad(\text{因}X\text{与}Y\text{相互独立})\\&\quad=P\{\overline{X}\le x\}P\{S_1^2\le s_1\}P\{\overline{Y}\le y\}P\{S_2^2\le s_2\}\quad(\text{由定理2}).\end{aligned}$$

这表明，$\overline{X}, \overline{Y}, S_1^2$ 与 S_2^2 相互独立，从而作为 $\overline{X}$ 和 $\overline{Y}$ 的函数 U_1 与作为 S_1^2 和 S_2^2 的函数 V 也相互独立.

综上所述，并由 t 分布的定义知

$$\frac{U_1}{\sqrt{\dfrac{V}{n_1+n_2-2}}}\sim t(n_1+n_2-2).$$

再因 $\frac{V}{n_1+n_2-2}=\frac{1}{\sigma^2}S_w^2$，即知

$$T=\frac{(\overline{X}-\overline{Y})-(\mu_1-\mu_2)}{S_w/\sqrt{n}}=\frac{U_1}{\sqrt{\frac{V}{n_1+n_2-2}}}\sim t(n_1+n_2-2).$$ ■

例 4 设两个总体 X 与 Y 都服从正态分布 $N(20,3)$. 今从总体 X 与 Y 中分别抽得容量为 $n_1=10$, $n_2=15$ 的两个相互独立的样本，求 $P\{|\overline{X}-\overline{Y}|>0.3\}$.

解 由题设及定理 4 (1), 知

$$\frac{(\overline{X}-\overline{Y})-(20-20)}{\sqrt{\frac{3}{10}+\frac{3}{15}}}=\frac{\overline{X}-\overline{Y}}{\sqrt{0.5}}\sim N(0,1).$$

于是 $$P\{|\overline{X}-\overline{Y}|>0.3\}=1-P\left\{\left|\frac{\overline{X}-\overline{Y}}{\sqrt{0.5}}\right|\le\frac{0.3}{\sqrt{0.5}}\right\}=1-\left[2\Phi\left(\frac{0.3}{\sqrt{0.5}}\right)-1\right]$$
$$\approx 2-2\Phi(0.42)=0.674\,4.$$ ■

例 5 设总体 X 和 Y 相互独立且都服从正态分布 $N(30,3^2)$; $X_1,\cdots,X_{20}$ 和 $Y_1,\cdots,Y_{25}$ 是分别来自总体 X 和 Y 的样本，$\overline{X}$, $\overline{Y}$, S_1^2 和 S_2^2 分别是这两个样本的均值和方差，求 $P\{S_1^2/S_2^2\le 0.4\}$.

解 因 $\sigma_1=\sigma_2=3^2$, 由定理 4(2), 有

$$\frac{S_1^2}{S_2^2}\sim F(20-1,25-1),\ \text{即}\ \frac{S_1^2}{S_2^2}\sim F(19,24).$$

因 F 分布的分位数表中没有 $n_1=19$, 可按性质化为

$$\frac{S_2^2}{S_1^2}\sim F(24,19).$$

于是 $$P\left\{\frac{S_1^2}{S_2^2}\le 0.4\right\}=P\left\{\frac{S_2^2}{S_1^2}\ge\frac{1}{0.4}\right\}=P\left\{\frac{S_2^2}{S_1^2}\ge 2.5\right\}.$$

查表得

$$F_{0.025}(24,19)=2.45,\ \text{即}\ P\{F(24,19)>2.45\}=0.025,$$

故 $$P\left\{\frac{S_1^2}{S_2^2}\le 0.4\right\}\approx 0.025.$$ ■

四、一般总体抽样分布的极限分布

本节中将针对一般的总体，推导出统计量

$$U_n = \frac{\overline{X} - \mu}{\sigma / \sqrt{n}} \quad 和 \quad T_n = \frac{\overline{X} - \mu}{S / \sqrt{n}}$$

的极限分布, 其中 μ 为总体的均值, σ^2 为总体的方差, $\overline{X}$ 为样本的均值, S^2 为样本的方差. 为此, 需引入随机变量依分布收敛的概念.

定义 1 设 $F_n(x)$ 为随机变量 X_n 的分布函数, $F(x)$ 为随机变量 X 的分布函数, 并记 $C(F)$ 为由 $F(x)$ 的全体连续点组成的集合, 若

$$\lim_{n \to \infty} F_n(x) = F(x), \quad \forall x \in C(F),$$

则称随机变量 X_n **依分布收敛于 X**, 简记为

$$X_n \xrightarrow{d} X \text{ 或 } F_n(x) \xrightarrow{d} F(x).$$

关于一般总体抽样分布的极限分布, 我们有下述定理:

定理 5 设 $X_1, X_2, \cdots, X_n$ 为总体 X 的样本, 并设总体 X 的数学期望与方差均存在, 记为 $E(X) = \mu$, $D(X) = \sigma^2$. 记统计量

$$U_n = \frac{\overline{X} - \mu}{\sigma / \sqrt{n}}, \quad T_n = \frac{\overline{X} - \mu}{S / \sqrt{n}},$$

其中 $\overline{X}$ 与 S^2 分别表示上述样本的样本均值与样本方差, 则有

(1) $F_{U_n}(x) \xrightarrow{d} \Phi(x)$, (3.10)

(2) $F_{T_n}(x) \xrightarrow{d} \Phi(x)$. (3.11)

以上 $F_{U_n}(x)$, $F_{T_n}(x)$ 与 $\Phi(x)$ 分别表示 U_n, T_n 与标准正态分布的分布函数.

注: 定理 5 的结论表明, 当样本的容量 n 充分大时, U_n 和 T_n 都近似地服从标准正态分布. 因此, 当 σ^2 已知时, 可用 U_n 对 μ 进行统计推断; 当 σ^2 未知时, 可用 T_n 对 μ 进行统计推断.

习题 5-3

1. 已知离散型均匀总体 X, 其分布律为

X	2	4	6
p_i	1/3	1/3	1/3

取容量为 $n = 54$ 的样本, 求:

(1) 样本均值 $\overline{X}$ 落于 4.1 到 4.4 之间的概率; (2) 样本均值 $\overline{X}$ 超过 4.5 的概率.

2. 设总体 X 服从正态分布 $N(10, 3^2)$, $X_1, X_2, \cdots, X_6$ 是它的一组样本, $\overline{X} = \frac{1}{6} \sum_{i=1}^{6} X_i$.

(1) 写出 $\overline{X}$ 所服从的分布; (2) 求 $\overline{X} > 11$ 的概率.

3. 设 $X_1, X_2, \cdots, X_n$ 是总体 X 的样本，$\overline{X}=\dfrac{1}{n}\sum\limits_{i=1}^{n}X_i$，分别按总体服从下列指定分布求 $E(\overline{X}), D(\overline{X})$.

(1) X 服从 0–1 分布 $b(1, p)$;

*(2) X 服从二项分布 $b(m, p)$;

(3) X 服从泊松分布 $p(\lambda)$;

(4) X 服从均匀分布 $U(a, b)$;

(5) X 服从指数分布 $e(\lambda)$.

4. 某厂生产的搅拌机平均寿命为5年，标准差为1年，假设这些搅拌机的寿命近似服从正态分布，求：

(1) 容量为 9 的随机样本平均寿命落在 4.4 年和 5.2 年之间的概率；

(2) 容量为 9 的随机样本平均寿命小于 6 年的概率.

5. 设 $X_1, X_2, \cdots, X_{16}$ 及 $Y_1, Y_2, \cdots, Y_{25}$ 分别是取自两个独立总体 $N(0, 16)$ 及 $N(1, 9)$ 的样本，以 $\overline{X}$ 和 $\overline{Y}$ 分别表示两个样本均值，求 $P\{|\overline{X}-\overline{Y}|>1\}$.

6. 假设总体 X 服从正态分布 $N(20, 3^2)$，样本 $X_1, \cdots, X_{25}$ 来自总体 X，计算

$$P\left\{\sum_{i=1}^{16}X_i-\sum_{i=17}^{25}X_i \le 182\right\}.$$

7. 从一正态总体中抽取容量为 $n=16$ 的样本，假定样本均值与总体均值之差的绝对值大于2的概率为0.01，试求总体的标准差.

8. 设在总体 $N(\mu, \sigma^2)$ 中抽取一容量为16的样本，这里 μ, σ^2 均为未知.

(1) 求 $P\{S^2/\sigma^2 \le 2.041\}$，其中 S^2 为样本方差；

(2) 求 $D(S^2)$.

9. 设总体 $X \sim N(\mu, 16)$，$X_1, X_2, \cdots, X_{10}$ 为取自该总体的样本，已知

$$P\{S^2>a\}=0.1,$$

求常数 a.

10. 设 $X_1, X_2, \cdots, X_n$ 和 $Y_1, Y_2, \cdots, Y_n$ 分别取自正态总体 $X \sim N(\mu_1, \sigma^2)$ 和 $Y \sim N(\mu_2, \sigma^2)$ 且相互独立，则以下统计量服从什么分布？

(1) $\dfrac{(n-1)(S_1^2+S_2^2)}{\sigma^2}$;

(2) $\dfrac{n[(\overline{X}-\overline{Y})-(\mu_1-\mu_2)]^2}{S_1^2+S_2^2}$.

11. 分别从方差为20和35的正态总体中抽取容量为8和10的两个样本，求第一个样本方差不小于第二个样本方差的两倍的概率.

总 习 题 五

1. 设总体 X 服从泊松分布．一个容量为10的样本值为1, 2, 4, 3, 3, 4, 5, 6, 4, 8，计算样本均值，样本方差和经验分布函数.

2. A厂生产的某种电器的使用寿命服从指数分布，参数 λ 未知．为此，抽查了 n 件电器，测量其使用寿命．试确定本问题的总体、样本及其密度.

3. 设总体 X 在区间 $[a, b]$ 上服从均匀分布，求：

(1) 来自 X 的简单随机样本 $X_1, X_2, \cdots, X_n$ 的密度函数 $f(x_1, x_2, \cdots, x_n)$;

(2) $Y=\max\{X_1, X_2, \cdots, X_n\}$ 的密度函数 $f_Y(x)$, $Z=\min\{X_1, X_2, \cdots, X_n\}$ 的密度函数 $f_Z(x)$.

4. 在天平上重复称一重量为 a 的物品，假设各次称量的结果相互独立，且服从正态分布 $N(a, 0.2^2)$. 若以 $\overline{X}$ 表示 n 次称量结果的算术平均值. 求使

$$P\{|\overline{X}-a|<0.1\}\geq 0.95$$

成立的称量次数 n 的最小值.

5. 设总体 $X\sim N(20, 3)$, 从 X 中抽取两个样本 $X_1, X_2, \cdots, X_{10}$ 和 $Y_1, Y_2, \cdots, Y_{15}$, 求概率

$$P\{|\overline{X}-\overline{Y}|>0.3\}.$$

6. 设总体 $X\sim N(\mu, \sigma^2)$, 假如要以 0.960 6 的概率保证偏差 $|\overline{X}-\mu|<0.1$, 试问: 当 $\sigma^2=0.25$ 时, 样本容量 n 应取多大?

7. 设 $\overline{X_1}$ 和 $\overline{X_2}$ 分别为来自正态总体 $N(\mu, \sigma^2)$ 的容量为 n 的两个简单随机样本 $X_{11}, X_{12}, \cdots, X_{1n}$ 和 $X_{21}, X_{22}, \cdots, X_{2n}$ 的均值, 试确定 n, 使两个子样的均值之差超过 σ 的概率小于 0.05.

8. 设总体 $X\sim f(x)=\begin{cases}|x|, & |x|<1\\ 0, & \text{其它}\end{cases}$, $X_1, X_2, \cdots, X_{50}$ 为取自 X 的一个样本, 试求:

(1) $\overline{X}$ 的数学期望与方差；　(2) S^2 的数学期望；　(3) $P\{|\overline{X}|>0.02\}$.

9. 从一正态总体中抽取容量为10的样本, 设样本均值与总体均值之差的绝对值在4以上的概率为 0.02, 求总体的标准差.

10. 设 $X_1, \cdots, X_n$ 是取自总体X的样本, $\overline{X}, S^2$ 分别为样本均值与样本方差，假定 $\mu=E(X)$, $\sigma^2=D(X)$ 均存在，试求 $E(\overline{X}), D(\overline{X}), E(S^2)$.

11. 设总体 X 服从正态分布 $N(\mu, \sigma^2)(\sigma>0)$, 从总体中抽取简单随机样本 $X_1, \cdots, X_{2n}(n\geq 2)$, 其样本均值为 $\overline{X}=\dfrac{1}{2n}\sum\limits_{i=1}^{2n}X_i$, 求统计量 $Y=\sum\limits_{i=1}^{n}(X_i+X_{n+i}-2\overline{X})^2$ 的数学期望.

12. 设有 k 个正态总体 $X_i\sim N(\mu_i, \sigma^2)$, 从第 i 个总体中抽取容量为 n_i 的样本 $X_{i1}, X_{i2}, \cdots, X_{in_i}$, 且各组样本间相互独立, 记

$$\overline{X}_i=\frac{1}{n_i}\sum_{j=1}^{n_i}X_{ij}\ (i=1,2,\cdots,k),\quad n=n_1+n_2+\cdots+n_k,$$

求 $W=\dfrac{1}{\sigma^2}\sum\limits_{i=1}^{k}\sum\limits_{j=1}^{n_i}(X_{ij}-\overline{X}_i)^2$ 的分布.

13. 已知 $X\sim t(n)$, 求证 $X^2\sim F(1, n)$.

14. 设 $X_1, X_2, \cdots, X_9$ 是取自正态总体 $X\sim N(\mu, \sigma^2)$ 的样本, 且

$$Y_1=\frac{1}{6}(X_1+X_2+\cdots+X_6),\quad Y_2=\frac{1}{3}(X_7+X_8+X_9),\quad S^2=\frac{1}{2}\sum_{i=7}^{9}(X_i-Y_2)^2,$$

求证 $Z=\dfrac{\sqrt{2}(Y_1-Y_2)}{S}\sim t(2)$.

15. 设 $X_1, \cdots, X_n, X_{n+1}$ 是取自正态总体 $X\sim N(\mu, \sigma^2)$ 的样本,

$$\overline{X}_n=\frac{1}{n}\sum_{i=1}^{n}X_i,\ S_n=\frac{1}{n-1}\sum_{i=1}^{n}(X_i-\overline{X}_n)^2,$$

试确定统计量 $\sqrt{\dfrac{n}{n+1}}\cdot\dfrac{X_{n+1}-\overline{X}_n}{S_n}$ 的分布.

16. 假设 $X_1, X_2, \cdots, X_9$ 是来自总体 $X\sim N(0, 2^2)$ 的简单随机样本, 求系数 a, b, c, 使

$$Q=a(X_1+X_2)^2+b(X_3+X_4+X_5)^2+c(X_6+X_7+X_8+X_9)^2$$

服从 χ^2 分布, 并求其自由度.

17. 从总体 $X\sim N(\mu, \sigma^2)$ 中抽取容量为16 的样本. 在下列情形下分别求 $\overline{X}$ 与 μ 之差的绝对值小于2 的概率:

(1) 已知 $\sigma^2=25$;　　(2) σ^2 未知, 但 $s^2=20.8$.

18. 设 $X_1, X_2, \cdots, X_{10}$ 取自正态总体 $N(0, 0.3^2)$, 试求

(1) $P\left\{\sum_{i=1}^{10}X_i^2>1.44\right\}$;　　(2) $P\left\{\frac{1}{2}\times 0.3^2\le\frac{1}{10}\sum_{i=1}^{10}(X_i-\overline{X})^2\le 2\times 0.3^2\right\}$.

19. (1) 设总体 X 具有方差 $\sigma_1^2=400$, 总体 Y 具有方差 $\sigma_2^2=900$, 两总体的均值相等. 分别自这两个总体中取容量均为400 的样本, 设两样本独立, 分别记样本均值为 $\overline{X}, \overline{Y}$, 试利用切比雪夫不等式估计 k, 使得 $P\{|\overline{X}-\overline{Y}|<k\}\ge 0.99$.

(2) 设在(1) 中总体 X 和 Y 均为正态变量, 求 k.

20. 假设随机变量 F 服从分布 $F(5, 10)$. 求 λ 的值, 使其满足 $P\{F\ge\lambda\}=0.95$.

21. 设 $X_1, X_2, \cdots, X_n$ 是总体 $X\sim N(\mu, \sigma^2)$ 的一个样本, 证明:

$$E\left[\sum_{i=1}^{n}(X_i-\overline{X})^2\right]^2=(n^2-1)\sigma^4.$$

第6章 参数估计

在实际问题中，当所研究的总体分布类型已知，但分布中含有一个或多个未知参数时，如何根据样本来估计未知参数，这就是参数估计问题.

参数估计问题分为点估计问题与区间估计问题两类. 所谓点估计就是用某一个函数值作为总体未知参数的估计值；区间估计就是对于未知参数给出一个范围，并且在一定的可靠度下使这个范围包含未知参数的真值.

参数估计问题的一般提法：

设有一个总体 X, 总体的分布函数为 $F(x;\theta)$, 其中 θ 为未知参数(θ 可以是向量). 现从该总体中随机地抽样，得到一个样本 $X_1, X_2, \cdots, X_n$, 再依据该样本对参数 θ 作出估计，或估计参数 θ 的某已知函数 $g(\theta)$.

§6.1 点估计问题概述

一、点估计的概念

设 $X_1, X_2, \cdots, X_n$ 是取自总体 X 的一个样本，$x_1, x_2, \cdots, x_n$ 是相应的一个样本值. θ 是总体分布中的未知参数，为估计未知参数 θ, 需构造一个适当的统计量

$$\hat{\theta}(X_1, X_2, \cdots, X_n),$$

然后用其观察值

$$\hat{\theta}(x_1, x_2, \cdots, x_n)$$

来估计 θ 的值. $\hat{\theta}(X_1, X_2, \cdots, X_n)$ 称为 θ 的**估计量**, $\hat{\theta}(x_1, x_2, \cdots, x_n)$ 称为 θ 的**估计值**. 估计量与估计值统称为**点估计**，简称为**估计**，并简记为 $\hat{\theta}$.

注：估计量 $\hat{\theta}(X_1, X_2, \cdots, X_n)$ 是一个随机变量，是样本的函数，即是一个统计量. 对不同的样本值，θ 的估计值 $\hat{\theta}$ 一般是不同的.

例1 设 X 表示某种型号的电子元件的寿命(以小时计)，它服从指数分布，其概率密度为：

$$f(x;\theta)=\begin{cases}\dfrac{1}{\theta}e^{-x/\theta}, & x>0\\ 0, & x\le 0\end{cases},$$

其中 θ 为未知参数，且 $\theta>0$. 现得样本值为

$$168\quad 130\quad 169\quad 143\quad 174\quad 198\quad 108\quad 212\quad 252$$

试估计未知参数 θ.

解 由题意知，总体 X 的均值为 θ，即 $\theta=E(X)$，因此，用样本均值 $\overline{X}$ 作为 θ 的估计量看起来是最自然的. 对给定的样本值计算得

$$\overline{x}=\frac{1}{9}(168+130+\cdots+252)\approx 172.7,$$

故 $\hat{\theta}=\overline{X}$ 与 $\hat{\theta}=\overline{x}=172.7$ 分别为 θ 的估计量与估计值. ■

二、评价估计量的标准

从例 1 可见，参数点估计的概念相当宽松，对同一个参数，可用不同的方法来估计，因而得到不同的估计量，故有必要建立评价估计量好坏的标准.

估计量的评价一般有三条标准：

(1) 无偏性； **(2) 有效性；** **(3) 相合性 (一致性).**

在本节的后面将逐一介绍.

注：在具体介绍估计量的评价标准之前，需指出：评价一个估计量的好坏，不能仅仅依据一次试验的结果，而必须由多次试验结果来衡量. 因为估计量是样本的函数，是随机变量. 故由不同的观测结果，就会求得不同的参数估计值. 因此，一个好的估计，应在多次重复试验中体现出其优良性.

1. 无偏性

估计量是随机变量，对于不同的样本值会得到不同的估计值. 一个自然的要求是希望估计值在未知参数真值的附近，不要偏高也不要偏低. 由此引入无偏性标准.

定义 1 设 $\hat{\theta}(X_1,\cdots,X_n)$ 是未知参数 θ 的估计量，若 $E(\hat{\theta})=\theta$，则称 $\hat{\theta}$ 为 θ 的无偏估计量.

注：在科学技术中，称 $E(\hat{\theta})-\theta$ 为用 $\hat{\theta}$ 估计 θ 而产生的系统偏差. 无偏性是对估计量的一个常见而重要的要求，其实际意义是指估计量没有系统偏差，只有随机偏差. 例如，用样本均值作为总体均值的估计时，虽无法说明一次估计所产生的偏差，但这种偏差随机地在零的周围波动，对同一个统计问题大量重复使用不会产生系统偏差.

对一般总体而言，我们有

定理 1 设 $X_1,\cdots,X_n$ 为取自总体 X 的样本，总体 X 的均值为 μ，方差为 σ^2，则

(1) 样本均值 $\overline{X}$ 是 μ 的无偏估计量；

(2) 样本方差 S^2 是 σ^2 的无偏估计量；

(3) 样本二阶中心矩 $\frac{1}{n}\sum_{i=1}^{n}(X_i-\overline{X})^2$ 是 σ^2 的有偏估计量.

证明 (1) $E(X_i)=E(X)=\mu$, $i=1,2,\cdots,n$, 于是

$$E(\overline{X})=E\left(\frac{1}{n}\sum_{i=1}^{n}X_i\right)=\frac{1}{n}\sum_{i=1}^{n}E(X_i)=E(X)=\mu,$$

故 $\hat{\mu}=\overline{X}$ 是 μ 的一个无偏估计量.

(2) $D(X_i)=D(X)=\sigma^2$, $i=1,2,\cdots,n$, 于是,

$$D(\overline{X})=\frac{1}{n}D(X)=\frac{\sigma^2}{n},$$

$$E(S^2)=E\left[\frac{1}{n-1}\sum_{i=1}^{n}(X_i-\overline{X})^2\right]=E\left\{\frac{1}{n-1}\left[\sum_{i=1}^{n}X_i^2-n(\overline{X})^2\right]\right\}$$

$$=\frac{1}{n-1}\left[\sum_{i=1}^{n}E(X_i^2)-nE[(\overline{X})^2]\right]$$

$$=\frac{1}{n-1}\{n(\mu^2+\sigma^2)-n[D(\overline{X})+[E(\overline{X})]^2]\}$$

$$=\frac{1}{n-1}\left[n\mu^2+n\sigma^2-n\left(\frac{\sigma^2}{n}+\mu^2\right)\right]=\frac{1}{n-1}(n\sigma^2-\sigma^2)=\sigma^2.$$

故 $\hat{\sigma}^2=S^2$ 是 σ^2 的一个无偏估计量.

(3) $$E\left[\frac{1}{n}\sum_{i=1}^{n}(X_i-\overline{X})^2\right]=E\left(\frac{n-1}{n}S^2\right)=\frac{n-1}{n}E(S^2)=\frac{n-1}{n}\sigma^2\neq\sigma^2.$$

故样本二阶中心矩是 σ^2 的有偏估计量. 但

$$\lim_{n\to\infty}E\left[\frac{1}{n}\sum_{i=1}^{n}(X_i-\overline{X})^2\right]=\sigma^2,$$

因此, 它是 σ^2 的一个渐近无偏估计量. ■

注: 如果 $\hat{\theta}$ 是 θ 的无偏估计量, $g(\theta)$ 是 θ 的函数, 未必能推出 $g(\hat{\theta})$ 是 $g(\theta)$ 的无偏估计量.

例如, 总体 $X\sim N(\mu,\sigma^2)$, $\overline{X}$ 是 μ 的无偏估计量, 但 $(\overline{X})^2$ 却不是 μ^2 的无偏估计量. 因为

$$E[(\overline{X})^2]=D(\overline{X})+[E(\overline{X})]^2=\frac{\sigma^2}{n}+\mu^2,$$

而 $\sigma^2>0$, 所以 $E[(\overline{X})^2]\neq\mu^2$.

例2 设总体 $X\sim N(0,\sigma^2)$, $X_1,X_2,\cdots,X_n$ 是来自这一总体的样本.

(1) 证明 $\hat{\sigma}^2=\frac{1}{n}\sum\limits_{i=1}^{n}X_i^2$ 是 σ^2 的无偏估计;

(2) 求 $D(\hat{\sigma}^2)$.

(1) **证明** 因为

$$E(\hat{\sigma}^2)=\frac{1}{n}\sum_{i=1}^{n}E(X_i^2)=\frac{1}{n}\sum_{i=1}^{n}D(X_i)=\frac{1}{n}n\sigma^2=\sigma^2,$$

故 $\hat{\sigma}^2$ 是 σ^2 的无偏估计. ■

(2) **解** 因为 $\frac{\sum_{i=1}^{n}X_i^2}{\sigma^2}=\sum_{i=1}^{n}\left(\frac{X_i}{\sigma}\right)^2$，而 $\frac{X_i}{\sigma}\sim N(0,1)\ (i=1,2,\cdots,n)$，且它们相互独立，故依 χ^2 分布定义，有

$$\frac{\sum_{i=1}^{n}X_i^2}{\sigma^2}\sim\chi^2(n),\quad D\left(\frac{\sum_{i=1}^{n}X_i^2}{\sigma^2}\right)=2n,$$

由此知

$$D(\hat{\sigma}^2)=D\left(\frac{1}{n}\sum_{i=1}^{n}X_i^2\right)=\frac{\sigma^4}{n^2}D\left(\sum_{i=1}^{n}\frac{X_i^2}{\sigma^2}\right)=\frac{\sigma^4}{n^2}\cdot 2n=\frac{2\sigma^4}{n}.$$ ■

例 3 设 $X_1,X_2,\cdots,X_n$ 是总体 $N(\mu,\sigma^2)$ 的一个简单随机样本. 求 k，使

$$\hat{\sigma}=k\sum_{i=1}^{n}\sum_{j=1}^{n}|X_i-X_j|$$

为 σ 的无偏估计.

解 由于 $X_i\sim N(\mu,\sigma^2)$，且它们相互独立，于是，当 $i\neq j$ 时，

$$X_i-X_j\sim N(0,2\sigma^2),$$

$$E(|X_i-X_j|)=\int_{-\infty}^{+\infty}|x|\frac{1}{\sqrt{2\pi}\cdot\sqrt{2\sigma^2}}e^{-\frac{x^2}{4\sigma^2}}\,dx$$

$$=\frac{2}{2\sqrt{\pi}\sigma}\int_0^{+\infty}xe^{-\frac{x^2}{4\sigma^2}}\,dx=\frac{2\sigma}{\sqrt{\pi}}\left(-e^{-\frac{x^2}{4\sigma^2}}\right)\Big|_0^{+\infty}=\frac{2\sigma}{\sqrt{\pi}}.$$

因为当 $i=j$ 时，$E(|X_i-X_j|)=0$，所以

$$E(\hat{\sigma})=k\sum_{i=1}^{n}\sum_{j=1}^{n}E(|X_i-X_j|)=k\cdot n(n-1)\frac{2\sigma}{\sqrt{\pi}},$$

故当 $k=\frac{\sqrt{\pi}}{2n(n-1)}$ 时，$\hat{\sigma}=\frac{\sqrt{\pi}}{2n(n-1)}\sum_{i=1}^{n}\sum_{j=1}^{n}|X_i-X_j|$ 为 σ 的无偏估计. ■

2. 有效性

对一个参数 θ 而言常有多个无偏估计量，在这些估计量中，自然应选用对 θ 的偏离程度较小的为好，即一个较好的估计量的方差应该较小. 由此引入评选估计量的另一标准——有效性.

定义 2 设 $\hat{\theta}_1=\hat{\theta}_1(X_1,\cdots,X_n)$ 和 $\hat{\theta}_2=\hat{\theta}_2(X_1,\cdots,X_n)$ 都是参数 θ 的无偏估计量，若 $D(\hat{\theta}_1)<D(\hat{\theta}_2)$，则称 $\hat{\theta}_1$ 较 $\hat{\theta}_2$ **有效**.

注：在数理统计中常用到最小方差无偏估计，其定义如下：

设 $X_1,\cdots,X_n$ 是取自总体 X 的一个样本，$\hat{\theta}(X_1,\cdots,X_n)$ 是未知参数 θ 的一个估计量，若 $\hat{\theta}$ 满足：

① $E(\hat{\theta})=\theta$，即 $\hat{\theta}$ 为 θ 的无偏估计，

② $D(\hat{\theta})\le D(\hat{\theta}^*)$，$\hat{\theta}^*$ 是 θ 的任一无偏估计，

则称 $\hat{\theta}$ 为 θ 的**最小方差无偏估计**（也称**最佳无偏估计**）.

例4 设 $X_1,X_2,\cdots,X_n$ 为来自均值为 μ、方差为 σ^2 的总体 X 的样本，$\overline{X}$，X_i（$i=1,2,\cdots,n$）均为总体均值 $E(X)=\mu$ 的无偏估计量，问哪一个估计量更有效？

解 由于 $\overline{X}$，$X_i\ (i=1,2,\cdots,n)$ 为 μ 的无偏估计量，所以

$$E(X_i)=\mu\ (i=1,2,\cdots,n),\quad E(\overline{X})=\mu,$$

但
$$D(\overline{X})=D\left(\frac{1}{n}\sum_{i=1}^{n}X_i\right)=\frac{1}{n^2}\sum_{i=1}^{n}D(X_i)=\frac{\sigma^2}{n},$$

$$D(X_i)=\sigma^2\quad(i=1,2,\cdots,n),$$

故 $\overline{X}$ 较 $X_i\ (i=1,2,\cdots,n)$ 更有效. ■

例5 设分别自总体 $N(\mu_1,\sigma^2)$ 和 $N(\mu_2,\sigma^2)$ 中抽取容量为 n_1,n_2 的两独立样本，其样本方差分别为 S_1^2，S_2^2. 试证，对于任意常数 a，b（$a+b=1$），$Z=aS_1^2+bS_2^2$ 都是 σ^2 的无偏估计，并确定常数 a，b，使 $D(Z)$ 达到最小.

解 由§5.3定理2，得

$$\frac{(n_1-1)}{\sigma^2}S_1^2\sim\chi^2(n_1-1),\quad \frac{(n_2-1)}{\sigma^2}S_2^2\sim\chi^2(n_2-1),$$

且它们相互独立，所以

$$D(S_1^2)=\frac{2\sigma^4}{n_1-1},\qquad D(S_2^2)=\frac{2\sigma^4}{n_2-1}.$$

又由于 $E(S_1^2)=\sigma^2$，$E(S_2^2)=\sigma^2$，因此，当 $a+b=1$ 时，

$$E(Z)=aE(S_1^2)+bE(S_2^2)=\sigma^2,$$

即 Z 是 σ^2 的无偏估计. 由 S_1^2，S_2^2 相互独立，有

$$D(Z)=D(aS_1^2+bS_2^2)=(a^2/(n_1-1)+b^2/(n_2-1))\cdot 2\sigma^4$$
$$=\left(\frac{a^2}{n_1-1}+\frac{(1-a)^2}{n_2-1}\right)\cdot 2\sigma^4.$$

令 $\dfrac{\mathrm{d}D(Z)}{\mathrm{d}a}=2\sigma^4\left[\dfrac{2a}{n_1-1}-\dfrac{2(1-a)}{n_2-1}\right]=0$，解得 $a=\dfrac{n_1-1}{n_1+n_2-2}$，从而 $b=\dfrac{n_2-1}{n_1+n_2-2}$.

又
$$\frac{\mathrm{d}^2D(Z)}{\mathrm{d}a^2}=2\sigma^4\left(\frac{2}{n_1-1}+\frac{2}{n_2-1}\right)>0,$$

得 $a=\dfrac{n_1-1}{n_1+n_2-2}$ 为极小值点，所以，当 $a=\dfrac{n_1-1}{n_1+n_2-2}$，$b=\dfrac{n_2-1}{n_1+n_2-2}$ 时，

$$Z=\frac{1}{n_1+n_2-2}[(n_1-1)S_1^2+(n_2-1)S_2^2]\overset{\text{Def}}{=\!=}S_w^2$$

具有最小方差. ■

注: 对于方差相等的双正态总体，§5.3 定理 4 中的统计量 S_w^2 是方差 σ^2 的最佳无偏估计.

3. 相合性(一致性)

我们不仅希望一个估计量是无偏的，并且具有较小的方差，还希望当样本容量无限增大时，估计量能在某种意义下任意接近未知参数的真值，由此引入相合性(一致性)的评价标准.

定义3 设 $\hat{\theta}=\hat{\theta}(X_1,\cdots,X_n)$ 为未知参数 θ 的估计量，若 $\hat{\theta}$ 依概率收敛于 θ，即对任意 $\varepsilon>0$，有

$$\lim_{n\to\infty}P\{|\hat{\theta}-\theta|<\varepsilon\}=1,\quad 或 \quad \lim_{n\to\infty}P\{|\hat{\theta}-\theta|\geq\varepsilon\}=0,$$

则称 $\hat{\theta}$ 为 θ 的(弱) **相合估计量**.

例6 设 $X_1,\cdots,X_n$ 是取自总体 X 的样本，且 $E(X^k)$ 存在，k 为正整数，则 $\dfrac{1}{n}\sum\limits_{i=1}^{n}X_i^k$ 为 $E(X^k)$ 的相合估计量.

证明 对指定的 k，令 $Y=X^k$，$Y_i=X_i^k$，则 $Y_1,\cdots,Y_n$ 相互独立并与 Y 同分布，且 $E(Y_i)=E(Y)=E(X^k)$，由大数定理知，对任意 $\varepsilon>0$，有

$$\lim_{n\to\infty}P\left\{\left|\frac{1}{n}\sum_{i=1}^{n}Y_i-E(Y)\right|<\varepsilon\right\}=\lim_{n\to\infty}P\left\{\left|\frac{1}{n}\sum_{i=1}^{n}X_i^k-E(X^k)\right|<\varepsilon\right\}=1,$$

从而 $\dfrac{1}{n}\sum\limits_{i=1}^{n}X_i^k$ 是 $E(X^k)$ 的相合估计量. ■

作为特例，**样本均值 $\overline{X}$ 是总体均值 $E(X)$ 的相合估计量**.

例7 设总体 $X\sim N(\mu,\sigma^2)$，$X_1,\cdots,X_n$ 为其样本. 试证样本方差 S^2 是 σ^2 的相合估计量.

证明 由本节定理 1，$E(S^2)=\sigma^2$，又由 §5.3 定理 2，知

$$\frac{(n-1)S^2}{\sigma^2}\sim\chi^2(n-1),$$

从而 $D\left[\dfrac{(n-1)S^2}{\sigma^2}\right]=2(n-1)$，于是，$D(S^2)=\dfrac{2\sigma^4}{n-1}$.

故由切比雪夫不等式推得，对任意 $\varepsilon>0$，

$$0 \le P\{|S^2 - E(S^2)| \ge \varepsilon\} = P\{|S^2 - \sigma^2| \ge \varepsilon\} \le \frac{1}{\varepsilon^2} D(S^2) = \frac{2\sigma^4}{\varepsilon^2 (n-1)},$$

当$n \to \infty$时,上式左、右端均趋于0,根据相合性定义可知S^2是σ^2的相合估计量. ■

习题 6-1

1. 总体X在区间$[0, \theta]$上均匀分布, $X_1, X_2, \cdots, X_n$是它的样本, 则下列估计量$\hat{\theta}$是θ的一致估计的是(　　).

(A) $\hat{\theta} = X_n$;　　(B) $\hat{\theta} = 2X_n$;

(C) $\hat{\theta} = \overline{X} = \frac{1}{n}\sum_{i=1}^{n} X_i$;　　(D) $\hat{\theta} = \max\{X_1, X_2, \cdots, X_n\}$.

2. 设σ是总体X的标准差, $X_1, X_2, \cdots, X_n$是它的样本, 则样本标准差S是总体标准差σ的(　　).

(A) 矩估计量;　　(B) 最大似然估计量;

(C) 无偏估计量;　　(D) 相合估计量.

3. 设总体X的数学期望为μ. $X_1, X_2, \cdots, X_n$是来自X的样本, $a_1, a_2, \cdots, a_n$是任意常数, 验证$\left(\sum_{i=1}^{n} a_i X_i\right) \Big/ \sum_{i=1}^{n} a_i \left(\sum_{i=1}^{n} a_i \ne 0\right)$是$\mu$的无偏估计量.

4. 设$\hat{\theta}$是参数θ的无偏估计, 且有$D(\hat{\theta}) > 0$, 试证$\hat{\theta}^2 = (\hat{\theta})^2$不是$\theta^2$的无偏估计.

5. 设$X_1, X_2, \cdots, X_n$是来自参数为λ的泊松分布的简单随机样本, 试求λ^2的无偏估计量.

6. 设$X_1, X_2, \cdots, X_n$为来自参数为n, p的二项分布总体, 试求p^2的无偏估计量.

7. 设总体X服从均值为θ的指数分布, 其概率密度为

$$f(x;\theta) = \begin{cases} \frac{1}{\theta} e^{-\frac{x}{\theta}}, & x > 0 \\ 0, & x \le 0 \end{cases},$$

其中参数$\theta(\theta > 0)$未知. 又设$X_1, X_2, \cdots, X_n$是来自该总体的样本, 试证: $\overline{X}$和$n(\min\{X_1, X_2, \cdots, X_n\})$都是$\theta$的无偏估计量且$\overline{X}$是相合的, 并比较哪个更有效.

8. 设总体X服从正态分布$N(m, 1)$, (X_1, X_2)是总体X的样本, 试验证

$$\hat{m}_1 = \frac{2}{3}X_1 + \frac{1}{3}X_2, \quad \hat{m}_2 = \frac{1}{4}X_1 + \frac{3}{4}X_2, \quad \hat{m}_3 = \frac{1}{2}X_1 + \frac{1}{2}X_2$$

都是m的无偏估计量; 并问哪一个估计量的方差最小?

9. 设有k台仪器. 已知用第i台仪器测量时, 测定值总体的标准差为σ_i $(i = 1, 2, \cdots, k)$. 用这些仪器独立地对某一物理量θ各观察一次, 分别得到$X_1, X_2, \cdots, X_k$. 设仪器都没有系统误差, 即$E(X_i) = \theta\ (i = 1, 2, \cdots, k)$. 问$a_1, a_2, \cdots, a_k$应取何值, 才能使用$\hat{\theta} = \sum_{i=1}^{k} a_i X_i$估计$\theta$时, $\hat{\theta}$

是无偏的，并且 $D(\hat{\theta})$ 最小？

§6.2　点估计的常用方法

一、矩估计法

矩估计法的基本思想是用样本矩估计总体矩. 由大数定理知，当总体的 k 阶矩存在时，样本的 k 阶矩依概率收敛于总体的 k 阶矩. 例如，可用样本均值 $\overline{X}$ 作为总体均值 $E(X)$ 的估计量. 一般地，记

总体 k 阶矩 $\mu_k = E(X^k)$;

样本 k 阶矩 $A_k = \frac{1}{n}\sum_{i=1}^{n} X_i^k$;

总体 k 阶中心矩 $v_k = E[X - E(X)]^k$;

样本 k 阶中心矩 $B_k = \frac{1}{n}\sum_{i=1}^{n}(X_i - \overline{X})^k$.

定义1　用相应的样本矩去估计总体矩的方法就称为**矩估计法**. 用矩估计法确定的估计量称为**矩估计量**. 相应的估计值称为**矩估计值**. 矩估计量与矩估计值统称为**矩估计**.

求矩估计的方法：

设总体 X 的分布函数 $F(x;\theta_1,\cdots,\theta_k)$ 中含有 k 个未知参数 $\theta_1,\cdots,\theta_k$，则

(1) 求总体 X 的前 k 阶矩 $\mu_1,\cdots,\mu_k$，它们一般都是这 k 个未知参数的函数，记为

$$\mu_i = g_i(\theta_1,\cdots,\theta_k),\ i=1,2,\cdots,k. \tag{2.1}$$

(2) 从 (1) 中解得 $\theta_j = h_j(\mu_1,\cdots,\mu_k),\ j=1,2,\cdots,k$.

(3) 再用 $\mu_i\,(i=1,2,\cdots,k)$ 的估计量 A_i 分别代替上式中的 μ_i，即可得 $\theta_j\,(j=1,2,\cdots,k)$ 的矩估计量：

$$\hat{\theta}_j = h_j(A_1,\cdots,A_k),\ j=1,2,\cdots,k.$$

注：求 $v_1,\cdots,v_k$，类似于上述步骤，最后用 $B_1,\cdots,B_k$ 代替 $v_1,\cdots,v_k$，求出矩估计 $\hat{\theta}_j\,(j=1,2,\cdots,k)$.

例1　设总体 X 的概率密度为

$$f(x)=\begin{cases}(\alpha+1)x^{\alpha}, & 0<x<1\\ 0, & \text{其它}\end{cases},$$

其中 $\alpha(\alpha>-1)$，是未知参数，$X_1, X_2, \cdots, X_n$ 是取自 X 的样本，求参数 α 的矩估计.

解　数学期望是一阶原点矩

$$\mu_1 = E(X) = \int_0^1 x(\alpha+1)x^{\alpha}\mathrm{d}x = (\alpha+1)\int_0^1 x^{\alpha+1}\mathrm{d}x = \frac{\alpha+1}{\alpha+2},$$

其样本矩为 $\overline{X} = \dfrac{\alpha+1}{\alpha+2}$，而 $\hat{\alpha} = \dfrac{2\overline{X}-1}{1-\overline{X}}$ 即为 α 的矩估计. ■

例2 设总体 X 的均值 μ 及方差 σ^2 都存在，且有 $\sigma^2>0$，但 μ, σ^2 均为未知. 又设 $X_1, X_2, \cdots, X_n$ 是来自 X 的样本. 试求 μ, σ^2 的矩估计量.

解 由 $\begin{cases} \mu_1 = E(X) = \mu \\ \mu_2 = E(X^2) = D(X) + [E(X)]^2 = \sigma^2 + \mu^2 \end{cases}$ 得到：$\begin{cases} \mu = \mu_1 \\ \sigma^2 = \mu_2 - \mu_1^2 \end{cases}$，

分别以 A_1, A_2 代替 μ_1, μ_2，得 μ 和 σ^2 的矩估计量分别为

$$\hat{\mu} = A_1 = \overline{X},$$

$$\hat{\sigma}^2 = A_2 - A_1^2 = \frac{1}{n}\sum_{i=1}^{n} X_i^2 - \overline{X}^2 = \frac{1}{n}\sum_{i=1}^{n}(X_i - \overline{X})^2.$$

所得结果表明：**总体均值与方差的矩估计量的表达式不因不同的总体分布而异.**

例如，$X \sim N(\mu, \sigma^2)$，μ, σ^2 未知，即得 μ, σ^2 的矩估计量为

$$\hat{\mu} = \overline{X}, \quad \hat{\sigma}^2 = \frac{1}{n}\sum_{i=1}^{n}(X_i - \overline{X})^2.$$ ■

例3 设总体 X 的概率分布为

X	1	2	3
p_i	θ^2	$2\theta(1-\theta)$	$(1-\theta)^2$

其中 θ 为未知参数. 现抽得一个样本 $x_1=1, x_2=2, x_3=1$，求 θ 的矩估计值.

解 总体的一阶原点矩为

$$E(X) = 1\times\theta^2 + 2\times 2\theta(1-\theta) + 3(1-\theta)^2 = 3 - 2\theta,$$

一阶样本矩为

$$\bar{x} = \frac{1}{3}(1+2+1) = \frac{4}{3}.$$

由 $E(X) = \bar{x}$，得 $3 - 2\theta = \dfrac{4}{3}$，推出 $\hat{\theta} = \dfrac{5}{6}$，即 θ 的矩估计值为 $\hat{\theta} = \dfrac{5}{6}$. ■

二、最大似然估计法

1. $L(\theta)$ 2. $\max L(\theta)$ 3. $\hat{\theta}_m =$

引例 某同学与一位猎人一起去打猎，一只野兔从前方窜过，只听一声枪响，野兔应声倒下，试猜测是谁打中的？

由于只发一枪便打中，而猎人命中的概率一般大于这位同学命中的概率，故一般会猜测这一枪是猎人射中的.

1. 最大似然估计法的基本思想

在已经得到实验结果的情况下，应该寻找使这个结果出现的可能性最大的那个

θ 值作为 θ 的估计 $\hat{\theta}$.

注:最大似然估计法首先由德国数学家高斯于 1821 年提出，英国统计学家费歇于 1922 年重新发现并做了进一步的研究.

下面分别就离散型总体和连续型总体情形做具体讨论.

(1) **离散型总体**的情形:设总体 X 的概率分布为

$$P\{X=x\}=p(x;\theta)\quad (\theta\text{ 为未知参数}).$$

如果 $X_1,X_2,\cdots,X_n$ 是取自总体 X 的样本，样本的观察值为 $x_1,x_2,\cdots,x_n$，则样本的联合分布律

$$P\{X_1=x_1,X_2=x_2,\cdots,X_n=x_n\}=\prod_{i=1}^{n}p(x_i;\theta),$$

对确定的样本观察值 $x_1,x_2,\cdots,x_n$，它是未知参数 θ 的函数，记为

$$L(\theta)=L(x_1,x_2,\cdots,x_n;\theta)=\prod_{i=1}^{n}p(x_i;\theta),$$

并称其为**似然函数**.

(2) **连续型总体**的情形:设总体 X 的概率密度为 $f(x;\theta)$，其中 θ 为未知参数，此时定义**似然函数**

$$L(\theta)=L(x_1,x_2,\cdots,x_n;\theta)=\prod_{i=1}^{n}f(x_i;\theta).$$

似然函数 $L(\theta)$ 的值的大小意味着该样本值出现的可能性的大小，在已得到样本值 $x_1,x_2,\cdots,x_n$ 的情况下，则应该选择使 $L(\theta)$ 达到最大值的那个 θ 作为 θ 的估计 $\hat{\theta}$. 这种求点估计的方法称为**最大似然估计法**.

定义 2 若对任意给定的样本值 $x_1,x_2,\cdots,x_n$，存在 $\hat{\theta}=\hat{\theta}(x_1,x_2,\cdots,x_n)$，使

$$L(\hat{\theta})=\max_{\theta}L(\theta),$$

则称 $\hat{\theta}=\hat{\theta}(x_1,x_2,\cdots,x_n)$ 为 θ 的**最大似然估计值**. 称相应的统计量 $\hat{\theta}(X_1,X_2,\cdots,X_n)$ 为 θ 的**最大似然估计量**. 它们统称为 θ 的**最大似然估计 (MLE)**.

2. 求最大似然估计的一般方法

求未知参数 θ 的最大似然估计问题，归结为求似然函数 $L(\theta)$ 的最大值点的问题. 当似然函数关于未知参数可微时，可利用微分学中求最大值的方法求之. 其主要步骤如下:

(1) 写出似然函数 $L(\theta)=L(x_1,x_2,\cdots,x_n;\theta)$;

(2) 令 $\dfrac{\mathrm{d}L(\theta)}{\mathrm{d}\theta}=0$ 或 $\dfrac{\mathrm{d}\ln L(\theta)}{\mathrm{d}\theta}=0$，求出驻点;

注:因函数 $\ln L$ 是 L 的单调增加函数，且函数 $\ln L(\theta)$ 与函数 $L(\theta)$ 有相同的

极值点，故常转化为求函数 $\ln L(\theta)$ 的最大值点，这样较方便.

(3) 判断并求出最大值点，在最大值点的表达式中，用样本值代入就得参数的最大似然估计值.

注：① 当似然函数关于未知参数不可微时，只能按最大似然估计法的基本思想求出最大值点.

② 上述方法易推广至多个未知参数的情形.

例4 设 $X \sim b(1, p)$，$X_1, X_2, \cdots, X_n$ 是取自总体 X 的一个样本，试求参数 p 的最大似然估计.

解 设 $x_1, x_2, \cdots, x_n$ 是相应于样本 $X_1, X_2, \cdots, X_n$ 的一组样本观察值，X 的分布律为

$$P\{X = x\} = p^x (1-p)^{1-x}, \quad x = 0, 1.$$

故似然函数为

$$L(p) = \prod_{i=1}^{n} p^{x_i}(1-p)^{1-x_i} = p^{\sum\limits_{i=1}^{n} x_i}(1-p)^{n-\sum\limits_{i=1}^{n} x_i},$$

而

$$\ln L(p) = \left(\sum_{i=1}^{n} x_i\right)\ln p + \left(n - \sum_{i=1}^{n} x_i\right)\ln(1-p),$$

令

$$\frac{\mathrm{d}}{\mathrm{d}p}\ln L(p) = \frac{\sum\limits_{i=1}^{n} x_i}{p} - \frac{n - \sum\limits_{i=1}^{n} x_i}{1-p} = 0,$$

解得 p 的最大似然估计值

$$\hat{p} = \frac{1}{n}\sum_{i=1}^{n} x_i = \bar{x}.$$

p 的最大似然估计量为

$$\hat{p} = \frac{1}{n}\sum_{i=1}^{n} X_i = \bar{X}.$$ ■

我们看到这一估计量与矩估计量是相同的.

例5 设总体 X 服从指数分布，其概率密度函数

$$f(x; \lambda) = \begin{cases} \lambda e^{-\lambda x}, & x > 0 \\ 0, & x \le 0 \end{cases},$$

其中 $\lambda > 0$，是未知参数. $x_1, x_2, \cdots, x_n$ 是来自总体 X 的一组样本观察值，求参数 λ 的最大似然估计值.

解 似然函数

$$L(x_1, x_2, \cdots, x_n; \lambda) = \begin{cases} \lambda^n e^{-\lambda \sum\limits_{i=1}^{n} x_i}, & x_i > 0 \\ 0, & \text{其它} \end{cases},$$

显然，$L(x_1, x_2, \cdots, x_n; \lambda)$ 的最大值点一定是

$$L_1(x_1, x_2, \cdots, x_n; \lambda) = \lambda^n e^{-\lambda \sum_{i=1}^{n} x_i}$$

的最大值点，对其取对数得

$$\ln L_1(x_1, x_2, \cdots, x_n; \lambda) = n \ln \lambda - \lambda \sum_{i=1}^{n} x_i.$$

由
$$\frac{\mathrm{d} \ln L_1(x_1, x_2, \cdots, x_n; \lambda)}{\mathrm{d}\lambda} = \frac{n}{\lambda} - \sum_{i=1}^{n} x_i = 0$$

可得参数 λ 的最大似然估计值 $\hat{\lambda} = \dfrac{n}{\sum_{i=1}^{n} x_i} = \dfrac{1}{\bar{x}}$. ■

例 6 设 $x_1, x_2, \cdots, x_n$ 是正态总体 $N(\mu, \sigma^2)$ 的样本观察值，其中 μ, σ^2 是未知参数，试求 μ 和 σ^2 的最大似然估计值.

解 似然函数

$$\begin{aligned} L(x_1, x_2, \cdots, x_n; \mu, \sigma^2) &= \prod_{i=1}^{n} \left(\frac{1}{\sqrt{2\pi}\sigma} e^{-\frac{(x_i - \mu)^2}{2\sigma^2}} \right) \\ &= (\sqrt{2\pi})^{-n} (\sigma^2)^{-n/2} \exp\left\{ -\frac{1}{2\sigma^2} \sum_{i=1}^{n} (x_i - \mu)^2 \right\}, \end{aligned}$$

取对数得

$$\ln L(x_1, x_2, \cdots, x_n; \mu, \sigma^2) = -n \ln \sqrt{2\pi} - \frac{n}{2} \ln \sigma^2 - \frac{1}{2\sigma^2} \sum_{i=1}^{n} (x_i - \mu)^2.$$

由
$$\begin{cases} \dfrac{\partial \ln L(x_1, x_2, \cdots, x_n; \mu, \sigma^2)}{\partial \mu} = \dfrac{1}{\sigma^2} \sum_{i=1}^{n} (x_i - \mu) = 0 \\ \dfrac{\partial \ln L(x_1, x_2, \cdots, x_n; \mu, \sigma^2)}{\partial \sigma^2} = \dfrac{1}{2\sigma^4} \sum_{i=1}^{n} (x_i - \mu)^2 - \dfrac{n}{2\sigma^2} = 0 \end{cases}$$

可得参数 μ 和 σ^2 的最大似然估计值为

$$\hat{\mu} = \frac{1}{n} \sum_{i=1}^{n} x_i = \bar{x}, \qquad \hat{\sigma}^2 = \frac{1}{n} \sum_{i=1}^{n} (x_i - \bar{x})^2,$$

最大似然估计量为

$$\hat{\mu} = \frac{1}{n} \sum_{i=1}^{n} X_i = \bar{X}, \qquad \hat{\sigma}^2 = \frac{1}{n} \sum_{i=1}^{n} (X_i - \bar{X})^2,$$

与例 2 中的矩估计量相同. ■

注：一般地，如果总体 X 的分布中含有 k 个未知参数 $\theta_1, \theta_2, \cdots, \theta_k$；$x_1, x_2, \cdots, x_n$ 为来自总体 X 的样本观察值，则似然函数

$$L(x_1, x_2, \cdots, x_n; \theta_1, \theta_2, \cdots, \theta_k)$$

为 $\theta_1, \theta_2, \cdots, \theta_k$ 的 k 元函数. 由方程组

$$\frac{\partial \ln L(x_1, x_2, \cdots, x_n; \theta_1, \theta_2, \cdots, \theta_k)}{\partial \theta_i} = 0 \ (i=1, 2, \cdots, k)$$

解得 $\ln L(x_1, x_2, \cdots, x_n; \theta_1, \theta_2, \cdots, \theta_k)$ 的最大值点 $\hat{\theta}_1, \hat{\theta}_2, \cdots, \hat{\theta}_k$ 分别是参数 $\theta_1, \theta_2, \cdots, \theta_k$ 的最大似然估计值.

习题 6-2

1. 设 $X_1, X_2, \cdots, X_n$ 为总体的一个样本, $x_1, x_2, \cdots, x_n$ 为一组相应的样本观察值, 求下述各总体的密度函数或分布律中的未知参数的矩估计量和估计值以及最大似然估计量.

(1) $f(x) = \begin{cases} \theta c^{\theta} x^{-(\theta+1)}, & x > c \\ 0, & 其它 \end{cases}$, 其中 $c\,(c>0)$ 为已知, $\theta(\theta>1)$ 为未知参数.

(2) $f(x) = \begin{cases} \sqrt{\theta} x^{\sqrt{\theta}-1}, & 0 \le x \le 1 \\ 0, & 其它 \end{cases}$, 其中 $\theta(\theta>0)$ 为未知参数.

(3) $P\{X=x\} = \binom{m}{x} p^x (1-p)^{m-x}$, 其中 $x=0,1,2,\cdots,m$, $p\,(0<p<1)$ 为未知参数.

2. 设总体 X 服从均匀分布 $U[0, \theta]$, 它的密度函数为

$$f(x;\theta) = \begin{cases} 1/\theta, & 0 \le x \le \theta \\ 0, & 其它 \end{cases}.$$

(1) 求未知参数 θ 的矩估计量;

(2) 当样本观察值为 0.3, 0.8, 0.27, 0.35, 0.62, 0.55 时, 求 θ 的矩估计值.

3. 设总体 X 以等概率 $\dfrac{1}{\theta}$ 取值 $1, 2, \cdots, \theta$, 求未知参数 θ 的矩估计量.

4. 一批产品中含有废品, 从中随机地抽取 60 件, 发现废品 4 件, 试用矩估计法估计这批产品的废品率.

5. 设总体 X 具有分布律

X	1	2	3
p_i	θ^2	$2\theta(1-\theta)$	$(1-\theta)^2$

其中 $\theta(0<\theta<1)$ 为未知参数. 已知取得了样本值 $x_1=1$, $x_2=2$, $x_3=1$, 试求 θ 的最大似然估计值.

6. (1) 设 $X_1, X_2, \cdots, X_n$ 是来自总体 X 的一个样本, 且 $X \sim \pi(\lambda)$. 求 $P\{X=0\}$ 的最大似然估计.

(2) 某铁路局证实一个扳道员在五年内所引起的严重事故的次数服从泊松分布. 求一个扳道员在五年内未引起严重事故的概率 p 的最大似然估计, 使用右表中的 122 个观察值统计

情况．右表中，r 表示一扳道员某五年中引起严重事故的次数，s 表示观察到的扳道员人数．

r	0	1	2	3	4	5
s	44	42	21	9	4	2

§6.3 置 信 区 间

前面讨论了参数的点估计，它是用样本算出的一个值去估计未知参数，即点估计值仅仅是未知参数的一个近似值，它没有给出这个近似值的误差范围．

若能给出一个估计区间，让我们能较大把握地(其程度可用概率来度量之)相信未知参数的真值被含在这个区间内，这样的估计显然更有实用价值．

本节将引入另一类估计即为**区间估计**，在区间估计理论中，被广泛接受的一种观点是**置信区间**，它是由奈曼 (Neymann) 于 1934 年提出的．

一、置信区间的概念

定义 1 设 θ 为总体分布的未知参数，$X_1, X_2, \cdots, X_n$ 是取自总体 X 的一个样本，对给定的数 $1-\alpha\ (0<\alpha<1)$，若存在统计量

$$\underline{\theta}=\underline{\theta}(X_1, X_2, \cdots, X_n),\quad \overline{\theta}=\overline{\theta}(X_1, X_2, \cdots, X_n),$$

使得

$$P\{\underline{\theta}<\theta<\overline{\theta}\}=1-\alpha, \tag{3.1}$$

则称随机区间 $(\underline{\theta}, \overline{\theta})$ 为 θ 的 $1-\alpha$ **双侧置信区间**，称 $1-\alpha$ 为**置信度**(也称**置信水平**)，又分别称 $\underline{\theta}$ 与 $\overline{\theta}$ 为 θ 的**双侧置信下限**与**双侧置信上限**．

注：① 置信度 $1-\alpha$ 的含义：在随机抽样中，若重复抽样多次，得到样本 $X_1, X_2, \cdots, X_n$ 的多组样本值 $x_1, x_2, \cdots, x_n$，对应每组样本值都确定了一个置信区间 $(\underline{\theta}, \overline{\theta})$，每个这样的区间要么包含了 θ 的真值，要么不包含 θ 的真值．根据伯努利大数定理，当抽样次数 k 充分大时，这些区间中包含 θ 的真值的频率接近于置信度(即概率) $1-\alpha$，即在这些区间中包含 θ 的真值的区间大约有 $k(1-\alpha)$ 个，不包含 θ 的真值的区间大约有 $k\alpha$ 个．例如，若令 $1-\alpha=0.95$，重复抽样 100 次，则其中大约有 95 个区间包含 θ 的真值，大约有 5 个区间不包含 θ 的真值．

② 置信区间 $(\underline{\theta}, \overline{\theta})$ 也是对未知参数 θ 的一种估计，区间的长度意味着误差，故区间估计与点估计是互补的两种参数估计．

③ 置信度与估计精度是一对矛盾．置信度 $1-\alpha$ 越大，置信区间 $(\underline{\theta}, \overline{\theta})$ 包含 θ 的真值的概率就越大，区间 $(\underline{\theta}, \overline{\theta})$ 的长度也就越大，对未知参数 θ 的估计精度就越低．反之，对参数 θ 的估计精度越高，置信区间 $(\underline{\theta}, \overline{\theta})$ 的长度就越小，$(\underline{\theta}, \overline{\theta})$ 包含

θ 的真值的概率就越低，置信度 $1-\alpha$ 就越小. **一般准则**是：在保证置信度的条件下尽可能提高估计精度.

二、寻求置信区间的方法

寻求置信区间的基本思想：在点估计的基础上，构造合适的含样本及待估参数的函数 U, 且已知 U 的分布；再针对给定的置信度导出置信区间.

一般步骤：

(1) 选取未知参数 θ 的某个较优估计量 $\hat{\theta}$；

(2) 围绕 $\hat{\theta}$ 构造一个依赖于样本与参数 θ 的函数

$$U=U(X_1,X_2,\cdots,X_n,\theta),$$

并且该函数的分布是已知的(与 θ 无关), 称具有这种性质的随机变量为**枢轴变量**；

(3) 对给定的置信水平 $1-\alpha$, 确定 λ_1 与 λ_2, 使

$$P\{\lambda_1\le U\le\lambda_2\}=1-\alpha, \tag{3.2}$$

通常可选取满足 $P\{U\le\lambda_1\}=P\{U\ge\lambda_2\}=\dfrac{\alpha}{2}$ 的 λ_1 与 λ_2, 在常用分布情况下, 这可由分位数表查得；

(4) 对不等式 $\lambda_1\le U\le\lambda_2$ 作恒等变形后化为

$$P\{\underline{\theta}\le\theta\le\bar{\theta}\}=1-\alpha, \tag{3.3}$$

则 $(\underline{\theta},\bar{\theta})$ 就是 θ 的置信度为 $1-\alpha$ 的双侧置信区间.

例1 设总体 $X\sim N(\mu,\sigma^2)$, σ^2 为已知, μ 为未知, 设 $X_1,X_2,\cdots,X_n$ 是来自 X 的样本, 求 μ 的置信水平为 $1-\alpha$ 的置信区间.

解 我们知道 $\bar{X}$ 是 μ 的无偏估计, 且有

$$\frac{\bar{X}-\mu}{\sigma/\sqrt{n}}\sim N(0,1).$$

$\dfrac{\bar{X}-\mu}{\sigma/\sqrt{n}}$ 所服从的分布 $N(0,1)$ 不依赖于任何未知参数. 按标准正态分布的双侧 α 分位数的定义, 有 $P\left\{\left|\dfrac{\bar{X}-\mu}{\sigma/\sqrt{n}}\right|<u_{\alpha/2}\right\}=1-\alpha$, 即

$$P\left\{\bar{X}-\frac{\sigma}{\sqrt{n}}u_{\alpha/2}<\mu<\bar{X}+\frac{\sigma}{\sqrt{n}}u_{\alpha/2}\right\}=1-\alpha.$$

这样, 我们就得到了 μ 的一个置信水平为 $1-\alpha$ 的置信区间

$$\left(\bar{X}-\frac{\sigma}{\sqrt{n}}u_{\alpha/2},\ \bar{X}+\frac{\sigma}{\sqrt{n}}u_{\alpha/2}\right).$$

这样的置信区间常写成 $\left(\overline{X} \pm \dfrac{\sigma}{\sqrt{n}} u_{\alpha/2}\right)$.

如果取 $\alpha = 0.05$，即 $1-\alpha = 0.95$，又若 $\sigma = 1$，$n=16$，查表得

$$u_{\alpha/2} = u_{0.025} = 1.96 .$$

于是，我们得到一个置信水平为 0.95 的置信区间

$$\left(\overline{X} \pm \frac{1}{\sqrt{16}} \times 1.96\right)，即 (\overline{X} \pm 0.49). \tag{3.5}$$

再者，若由一组样本值算得样本均值的观察值 $\overline{x} = 5.20$，则我们得到一个置信水平为 0.95 的置信区间

$$(5.20 \pm 0.49)，即 (4.71, 5.69).$$

注意，这已经不是随机区间了，但我们仍称它为置信水平为 0.95 的置信区间. 其含义是：若反复抽样多次，每组样本值 ($n=16$) 按式 (3.5) 确定一个区间，按上面的解释，在这么多的区间中，包含 μ 的约占 95%，不包含 μ 的仅仅约占 5%. 现在抽样得到区间 (4.71, 5.69). 则该区间属于那些包含 μ 的区间的可信程度为 95%，或"该区间包含 μ"这一陈述的可信程度为 95%. ■

三、0–1 分布参数的置信区间

考虑 0–1 分布情形，设其总体 X 的分布律为

$$P\{X=1\} = p，P\{X=0\} = 1-p \ (0<p<1),$$

现求 p 的置信度为 $1-\alpha$ 的置信区间.

已知 0–1 分布的均值和方差分别为

$$E(X) = p，D(X) = p(1-p).$$

设 $X_1, X_2, \cdots, X_n$ 是总体 X 的一个样本，由中心极限定理知，当 n 充分大时，

$$U = \frac{\overline{X} - E(X)}{\sqrt{D(X)/n}} = \frac{\overline{X} - p}{\sqrt{p(1-p)/n}} \tag{3.6}$$

近似服从 $N(0, 1)$ 分布，对给定的置信度 $1-\alpha$，则有

$$P\left\{\left|\frac{\overline{X} - p}{\sqrt{p(1-p)/n}}\right| < u_{\alpha/2}\right\} \approx 1-\alpha,$$

经不等式变形得

$$P\{ap^2 + bp + c < 0\} \approx 1-\alpha,$$

其中 $a = n + (u_{\alpha/2})^2$，$b = -2n\overline{X} - (u_{\alpha/2})^2$，$c = n(\overline{X})^2$. (3.7)

解式中不等式得

$$P\{p_1 < p < p_2\} \approx 1-\alpha,$$

其中

$$p_1=\frac{1}{2a}\left(-b-\sqrt{b^2-4ac}\right),\ p_2=\frac{1}{2a}\left(-b+\sqrt{b^2-4ac}\right). \tag{3.8}$$

于是，$(p_1,\ p_2)$ 可作为 **p 的置信度为 $1-\alpha$ 的置信区间**.

例 2 设抽自一大批产品的100个样品中，一级品60个，求这批产品的一级品率 p 的置信水平为 0.95 的置信区间.

解 一级品率 p 是 0-1 分布的参数，这里，

$$n=100,\ \bar{x}=60/100=0.6,\ 1-\alpha=0.95,\ \alpha/2=0.025,\ u_{\alpha/2}=1.96,$$

现按上述方法来求 p 的置信区间，其中

$$a=n+u_{\alpha/2}^2\approx 103.84,\ b=-(2n\bar{x}+u_{\alpha/2}^2)\approx -123.84,\ c=n\bar{x}^2=36.$$

于是

$$p_1\approx 0.50,\ p_2\approx 0.69.$$

故得 p 的一个置信水平为 0.95 的置信区间近似为 (0.50, 0.69). ■

四、单侧置信区间

前面讨论的置信区间 $(\underline{\theta},\overline{\theta})$ 称为双侧置信区间，但在有些实际问题中只需考虑选取满足 $P\{U\le\lambda_1\}=\alpha$ 或 $P\{U\ge\lambda_2\}=\alpha$ 的 λ_1 与 λ_2，对不等式作恒等变形后化为

$$P\{\underline{\theta}<\theta\}=1-\alpha \text{ 或 } P\{\theta<\overline{\theta}\}=1-\alpha. \tag{3.9}$$

从而得到形如 $(\underline{\theta},+\infty)$ 或 $(-\infty,\overline{\theta})$ 的置信区间.

例如，对产品设备、电子元件等来说，我们关心的是平均寿命的置信下限，而在讨论产品的废品率时，我们感兴趣的是其置信上限. 于是，我们引入单侧置信区间.

定义 2 设 θ 为总体分布的未知参数，$X_1, X_2, \cdots, X_n$ 是取自总体 X 的一个样本，对给定的数 $1-\alpha\ (0<\alpha<1)$，若存在统计量

$$\underline{\theta}=\underline{\theta}(X_1, X_2, \cdots, X_n),$$

满足

$$P\{\underline{\theta}<\theta\}=1-\alpha,$$

则称 $(\underline{\theta},+\infty)$ 为 θ 的置信度为 $1-\alpha$ 的**单侧置信区间**，称 $\underline{\theta}$ 为 θ 的**单侧置信下限**；若存在统计量

$$\overline{\theta}=\overline{\theta}(X_1, X_2, \cdots, X_n),$$

满足

$$P\{\theta<\overline{\theta}\}=1-\alpha,$$

则称 $(-\infty,\overline{\theta})$ 为 θ 的置信度为 $1-\alpha$ 的**单侧置信区间**，称 $\overline{\theta}$ 为 θ 的**单侧置信上限**.

例 3 从一批灯泡中随机地抽取 5 只做寿命试验，测得其寿命如下(单位：小时)：

1 050　　1 100　　1 120　　1 250　　1 280

已知这批灯泡寿命 $X\sim N(\mu,\sigma^2)$，求平均寿命 μ 的置信度为 95% 的单侧置信下限.

解 由
$$T=\frac{\overline{X}-\mu}{S/\sqrt{n}}\sim t(n-1),$$
对于给定置信度$1-\alpha$，有
$$P\left\{\frac{\overline{X}-\mu}{S/\sqrt{n}}<t_{\alpha}(n-1)\right\}=1-\alpha,$$
即
$$P\left\{\mu>\overline{X}-t_{\alpha}(n-1)\frac{S}{\sqrt{n}}\right\}=1-\alpha,$$
可得μ的置信度为$1-\alpha$的单侧置信下限为$\overline{X}-t_{\alpha}(n-1)\dfrac{S}{\sqrt{n}}$，由题设数据计算，得
$$\bar{x}=1\,160,\ s\approx 99.75,\ n=5,\ \alpha=0.05.$$
查表得$t_{0.05}(4)=2.1318$，从而平均寿命μ的置信度为95%的置信下限为
$$\bar{x}-t_{\alpha}(n-1)\frac{s}{\sqrt{n}}\approx 1\,064.9.$$
也就是说，该批灯泡的平均寿命在1 064.9小时以上，可靠程度为95%. ■

习题 6-3

1. 对参数的一种区间估计及一组样本观察值$(x_1, x_2, \cdots, x_n)$来说，下列结论中正确的是(　　).

(A) 置信度越大，对参数取值范围估计越准确；

(B) 置信度越大，置信区间越长；

(C) 置信度越大，置信区间越短；

(D) 置信度大小与置信区间的长度无关.

2. 设(θ_1, θ_2)是参数θ的置信度为$1-\alpha$的区间估计，则以下结论正确的是(　　).

(A) 参数θ落在区间(θ_1, θ_2)之内的概率为$1-\alpha$；

(B) 参数θ落在区间(θ_1, θ_2)之外的概率为α；

(C) 区间(θ_1, θ_2)包含参数θ的概率为$1-\alpha$；

(D) 对不同的样本观察值，区间(θ_1, θ_2)的长度相同.

3. 设总体的期望μ和方差σ^2均存在，如何求μ的置信度为$1-\alpha$的置信区间？

4. 某总体的标准差$\sigma=3\,\text{cm}$，从中抽取40个个体，其样本平均数$\bar{x}=642\,\text{cm}$，试给出总体期望值μ的95%的置信上、下限(即置信区间的上、下限).

5. 某商店为了解居民对某种商品的需要，调查了100家住户，得出每户每月平均需求量为10 kg，方差为9，如果这个商店供应10 000户，试就居民对该种商品的平均需求量进行区间估计($\alpha=0.01$)，并依此考虑最少要准备多少这种商品才能以0.99的概率满足需求？

$n=100$　$\bar{x}=10$　$\sigma^2=9$　$P(\mu\le a)=0.99$

6. 观测了100棵“豫农一号”玉米穗位，经整理后得下表(组限不包括上限)：

分组编号	1	2	3	4	5
组限	70～80	80～90	90～100	100～110	110～120
组中值	75	85	95	105	115
频数	3	9	13	16	26

分组编号	6	7	8	9
组限	120～130	130～140	140～150	150～160
组中值	125	135	145	155
频数	20	7	4	2

试以95%的置信度，求出该品种玉米平均穗位的置信区间.

7. 某城镇抽样调查的500名应就业的人中，有13名待业者，试求该城镇的待业率p的置信度为0.95的置信区间.

8. 设$X_1, X_2, \cdots, X_n$为来自正态总体$N(\mu, \sigma^2)$的一个样本，求μ的置信度为$1-\alpha$的单侧置信限.

§6.4　正态总体的置信区间

与其它总体相比，正态总体参数的置信区间是最完善的，应用也最广泛. 在构造正态总体参数的置信区间的过程中，t分布、χ^2分布、F分布以及标准正态分布$N(0, 1)$扮演了重要角色.

本节介绍正态总体的置信区间，讨论下列情形：

(1) 单正态总体均值(方差已知)的置信区间；

(2) 单正态总体均值(方差未知)的置信区间；

(3) 单正态总体方差的置信区间；

(4) 双正态总体均值差(方差已知)的置信区间；

(5) 双正态总体均值差(方差未知但相等)的置信区间；

(6) 双正态总体方差比的置信区间.

一、单正态总体均值的置信区间(1)

设总体$X \sim N(\mu, \sigma^2)$，其中σ^2已知，而μ为未知参数，$X_1, X_2, \cdots, X_n$是取自总体X的一个样本.

对给定的置信水平$1-\alpha$，由上节例1中已经得到μ的置信区间

图6-4-1

$$\left(\overline{X}-u_{\alpha/2}\cdot\frac{\sigma}{\sqrt{n}},\ \overline{X}+u_{\alpha/2}\cdot\frac{\sigma}{\sqrt{n}}\right). \tag{4.1}$$

注: 由于标准正态分布具有对称性, 见图 6-4-1, 利用双侧分位数来计算未知参数的置信度为 $1-\alpha$ 的置信区间, 其区间长度在所有这类区间中是最短的.

事实上, 对给定的置信水平 $1-\alpha$, 对任意的 $\alpha_1>0$, $\alpha_2>0$, $\alpha_1+\alpha_2=\alpha$, 按定义, 凡满足 $P\left\{u_{1-\alpha_2}<\dfrac{\overline{X}-\mu}{\sigma/\sqrt{n}}<u_{\alpha_1}\right\}=1-\alpha$ 的区间 $\left(\overline{X}-u_{\alpha_1}\cdot\dfrac{\sigma}{\sqrt{n}},\overline{X}-u_{1-\alpha_2}\cdot\dfrac{\sigma}{\sqrt{n}}\right)$ 都是 μ 的置信区间, 见图 6-4-2, 但在所有这类区间中仅当 $\alpha_1=\alpha_2=\alpha/2$ 时的区间长度最短.

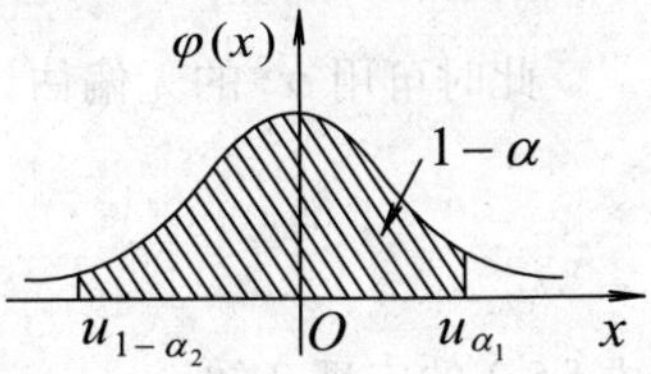

图 6-4-2

例 1　某旅行社为调查当地旅游者的平均消费额, 随机访问了 100 名旅游者, 得知平均消费额 $\bar{x}=80$ 元. 根据经验, 已知旅游者消费额服从正态分布, 且标准差 $\sigma=12$ 元, 求该地旅游者平均消费额 μ 的置信度为 95% 的置信区间.

解　对于给定的置信度

$$1-\alpha=0.95,\ \alpha=0.05,\ \alpha/2=0.025,$$

查标准正态分布表, $u_{0.025}=1.96$. 将数据 $n=100$, $\bar{x}=80$, $\sigma=12$, $u_{0.025}=1.96$ 代入式 (4.1), 计算得 μ 的置信度为 95% 的置信区间约为 (77.6, 82.4), 即在已知 $\sigma=12$ 的情形下, 可以 95% 的置信度认为每个旅游者的平均消费额在 77.6 元至 82.4 元之间. ■

例 2　设总体 $X\sim N(\mu,\sigma^2)$, 其中 μ 未知, $\sigma^2=4$, $X_1,\cdots,X_n$ 为其样本.

(1) 当 $n=16$ 时, 试求置信度分别为 0.9 及 0.95 的 μ 的置信区间的长度.

(2) n 多大方能使 μ 的 90% 的置信区间的长度不超过 1?

(3) n 多大方能使 μ 的 95% 的置信区间的长度不超过 1?

解　(1) 记 μ 的置信区间长度为 Δ, 则

$$\Delta=\left(\overline{X}+u_{\alpha/2}\cdot\frac{\sigma}{\sqrt{n}}\right)-\left(\overline{X}-u_{\alpha/2}\cdot\frac{\sigma}{\sqrt{n}}\right)=2u_{\alpha/2}\cdot\frac{\sigma}{\sqrt{n}}.$$

于是, 当 $1-\alpha=90\%$ 时, $\Delta=2\times1.65\times\dfrac{2}{\sqrt{16}}=1.65$,

当 $1-\alpha=95\%$ 时, $\Delta=2\times1.96\times\dfrac{2}{\sqrt{16}}=1.96$.

(2) 欲使 $\Delta\le1$, 即 $2u_{\alpha/2}\cdot\dfrac{\sigma}{\sqrt{n}}\le1$, 必须 $n\ge(2\sigma u_{\alpha/2})^2$, 于是, 当 $1-\alpha=90\%$ 时, $n\ge(2\times2\times1.65)^2$, 即 $n\ge44$.

也就是说, 样本容量 n 至少为 44 时, μ 的 90% 的置信区间的长度不超过 1.

(3) 当 $1-\alpha=95\%$ 时, 类似可得 $n\ge62$. ■

注: ① 在样本容量一定的条件下, 置信度越高, 则置信区间越长, 估计精度越低.

② 在置信区间的长度即估计精度不变的条件下, 要提高置信度, 就必须加大样本的容量 n, 以获得总体更多的信息.

二、单正态总体均值的置信区间 (2)

设总体 $X \sim N(\mu, \sigma^2)$, 其中 μ, σ^2 未知, $X_1, X_2, \cdots, X_n$ 是取自总体 X 的一个样本.

此时可用 σ^2 的无偏估计 S^2 代替 σ^2, 构造枢轴变量

$$T = \frac{\overline{X} - \mu}{S / \sqrt{n}},$$

由 §5.3 的定理 3 知

$$T = \frac{\overline{X} - \mu}{S / \sqrt{n}} \sim t(n-1).$$

对给定的置信水平 $1-\alpha$, 由

$$P\left\{-t_{\alpha/2}(n-1) < \frac{\overline{X} - \mu}{S / \sqrt{n}} < t_{\alpha/2}(n-1)\right\} = 1-\alpha,$$

即

$$P\left\{\overline{X} - t_{\alpha/2}(n-1) \cdot \frac{S}{\sqrt{n}} < \mu < \overline{X} + t_{\alpha/2}(n-1) \cdot \frac{S}{\sqrt{n}}\right\} = 1-\alpha,$$

因此, 均值 μ 的 $1-\alpha$ 的置信区间为

$$\left(\overline{X} - t_{\alpha/2}(n-1) \cdot \frac{S}{\sqrt{n}},\ \overline{X} + t_{\alpha/2}(n-1) \cdot \frac{S}{\sqrt{n}}\right). \tag{4.2}$$

例3 某旅行社随机访问了25名旅游者, 得知平均消费额 $\overline{x} = 80$ 元, 样本标准差 $s = 12$ 元, 已知旅游者消费额服从正态分布, 求旅游者平均消费额 μ 的 95% 的置信区间.

解 对于给定的置信度 95% $(\alpha = 0.05)$, 有

$$t_{\alpha/2}(n-1) = t_{0.025}(24) = 2.063\,9.$$

将 $\overline{x} = 80, s = 12, n = 25, t_{0.025}(24) = 2.063\,9$, 代入式 (4.2) 得 μ 的置信度为 95% 的置信区间约为 (75.05, 84.95), 即在 σ^2 未知的情况下, 估计每个旅游者的平均消费额在 75.05 元至 84.95 元之间, 这个估计的可靠度是 95%. ■

注: 与例 1 相比, 在标准差 σ 未知时, 用样本的标准差 S 给出的置信区间偏差不太大.

例4 有一大批袋装糖果. 现从中随机地取16袋, 称得重量 (以克计) 如下:

506 508 499 503 504 510 497 512 514 505 493 496 506 502 509 496

设袋装糖果的重量近似地服从正态分布, 试求总体均值 μ 的置信水平为 0.95 的置信区间.

解 $1-\alpha = 0.95$, $\alpha/2 = 0.025$, $n-1 = 15$, $t_{0.025}(15) = 2.131\,5$.

由题设数据算得 $\bar{x}=503.75$, $s\approx 6.202\,2$, 可得到均值 μ 的一个置信水平为 0.95 的置信区间为 $\left(503.75\pm\frac{6.202\,2}{\sqrt{16}}\times 2.131\,5\right)$, 即 (500.4, 507.1).

这就是说, 估计袋装糖果重量的均值在500.4克与507.1克之间, 这个估计的可信程度为95%. 若以此区间内任一值作为 μ 的近似值, 其误差不大于

$$\frac{6.202\,2}{\sqrt{16}}\times 2.131\,5\times 2\approx 6.61\ (\text{克}),$$

这个误差估计的可信程度为95%. ■

三、单正态总体方差的置信区间

上面给出了总体均值 μ 的区间估计, 在实际问题中要考虑精度或稳定性时, 需要对正态总体的方差 σ^2 进行区间估计.

设总体 $X\sim N(\mu,\sigma^2)$, 其中 μ,σ^2 未知, $X_1, X_2, \cdots, X_n$ 是取自总体 X 的一个样本. 求方差 σ^2 的置信度为 $1-\alpha$ 的置信区间. σ^2 的无偏估计为 S^2, 由§5.3的定理2知

$$\frac{n-1}{\sigma^2}S^2\sim\chi^2(n-1).$$

对给定的置信水平 $1-\alpha$, 由

$$P\left\{\chi^2_{1-\alpha/2}(n-1)<\frac{n-1}{\sigma^2}S^2<\chi^2_{\alpha/2}(n-1)\right\}=1-\alpha,$$

得
$$P\left\{\frac{(n-1)S^2}{\chi^2_{\alpha/2}(n-1)}<\sigma^2<\frac{(n-1)S^2}{\chi^2_{1-\alpha/2}(n-1)}\right\}=1-\alpha.$$

于是, 方差 σ^2 的 $1-\alpha$ 的置信区间为

$$\left(\frac{(n-1)S^2}{\chi^2_{\alpha/2}(n-1)},\ \frac{(n-1)S^2}{\chi^2_{1-\alpha/2}(n-1)}\right), \tag{4.3}$$

而标准差 σ 的 $1-\alpha$ 的置信区间为

$$\left(\sqrt{\frac{(n-1)S^2}{\chi^2_{\alpha/2}(n-1)}},\ \sqrt{\frac{(n-1)S^2}{\chi^2_{1-\alpha/2}(n-1)}}\right). \tag{4.4}$$

例5 为考察某大学成年男性的胆固醇水平, 现抽取了样本容量为25的一样本, 并测得样本均值 $\bar{x}=186$, 样本标准差 $s=12$. 假定所论胆固醇水平 $X\sim N(\mu,\sigma^2)$, μ 与 σ^2 均未知. 试分别求出 μ 以及 σ 的90%的置信区间.

解 μ 的 $1-\alpha$ 的置信区间为 $\left(\bar{X}\pm t_{\alpha/2}(n-1)\cdot\frac{S}{\sqrt{n}}\right)$; $\bar{x}=186$, $s=12$, $n=25$, $\alpha=$

0.1, 查表得 $t_{0.1/2}(25-1)=1.7109$, 于是

$$t_{\alpha/2}(n-1)\cdot\frac{s}{\sqrt{n}}=1.7109\times\frac{12}{\sqrt{25}}\approx 4.106.$$

从而 μ 的 90% 的置信区间为 (186 ± 4.106), 即 $(181.894, 190.106)$.

σ 的 $1-\alpha$ 的置信区间为

$$\left(\sqrt{\frac{(n-1)S^2}{\chi^2_{\alpha/2}(n-1)}},\ \sqrt{\frac{(n-1)S^2}{\chi^2_{1-\alpha/2}(n-1)}}\right).$$

查表得 $\chi^2_{0.1/2}(25-1)=36.42,\quad \chi^2_{1-0.1/2}(25-1)=13.85.$

于是, 置信下限为 $\sqrt{\dfrac{24\times 12^2}{36.42}}\approx 9.74$, 置信上限为 $\sqrt{\dfrac{24\times 12^2}{13.85}}\approx 15.80$.

所求 σ 的 90% 的置信区间为 $(9.74,\ 15.80)$. ■

四、双正态总体均值差的置信区间(1)

在实际问题中, 往往需要知道两个正态总体均值之间或方差之间是否有差异, 从而要研究两个正态总体的均值差或者方差比的置信区间.

设 $\overline{X}$ 是总体 $N(\mu_1, \sigma_1^2)$ 的容量为 n_1 的样本均值, $\overline{Y}$ 是总体 $N(\mu_2, \sigma_2^2)$ 的容量为 n_2 的样本均值, 且两总体相互独立, 其中 σ_1^2, σ_2^2 已知.

因 $\overline{X}$ 与 $\overline{Y}$ 分别是 μ_1 与 μ_2 的无偏估计, 由§5.3的定理4知

$$\frac{(\overline{X}-\overline{Y})-(\mu_1-\mu_2)}{\sqrt{\sigma_1^2/n_1+\sigma_2^2/n_2}}\sim N(0,\ 1).$$

对给定的置信水平 $1-\alpha$, 由

$$P\left\{\left|\frac{(\overline{X}-\overline{Y})-(\mu_1-\mu_2)}{\sqrt{\sigma_1^2/n_1+\sigma_2^2/n_2}}\right|<u_{\alpha/2}\right\}=1-\alpha,$$

可导出 $\mu_1-\mu_2$ 的置信度为 $1-\alpha$ 的置信区间为

$$\left(\overline{X}-\overline{Y}-u_{\alpha/2}\cdot\sqrt{\frac{\sigma_1^2}{n_1}+\frac{\sigma_2^2}{n_2}},\ \ \overline{X}-\overline{Y}+u_{\alpha/2}\cdot\sqrt{\frac{\sigma_1^2}{n_1}+\frac{\sigma_2^2}{n_2}}\right). \tag{4.5}$$

例6 2003年在某地区分行业调查职工平均工资情况: 已知体育、卫生、社会福利事业职工工资 X(单位:元) $\sim N(\mu_1,\ 218^2)$; 文教、艺术、广播事业职工工资 Y(单位:元) $\sim N(\mu_2,\ 227^2)$, 从总体 X 中调查25人, 平均工资1 286元, 从总体 Y 中调查30人, 平均工资1 272元, 求这两大类行业职工平均工资之差的 99% 的置信区间.

解 由于 $1-\alpha=0.99$, 故 $\alpha=0.01$, 查表得 $u_{0.005}=2.576$, 又 $n_1=25$, $n_2=30$,

$\sigma_1^2=218^2$, $\sigma_2^2=227^2$, $\bar{x}=1\,286$, $\bar{y}=1\,272$, 于是, $\mu_1-\mu_2$ 的置信度为 99% 的置信区间约为 $[-140.96, 168.96]$, 即两大类行业职工平均工资之差在 $-140.96\sim168.96$ 元之间, 这个估计的置信度为 99%. ■

注: 两正态总体均值差的置信区间意义在于: 如果 $\mu_1-\mu_2$ 的置信区间的下限大于零, 则认为 $\mu_1>\mu_2$; 如果 $\mu_1-\mu_2$ 的置信区间的上限小于零, 则认为 $\mu_1<\mu_2$.

五、双正态总体均值差的置信区间 (2)

设 $\bar{X}$ 是总体 $N(\mu_1,\sigma^2)$ 的容量为 n_1 的样本均值, $\bar{Y}$ 是总体 $N(\mu_2,\sigma^2)$ 的容量为 n_2 的样本均值, 且两总体相互独立, 其中 μ_1,μ_2 及 σ 未知. 由§5.3 的定理 4 知

$$T=\frac{(\bar{X}-\bar{Y})-(\mu_1-\mu_2)}{S_w\sqrt{1/n_1+1/n_2}}\sim t(n_1+n_2-2),$$

其中
$$S_w^2=\frac{n_1-1}{n_1+n_2-2}S_1^2+\frac{n_2-1}{n_1+n_2-2}S_2^2.$$

对给定的置信水平 $1-\alpha$, 根据 t 分布的对称性, 由

$$P\{|T|<t_{\alpha/2}(n_1+n_2-2)\}=1-\alpha,$$

可导出 $\mu_1-\mu_2$ 的 $1-\alpha$ 的置信区间为

$$\left((\bar{X}-\bar{Y})-t_{\alpha/2}(n_1+n_2-2)\cdot S_w\sqrt{\frac{1}{n_1}+\frac{1}{n_2}},\right.$$
$$\left.(\bar{X}-\bar{Y})+t_{\alpha/2}(n_1+n_2-2)\cdot S_w\sqrt{\frac{1}{n_1}+\frac{1}{n_2}}\right). \tag{4.6}$$

例 7 A, B 两个地区种植同一型号的小麦. 现抽取了 19 块面积相同的麦田, 其中 9 块属于地区 A, 另外 10 块属于地区 B, 测得它们的小麦产量 (以 kg 计) 分别如下:

地区 A: 100 105 110 125 110 98 105 116 112

地区 B: 101 100 105 115 111 107 106 121 102 92

设地区 A 的小麦产量 $X\sim N(\mu_1,\sigma^2)$, 地区 B 的小麦产量 $Y\sim N(\mu_2,\sigma^2)$, μ_1,μ_2,σ^2 均未知. 试求这两个地区小麦的平均产量之差 $\mu_1-\mu_2$ 的 90% 的置信区间.

解 由题意知, 所求置信区间的两个端点分别为

$$(\bar{X}-\bar{Y})\pm t_{\alpha/2}(n_1+n_2-2)\cdot S_w\cdot\sqrt{\frac{1}{n_1}+\frac{1}{n_2}}.$$

由 $\alpha=0.1$, $n_1=9$, $n_2=10$ 查表得 $t_{0.1/2}(17)=1.739\,6$, 按已给数据计算得

$$\bar{x}=109,\quad \bar{y}=106,\quad s_1^2=\frac{550}{8},\quad s_2^2=\frac{606}{9},$$

$$s_w^2=\frac{(n_1-1)s_1^2+(n_2-1)s_2^2}{n_1+n_2-2}=68,\quad s_w\approx 8.246,$$

于是，置信下限为

$$(109-106)-1.739\,6\times 8.246\times\sqrt{\frac{1}{9}+\frac{1}{10}}\approx -3.59,$$

置信上限为

$$(109-106)+1.739\,6\times 8.246\times\sqrt{\frac{1}{9}+\frac{1}{10}}\approx 9.59.$$

故均值差 $\mu_1-\mu_2$ 的 90% 的置信区间为 $(-3.59, 9.59)$. ■

六、双正态总体方差比的置信区间

设 S_1^2 是总体 $N(\mu_1, \sigma_1^2)$ 的容量为 n_1 的样本方差，S_2^2 是总体 $N(\mu_2, \sigma_2^2)$ 的容量为 n_2 的样本方差，且两总体相互独立，其中 $\mu_1, \sigma_1^2, \mu_2, \sigma_2^2$ 未知. S_1^2 与 S_2^2 分别是 σ_1^2 与 σ_2^2 的无偏估计，由§5.3 的定理 4 知

$$F=\left(\frac{\sigma_2}{\sigma_1}\right)^2\frac{S_1^2}{S_2^2}\sim F(n_1-1,\ n_2-1),$$

对给定的置信水平 $1-\alpha$，由

$$P\{F_{1-\alpha/2}(n_1-1,\ n_2-1)<F<F_{\alpha/2}(n_1-1,\ n_2-1)\}=1-\alpha,$$

$$P\left\{\frac{1}{F_{\alpha/2}(n_1-1,\ n_2-1)}\cdot\frac{S_1^2}{S_2^2}<\frac{\sigma_1^2}{\sigma_2^2}<\frac{1}{F_{1-\alpha/2}(n_1-1,\ n_2-1)}\cdot\frac{S_1^2}{S_2^2}\right\}=1-\alpha,$$

可导出方差比 σ_1^2/σ_2^2 的 $1-\alpha$ 的置信区间为

$$\left(\frac{1}{F_{\alpha/2}(n_1-1,\ n_2-1)}\cdot\frac{S_1^2}{S_2^2},\ \frac{1}{F_{1-\alpha/2}(n_1-1, n_2-1)}\cdot\frac{S_1^2}{S_2^2}\right).\tag{4.7}$$

例 8　某钢铁公司的管理人员为比较新旧两个电炉的温度状况，他们抽取了新电炉的 31 个温度数据及旧电炉的 25 个温度数据，并计算得样本方差分别为 $s_1^2=75$ 及 $s_2^2=100$. 设新电炉的温度 $X\sim N(\mu_1, \sigma_1^2)$，旧电炉的温度 $Y\sim N(\mu_2, \sigma_2^2)$. 试求 σ_1^2/σ_2^2 的 95% 的置信区间.

解　σ_1^2/σ_2^2 的 $1-\alpha$ 的置信区间的两个端点分别是

$$(F_{\alpha/2}(n_1-1,\ n_2-1))^{-1}\cdot\frac{s_1^2}{s_2^2}\ 与\ F_{\alpha/2}(n_2-1,\ n_1-1)\cdot\frac{s_1^2}{s_2^2}.$$

$$\alpha=0.05,\quad n_1=31,\quad n_2=25,$$

查表得

$$F_{0.05/2}(30, 24)=2.21, \quad F_{0.05/2}(24, 30)=2.14.$$

于是，置信下限为

$$\frac{1}{2.21}\times\frac{75}{100}\approx 0.34,$$

置信上限为

$$2.14\times\frac{75}{100}\approx 1.61,$$

所求置信区间为(0.34, 1.61). ■

表 6-4-1 和表 6-4-2 分别总结了有关单正态总体参数和双正态总体参数的置信区间，以方便查用.

表 6－4－1　单正态总体参数的置信区间

待估参数	条件	枢轴变量	分布	双侧置信区间	单侧置信下、上限
均值 μ	σ^2 已知	$\dfrac{\overline{X}-\mu}{\sigma/\sqrt{n}}$	$N(0,1)$	$\left(\overline{X}-u_{\alpha/2}\cdot\dfrac{\sigma}{\sqrt{n}},\ \overline{X}+u_{\alpha/2}\cdot\dfrac{\sigma}{\sqrt{n}}\right)$	$\overline{X}-u_{\alpha}\cdot\dfrac{\sigma}{\sqrt{n}}$ $\overline{X}+u_{\alpha}\cdot\dfrac{\sigma}{\sqrt{n}}$
均值 μ	σ^2 未知	$\dfrac{\overline{X}-\mu}{S/\sqrt{n}}$	$t(n-1)$	$\left(\overline{X}-t_{\alpha/2}(n-1)\cdot\dfrac{S}{\sqrt{n}},\ \overline{X}+t_{\alpha/2}(n-1)\cdot\dfrac{S}{\sqrt{n}}\right)$	$\overline{X}-t_{\alpha}(n-1)\cdot\dfrac{S}{\sqrt{n}}$ $\overline{X}+t_{\alpha}(n-1)\cdot\dfrac{S}{\sqrt{n}}$
方差 σ^2	μ 已知	$\dfrac{\sum_{i=1}^{n}(X_i-\mu)^2}{\sigma^2}$	$\chi^2(n)$	$\left(\dfrac{\sum_{i=1}^{n}(X_i-\mu)^2}{\chi^2_{\alpha/2}(n)},\ \dfrac{\sum_{i=1}^{n}(X_i-\mu)^2}{\chi^2_{1-\alpha/2}(n)}\right)$	$\sum_{i=1}^{n}(X_i-\mu)^2/\chi^2_{\alpha}(n)$ $\sum_{i=1}^{n}(X_i-\mu)^2/\chi^2_{1-\alpha}(n)$
方差 σ^2	μ 未知	$\dfrac{(n-1)S^2}{\sigma^2}$	$\chi^2(n-1)$	$\left(\dfrac{(n-1)S^2}{\chi^2_{\alpha/2}(n-1)},\ \dfrac{(n-1)S^2}{\chi^2_{1-\alpha/2}(n-1)}\right)$	$(n-1)S^2/\chi^2_{\alpha}(n-1)$ $(n-1)S^2/\chi^2_{1-\alpha}(n-1)$

表 6-4-2　　双正态总体参数的置信区间

待估参数	条件	枢轴变量	分布	双侧置信区间	单侧置信下、上限
均值差 $\mu_1-\mu_2$	σ_1^2,σ_2^2 均已知	$\dfrac{(\overline{X}-\overline{Y})-(\mu_1-\mu_2)}{\sqrt{\sigma_1^2/n_1+\sigma_2^2/n_2}}$	$N(0,1)$	$\left((\overline{X}-\overline{Y})-u_{\alpha/2}\sqrt{\dfrac{\sigma_1^2}{n_1}+\dfrac{\sigma_2^2}{n_2}},\ (\overline{X}-\overline{Y})+u_{\alpha/2}\sqrt{\dfrac{\sigma_1^2}{n_1}+\dfrac{\sigma_2^2}{n_2}}\right)$	$(\overline{X}-\overline{Y})-u_{\alpha}\sqrt{\dfrac{\sigma_1^2}{n_1}+\dfrac{\sigma_2^2}{n_2}}$ $(\overline{X}-\overline{Y})+u_{\alpha}\sqrt{\dfrac{\sigma_1^2}{n_1}+\dfrac{\sigma_2^2}{n_2}}$
均值差 $\mu_1-\mu_2$	σ_1^2,σ_2^2 均未知 但 $\sigma_1^2=\sigma_2^2$	$\dfrac{(\overline{X}-\overline{Y})-(\mu_1-\mu_2)}{S_w\sqrt{1/n_1+1/n_2}}$ 其中 S_w^2 为 $\dfrac{(n_1-1)S_1^2+(n_2-1)S_2^2}{n_1+n_2-2}$	$t(n_1+n_2-2)$	$\left((\overline{X}-\overline{Y})-t_{\alpha/2}(n_1+n_2-2)\cdot S_w\sqrt{\dfrac{1}{n_1}+\dfrac{1}{n_2}},\ (\overline{X}-\overline{Y})+t_{\alpha/2}(n_1+n_2-2)\cdot S_w\sqrt{\dfrac{1}{n_1}+\dfrac{1}{n_2}}\right)$	$(\overline{X}-\overline{Y})-t_{\alpha}(n_1+n_2-2)\cdot S_w\sqrt{\dfrac{1}{n_1}+\dfrac{1}{n_2}}$ $(\overline{X}-\overline{Y})+t_{\alpha}(n_1+n_2-2)\cdot S_w\sqrt{\dfrac{1}{n_1}+\dfrac{1}{n_2}}$
方差比 σ_1^2/σ_2^2	μ_1,μ_2 均未知	$\dfrac{S_1^2/\sigma_1^2}{S_2^2/\sigma_2^2}$	$F(n_1-1,n_2-1)$	$\left(\dfrac{1}{F_{\alpha/2}(n_1-1,n_2-1)}\cdot\dfrac{S_1^2}{S_2^2},\ F_{\alpha/2}(n_2-1,n_1-1)\cdot\dfrac{S_1^2}{S_2^2}\right)$	$\dfrac{1}{F_{\alpha}(n_1-1,n_2-1)}\cdot\dfrac{S_1^2}{S_2^2}$ $F_{\alpha}(n_2-1,n_1-1)\cdot\dfrac{S_1^2}{S_2^2}$

习题 6-4

1. 已知灯泡寿命的标准差 $\sigma=50$ 小时，抽出 25 个灯泡检验，得平均寿命 $\bar{x}=500$ 小时，试以 95% 的可靠性对灯泡的平均寿命进行区间估计 (假设灯泡寿命服从正态分布).

2. 一个随机样本来自正态总体 X，总体标准差 $\sigma=1.5$，抽样前希望有 95% 的置信水平使得 μ 的估计的置信区间长度为 $L=1.7$，试问应抽取多大的一个样本？

3. 设某种电子管的使用寿命服从正态分布. 从中随机抽取15 个进行检验，得平均使用寿命为1 950 小时，标准差 s 为 300 小时. 以 95% 的可靠性估计整批电子管平均使用寿命的置信上、下限.

4. 人的身高服从正态分布，从初一女生中随机抽取 6 名，测得身高如下 (单位 : cm)：

149　158.5　152.5　165　157　142

求初一女生平均身高的置信区间 ($\alpha=0.05$).

5. 某大学数学测验，抽得 20 个学生的分数平均数 $\bar{x}=72$，样本方差 $s^2=16$，假设分数服从正态分布，求 σ^2 的置信度为 98% 的置信区间.

6. 随机地取某种炮弹 9 发做试验，得炮口速度的样本标准差 $s=11$ (m/s). 设炮口速度服从正态分布，求这种炮弹的炮口速度的标准差 σ 的置信度为 0.95 的置信区间.

7. 设来自总体 $N(\mu_1,16)$ 的一容量为15 的样本，其样本均值 $\bar{x}_1=14.6$；来自总体 $N(\mu_2,9)$ 的一容量为 20 的样本，其样本均值 $\bar{x}_2=13.2$；并且两样本是相互独立的，试求 $\mu_1-\mu_2$ 的 90% 的置信区间.

8. 物理系学生可选择一学期 3 学分没有实验课，也可选一学期 4 学分有实验课. 期末考试每一章节都考得一样，若有上实验课的12 个学生平均考分为 84，标准差为 4，没上实验课的 18 个学生平均考分为 77，标准差为6，假设总体均为正态分布且其方差相等，求两种课程平均分数差的置信度为99% 的置信区间.

9. 随机地从 A 批导线中抽取 4 根，又从 B 批导线中抽取 5 根，测得电阻 (欧) 为

A 批导线	0.143	0.142	0.143	0.137	
B 批导线	0.140	0.142	0.136	0.138	0.140

设测定数据分别来自分布 $N(\mu_1,\sigma^2)$, $N(\mu_2,\sigma^2)$，且两样本相互独立. 又 μ_1,μ_2,σ^2 均为未知，试求 $\mu_1-\mu_2$ 的置信水平为 0.95 的置信区间.

10. 设两位化验员 A, B 独立地对某种聚合物含氯量用相同的方法各做10 次测定，其测定值的样本方差依次为 $s_A^2=0.541\,9$, $s_B^2=0.606\,5$. 设 σ_A^2,σ_B^2 分别为 A, B 所测定的测定值的总体方差，又设总体均为正态的，两样本独立. 求方差比 σ_A^2/σ_B^2 的置信水平为 0.95 的置信区间.

$$\frac{\sigma_A^2}{\sigma_B^2}\in\left(\frac{S_A^2}{S_B^2}\cdot\frac{1}{F_{\frac{\alpha}{2}}(n_A-1,n_B-1)},\ \frac{S_A^2}{S_B^2}\cdot\frac{1}{F_{1-\frac{\alpha}{2}}(n_A-1,n_B-1)}\right)$$

$n_A=n_B=10$　$S_A^2=0.5419$　$S_B^2=0.6065$　$F_{0.025}(9,9)=4.03$, $F_{0.975}(9,9)=\frac{1}{F_{0.025}(9,9)}$

总 习 题 六

1. 设总体 X 服从参数为 λ^{-1} ($\lambda>0$) 的指数分布，$X_1, X_2, \cdots, X_n$ 为一随机样本，令

$$Y=\min\{X_1,X_2,\cdots,X_n\},$$

问常数 c 为何值时, 才能使 cY 是 λ 的无偏估计量.

2. 设 $X_1,X_2,\cdots,X_n$ 是来自总体 X 的一个样本, 设 $E(X)=\mu$, $D(X)=\sigma^2$.

(1) 确定常数 c, 使 $c\sum\limits_{i=1}^{n-1}(X_{i+1}-X_i)^2$ 为 σ^2 的无偏估计;

(2) 确定常数 c, 使 $(\overline{X})^2-cS^2$ 是 μ^2 的无偏估计 ($\overline{X}$, S^2 分别是样本均值和样本方差).

3. 设 X_1,X_2,X_3,X_4 是来自均值为 θ 的指数分布总体的样本, 其中 θ 未知. 设有估计量

$$T_1=\frac{1}{6}(X_1+X_2)+\frac{1}{3}(X_3+X_4),\ T_2=\frac{X_1+2X_2+3X_3+4X_4}{5},\ T_3=\frac{X_1+X_2+X_3+X_4}{4}.$$

(1) 指出 T_1,T_2,T_3 中哪几个是 θ 的无偏估计量;

(2) 在上述 θ 的无偏估计中指出一个较为有效的.

4. 设从均值为 μ, 方差为 $\sigma^2>0$ 的总体中, 分别抽取容量为 n_1,n_2 的两独立样本, $\overline{X}_1$ 和 $\overline{X}_2$ 分别是两样本的均值. 试证: 对于任意常数 $a,b\,(a+b=1)$, $Y=a\overline{X}_1+b\overline{X}_2$ 都是 μ 的无偏估计; 并确定常数 a,b, 使 $D(Y)$ 达到最小.

5. 设有一批产品, 为估计其废品率 p, 随机取一样本 $X_1,X_2,\cdots,X_n$, 其中

$$X_i=\begin{cases}1, & \text{取得废品}\\ 0, & \text{取得合格品}\end{cases},\ i=1,2,\cdots,n,$$

证明: $\hat{p}=\overline{X}=\dfrac{1}{n}\sum\limits_{i=1}^{n}X_i$ 是 p 的一致无偏估计量(即同时满足一致性与无偏性的估计量).

6. 设总体 $X\sim b(k,p)$, k 是正整数, $0<p<1$, k, p 都未知, $X_1,X_2,\cdots,X_n$ 是一样本, 试求 k 和 p 的矩估计.

7. 求泊松分布中参数 λ 的最大似然估计.

8. 已知总体 X 的概率分布为

$$P\{X=k\}=\mathrm{C}_2^k(1-\theta)^k\theta^{2-k},\ k=0,1,2,$$

求参数 θ 的矩估计.

9. 设总体 X 的概率密度为

$$f(x)=\begin{cases}(\theta+1)x^{\theta}, & 0<x<1\\ 0, & \text{其它}\end{cases},$$

其中 $\theta(\theta>-1)$ 是未知参数, $X_1,X_2,\cdots,X_n$ 为一个样本, 试求参数 θ 的矩估计量和最大似然估计量.

10. 设 X 具有分布密度

$$f(x;\theta)=\begin{cases}\dfrac{\theta^x e^{-\theta}}{x!}, & x=0,1,2,\cdots\\ 0, & \text{其它}\end{cases},\quad 0<\theta<+\infty,$$

$X_1,X_2,\cdots,X_n$ 是 X 的一个样本, 求 θ 的最大似然估计量.

11. 设使用某种仪器对同一量进行了 12 次独立的测量, 其数据 (单位: 毫米) 如下:

232.50 232.48 232.15 232.53 232.45 232.30

232.48 232.05 232.45 232.60 232.47 232.30

试用矩估计法估计测量值的均值与方差(设仪器无系统误差).

12. 设总体 X 服从二项分布

$$P\{X=k\}=\mathrm{C}_n^k p^k(1-p)^{n-k},\ k=0,1,2,\cdots,n.$$

X_1 为其一个样本, 试求 p^2 的无偏估计量.

13. 设 $X_1, X_2, \cdots, X_n$ 是来自总体 X 的随机样本, 试证估计量

$$\overline{X}=\frac{1}{n}\sum_{i=1}^{n}X_i \text{ 和 } Y=\sum_{i=1}^{n}c_i X_i\left(c_i\geq 0 \text{ 为常数}, \sum_{i=1}^{n}c_i=1\right)$$

都是总体期望 $E(X)$ 的无偏估计, 但 $\overline{X}$ 比 Y 有效.

14. 设 $X_1, X_2, \cdots, X_n$ 是总体 $U(0,\theta)$ 的一个样本, 证明: $\hat{\theta}_1=2\overline{X}$ 和 $\hat{\theta}_2=\dfrac{n+1}{n}X_{(n)}$ 是 θ 的相合估计.

15. 某面粉厂接到许多顾客的订货, 厂内采用自动流水线灌装面粉, 按每袋 25 千克出售. 现从中随机地抽取 50 袋, 其结果如下:

25.8	24.7	25.0	24.9	25.1	25.0	25.2	24.8	25.4	25.3
23.1	25.4	24.9	25.0	24.6	25.0	25.1	25.3	24.9	24.8
24.6	21.1	25.4	24.9	24.8	25.3	25.0	25.1	24.7	25.0
24.7	25.3	25.2	24.8	25.1	24.7	25.0	25.3	24.9	
25.0	25.3	25.0	25.1	24.7	25.3	25.1	24.9	25.2	25.1

试求该厂自动流水线灌装袋重总体 X 的期望的点估计值和期望的置信区间(置信度为 0.95).

16. 在一批货物的容量为100 的样本中, 经检验发现有 16 只次品, 试求这批货物次品率的置信度为 0.95 的置信区间.

17. 在某校的一个班体检记录中, 随意抄录 25 名男生的身高数据, 测得平均身高为170 厘米, 标准差为12厘米, 试求该班男生的平均身高 μ 和身高的标准差 σ 的置信度为 0.95 的置信区间(假设身高近似服从正态分布).

18. 为研究某种汽车轮胎的磨损特性, 随机地选择16 只轮胎, 每只轮胎行驶到磨坏为止. 记录所行驶的路程 (以千米计) 如下:

41 250	40 187	43 175	41 010	39 265	41 872	42 654	41 287
38 970	40 200	42 550	41 095	40 680	43 500	39 775	40 440

假设这些数据来自正态总体 $N(\mu,\sigma^2)$. 其中 μ, σ^2 未知, 试求 μ 的置信水平为 0.95 的单侧置信下限.

19. 某车间生产钢丝, 设钢丝折断力服从正态分布, 现随机地抽取10根, 检查折断力, 得数据如下 (单位: N):

578 572 570 568 572 570 570 572 596 584

试求钢丝折断力方差的置信区间和置信上限(置信度为 0.95).

20. 设某批铝材料比重 X 服从正态分布 $N(\mu,\sigma^2)$, 现测量它的比重16 次, 算得 $\bar{x}=2.705$, $s=0.029$, 分别求 μ 和 σ^2 的置信度为 0.95 的置信区间.

21. 某公司欲估计自己生产的电池寿命. 现从其产品中随机抽取 50 只电池做寿命试验.

这些电池的寿命的平均值 $\bar{x}=2.266$ (单位 : 100 小时), $s=1.935$. 求该公司生产的电池平均寿命的置信度为 95% 的置信区间.

22. 某印染厂在配制一种染料时, 在 40 次试验中成功了 34 次, 求配制成功的概率 p 的置信度为 0.95 的置信区间.

23. 两家电影公司出品的影片放映时间如下表所示, 假设放映时间均服从正态分布, 求两家电影公司的影片放映时间方差比的置信度为 90% 的置信区间.

	时间 / 分钟						
公司 I	103	94	110	87	98		
公司 II	97	82	123	92	175	88	118

24. 公共汽车站在一单位时间内 (如半小时或 1 小时或一天等) 到达乘客数服从泊松分布 $P(\lambda)$, 对不同的车站, 所不同的仅仅是参数 λ 的取值. 现对一城市某一公共汽车站进行了 100 个单位时间的调查. 这里单位时间是 20 分钟. 计算得到每 20 分钟内来到该车站的乘客数平均值 $\bar{x}=15.2$ 人. 试求参数 λ 的置信度为 95% 的置信区间.

第7章　假 设 检 验

统计推断的另一类重要问题是假设检验．在总体分布未知或虽知其类型但含有未知参数的时候，为推断总体的某些未知特性，提出某些关于总体的假设．我们需要根据样本所提供的信息以及运用适当的统计量，对提出的假设做出接受或拒绝的决策，假设检验是做出这一决策的过程．假设检验包括两类：

$$\text{假设检验}\begin{cases}\text{参数假设检验}\\ \text{非参数假设检验}\end{cases}.$$

参数假设检验是对针对总体分布函数中的未知参数而提出的假设进行检验，**非参数假设检验**是对针对总体分布函数形式或类型而提出的假设进行检验．本章主要讨论单参数假设检验问题．

§7.1　假设检验的基本概念

鉴于本章主要讨论单参数假设检验问题，本节就以此为背景来探讨一般的假设检验问题．

一、引例

设一箱中有红白两种颜色的球共100个，甲说这里有98个白球，乙从箱中任取一个，发现是红球，问甲的说法是否正确？

先作假设 H_0：箱中确有98个白球．

如果假设 H_0 正确，则从箱中任取一个球是红球的概率只有0.02，是小概率事件．通常认为在一次随机试验中，概率小的事件不易发生，因此，若乙从箱中任取一个，发现是白球，则没有理由怀疑假设 H_0 的正确性．今乙从箱中任取一个，发现是红球，即小概率事件竟然在一次试验中发生了，故有理由拒绝假设 H_0，即认为甲的说法不正确．

二、假设检验的基本思想

假设检验的基本思想实质上是带有某种概率性质的反证法．为了检验一个假设 H_0 是否正确，首先假定该假设 H_0 正确，然后根据抽取到的样本对假设 H_0 做出接受或拒绝的决策．如果样本观察值导致了不合理的现象发生，就应拒绝假设 H_0，否

则应接受假设 H_0.

假设检验中所谓的“不合理”，并非逻辑中的绝对矛盾，而是基于人们在实践中广泛采用的原则，即小概率事件在一次试验中是几乎不发生的．但概率小到什么程度才能算作“小概率事件”？显然，“小概率事件”的概率越小，否定原假设 H_0 就越有说服力．常记这个概率值为 $\alpha(0<\alpha<1)$，称为**检验的显著性水平**．对不同的问题，检验的显著性水平 α 不一定相同，但一般应取为较小的值，如 0.1, 0.05 或 0.01 等.

三、假设检验的两类错误

当假设 H_0 正确时，小概率事件也有可能发生，此时，我们会拒绝假设 H_0，因而犯了“弃真”的错误，称此为**第一类错误**．犯第一类错误的概率恰好就是“小概率事件”发生的概率 α，即

命题真，抽样拒绝

$$P\{拒绝 H_0 \mid H_0 为真\}=\alpha.$$

反之，若假设 H_0 不正确，但一次抽样检验未发生不合理结果，这时我们就会接受 H_0，因而犯了“取伪”的错误，称此为**第二类错误**．记 β 为犯第二类错误的概率，即

命题假，抽样接受

$$P\{接受 H_0 \mid H_0 不真\}=\beta.$$

理论上，自然希望犯这两类错误的概率都很小．当样本容量 n 固定时，α, β 不能同时都小，即 α 变小时，β 就变大；而 β 变小时，α 就变大．一般只有当样本容量 n 增大时，才有可能使两者同时变小．在实际应用中，一般原则是：控制犯第一类错误的概率，即给定 α，然后通过增大样本容量 n 来减小 β.

关于显著性水平 α 的选取：若注重经济效益，α 可取小些，如 $\alpha=0.01$；若注重社会效益，α 可取大些，如 $\alpha=0.1$；若要兼顾经济效益和社会效益，一般可取 $\alpha=0.05$.

四、假设检验问题的一般提法

在假设检验问题中，把要检验的假设 H_0 称为**原假设（零假设或基本假设）**，把原假设 H_0 的对立面称为**备择假设（对立假设）**，记为 H_1.

例如，有一封装罐装可乐的生产流水线，每罐的标准容量规定为 350 毫升．质检员每天都要检验可乐的容量是否合格，已知每罐的容量服从正态分布，且生产比较稳定时，其标准差 $\sigma=5$ 毫升．某日上班后，质检员每隔半小时从生产线上取一罐，共抽测了 6 罐，测得容量（单位：毫升）如下：

353　345　357　339　355　360

试问生产线工作是否正常？

本例的假设检验问题可简记为：

$$H_0: \mu=\mu_0, \quad H_1: \mu \neq \mu_0 \ (其中 \mu_0=350). \tag{1.1}$$

形如式 (1.1) 的备择假设 H_1，表示 μ 可能大于 μ_0，也可能小于 μ_0，称为**双侧（边）备**

择假设. 形如式 (1.1) 的假设检验称为**双侧 (边) 假设检验**.

在实际问题中，有时还需要检验下列形式的假设:

$$H_0: \mu \le \mu_0, \quad H_1: \mu > \mu_0. \tag{1.2}$$

$$H_0: \mu \ge \mu_0, \quad H_1: \mu < \mu_0. \tag{1.3}$$

形如式 (1.2) 的假设检验称为**右侧 (边) 检验**.

形如式 (1.3) 的假设检验称为**左侧 (边) 检验**.

右侧 (边) 检验和左侧 (边) 检验统称为**单侧 (边) 检验**.

为检验提出的假设, 通常需构造检验统计量, 并取总体的一组样本值, 根据该样本提供的信息来判断假设是否成立. 当检验统计量取某个区域 W 中的值时, 我们拒绝原假设 H_0, 则称区域 W 为**拒绝域**, 拒绝域的边界点称为**临界点**.

五、假设检验的一般步骤

(1) 根据实际问题的要求, 充分考虑和利用已知的背景知识, 提出原假设 H_0 及备择假设 H_1;

(2) 给定显著性水平 α 以及样本容量 n;

(3) 确定检验统计量 U, 并在原假设 H_0 成立的前提下导出 U 的概率分布, 要求 U 的分布不依赖于任何未知参数;

(4) 确定拒绝域, 即依据直观分析先确定拒绝域的形式, 然后根据给定的显著性水平 α 和 U 的分布, 由

$$P\{拒绝\ H_0 \mid H_0\ 为真\} = \alpha$$

确定拒绝域的临界值, 从而确定拒绝域 W;

(5) 作一次具体的抽样, 根据得到的样本观察值和所得的拒绝域, 对假设 H_0 作出拒绝或接受的判断.

例 1　某化学日用品有限责任公司用包装机包装洗衣粉, 洗衣粉包装机在正常工作时, 装包量 $X \sim N(500, 2^2)$ (单位: g), 每天开工后, 需先检验包装机工作是否正常. 某天开工后, 在装好的洗衣粉中任取 9 袋, 其重量如下:

505　499　502　506　498　498　497　510　503

假设总体标准差 σ 不变, 即 $\sigma = 2$, 试问这天包装机工作是否正常 $(\alpha = 0.05)$?

解　(1) 提出假设检验:

$$H_0: \mu = 500, \quad H_1: \mu \ne 500.$$

(2) 以 H_0 成立为前提, 确定检验 H_0 的统计量及其分布

$$U = \frac{\overline{X} - \mu_0}{\sigma / \sqrt{n}} = \frac{\overline{X} - 500}{2/3} \sim N(0, 1).$$

(3) 对给定显著性水平 $\alpha = 0.05$, 确定 H_0 的接受域 $\overline{W}$ 或拒绝域 W. 取临界点为 $u_{\alpha/2} = 1.96$, 使 $P\{|U| > u_{\alpha/2}\} = \alpha$, 故 H_0 被接受与被拒绝的区域分别为

$$\overline{W}=[-1.96, 1.96], \quad W=(-\infty, -1.96)\cup(1.96, +\infty).$$

(4) 由样本计算统计量 U 的值 $u=\dfrac{502-500}{2/3}=3$.

(5) 对假设 H_0 作出推断.

因为 $u\in W$(拒绝域), 故认为这天洗衣粉包装机工作不正常. ■

例 2 某厂生产的一种螺钉, 标准要求长度是68mm. 实际生产的产品, 其长度服从正态分布 $N(\mu, 3.6^2)$, 考虑假设检验问题:

$$H_0: \mu=68, \quad H_1: \mu\neq 68.$$

设 $\overline{X}$ 为样本均值, 按下列方式进行假设检验:

当 $|\overline{X}-68|>1$ 时, 拒绝假设 H_0; 当 $|\overline{X}-68|\le 1$ 时, 接受假设 H_0.

(1) 当样本容量 $n=36$ 时, 求犯第一类错误的概率 α;

(2) 当样本容量 $n=64$ 时, 求犯第一类错误的概率 α.

解 (1) 当 $n=36$ 时, 有

$$\overline{X}\sim N\left(\mu, \frac{3.6^2}{36}\right)=N(\mu, 0.6^2).$$

$$\begin{aligned}\alpha &= P\{|\overline{X}-68|>1 \mid H_0\text{成立}\}=P\{\overline{X}<67 \mid H_0\text{成立}\}+P\{\overline{X}>69 \mid H_0\text{成立}\}\\ &=\Phi\left(\frac{67-68}{0.6}\right)+\left[1-\Phi\left(\frac{69-68}{0.6}\right)\right]\approx\Phi(-1.67)+[1-\Phi(1.67)]\\ &=2[1-\Phi(1.67)]=2[1-0.952\,5]=0.095\,0.\end{aligned}$$

(2) 当 $n=64$ 时, $\overline{X}\sim N(\mu, 0.45^2)$.

$$\begin{aligned}\alpha &= P\{|\overline{X}<67 \mid H_0\text{成立}\}+P\{|\overline{X}>69 \mid H_0\text{成立}\}\\ &=\Phi\left(\frac{67-68}{0.45}\right)+\left[1-\Phi\left(\frac{69-68}{0.45}\right)\right]\\ &\approx 2[1-\Phi(2.22)]=2[1-0.986\,8]=0.026\,4.\end{aligned}$$ ■

注: 易见, 随着样本容量 n 的增大, 得到关于总体的信息更多, 从而犯弃真错误的概率更小.

六、多参数与非参数假设检验问题

原则上, 以上介绍的所有单参数假设检验的内容也适用于多参数与非参数假设检验问题, 只需在某些细节上作适当的调整即可, 这里仅说明下列两点:

(1) 对多参数假设检验问题, 要寻求一个不包含所有待检验参数的检验统计量, 使之服从一个已知的确定分布;

(2) 非参数假设检验问题可近似地化为一个多参数假设检验问题.

鉴于正态总体是统计应用中最为常见的总体, 在以下两节中, 我们将先分别讨论单正态总体与双正态总体的参数假设检验.

习题 7-1

1. 样本容量 n 确定后, 在一个假设检验中, 给定显著性水平为 α, 设此第二类错误的概率为 β, 则必有( ).

(A) $\alpha+\beta=1$; (B) $\alpha+\beta>1$;

(C) $\alpha+\beta<1$; (D) $\alpha+\beta<2$.

2. 设总体 $X\sim N(\mu,\sigma^2)$, 其中 σ^2 已知, 若要检验 μ, 需用统计量

$$U=\frac{\overline{X}-\mu_0}{\sigma/\sqrt{n}}.$$

(1) 若对单边检验, 统计假设为 $H_0:\mu=\mu_0$ (μ_0 已知), $H_1:\mu>\mu_0$, 则拒绝区间为________;

(2) 若单边假设为 $H_0:\mu=\mu_0$, $H_1:\mu<\mu_0$, 则拒绝区间为________ (给定显著性水平为 α, 样本均值为 $\overline{X}$, 样本容量为 n, 且可记 $u_{1-\alpha}$ 为标准正态分布的 $(1-\alpha)$ 分位数).

3. 如何理解假设检验所作出的"拒绝原假设 H_0"和"接受原假设 H_0"的判断?

4. 犯第一类错误的概率 α 与犯第二类错误的概率 β 之间有何关系?

5. 在假设检验中, 如何理解指定的显著性水平 α?

6. 在假设检验中, 如何确定原假设 H_0 和备择假设 H_1?

7. 假设检验的基本步骤有哪些?

8. 假设检验与区间估计有何异同?

9. 某天开工时, 需检验自动包装机工作是否正常. 根据以往的经验, 其包装的质量在正常情况下服从正态分布 $N(100,1.5^2)$(单位: kg). 现抽测了9包, 其质量为:

99.3 98.7 100.5 101.2 98.3 99.7 99.5 102.0 100.5

问这天包装机工作是否正常? 将这一问题化为假设检验问题. 写出假设检验的步骤 ($\alpha=0.05$).

10. 设总体 $X\sim N(\mu,1)$, $X_1,X_2,\cdots,X_n$ 是取自 X 的样本. 对于假设检验 $H_0:\mu=0$, $H_1:\mu\neq 0$, 取显著性水平 α, 拒绝域为 $W=\{|u|>u_{\alpha/2}\}$, 其中 $u=\sqrt{n}\overline{X}$, 求:

(1) 当 H_0 成立时, 犯第一类错误的概率 α_0;

(2) 当 H_0 不成立时 (若 $\mu\neq 0$), 犯第二类错误的概率 β.

§7.2 单正态总体的假设检验

一、总体均值的假设检验

在检验关于总体均值 μ 的假设时, 该总体中的另一个参数(即方差 σ^2)是否已知, 会影响到对于检验统计量的选择, 故下面分两种情形进行讨论.

1. 方差 σ^2 已知的情形

设总体 $X \sim N(\mu, \sigma^2)$, 其中总体方差 σ^2 已知, $X_1, X_2, \cdots, X_n$ 是取自总体 X 的一个样本, $\bar{X}$ 为样本均值.

(1) 检验假设 $H_0: \mu = \mu_0, H_1: \mu \neq \mu_0$, 其中 μ_0 为已知常数.

由 § 5.3 知, 当 H_0 为真时, 有

$$U = \frac{\bar{X} - \mu_0}{\sigma / \sqrt{n}} \sim N(0,1), \tag{2.1}$$

故选取 U 作为检验统计量, 记其观察值为 u. 相应的检验法称为 ***u* 检验法**.

因为 $\bar{X}$ 是 μ 的无偏估计量, 当 H_0 成立时, $|u|$ 不应太大, 当 H_1 成立时, $|u|$ 有偏大的趋势, 故拒绝域形式为

$$|u| = \left| \frac{\bar{x} - \mu_0}{\sigma / \sqrt{n}} \right| > k \quad (k \text{ 待定}).$$

对于给定的显著性水平 α, 查标准正态分布表得 $k = u_{\alpha/2}$, 使 $P\{|U| > u_{\alpha/2}\} = \alpha$, 由此即得拒绝域为

$$|u| = \left| \frac{\bar{x} - \mu_0}{\sigma / \sqrt{n}} \right| > u_{\alpha/2}, \tag{2.2}$$

即 $$W = (-\infty, -u_{\alpha/2}) \cup (u_{\alpha/2}, +\infty).$$

根据一次抽样后得到的样本观察值 $x_1, x_2, \cdots, x_n$ 计算出 U 的观察值 u, 若 $|u| > u_{\alpha/2}$, 则拒绝原假设 H_0, 即认为总体均值与 μ_0 有显著差异; 若 $|u| \leq u_{\alpha/2}$, 则接受原假设 H_0, 即认为总体均值与 μ_0 无显著差异.

类似地, 还可给出对总体均值 μ 的单侧检验的拒绝域(这一点后面不再说明):

(2) 右侧检验: 检验假设 $H_0: \mu \leq \mu_0, H_1: \mu > \mu_0$, 其中 μ_0 为已知常数, 可得拒绝域为

$$\frac{\bar{x} - \mu_0}{\sigma / \sqrt{n}} > u_\alpha. \tag{2.3}$$

(3) 左侧检验: 检验假设 $H_0: \mu \geq \mu_0, H_1: \mu < \mu_0$, 其中 μ_0 为已知常数, 可得拒绝域为

$$u = \frac{\bar{x} - \mu_0}{\sigma / \sqrt{n}} < -u_\alpha. \tag{2.4}$$

例 1 某车间生产钢丝, 用 X 表示钢丝的折断力, 由经验判断 $X \sim N(\mu, \sigma^2)$, 其中 $\mu = 570$, $\sigma^2 = 8^2$. 今换了一批材料, 从性能上看, 估计折断力的方差 σ^2 不会有什么变化 (即仍有 $\sigma^2 = 8^2$), 但不知折断力的均值 μ 和原先有无差别. 现抽得样本, 测得其折断力为:

578 572 570 568 572 570 570 572 596 584

取 $\alpha = 0.05$，试检验折断力均值有无变化？

解　(1) 建立假设 $H_0: \mu = \mu_0 = 570$，$H_1: \mu \neq 570$；

(2) 选择统计量 $U = \dfrac{\overline{X} - \mu_0}{\sigma / \sqrt{n}} \sim N(0,1)$；

(3) 对于给定的显著性水平 α，确定 k，使

$$P\{|U| > k\} = \alpha,$$

查正态分布表得 $k = u_{\alpha/2} = u_{0.025} = 1.96$，从而拒绝域为 $|u| > 1.96$；

(4) 由于 $\bar{x} = \dfrac{1}{10}\sum_{i=1}^{10} x_i = 575.20$，$\sigma^2 = 64$，所以

$$|u| = \left|\frac{\bar{x} - \mu_0}{\sigma / \sqrt{n}}\right| \approx 2.06 > 1.96,$$

故应拒绝 H_0，即认为折断力的均值发生了变化． ■

例2　有一工厂生产一种灯管，已知灯管的寿命 X 服从正态分布 $N(\mu, 40\,000)$，根据以往的生产经验，知道灯管的平均寿命不会超过1 500小时．为了提高灯管的平均寿命，工厂采用了新的工艺．为了弄清楚新工艺是否真的能提高灯管的平均寿命，他们测试了采用新工艺生产的25只灯管的寿命，其平均值是1 575小时．尽管样本的平均值大于1 500小时，试问：可否由此判定这恰是新工艺的效应，而非偶然的原因使得抽出的这25只灯管的平均寿命较长呢(显著性水平 $\alpha = 0.05$)？

解　可把上述问题归纳为下述假设检验问题：

$$H_0: \mu \le 1\,500, \quad H_1: \mu > 1\,500.$$

从而可利用右侧检验法来检验，相应于 $\mu_0 = 1\,500$，$\sigma = 200$，$n = 25$．显著性水平为 $\alpha = 0.05$，查附表得 $u_\alpha = 1.645$，因已测出 $\bar{x} = 1\,575$，从而

$$u = \frac{\bar{x} - \mu_0}{\sigma / \sqrt{n}} = \frac{1\,575 - 1\,500}{200} \times \sqrt{25} = 1.875.$$

由于 $u = 1.875 > u_\alpha = 1.645$，从而否定原假设 H_0，接受备择假设 H_1，即认为新工艺事实上提高了灯管的平均寿命． ■

2. 方差 σ^2 未知的情形

设总体 $X \sim N(\mu, \sigma^2)$，其中总体方差 σ^2 未知，$X_1, X_2, \cdots, X_n$ 是取自 X 的一个样本，$\overline{X}$ 与 S^2 分别为样本均值与样本方差．

检验假设 $H_0: \mu = \mu_0$，$H_1: \mu \neq \mu_0$，其中 μ_0 为已知常数．

由§5.3知，当 H_0 为真时，

$$T = \frac{\overline{X} - \mu_0}{S / \sqrt{n}} \sim t(n-1), \tag{2.5}$$

故选取 T 作为检验统计量，记其观察值为 t，相应的检验法称为 **t 检验法**．由于 $\overline{X}$ 是

μ 的无偏估计量，S^2 是 σ^2 的无偏估计量，当 H_0 成立时，$|t|$ 不应太大，当 H_1 成立时，$|t|$ 有偏大的趋势，故拒绝域形式为

$$|t|=\left|\frac{\bar{x}-\mu_0}{s/\sqrt{n}}\right|>k \quad (k \text{ 待定}).$$

对于给定的显著性水平 α，查分布表得 $k=t_{\alpha/2}(n-1)$，使

$$P\{|T|>t_{\alpha/2}(n-1)\}=\alpha,$$

由此即得拒绝域为

$$|t|=\left|\frac{\bar{x}-\mu_0}{s/\sqrt{n}}\right|>t_{\alpha/2}(n-1),$$

即
$$W=(-\infty,\ -t_{\alpha/2}(n-1))\cup(t_{\alpha/2}(n-1),+\infty). \tag{2.6}$$

根据一次抽样后得到的样本观察值 $x_1,x_2,\cdots,x_n$ 计算出 T 的观察值 t，若 $|t|>t_{\alpha/2}(n-1)$，则拒绝原假设 H_0，即认为总体均值与 μ_0 有显著差异；若 $|t|\le t_{\alpha/2}(n-1)$，则接受原假设 H_0，即认为总体均值与 μ_0 无显著差异.

例 3 水泥厂用自动包装机包装水泥，每袋额定重量是50kg，某日开工后随机抽查了9袋，称得重量如下：

49.6 49.3 50.1 50.0 49.2 49.9 49.8 51.0 50.2

设每袋重量服从正态分布，问包装机工作是否正常 $(\alpha=0.05)$？

解 (1) 建立假设 $H_0:\mu=50$，$H_1:\mu\ne 50$；

(2) 选择统计量 $T=\dfrac{\bar{X}-\mu_0}{S/\sqrt{n}}\sim t(n-1)$；

(3) 对于给定的显著性水平 α，确定 k，使

$$P\{|T|>k\}=\alpha,$$

查 t 分布表得 $k=t_{\alpha/2}=t_{0.025}(8)=2.306$，从而拒绝域为 $|t|>2.306$；

(4) 由于 $\bar{x}=49.9$，$s^2\approx 0.29$，所以

$$|t|=\left|\frac{\bar{x}-50}{s/\sqrt{n}}\right|\approx 0.56<2.306,$$

故应接受 H_0，即认为包装机工作正常. ■

例 4 一公司声称某种类型的电池的平均寿命至少为21.5小时. 有一实验室检验了该公司制造的6套电池，得到如下的寿命小时数：

19 18 22 20 16 25

试问：这些结果是否表明，这种类型的电池低于该公司所声称的寿命？(显著性水平 $\alpha=0.05$.)

解 可把上述问题归纳为下述假设检验问题：

$$H_0: \mu \geq 21.5\,, \quad H_1: \mu < 21.5.$$

利用t检验法的左侧检验法来解. 本例中, $\mu_0 = 21.5$, $n = 6$. 对于给定的显著性水平$\alpha = 0.05$, 查附表得

$$t_\alpha(n-1) = t_{0.05}(5) = 2.015.$$

再根据测得的6个寿命小时数算得: $\bar{x} = 20$, $s^2 = 10$. 由此计算

$$t = \frac{\bar{x} - \mu_0}{s/\sqrt{n}} = \frac{20 - 21.5}{\sqrt{10}}\sqrt{6} \approx -1.162.$$

因为$t = -1.162 > -2.015 = -t_{0.05}(5)$, 所以不能否定原假设$H_0$, 从而认为这种类型电池的寿命并不比公司宣称的寿命短. ■

二、总体方差的假设检验

设$X \sim N(\mu, \sigma^2)$, $X_1, X_2, \cdots, X_n$是取自X的一个样本, $\overline{X}$与S^2分别为样本均值与样本方差.

检验假设$H_0: \sigma^2 = \sigma_0^2$, $H_1: \sigma^2 \neq \sigma_0^2$, 其中$\sigma_0$为已知常数.

由§5.3知, 当H_0为真时,

$$\chi^2 = \frac{n-1}{\sigma_0^2} S^2 \sim \chi^2(n-1), \tag{2.7}$$

故选取χ^2作为检验统计量, 相应的检验法称为**χ^2检验法**.

由于S^2是σ^2的无偏估计量, 当H_0成立时, S^2应在σ_0^2附近, 当H_1成立时, χ^2有偏小或偏大的趋势, 故拒绝域形式为

$$\chi^2 = \frac{n-1}{\sigma_0^2} S^2 < k_1 \text{ 或 } \chi^2 = \frac{n-1}{\sigma_0^2} S^2 > k_2 \ (k_1, k_2 \text{待定}).$$

对于给定的显著性水平α, 查分布表得

$$k_1 = \chi^2_{1-\alpha/2}(n-1), \quad k_2 = \chi^2_{\alpha/2}(n-1),$$

使
$$P\{\chi^2 < \chi^2_{1-\alpha/2}(n-1)\} = \frac{\alpha}{2}, \quad P\{\chi^2 > \chi^2_{\alpha/2}(n-1)\} = \frac{\alpha}{2}.$$

由此即得拒绝域为

$$\chi^2 = \frac{n-1}{\sigma_0^2} s^2 < \chi^2_{1-\alpha/2}(n-1) \text{ 或 } \chi^2 = \frac{n-1}{\sigma_0^2} s^2 > \chi^2_{\alpha/2}(n-1),$$

即
$$W = [0, \chi^2_{1-\alpha/2}(n-1)) \cup (\chi^2_{\alpha/2}(n-1), +\infty). \tag{2.8}$$

根据一次抽样得到的样本观察值$x_1, x_2, \cdots, x_n$计算出χ^2的观察值, 若

$$\chi^2 < \chi^2_{1-\alpha/2}(n-1) \text{ 或 } \chi^2 > \chi^2_{\alpha/2}(n-1),$$

则拒绝原假设H_0, 若$\chi^2_{1-\alpha/2}(n-1) \leq \chi^2 \leq \chi^2_{\alpha/2}(n-1)$, 则接受假设$H_0$.

例 5　某厂生产的某种型号的电池，其寿命(以小时计)长期以来服从方差 $\sigma^2=5\,000$ 的正态分布，现有一批这种电池，从其生产情况来看，寿命的波动性有所改变．现随机取26只电池，测出其寿命的样本方差 $s^2=9\,200$．问根据这一数据能否推断这批电池的寿命的波动性较以往的有显著的变化(取 $\alpha=0.02$)？

解　本题要求在水平 $\alpha=0.02$ 下检验假设

$$H_0:\sigma^2=5\,000,\ \ H_1:\sigma^2\neq 5\,000.$$

现在 $$n=26,\ \sigma_0^2=5\,000,\ \ \chi^2_{\alpha/2}(n-1)=\chi^2_{0.01}(25)=44.314,$$

$$\chi^2_{1-\alpha/2}(n-1)=\chi^2_{0.99}(25)=11.524,$$

根据 χ^2 检验法，拒绝域为 $W=[0,11.524)\cup(44.314,+\infty)$，代入观察值 $s^2=9\,200$ 得

$$\chi^2=\frac{(n-1)s^2}{\sigma_0^2}=46>44.314,$$

故拒绝 H_0，认为这批电池寿命的波动性较以往的有显著的变化．■

例 6　某工厂生产金属丝，产品指标为折断力．折断力的方差被用作工厂生产精度的表征．方差越小，表明精度越高．以往工厂一直把该方差保持在64及以下．最近从一批产品中抽取10根做折断力试验，测得的结果(单位为千克)如下：

578　572　570　568　572　570　572　596　584　570

由上述样本数据算得：$\bar{x}=575.2$，$s^2\approx 75.73$．

为此，厂方怀疑金属丝折断力的方差变大了．如确实增大了，表明生产精度不如以前了，于是，就需对生产流程做一番检验，以发现生产环节中存在的问题．试在 $\alpha=0.05$ 的显著性水平下，检验厂方的怀疑．

解　为确认上述疑虑是否为真，假定金属丝折断力服从正态分布，并做下述假设检验：

$$H_0:\sigma^2\le 64,\quad H_1:\sigma^2>64.$$

上述假设检验问题可利用 χ^2 检验法的右侧检验法来检验．就本例而言，相应于 $\sigma_0^2=64$，$n=10$．对于给定的显著性水平 $\alpha=0.05$，查附表，得

$$\chi^2_\alpha(n-1)=\chi^2_{0.05}(9)=16.919.$$

从而有 $$\chi^2=\frac{n-1}{\sigma_0^2}s^2=\frac{9\times 75.73}{64}\approx 10.65<16.919=\chi^2_{0.05}(9).$$

故不能拒绝原假设 H_0，从而可认为样本方差的偏大系偶然因素造成的，生产流程正常，故无需再做进一步的检查．■

习题 7-2

1. 已知某炼铁厂铁水含碳量服从正态分布 $N(4.55,0.108^2)$．现在测定了 9 炉铁水，其平

均含碳量为 4.484．如果估计方差没有变化，可否认为现在生产之铁水平均含碳量仍为 4.55 $(\alpha = 0.05)$？

2. 要求一种元件平均使用寿命不得低于 1 000 小时，生产者从一批这种元件中随机抽取 25 件，测得其寿命的平均值为 950 小时．已知该种元件寿命服从标准差为 $\sigma = 100$ 小时的正态分布．试在显著性水平 $\alpha = 0.05$ 下确定这批元件是否合格？设总体均值为 μ，μ 未知，即需检验假设 $H_0: \mu \geq 1\,000$，$H_1: \mu < 1\,000$.

3. 打包机装糖入包，每包标准重量为 100 kg．每天开工后，要检验所装糖包的总体期望值是否合乎标准(100 kg)．某日开工后，测得 9 包糖重如下 (单位 : kg)：

$$99.3\quad 98.7\quad 100.5\quad 101.2\quad 98.3\quad 99.7\quad 99.5\quad 102.1\quad 100.5$$

打包机装糖的包重服从正态分布，问该天打包机工作是否正常 $(\alpha = 0.05)$？

4. 机器包装食盐，假设每袋盐的净重服从正态分布，规定每袋标准含量为 500 g．某天开工后，随机抽取 9 袋，测得净重如下 (单位 : g)：

$$497\quad 507\quad 510\quad 475\quad 515\quad 484\quad 488\quad 524\quad 491$$

试在显著性水平 $\alpha = 0.05$ 下检验假设：$H_0: \mu = 500$，$H_1: \mu \neq 500$.

5. 从清凉饮料自动售货机，随机抽样 36 杯，其平均含量为 219 (mL)，标准差为 14.2 mL，在 $\alpha = 0.05$ 的显著性水平下，试检验假设：

$$H_0: \mu = \mu_0 = 222,\quad H_1: \mu < \mu_0 = 222.$$

6. 某种导线的电阻服从正态分布 $N(\mu, 0.005^2)$．今从新生产的一批导线中抽取 9 根，测其电阻，得 $s = 0.008\,\Omega$．对于 $\alpha = 0.05$，能否认为这批导线电阻的标准差仍为 0.005？

7. 某厂生产的铜丝，要求其折断力的方差不超过 $16\,\mathrm{N}^2$．今从某日生产的铜丝中随机抽取容量为 9 的样本，测得其折断力如下 (单位 : N)：

$$289\quad 286\quad 285\quad 286\quad 284\quad 285\quad 286\quad 298\quad 292$$

设总体服从正态分布．问该日生产的铜丝的折断力的方差是否符合标准 $(\alpha = 0.05)$？

8. 过去经验显示，高三学生完成标准考试的时间为一正态分布变量，其标准差为 6 分钟．若随机样本为 20 位学生，其标准差为 $s = 4.51$，试在显著性水平 $\alpha = 0.05$ 下，检验假设：

$$H_0: \sigma \geq 6,\quad H_1: \sigma < 6.$$

9. 测定某种溶液中的水分，它的 10 个测定值给出 $s = 0.037\%$，设测定值总体服从正态分布，σ^2 为总体方差，σ^2 未知，试在 $\alpha = 0.05$ 水平下检验假设：

$$H_0: \sigma \geq 0.04\%,\quad H_1: \sigma < 0.04\%.$$

§7.3　双正态总体的假设检验

上节中我们讨论了单正态总体的参数假设检验，基于同样的思想，本节将考虑双正态总体的参数假设检验．与单正态总体的参数假设检验不同的是，这里所关心的不是逐一对每个参数的值作假设检验，而是着重考虑两个总体之间的差异，即两个总体的均值或方差是否相等．

设 $X \sim N(\mu_1, \sigma_1^2)$, $Y \sim N(\mu_2, \sigma_2^2)$, $X_1, X_2, \cdots, X_{n_1}$ 为取自总体 $N(\mu_1, \sigma_1^2)$ 的一个样本, $Y_1, Y_2, \cdots, Y_{n_2}$ 为取自总体 $N(\mu_2, \sigma_2^2)$ 的一个样本, 并且两个样本相互独立, 记 $\overline{X}$ 与 S_1^2 分别为样本 $X_1, X_2, \cdots, X_{n_1}$ 的均值和方差, $\overline{Y}$ 与 S_2^2 分别为样本 $Y_1, Y_2, \cdots, Y_{n_2}$ 的均值和方差.

一、双正态总体均值差的假设检验

1. 方差 σ_1^2, σ_2^2 已知

检验假设 $H_0: \mu_1 - \mu_2 = \mu_0$, $H_1: \mu_1 - \mu_2 \neq \mu_0$, 其中 μ_0 为已知常数.

由 § 5.3 知, 当 H_0 为真时, 有

$$U = \frac{\overline{X} - \overline{Y} - \mu_0}{\sqrt{\sigma_1^2 / n_1 + \sigma_2^2 / n_2}} \sim N(0, 1), \tag{3.1}$$

故选取 U 作为检验统计量, 记其观察值为 u, 称相应的检验法为 ***u* 检验法**.

由于 $\overline{X}$ 与 $\overline{Y}$ 是 μ_1 与 μ_2 的无偏估计量, 当 H_0 成立时, $|u|$ 不应太大, 当 H_1 成立时, $|u|$ 有偏大的趋势, 故拒绝域形式为

$$|u| = \left| \frac{\overline{x} - \overline{y} - \mu_0}{\sqrt{\sigma_1^2 / n_1 + \sigma_2^2 / n_2}} \right| > k \ (k\text{待定}).$$

对于给定的显著性水平 α, 查标准正态分布表, 得 $k = u_{\alpha/2}$, 使

$$P\{|U| > u_{\alpha/2}\} = \alpha,$$

由此即得拒绝域为

$$|u| = \left| \frac{\overline{x} - \overline{y} - \mu_0}{\sqrt{\sigma_1^2 / n_1 + \sigma_2^2 / n_2}} \right| > u_{\alpha/2}. \tag{3.2}$$

根据一次抽样得到的样本观察值 $x_1, x_2, \cdots, x_{n_1}$ 和 $y_1, y_2, \cdots, y_{n_2}$ 计算出 U 的观察值 u, 若 $|u| > u_{\alpha/2}$, 则拒绝原假设 H_0. 特别地, 当 $\mu_0 = 0$ 时即认为总体均值 μ_1 与 μ_2 有显著差异; 若 $|u| \leq u_{\alpha/2}$, 则接受原假设 H_0, 当 $\mu_0 = 0$ 时即认为总体均值 μ_1 与 μ_2 无显著差异.

例 1 设甲、乙两厂生产同样的灯泡, 其寿命 X, Y 分别服从正态分布 $N(\mu_1, \sigma_1^2)$, $N(\mu_2, \sigma_2^2)$, 已知它们寿命的标准差分别为 84 小时和 96 小时, 现从两厂生产的灯泡中各取 60 只, 测得平均寿命甲厂为 1 295 小时, 乙厂为 1 230 小时, 能否认为两厂生产的灯泡寿命无显著差异 ($\alpha = 0.05$)?

解 (1) 建立假设 $H_0: \mu_1 = \mu_2$, $H_1: \mu_1 \neq \mu_2$;

(2) 选择统计量 $U = \dfrac{\overline{X} - \overline{Y}}{\sqrt{\sigma_1^2 / n_1 + \sigma_2^2 / n_2}} \sim N(0, 1)$;

(3) 对于给定的显著性水平 α, 确定 k, 使

$$P\{|U|>k\}=\alpha,$$

查标准正态分布表, 得 $k=u_{\alpha/2}=u_{0.025}=1.96$, 从而拒绝域为 $|u|>1.96$;

(4) 由于 $\bar{x}=1\ 295$, $\bar{y}=1\ 230$, $\sigma_1=84$, $\sigma_2=96$, 所以

$$|u|=\left|\frac{\bar{x}-\bar{y}}{\sqrt{\sigma_1^2/n_1+\sigma_2^2/n_2}}\right|\approx 3.95>1.96,$$

故应拒绝 H_0, 即认为两厂生产的灯泡寿命有显著差异. ■

例 2 一药厂生产一种新的止痛片, 厂方希望验证服用新药片后至开始起作用的时间间隔较原有止痛片至少缩短一半, 因此, 厂方提出需检验假设:

$$H_0: \mu_1 \geq 2\mu_2,\ \ H_1: \mu_1<2\mu_2,$$

此处 μ_1, μ_2 分别是服用原有止痛片和服用新止痛片后至起作用的时间间隔的总体的均值. 设两总体均为正态总体, 且方差分别为已知值 σ_1^2, σ_2^2, 现分别在两总体中取样 $X_1, X_2, \cdots, X_{n_1}$ 和 $Y_1, Y_2, \cdots, Y_{n_2}$, 设两个样本独立. 试给出上述假设 H_0 的拒绝域, 取显著性水平为 α.

解 检验假设 $H_0: \mu_1 \geq 2\mu_2$, $H_1: \mu_1<2\mu_2$. 利用

$$\overline{X}-2\overline{Y} \sim N(\mu_1-2\mu_2,\ \sigma_1^2/n_1+4\sigma_2^2/n_2),$$

在 H_0 成立下,

$$U=\frac{\overline{X}-2\overline{Y}-(\mu_1-2\mu_2)}{\sqrt{\sigma_1^2/n_1+4\sigma_2^2/n_2}} \sim N(0,1).$$

因此, 对于给定的 $\alpha>0$, 则 H_0 成立 $(\mu_1 \geq 2\mu_2)$ 时, 其概率

$$P\{U>u_\alpha\}=\alpha,$$

该检验法的拒绝域为

$$W=\left\{\frac{\bar{x}-2\bar{y}}{\sqrt{\sigma_1^2/n_1+4\sigma_2^2/n_2}}<-u_\alpha\right\}.$$ ■

2. 方差 σ_1^2, σ_2^2 未知, 但 $\sigma_1^2=\sigma_2^2=\sigma^2$

检验假设 $H_0: \mu_1-\mu_2=\mu_0$, $H_1: \mu_1-\mu_2 \neq \mu_0$, 其中 μ_0 为已知常数.

由 § 5.3 知, 当 H_0 为真时,

$$T=\frac{\overline{X}-\overline{Y}-\mu_0}{S_w\sqrt{1/n_1+1/n_2}} \sim t(n_1+n_2-2), \tag{3.3}$$

其中 $S_w^2=\dfrac{(n_1-1)S_1^2+(n_2-1)S_2^2}{n_1+n_2-2}$. 故选取 T 作为检验统计量, 记其观察值为 t, 相应的检验法称为 **t 检验法**.

由于S_w^2也是σ^2的最小方差无偏估计量，当H_0成立时，$|t|$不应太大，当H_1成立时，$|t|$有偏大的趋势，故拒绝域形式为

$$|t|=\left|\frac{\overline{x}-\overline{y}-\mu_0}{s_w\sqrt{1/n_1+1/n_2}}\right|>k\ (k\text{待定}).$$

对于给定的显著性水平α，查分布表得$k=t_{\alpha/2}(n_1+n_2-2)$，使

$$P\{|T|>t_{\alpha/2}(n_1+n_2-2)\}=\alpha, \tag{3.4}$$

由此即得拒绝域为

$$|t|=\left|\frac{\overline{x}-\overline{y}-\mu_0}{s_w\sqrt{1/n_1+1/n_2}}\right|>t_{\alpha/2}(n_1+n_2-2).$$

根据一次抽样得到的样本观察值$x_1,x_2,\cdots,x_{n_1}$和$y_1,y_2,\cdots,y_{n_2}$计算出T的观察值t，若$|t|>t_{\alpha/2}(n_1+n_2-2)$，则拒绝原假设$H_0$，否则接受原假设$H_0$.

例3 某地某年高考后随机抽得15名男生、12名女生的物理考试成绩如下：

男生：49 48 47 53 51 43 39 57 56 46 42 44 55 44 40

女生：46 40 47 51 43 36 43 38 48 54 48 34

这27名学生的成绩能说明这个地区男女生的物理考试成绩不相上下吗(显著性水平$\alpha=0.05$)？

解 把该地区男生和女生的物理考试成绩分别近似地看作是服从正态分布的随机变量$X\sim N(\mu_1,\sigma^2)$与$Y\sim N(\mu_2,\sigma^2)$，则本例可归结为双侧检验问题：

$$H_0:\mu_1=\mu_2,\ H_1:\mu_1\neq\mu_2.$$

这里，$n_1=15$，$n_2=12$，故$n=n_1+n_2=27$. 再根据题中数据算出$\overline{x}=47.6$，$\overline{y}=44$，及

$$(n_1-1)s_1^2=\sum_{i=1}^{15}(x_i-\overline{x})^2=469.6,\ (n_2-1)s_2^2=\sum_{i=1}^{12}(y_i-\overline{y})^2=412.$$

$$s_w=\sqrt{\frac{1}{n_1+n_2-2}\{(n_1-1)s_1^2+(n_2-1)s_2^2\}}=\sqrt{\frac{1}{25}(469.6+412)}\approx 5.94.$$

由此便可计算出

$$t=\frac{\overline{x}-\overline{y}}{s_w\sqrt{1/n_1+1/n_2}}=\frac{47.6-44}{5.94\sqrt{1/15+1/12}}\approx 1.565.$$

取显著性水平$\alpha=0.05$，查附表，得

$$t_{\alpha/2}(n-2)=t_{0.025}(25)=2.060.$$

因$|t|=1.565<2.060=t_{0.025}(25)$，从而没有充分理由否认原假设$H_0$，即认为这一地区男女生的物理考试成绩不相上下. ■

***3. 方差σ_1^2,σ_2^2未知，但$\sigma_1^2\neq\sigma_2^2$**

检验假设$H_0:\mu_1-\mu_2=\mu_0$，$H_1:\mu_1-\mu_2\neq\mu_0$，其中μ_0为已知常数.

当 H_0 为真时，

$$T=\frac{\overline{X}-\overline{Y}-\mu_0}{\sqrt{S_1^2/n_1+S_2^2/n_2}} \tag{3.5}$$

近似地服从 $t(f)$, 其中

$$f=\frac{\left(\dfrac{S_1^2}{n_1}+\dfrac{S_2^2}{n_2}\right)^2}{\dfrac{S_1^4}{n_1^2(n_1-1)}+\dfrac{S_2^4}{n_2^2(n_2-1)}}, \tag{3.6}$$

故选取 T 作为检验统计量. 记其观察值为 t, 可得拒绝域为

$$|t|=\left|\frac{\overline{x}-\overline{y}-\mu_0}{\sqrt{s_1^2/n_1+s_2^2/n_2}}\right|>t_{\alpha/2}(f). \tag{3.7}$$

根据一次抽样得到的样本观察值 $x_1, x_2, \cdots, x_{n_1}$ 和 $y_1, y_2, \cdots, y_{n_2}$ 计算出 T 的观察值 t, 若 $|t|>t_{\alpha/2}(f)$, 则拒绝原假设 H_0, 否则接受原假设 H_0.

注: 对此类情况的一般情形进行假设检验比较复杂，已超出了教学大纲的要求，这里不再深入讨论. 但在实际应用中，对于大样本问题，常采用如下简化方法: 把 s_1, s_2 近似看作 σ_1, σ_2, 从而将问题转化为方差 σ_1^2, σ_2^2 已知情形的假设检验，即用 u 检验法进行检验.

例 4 甲、乙两机床加工同一种零件，抽样测量其产品的数据 (单位: 毫米), 经计算得:

甲机床: $n_1=80$, $\overline{x}=33.75$, $s_1=0.1$;

乙机床: $n_2=100$, $\overline{y}=34.15$, $s_2=0.15$.

问: 在 $\alpha=0.01$ 的显著性水平下，两机床加工的产品尺寸有无显著差异?

解 $n\geq 50$ 时, 即可认为是大样本问题. σ_1^2, σ_2^2 均未知, 待检假设 $H_0: \mu_1=\mu_2$.

用 u 检验法，经计算得:

$$|u|=\frac{|\overline{x}-\overline{y}|}{\sqrt{s_1^2/n_1+s_2^2/n_2}}=\frac{0.4}{\sqrt{0.000\,125+0.000\,225}}\approx 21.38.$$

查正态分布表得 $u_{0.005}=2.57$.

经比较 $|u|=21.38>u_{0.005}=2.57$, 故拒绝 H_0, 可认为两机床加工的产品尺寸有显著差异. ■

二、双正态总体方差相等的假设检验

设 $X_1, X_2, \cdots, X_{n_1}$ 为取自总体 $N(\mu_1, \sigma_1^2)$ 的一个样本, $Y_1, Y_2, \cdots, Y_{n_2}$ 为取自总体

$N(\mu_2, \sigma_2^2)$ 的一个样本，并且两个样本相互独立，记 $\overline{X}$ 与 $\overline{Y}$ 分别为相应的样本均值，S_1^2 与 S_2^2 分别为相应的样本方差.

检验假设 $H_0: \sigma_1^2 = \sigma_2^2$，$H_1: \sigma_1^2 \neq \sigma_2^2$.

由§5.3知，当 H_0 为真时，有

$$F = S_1^2 / S_2^2 \sim F(n_1-1, n_2-1), \tag{3.8}$$

故选取 F 作为检验统计量，相应的检验法称为 **F 检验法**.

由于 S_1^2 与 S_2^2 是 σ_1^2 与 σ_2^2 的无偏估计量，当 H_0 成立时，F 的取值应集中在1的附近，当 H_1 成立时，F 的取值有偏小或偏大的趋势，故拒绝域形式为

$$F < k_1 \text{ 或 } F > k_2 \quad (k_1, k_2 \text{ 待定}).$$

对于给定的显著性水平 α，查 F 分布表得

$$k_1 = F_{1-\alpha/2}(n_1-1, n_2-1), \quad k_2 = F_{\alpha/2}(n_1-1, n_2-1),$$

使 $$P\{F < F_{1-\alpha/2}(n_1-1, n_2-1)\} = P\{F > F_{\alpha/2}(n_1-1, n_2-1)\} = \alpha/2,$$

由此即得拒绝域为

$$F < F_{1-\alpha/2}(n_1-1, n_2-1) \text{ 或 } F > F_{\alpha/2}(n_1-1, n_2-1). \tag{3.9}$$

根据一次抽样得到的样本观察值 $x_1, x_2, \cdots, x_{n_1}$ 和 $y_1, y_2, \cdots, y_{n_2}$ 计算出 F 的观察值，若式(3.9)成立，则拒绝原假设 H_0，否则接受原假设 H_0.

例5 甲、乙两厂生产同一种电阻，现从甲、乙两厂的产品中分别随机抽取12个和10个样品，测得它们的电阻值后，计算出样本方差分别为 $s_1^2 = 1.40$，$s_2^2 = 4.38$. 假设电阻值服从正态分布，在显著性水平 $\alpha = 0.10$ 下，我们是否可以认为两厂生产的电阻值的方差相等.

解 该问题即检验假设：

$$H_0: \sigma_1^2 = \sigma_2^2, \quad H_1: \sigma_1^2 \neq \sigma_2^2.$$

因为 $n_1 = 12, n_2 = 10$，从式(3.9)知，我们需要计算 $F_{0.95}(11,9)$，但一般 F 分布表中查不到这个值. 利用 F 分布的性质有

$$F_{0.95}(11, 9) = \frac{1}{F_{0.05}(9,11)} = \frac{1}{2.9} \approx 0.34,$$

而 $$\frac{s_1^2}{s_2^2} = \frac{1.40}{4.38} \approx 0.32 < 0.34 = F_{0.95}(11, 9).$$

所以，我们拒绝原假设，即可以认为两厂生产的电阻阻值的方差不同. ■

例6 为比较甲、乙两种安眠药的疗效，将20名患者分成两组，每组10人，如服药后延长的睡眠时间分别服从正态分布，其数据为(单位：小时)：

甲：	5.5	4.6	4.4	3.4	1.9	1.6	1.1	0.8	0.1	−0.1
乙：	3.7	3.4	2.0	2.0	0.8	0.7	0	−0.1	−0.2	−1.6

问: 在显著性水平 $\alpha=0.05$ 下两种药的疗效有无显著差别.

解 设甲药服后延长的睡眠时间 $X\sim N(\mu_1,\sigma_1^2)$, 乙药服后延长的睡眠时间 $Y\sim N(\mu_2,\sigma_2^2)$, 其中 $\mu_1,\mu_2,\sigma_1^2,\sigma_2^2$ 均为未知, 先在 μ_1,μ_2 未知的条件下检验假设:

$$H_0:\sigma_1^2=\sigma_2^2,\ H_1:\sigma_1^2\neq\sigma_2^2.$$

所用统计量为 $F=S_1^2/S_2^2$, 由题中给出的数据得:

$$n_1=10,\ n_2=10,\ \overline{x}=2.33,\ \overline{y}=1.07,\ s_1^2\approx 4.01,\ s_2^2\approx 2.84,$$

于是
$$F=\frac{s_1^2}{s_2^2}\approx 1.412.$$

查 F 分布表, 得

$$F_{0.025}(9,9)=4.03,\quad F_{0.975}(9,9)=\frac{1}{F_{0.025}(9,9)}=\frac{1}{4.03},$$

由于 $\frac{1}{4.03}<1.412<4.03$, 故接受原假设 $H_0:\sigma_1^2=\sigma_2^2$, 因此, 在显著性水平 $\alpha=0.05$ 下不能认为两种药的疗效的方差有显著差别.

其次, 在 $\sigma_1^2=\sigma_2^2$ 但其值未知的条件下, 检验假设 $H_0':\mu_1=\mu_2$, 所用统计量为

$$T=\frac{\overline{X}-\overline{Y}}{S_w\sqrt{1/n_1+1/n_2}},$$

其中

$$S_w=\sqrt{\frac{(n_1-1)S_1^2+(n_2-1)S_2^2}{n_1+n_2-2}},$$

计算出 S_w 的值 $s_w=\sqrt{\dfrac{9\times 4.01+9\times 2.84}{18}}\approx 1.85$. 从而得到

$$t=\frac{2.33-1.07}{1.85\sqrt{1/10+1/10}}\approx 1.523.$$

查 t 分布表得, $t_{0.025}(18)=2.101$, 由于 $|1.523|<2.101$, 故接受原假设 $H_0':\mu_1=\mu_2$, 因此, 在显著性水平 $\alpha=0.05$ 下不能认为两种药的疗效的均值有显著差别.

综合上述讨论结果, 可以认为两种安眠药疗效无显著差异. ■

例7 设总体 $X\sim N(\mu_1,\sigma^2)$, 总体 $Y\sim N(\mu_2,\sigma^2)$. 从两总体中分别取容量为 n 的样本(即两样本容量相等), 两样本独立. 试设计一种较简易的检验法, 做假设检验:

$$H_0:\mu_1=\mu_2,\quad H_1:\mu_1\neq\mu_2.$$

解 因两样本容量相等. 令

$$Z_i=X_i-Y_i,\quad i=1,2,\cdots,n.$$

它可以看作来自总体 $Z=X-Y$ 的样本, 且

$$Z \sim N(\mu_1-\mu_2,\ 2\sigma^2)=N(\mu_z,\sigma_z^2),$$

其中 $\mu_z=\mu_1-\mu_2,\ \sigma_z^2=2\sigma^2$.

故检验问题化为检验假设:

$$H_0: \mu_z=0,\quad H_1: \mu_z \neq 0.$$

取检验统计量 $T=\dfrac{\overline{Z}}{S_Z}\sqrt{n}$, 其中 $\overline{Z}$, S_Z 分别为 $Z_i\ (i=1,2,\cdots,n)$ 的样本均值与样本标准差. 在 H_0 成立时, $T\sim t(n-1)$. t 为统计量 T 的观察值, 故当 $|t|>t_{\alpha/2}(n-1)$ 时, 拒绝 H_0, 否则接受 H_0. ■

表 7-3-1 总结了§7.2 和§7.3 中有关正态总体的假设检验, 以方便查用.

表 7-3-1　　正态总体的假设检验一览表

H_0	H_1	条件	检验统计量及分布	拒绝域
$\mu=\mu_0$	$\mu\neq\mu_0$	方差 σ^2 已知	$U=\dfrac{\overline{X}-\mu_0}{\sigma/\sqrt{n}}\sim N(0,1)$	$\|u\|>u_{\alpha/2}$
$\mu\leq\mu_0$	$\mu>\mu_0$			$u>u_\alpha$
$\mu\geq\mu_0$	$\mu<\mu_0$			$u<-u_\alpha$
$\mu=\mu_0$	$\mu\neq\mu_0$	方差 σ^2 未知	$T=\dfrac{\overline{X}-\mu_0}{S/\sqrt{n}}\sim t(n-1)$	$\|t\|>t_{\alpha/2}(n-1)$
$\mu\leq\mu_0$	$\mu>\mu_0$			$t>t_\alpha(n-1)$
$\mu\geq\mu_0$	$\mu<\mu_0$			$t<-t_\alpha(n-1)$
$\sigma^2=\sigma_0^2$	$\sigma^2\neq\sigma_0^2$	均值 μ 未知	$\chi^2=\dfrac{(n-1)S^2}{\sigma_0^2}\sim\chi^2(n-1)$	$\chi^2<\chi^2_{1-\alpha/2}(n-1)$ 或 $\chi^2>\chi^2_{\alpha/2}(n-1)$
$\sigma^2\leq\sigma_0^2$	$\sigma^2>\sigma_0^2$			$\chi^2>\chi^2_\alpha(n-1)$
$\sigma^2\geq\sigma_0^2$	$\sigma^2<\sigma_0^2$			$\chi^2<\chi^2_{1-\alpha}(n-1)$
$\mu_1-\mu_2=\mu_0$	$\mu_1-\mu_2\neq\mu_0$	方差 σ_1^2,σ_2^2 已知	$U=\dfrac{\overline{X}-\overline{Y}-\mu_0}{\sqrt{\sigma_1^2/n_1+\sigma_2^2/n_2}}\sim N(0,1)$	$\|u\|>u_{\alpha/2}$
$\mu_1-\mu_2\leq\mu_0$	$\mu_1-\mu_2>\mu_0$			$u>u_\alpha$
$\mu_1-\mu_2\geq\mu_0$	$\mu_1-\mu_2<\mu_0$			$u<-u_\alpha$
$\mu_1-\mu_2=\mu_0$	$\mu_1-\mu_2\neq\mu_0$	方差 σ_1^2,σ_2^2 未知 且 $\sigma_1^2=\sigma_2^2$	$T=\dfrac{\overline{X}-\overline{Y}-\mu_0}{S_w\sqrt{1/n_1+1/n_2}}\sim t(n_1+n_2-2)$	$\|t\|>t_{\alpha/2}(n_1+n_2-2)$
$\mu_1-\mu_2\leq\mu_0$	$\mu_1-\mu_2>\mu_0$			$t>t_\alpha(n_1+n_2-2)$
$\mu_1-\mu_2\geq\mu_0$	$\mu_1-\mu_2<\mu_0$			$t<-t_\alpha(n_1+n_2-2)$
$\mu_1-\mu_2=\mu_0$	$\mu_1-\mu_2\neq\mu_0$	方差 σ_1^2,σ_2^2 未知 且 $\sigma_1^2\neq\sigma_2^2$	$T=\dfrac{\overline{X}-\overline{Y}-\mu_0}{\sqrt{S_1^2/n_1+S_2^2/n_2}}\sim t(f)$	$\|t\|>t_{\alpha/2}(f)$
$\mu_1-\mu_2\leq\mu_0$	$\mu_1-\mu_2>\mu_0$			$t>t_\alpha(f)$
$\mu_1-\mu_2\geq\mu_0$	$\mu_1-\mu_2<\mu_0$			$t<-t_\alpha(f)$
$\sigma_1^2=\sigma_2^2$	$\sigma_1^2\neq\sigma_2^2$	均值 μ_1,μ_2 未知	$F=\dfrac{S_1^2}{S_2^2}\sim F(n_1-1,n_2-1)$	$F<F_{1-\alpha/2}(n_1-1,n_2-1)$ 或 $F>F_{\alpha/2}(n_1-1,n_2-1)$
$\sigma_1^2\leq\sigma_2^2$	$\sigma_1^2>\sigma_2^2$			$F>F_\alpha(n_1-1,n_2-1)$
$\sigma_1^2\geq\sigma_2^2$	$\sigma_1^2<\sigma_2^2$			$F<F_{1-\alpha}(n_1-1,n_2-1)$

习题 7-3

1. 制造厂家宣称，线 A 的平均张力比线 B 至少强 120 N. 为证实其说法，在同样情况下测试两种线各 50 条. 线 A 的平均张力 $\overline{x} = 867$ N，标准差为 $\sigma_1 = 62.8$N；而线 B 的平均张力为 $\overline{y} = 778$ N，标准差为 $\sigma_2 = 56.1$N. 在 $\alpha = 0.05$ 的显著性水平下，试检验此制造厂家的说法.

2. 欲知某新血清是否能抑制白血球过多症，选择已患该病的老鼠 9 只，并将其中 5 只施予此种血清，另外 4 只则不然. 从实验开始，其存活年限表示如下：

接受血清	2.1	5.3	1.4	4.6	0.9
未接受血清	1.9	0.5	2.8	3.1	

假定两总体均服从方差相同的正态分布，试在显著性水平 $\alpha = 0.05$ 下检验此种血清是否有效.

3. 据现在的推测，矮个子的人比高个子的人寿命要长一些. 下面给出美国 31 个自然死亡的总统的寿命，将他们分为矮个子与高个子两类，数据如下：

矮个子总统	85	79	67	90	80								
高个子总统	68	53	63	70	88	74	64	66	60	60	78	71	67
	90	73	71	77	72	57	78	67	56	63	64	83	65

假设两总体服从方差相同的正态分布. 试问这些数据是否符合上述推测 ($\alpha = 0.05$)?

4. 在 20 世纪 70 年代后期人们发现，酿造啤酒时，在麦芽干燥过程中会形成致癌物质亚硝基二甲胺 (NDMA). 到了20 世纪 80 年代初期，人们开发了一种新的麦芽干燥过程. 下面给出了分别在新、老两种过程中形成的 NDMA 含量 (以 10 亿份中的份数计):

老过程	6	4	5	5	6	5	5	6	4	6	7	4
新过程	2	1	2	2	1	0	3	2	1	0	1	3

设两样本分别来自正态总体，且两总体的方差相等，但参数均未知. 两样本独立，分别以 μ_1, μ_2 记对应于老、新过程的总体的均值，试检验假设 (取 $\alpha = 0.05$):

$$H_0: \mu_1 - \mu_2 \le 2,\ H_1: \mu_1 - \mu_2 > 2.$$

5. 有两台车床生产同一种型号的滚珠. 根据过去的经验，可以认为这两台车床生产的滚珠的直径都服从正态分布. 现要比较两台车床所生产的滚珠的直径的方差，分别抽出 8 个和 9 个样品，测得滚珠的直径如下 (单位: mm):

甲车床 x_i: 15.0 14.5 15.2 15.5 14.8 15.1 15.2 14.8

乙车床 y_i: 15.2 15.0 14.8 15.2 15.0 15.0 14.8 15.1 14.8

问乙车床产品的方差是否比甲车床的小 ($\alpha = 0.05$)?

6. 某灯泡厂在采用一项新工艺的前后，分别抽取 10 个灯泡进行寿命试验. 计算得到：采用新工艺前灯泡寿命的样本均值为 2 460 小时，样本标准差为 56 小时；采用新工艺后灯泡寿命的样本均值为 2 550 小时，样本标准差为 48 小时. 设灯泡的寿命服从正态分布，是否可以认为采用新工艺后灯泡的平均寿命有显著提高 ($\alpha = 0.01$)?

7. 随机地选了8个人，分别测量了他们在早晨起床时和晚上就寝时的身高(cm)，得到以下的数据：

序号	1	2	3	4	5	6	7	8
早上(x_i)	172	168	180	181	160	163	165	177
晚上(y_i)	172	167	177	179	159	161	166	175

设各对数据的差 Z_i 是来自正态总体 $N(\mu_z, \sigma_z^2)$ 的样本，μ_z, σ_z^2 均未知. 问是否可以认为早晨的身高比晚上的身高要高($\alpha=0.05$)?

8. 用5个含铁物质的样本做实验，以决定化学分析和X光分析对铁含量大小是否有差异. 每个样本分为两个小样本，以两种分析方法做对比实验，得到如下数据：

样本 i	1	2	3	4	5
X光分析(x_i)	2.0	2.0	2.3	2.1	2.4
化学分析(y_i)	2.2	1.9	2.5	2.3	2.4

假设两总体均服从正态分布，试在 $\alpha=0.05$ 的显著性水平下，检验两种分析方法所得的平均值是否相同.

§7.4 关于一般总体数学期望的假设检验

在前两节中，我们讨论了正态总体的假设检验问题. 本节我们讨论一般总体的假设检验问题，此类问题可借助一些统计量的极限分布近似地进行假设检验，属于大样本统计范畴，其理论依据是中心极限定理.

一、一般总体数学期望的假设检验

1. 一个总体均值的大样本假设检验

设非正态总体X的均值为μ，方差为σ^2，$X_1, X_2, \cdots, X_n$为总体X的一个样本，样本的均值为$\overline{X}$，样本的方差为S^2，则当n充分大时，由中心极限定理知，$U_n=\dfrac{\overline{X}-\mu}{\sigma/\sqrt{n}}$近似地服从$N(0,1)$. 所以对$\mu$的假设检验可以用前面讲过的$u$检验法. 这里所不同的是拒绝域是近似的，这是关于一般总体数学期望的假设检验的简单有效的方法.

(1) 对双侧检验：$H_0: \mu=\mu_0$，$H_1: \mu \neq \mu_0$，可得近似的拒绝域为 $|U_n|>u_{\alpha/2}$；

(2) 对右侧检验：$H_0: \mu \leq \mu_0$，$H_1: \mu>\mu_0$，可得近似的拒绝域为 $U_n>u_\alpha$；

(3) 对左侧检验：$H_0: \mu \geq \mu_0$，$H_1: \mu<\mu_0$，可得近似的拒绝域为 $U_n<-u_\alpha$.

注：若标准差σ未知，可以用样本标准差S来代替，即当n充分大时，由中心极限定理知，$T_n=\dfrac{\overline{X}-\mu_0}{S/\sqrt{n}}$ 近似地服从$N(0,1)$. 只需将上述的σ用S代替，U_n用T_n代

替，可得到类似的结论．

例1 某厂的生产管理员认为该厂第一道工序加工完的产品送到第二道工序进行加工之前的平均等待时间超过90分钟. 现对100件产品的随机抽样结果是平均等待时间为96分钟，样本标准差为30分钟. 问抽样的结果是否支持该管理员的看法($\alpha=0.05$)?

解 用X表示第一道工序加工完的产品送到第二道工序进行加工之前的等待时间，总体均值为μ. 是否支持管理员的看法，也就是检验$\mu>90$是否成立. 于是，可提出待检假设:

$$H_0: \mu \le 90, \quad H_1: \mu > 90.$$

由于n=100为大样本，故用u检验法. 总体标准差σ未知，用样本标准差S代替. 当H_0成立时，有

$$T_n = \frac{\overline{X}-90}{S/\sqrt{100}} = \frac{\overline{X}-\mu}{S/\sqrt{100}}.$$

而$\dfrac{\overline{X}-\mu}{S/\sqrt{100}}$近似服从$N(0,1)$分布. 对于$\alpha=0.05$，查表得$u_\alpha=u_{0.05}=1.645$，故近似拒绝域为$W=\{t>1.645\}$.

已知$\bar{x}=96$，$s=30$，于是，统计量T_n的值

$$t=\frac{96-90}{30/\sqrt{100}}=2>1.645.$$

T_n的观察值落在了拒绝域中，故拒绝H_0，即支持该管理员的看法. ■

2. 两个总体均值的大样本假设检验

设有两个独立的总体X, Y，其均值分别为μ_1, μ_2，方差分别为σ_1^2, σ_2^2，均值与方差均未知，现从两个总体中分别抽取样本容量n_1, n_2 (n_1, n_2均大于100) 的大样本$X_1, X_2, \cdots, X_{n_1}$与$Y_1, Y_2, \cdots, Y_{n_2}$, $\overline{X}$与$\overline{Y}$及S_1^2与S_2^2分别为这两个样本的样本均值及样本方差，记S_w^2是S_1^2与S_2^2的加权平均:

$$S_w^2=\frac{(n_1-1)S_1^2+(n_2-1)S_2^2}{n_1+n_2-2}.$$

检验假设:

(1) $H_0: \mu_1=\mu_2$, $H_1: \mu_1\ne\mu_2$.

(2) $H_0: \mu_1\le\mu_2$, $H_1: \mu_1>\mu_2$.

(3) $H_0: \mu_1\ge\mu_2$, $H_1: \mu_1<\mu_2$.

若$\sigma_1^2\ne\sigma_2^2$，可采用以下检验统计量及其近似分布($\mu_1=\mu_2$):

$$U=\frac{\overline{X}-\overline{Y}}{\sqrt{S_1^2/n_1+S_2^2/n_2}}\overset{\text{近似}}{\sim}N(0,1).$$

若 $\sigma_1^2=\sigma_2^2$，可采用以下检验统计量及其近似分布 ($\mu_1=\mu_2$):

$$U=\frac{\overline{X}-\overline{Y}}{S_w\sqrt{1/n_1+1/n_2}}\overset{\text{近似}}{\sim}N(0,1).$$

对于给定的显著性水平 α，有

(a) 对假设 (1), $P\{|U|\geq u_{\alpha/2}\}\approx\alpha$，可得拒绝域为 $|U|>u_{\alpha/2}$；

(b) 对假设 (2), $P\{U>u_{\alpha}\}\approx\alpha$，可得拒绝域为 $U>u_{\alpha}$；

(c) 对假设 (3), $P\{U<-u_{\alpha}\}\approx\alpha$，可得拒绝域为 $U<-u_{\alpha}$.

例 2　为比较两种小麦植株的高度 (单位: cm), 在相同条件下进行高度测定，算得样本均值与样本方差分别如下:

甲小麦: $n_1=100$，$\overline{x}=28$，$s_1^2=35.8$

乙小麦: $n_2=100$，$\overline{y}=26$，$s_2^2=32.3$

在显著性水平 $\alpha=0.05$ 下，这两种小麦株高之间有无显著差异(假设两个总体方差相等)?

解　这是属于大样本情形下两个总体分布未知、两个总体方差未知但相等的均值的差异性检验．提出假设:

$$H_0:\mu_1=\mu_2,\quad H_1:\mu_1\neq\mu_2.$$

由于 $\alpha=0.05$, $u_{\alpha/2}=1.96$, 又

$$n_1=n_2=100,\ \overline{x}=28,\ \overline{y}=26,\ s_1^2=35.8,\ s_2^2=32.3,$$

计算统计量 U 的值

$$u=\frac{\overline{x}-\overline{y}}{\sqrt{\dfrac{(n_1-1)s_1^2+(n_2-1)s_2^2}{n_1+n_2-2}}\sqrt{\dfrac{1}{n_1}+\dfrac{1}{n_2}}}$$

$$=\frac{28-26}{\sqrt{\dfrac{(100-1)\times35.8+(100-1)\times32.3}{100+100-2}}\sqrt{\dfrac{1}{100}+\dfrac{1}{100}}}\approx2.42.$$

由于 $|u|>1.96$，故否定 H_0，在显著性水平 $\alpha=0.05$ 下可认为两种小麦株高之间有显著差异.　■

二、0－1 分布总体数学期望的假设检验

在实际问题中，常常需要对一个事件 A 发生的概率 p 进行假设检验．对此类问题，可设总体是服从两点分布的.

1. 一个 0 – 1 分布总体参数的检验

设总体 $X \sim b(1, p)$, $X_1, X_2, \cdots, X_n$ 是取自 X 的一个样本, p 为未知参数. 关于参数 p 的检验问题有三种类型，其待检假设分别为:

(1) $H_0: p = p_0$, $H_1: p \neq p_0$.

(2) $H_0: p \leq p_0$, $H_1: p > p_0$.

(3) $H_0: p \geq p_0$, $H_1: p < p_0$.

因对于这种类型的假设检验无现成的统计量可利用，一般借助于中心极限定理对这类假设进行检验. 因

$$E(\overline{X}) = p, \ D(\overline{X}) = p(1-p)/n,$$

由中心极限定理，当 n 充分大 ($n \geq 30$) 时，有

$$\frac{\overline{X} - p}{\sqrt{p(1-p)/n}} \overset{\text{近似}}{\sim} N(0, 1),$$

其中 $\overline{X} = \mu_n / n$, μ_n 是 n 次独立重复试验中事件 A 发生的次数. 若 H_0 为真，则

$$U = \frac{\overline{X} - p_0}{\sqrt{p_0(1-p_0)/n}} \overset{\text{近似}}{\sim} N(0, 1).$$

对于给定的显著性水平 α, 有

(a) 对假设 (1), $P\{|U| \geq u_{\alpha/2}\} \approx \alpha$, 可得拒绝域为 $|U| > u_{\alpha/2}$;

(b) 对假设 (2), $P\{U > u_\alpha\} \approx \alpha$, 可得拒绝域为 $U > u_\alpha$;

(c) 对假设 (3), $P\{U < -u_\alpha\} \approx \alpha$, 可得拒绝域为 $U < -u_\alpha$.

例 3 某地区主管工业的负责人收到一份报告, 该报告中说他主管的工厂中执行环境保护条例的厂家不足60%, 这位负责人认为应不低于60%, 于是, 他在该地区众多的工厂中随机抽查了60个厂家，结果发现有 33 家执行了环境条例，那么由他本人的调查结果能否证明那份报告中的说法有问题 ($\alpha = 0.05$)?

解 (1) 建立假设 $H_0: p \geq 0.6$, $H_1: p < 0.6$.

(2) 选择统计量

$$U = \frac{\overline{X} - p_0}{\sqrt{p_0(1-p_0)/n}} \overset{\text{近似}}{\sim} N(0, 1).$$

(3) 给定显著性水平 α, 确定 k, 使

$$P\left\{\frac{\overline{X} - p_0}{\sqrt{p_0(1-p_0)/n}} < k\right\} \approx \alpha$$

查标准正态分布表得 $k = -u_\alpha = -u_{0.05} = -1.645$, 所以拒绝域为 $u < -1.645$.

(4) 由于 $\bar{x} = \dfrac{33}{60} = 0.55$, $p_0 = 0.6$, 所以

$$u=\frac{\bar{x}-p_0}{\sqrt{p_0(1-p_0)/n}}\approx-0.79>-1.645,$$

故接受 H_0，即认为执行环保条例的厂家不低于 60%. ■

2. 两个 0－1 分布总体参数的检验

对两个独立的 0－1 分布总体 X 与 Y，我们要检验的是两个总体参数 p_1, p_2 的差异性，故给出如下检验假设：

(1) $H_0: p_1=p_2$，$H_1: p_1\neq p_2$.

(2) $H_0: p_1\leq p_2$，$H_1: p_1>p_2$.

(3) $H_0: p_1\geq p_2$，$H_1: p_1<p_2$.

由中心极限定理，当 H_0 为真且 n_1, n_2 充分大(n_1, n_2 均大于100)时，有

$$U=\frac{\overline{P}_1-\overline{P}_2}{\sqrt{\overline{P}(1-\overline{P})(1/n_1+1/n_2)}}\overset{\text{近似}}{\sim}N(0,1),$$

其中，$\overline{P}_1=\mu_{n_1}/n_1$，$\overline{P}_2=\mu_{n_2}/n_2$，$\overline{P}=(\mu_{n_1}+\mu_{n_2})/(n_1+n_2)$，$\mu_{n_1}$ 是 n_1 次独立重复试验中事件 A 发生(即 $X=1$)的次数，μ_{n_2} 是 n_2 次独立重复试验中事件 B 发生(即 $Y=1$)的次数. 对于给定的显著性水平 α，有

(a) 对假设 (1)，$P\{|U|\geq u_{\alpha/2}\}\approx\alpha$，可得拒绝域为 $|U|>u_{\alpha/2}$；

(b) 对假设 (2)，$P\{U>u_{\alpha}\}\approx\alpha$，可得拒绝域为 $U>u_{\alpha}$；

(c) 对假设 (3)，$P\{U<-u_{\alpha}\}\approx\alpha$，可得拒绝域为 $U<-u_{\alpha}$.

例 4 在 A 县调查 n_1=1 500 个农户，其中有中小型农业机械的农户 μ_{n_1}=300 户；在 B 县调查 n_2=1 800 户，其中有中小型农业机械的农户 μ_{n_2}=320 户. 试在显著性水平 $\alpha=0.05$ 下检验两个县有中小型农业机械的农户的比例有无差异？

解 由于 $n_1=1\ 500$，$n_2=1\ 800$，这是大样本情形下两个 0－1 分布总体的概率检验问题. 假设

$$H_0: p_1=p_2,\quad H_1: p_1\neq p_2.$$

由于 $n_1=1\ 500$，$n_2=1\ 800$，$\mu_{n_1}=300$，$\mu_{n_2}=320$，经计算得

$$\bar{p}_1=\frac{\mu_{n_1}}{n_1}=0.200,\quad \bar{p}_2=\frac{\mu_{n_2}}{n_2}\approx0.178,\quad \bar{p}=\frac{\mu_{n_1}+\mu_{n_2}}{n_1+n_2}\approx0.188,$$

$$u=\frac{\bar{p}_1-\bar{p}_2}{\sqrt{\bar{p}(1-\bar{p})\left(\dfrac{1}{n_1}+\dfrac{1}{n_2}\right)}}=\frac{0.2-0.178}{\sqrt{0.188(1-0.188)\left(\dfrac{1}{1\ 500}+\dfrac{1}{1\ 800}\right)}}\approx1.61.$$

由 $\alpha=0.05$，可知 $u_{\alpha/2}=1.96$，由于 $|u|<u_{\alpha/2}$，故在显著性水平 $\alpha=0.05$ 下接受 H_0，即可认为两县有中小型农业机械的农户的比例无显著差异. ■

习题 7-4

1. 设两总体 X, Y 分别服从泊松分布 $P(\lambda_1)$, $P(\lambda_2)$, 给定显著性水平 α, 试设计一个检验统计量, 使之能确定检验 $H_0: \lambda_1 = \lambda_2$, $H_1: \lambda_1 \neq \lambda_2$ 的拒绝域, 并说明设计的理论依据.

2. 设某段高速公路上汽车限制速度为 104.6 km/h, 现检验 $n = 85$ 辆汽车的样本, 测出平均车速为 $\bar{x} = 106.7$ km/h, 已知总体标准差为 $\sigma = 13.4$ km/h, 但不知总体是否服从正态分布. 在显著性水平 $\alpha = 0.05$ 下, 试检验高速公路上的汽车是否比限制速度 104.6 km/h 显著地快?

3. 某药品广告上声称该药品对某种疾病的治愈率为 90%, 一家医院对该种药品临床使用 120 例, 治愈 85 人, 问该药品广告是否真实 ($\alpha = 0.02$)?

4. 一位中学校长在报纸上看到这样的报道: "这一城市的初中学生平均每周看 8 小时电视." 她认为她所领导的学校, 学生看电视时间明显小于该数字. 为此, 她向她的学校的 100 名初中学生作了调查, 得知平均每周看电视的时间 $\bar{x} = 6.5$ 小时, 样本标准差为 $s = 2$ 小时, 问是否可以认为这位校长的看法是对的 ($\alpha = 0.05$)?

5. 已知某种电子元件的使用寿命 X(h) 服从指数分布 $E(\lambda)$. 抽查 100 个元件, 得样本均值 $\bar{x} = 950$(h). 能否认为参数 $\lambda = 0.001$ ($\alpha = 0.05$)?

6. 某产品的次品率为 0.17. 现对此产品进行新工艺试验, 从中抽取 400 件检查, 发现次品 56 件. 能否认为这项新工艺显著地影响产品质量 ($\alpha = 0.05$)?

7. 某厂生产了一大批产品, 按规定次品率 $p \leq 0.05$ 才能出厂, 否则不能出厂, 现从产品中随机抽查 50 件, 发现有 4 件次品, 问该批产品能否出厂 ($\alpha = 0.05$)?

8. 从选区 A 中抽取 300 名选民的选票, 从选区 B 中抽取 200 名选民的选票, 在这两组选票中, 分别有 168 票和 96 票支持所提候选人, 试在显著性水平 $\alpha = 0.05$ 下, 检验两个选区之间对候选人的支持是否存在差异.

§7.5 分布拟合检验

本章前四节所介绍的各种检验法, 是在总体分布类型已知的情况下, 对其中的未知参数进行检验, 这类统计检验统称为**参数检验**. 在实际问题中, 有时我们并不能确切预知总体服从何种分布, 这时就需要根据来自总体的样本对总体的分布进行推断, 以判断总体服从何种分布, 这类统计检验称为**非参数检验**, **分布拟合检验**是解决这类问题的工具之一, 它是由英国统计学家 K. 皮尔逊在 1900 年发表的一篇文章中引进的 **χ^2 检验法**, 不少人把此项工作视为近代统计学的开端.

一、引例

例如, 1500—1931 年的 432 年间, 每年爆发战争的次数可以看作一个随机变量,据统计，这 432 年间共爆发了 299 次战争，具体数据如表 7−5−1所示.

表 7−5−1

战争次数 X	发生 X 次战争的年数
0	223
1	142
2	48
3	15
4	4

根据所学知识和经验，每年爆发战争的次数X，可以用一个泊松随机变量来近似描述，即可以假设每年爆发战争的次数X的分布近似泊松分布. 于是，问题可归结为：如何利用上述数据检验X服从泊松分布的假设.

又如，某工厂制造一批骰子，声称它是均匀的，即在抛掷试验中，出现 1 点，2 点，……，6 点的概率都应是 1/6.

为检验骰子是否均匀，要重复地进行抛掷骰子的试验，并统计各点出现的频率与1/6 的差距.

问题可归结为：如何利用得到的统计数据对“骰子均匀”的结论进行检验，即检验抛掷骰子的点数服从 6 点均匀分布.

二、χ^2 检验法的基本思想

χ^2 检验法是在总体X的分布未知时，根据来自总体的样本，检验总体分布的假设的一种检验方法. 具体进行检验时，先提出原假设：

$$H_0: 总体 X 的分布函数为 F(x).$$

然后根据样本的经验分布和所假设的理论分布之间的吻合程度来决定是否接受原假设.

这种检验通常称作**拟合优度检验**. 它是一种非参数检验. 一般地，我们总是根据样本观察值用直方图和经验分布函数，来推断出总体可能服从的分布，然后做检验.

三、χ^2 检验法的基本原理和步骤

(1) 提出原假设：

$$H_0: 总体 X 的分布函数为 F(x).$$

如果总体分布为离散型，则假设具体为

$$H_0: 总体 X 的分布律为 P\{X=x_i\}=p_i,\ i=1, 2, \cdots;$$

如果总体分布为连续型，则假设具体为

$$H_0: 总体 X 的概率密度函数为 f(x).$$

(2) 将总体X的取值范围分成k个互不相交的小区间$A_1, A_2, \cdots, A_k$，如可取

$$A_1=(a_0, a_1],\ A_2=(a_1, a_2],\ \cdots,\ A_k=(a_{k-1}, a_k),$$

其中 a_0 可取 $-\infty$, a_k 可取 $+\infty$. 区间的划分视具体情况而定, 但要使每个小区间所含样本值个数不小于5, 而区间个数 k 不要太大也不要太小.

(3) 把落入第 i 个小区间 A_i 的样本值的个数记作 f_i, 称为**组频数**, 所有组频数之和 $f_1+f_2+\cdots+f_k$ 等于样本容量 n.

(4) 当 H_0 为真时, 根据所假设的总体理论分布, 可算出总体 X 的值落入第 i 个小区间 A_i 的概率 p_i, 于是, np_i 就是落入第 i 个小区间 A_i 的样本值的理论频数.

(5) 当 H_0 为真时, n 次试验中样本值落入第 i 个小区间 A_i 的频率 f_i/n 与概率 p_i 应很接近, 当 H_0 不真时, 则 f_i/n 与 p_i 相差较大. 基于这种思想, 皮尔逊引进如下检验统计量 $\chi^2=\sum\limits_{i=1}^{k}\frac{(f_i-np_i)^2}{np_i}$, 并证明了下列结论:

定理1 当 n 充分大 ($n\geq 50$) 时, 统计量 χ^2 近似服从 $\chi^2(k-1)$ 分布.

(6) 根据定理1, 对给定的显著性水平 α, 确定 l 值, 使 $P\{\chi^2>l\}=\alpha$, 查 χ^2 分布表得 $l=\chi^2_\alpha(k-1)$, 所以拒绝域为 $\chi^2>\chi^2_\alpha(k-1)$.

(7) 若由所给的样本值 $x_1, x_2, \cdots, x_n$ 算得统计量 χ^2 的实测值落入拒绝域, 则拒绝原假设 H_0, 否则就认为差异不显著而接受原假设 H_0.

四、总体含未知参数的情形

在对总体分布的假设检验中, 有时只知道总体 X 的分布函数的形式, 但其中还含有未知参数, 即分布函数为 $F(x, \theta_1, \theta_2, \cdots, \theta_r)$, 其中 $\theta_1, \theta_2, \cdots, \theta_r$ 为未知参数. 设 $X_1, X_2, \cdots, X_n$ 是取自总体 X 的样本, 现要用此样本来检验假设:

$$H_0: \text{总体} X \text{的分布函数为} F(x, \theta_1, \theta_2, \cdots, \theta_r).$$

此类情况可按如下步骤进行检验:

(1) 利用样本 $X_1, X_2, \cdots, X_n$, 求出 $\theta_1, \theta_2, \cdots, \theta_r$ 的最大似然估计 $\hat{\theta}_1, \hat{\theta}_2, \cdots, \hat{\theta}_r$;

(2) 在分布函数 $F(x, \theta_1, \theta_2, \cdots, \theta_r)$ 中用 $\hat{\theta}_i$ 代替 $\theta_i\,(i=1, 2, \cdots, r)$, 则得到一个完全已知的分布函数 $F(x, \hat{\theta}_1, \hat{\theta}_2, \cdots, \hat{\theta}_r)$;

(3) 利用 $F(x, \hat{\theta}_1, \hat{\theta}_2, \cdots, \hat{\theta}_r)$, 计算 p_i 的估计值 $\hat{p}_i\,(i=1, 2, \cdots, k)$;

(4) 计算要检验的统计量

$$\chi^2=\sum_{i=1}^{k}(f_i-n\hat{p}_i)^2/n\hat{p}_i,$$

当 n 充分大时, 统计量 χ^2 近似服从 $\chi^2_\alpha(k-r-1)$ 分布;

(5) 对给定的显著性水平 α, 得拒绝域

$$\chi^2=\sum_{i=1}^{k}(f_i-n\hat{p}_i)^2/n\hat{p}_i>\chi^2_\alpha(k-r-1).$$

注：在使用皮尔逊的χ^2检验法时，要求$n \geq 50$，以及每个理论频数

$$np_i \geq 5(i=1,\cdots,k),$$

否则应适当地合并相邻的小区间，使np_i满足要求.

例1 将一颗骰子掷120次，所得数据见表7−5−2.

表 7−5−2

点数 i	1	2	3	4	5	6
出现次数 f_i	23	26	21	20	15	15

问这颗骰子是否均匀、对称？(取$\alpha=0.05$.)

解 若这颗骰子是均匀、对称的，则1~6点中每点出现的可能性相同，都为1/6. 如果用$A_i\,(i=1,2,\cdots,6)$表示第i点出现，则待检假设为

$$H_0: P(A_i)=1/6,\ i=1,2,\cdots,6.$$

在H_0成立的条件下，理论概率$p_i=p(A_i)=1/6$，由$n=120$得频率

$$np_i=20,\ \ i=1,2,\cdots,6.$$

计算结果如表7−5−3所示.

表 7−5−3

i	f_i	p_i	np_i	$(f_i-np_i)^2/(np_i)$
1	23	1/6	20	9/20
2	26	1/6	20	36/20
3	21	1/6	20	1/20
4	20	1/6	20	0
5	15	1/6	20	25/20
6	15	1/6	20	25/20
合计	120			4.8

因所求分布不含未知参数，又$k=6$，$\alpha=0.05$，查表得

$$\chi_\alpha^2(k-1)=\chi_{0.05}^2(5)=11.071,$$

由上表知

$$\chi^2=\sum_{i=1}^{6}\frac{(f_i-np_i)^2}{np_i}=4.8<11.071,$$

故接受H_0，可以认为这颗骰子是均匀对称的. ■

例2 检验引例中对战争次数X提出的假设H_0: X服从参数为λ的泊松分布.

解 根据观察结果，得参数λ的最大似然估计为$\hat{\lambda}=\overline{X}=0.69$，按参数为0.69的泊松分布，计算事件$X=i$的概率$p_i$，$p_i$的估计是

$$\hat{p}_i=\frac{e^{-0.69}0.69^i}{i!},\ \ i=0,1,2,3,4.$$

由表7−5−1，将有关计算结果列表如下(见表7−5−4)：

表 7−5−4

战争次数 x	0	1	2	3	4	
实测频数 f_i	223	142	48	15	4	
$\hat{p}_i$	0.501576	0.346087	0.1194	0.027462	0.00474	
$n\hat{p}_i$	216.7	149.5	51.6	12.0	2.05	
				14.05		
$\dfrac{(f_i-n\hat{p}_i)^2}{n\hat{p}_i}$	0.183	0.376	0.251	1.744		$\sum\approx 2.555$

将 $n\hat{p}_i<5$ 的组予以合并，即将发生3次及4次战争的组归并为一组.

因 H_0 所假设的理论分布中有一个未知参数，故自由度为

$$4-1-1=2,$$

又 $\alpha=0.05$，自由度为2，查 χ^2 分布表得

$$\chi^2_{0.05}(2)=5.991.$$

由于统计量 χ^2 的观察值 $\chi^2=2.555<5.991$ 未落入拒绝域，故认为每年发生战争的次数 X 服从参数为0.69的泊松分布. ■

例3 为检验棉纱的拉力强度(单位：公斤) X 服从正态分布，从一批棉纱中随机抽取300条进行拉力试验，结果列在表7-5-5中. 我们的问题是检验假设：H_0：拉力强度 $X\sim N(\mu,\sigma^2)$ $(\alpha=0.01)$.

表 7-5-5　　棉纱拉力数据

i	x	f_i	i	x	f_i
1	0.5～0.64	1	8	1.48～1.62	53
2	0.64～0.78	2	9	1.62～1.76	25
3	0.78～0.92	9	10	1.76～1.90	19
4	0.92～1.06	25	11	1.90～2.04	16
5	1.06～1.20	37	12	2.04～2.18	3
6	1.20～1.34	53	13	2.18～2.32	1
7	1.34～1.48	56			

解 可按以下四步来检验：

(1) 将观测值 x_i 分成13组，这相当于

$$a_0=-\infty,\ a_1=0.64,\ a_2=0.78,\ \cdots,\ a_{12}=2.18,\ a_{13}=+\infty.$$

但是这样分组后，前两组和最后两组的 np_i 比较小，于是，我们把它们合并成为一个组(见表7-5-6).

表 7-5-6　　棉纱拉力数据的分组

区间序号	区间	f_i	$\hat{p}_i$	$n\hat{p}_i$	$f_i-n\hat{p}_i$
1	≤0.78 或 >2.04	7	0.035 7	10.718 7	−3.72
2	0.78～0.92	9	0.033 3	10.000 5	−1
3	0.92～1.06	25	0.070 5	21.141 9	3.858
4	1.06～1.20	37	0.120 3	36.087 3	0.913
5	1.20～1.34	53	0.165 8	49.736 3	3.264
6	1.34～1.48	56	0.184 5	55.349 2	0.651
7	1.48～1.62	53	0.165 8	49.736 3	3.264
8	1.62～1.76	25	0.120 3	36.087 3	−11.1
9	1.76～1.90	19	0.070 5	21.141 9	−2.14
10	1.90～2.04	16	0.033 3	10.000 5	5.999

(2) 计算每个区间上的理论频数. 这里，$F(x)$ 就是正态分布 $N(\mu,\sigma^2)$ 的分布函数，含有两个未知参数 μ 和 σ^2，分别用它们的最大似然估计

$$\hat{\mu}=\overline{X} \text{ 和 } \hat{\sigma}^2=\sum_{i=1}^{n}(X_i-\overline{X})^2/n$$

来代替. 关于 $\overline{X}$ 的计算作如下说明：因为表7-5-5中每个区间都很狭窄，我们可

以认为每个区间内 X_i 都取这个区间的中点，将每个区间的中点值乘以该区间的样本数，然后相加再除以总样本数就得到样本均值 $\overline{X}$，计算结果：

$$\hat{\mu} \approx 1.41,\ \hat{\sigma}^2 \approx 0.30^2.$$

对于服从 $N(1.41, 0.30^2)$ 的随机变量 Y，计算它在上面第 i 个区间上的概率 p_i，例如，

$$\hat{p}_1 = P\{Y \leq 0.78\} + P\{Y > 2.04\}$$

$$= P\left\{\frac{Y-1.41}{0.30} \leq -2.1\right\} + P\left\{\frac{Y-1.41}{0.30} > 2.1\right\} \approx 0.035\,7,$$

$$\hat{p}_2 = P\{0.78 < Y \leq 0.92\} = P\left\{-2.1 < \frac{Y-1.41}{0.30} \leq -1.633\right\} \approx 0.033\,3.$$

(3) 计算 $x_1, x_2, \cdots, x_{300}$ 中落在每个区间上的实际频数 f_i，如表 7－5－6 所列.

(4) 计算统计量的值：

$$\chi^2 = \sum_{k=1}^{10} \frac{(f_i - n\hat{p}_i)^2}{n\hat{p}_i} \approx 9.776\,0.$$

因为 $k=10$, $r=2$，所以，χ^2 的自由度为 $10-2-1=7$，查表得

$$\chi^2_{0.01}(7) = 18.48 > \chi^2 = 9.776\,0.$$

于是，我们不能拒绝原假设，即认为棉纱拉力强度服从正态分布. ■

习题 7-5

1. 一个正 20 面体，每一个面上都标有 $0, 1, 2, \cdots, 9$ 中的某一个数字，并且这 10 个数字中的每个都标在两个面上. 现在抛掷这个正 20 面体 800 次，标有数字 $0, 1, 2, \cdots, 9$ 的各面朝上的次数如下表所示. 判断这个正 20 面体是否由均匀材料制成（$\alpha = 0.05$）.

朝上一面的数字 x	0	1	2	3	4	5	6	7	8	9
频数 f_i	85	93	84	79	78	69	74	71	91	76

2. 根据观察到的数据

疵点数	0	1	2	3	4	5	6
频数 f_i	14	27	26	20	7	3	3

检验整批零件上的疵点数是否服从泊松分布（$\alpha = 0.05$）.

3. 检查了一本书的 100 页，记录各页中印刷错误的个数，其结果为

错误个数 f_i	0	1	2	3	4	5	6	≥ 7
含 f_i 个错误的页数	36	40	19	2	0	2	1	0

问能否认为一页的印刷错误个数服从泊松分布（取 $\alpha = 0.05$）?

4. 某车床生产滚珠，随机抽取了 50 个产品，测得它们的直径为（单位：mm）:

15.0　15.8　15.2　15.1　15.9　14.7　14.8　15.5　15.6　15.3　15.1　15.3　15.0
15.6　15.7　14.8　14.5　14.2　14.9　14.9　15.2　15.0　15.3　15.6　15.1　14.9
14.2　14.6　15.8　15.2　15.9　15.2　15.0　14.9　14.8　14.5　15.1　15.5　15.5
15.1　15.1　15.0　15.3　14.7　14.5　15.5　15.0　14.7　14.6　14.2

经过计算知道，样本均值 $\bar{x}=15.1$，样本方差 $s^2=(0.432\,5)^2$. 问滚珠直径是否服从正态分布 $N(15.1, 0.432\,5^2)$？

5. 根据某市公路交通部门某年中前6个月交通事故记录，统计得星期一至星期日发生交通事故的次数如下：

星期	1	2	3	4	5	6	7(日)
次数	36	23	29	31	34	60	25

问交通事故发生是否与星期几无关 ($\alpha=0.05$)？

6. 下表记录了2 880个婴儿的出生时刻.

时间区间	[0,1)	[1,2)	[2,3)	[3,4)	[4,5)	[5,6)	[6,7)	[7,8)	[8,9)	[9,10)
出生个数 f_i	127	139	143	138	134	115	129	113	126	122

时间区间	[10,11)	[11,12)	[12,13)	[13,14)	[14,15)	[15,16)	[16,17)
出生个数 f_i	121	119	130	125	112	97	115

时间区间	[17,18)	[18,19)	[19,20)	[20,21)	[21,22)	[22,23)	[23,24)
出生个数 f_i	94	99	97	100	119	127	139

试问婴儿的出生时刻是否服从均匀分布 $U[0,24]$(显著性水平 $\alpha=0.05$)？

总 习 题 七

1. 下面列出的是某工厂随机选取的20只部件的装配时间(分钟)：

9.8　10.4　10.6　9.6　9.7　9.9　10.9　11.1　9.6　10.2
10.3　9.6　9.9　11.2　10.6　9.8　10.5　10.1　10.5　9.7

设装配时间的总体服从正态分布 $N(\mu,\sigma^2)$，μ,σ^2 均未知，是否可以认为装配时间的均值显著地大于10(取 $\alpha=0.05$)？

2. 某地早稻收割根据长势估计平均亩产为310kg，收割时，随机抽取了10块，测出每块的实际亩产量为 $x_1, x_2, \cdots, x_{10}$，计算得 $\bar{x}=\frac{1}{10}\sum_{i=1}^{10}x_i=320$. 如果已知早稻亩产量 X 服从正态分布 $N(\mu, 144)$，显著性水平 $\alpha=0.05$，试问所估产量是否正确？

3. 设某次考试的考生成绩服从正态分布，从中随机地抽取36位考生的成绩，算得平均成绩为66.5分，样本标准差为15分，问在显著性水平0.05下，是否可认为这次考试全体考生的平均成绩为70分？并给出检验过程.

4. 设有来自正态总体 $X\sim N(\mu,\sigma^2)$ 的容量为100的样本，样本均值 $\bar{x}=2.7$，μ,σ^2 均未知，而 $\sum_{i=1}^{n}(x_i-\bar{x})^2=225$. 在 $\alpha=0.05$ 水平下，试检验下列假设：

(1) $H_0: \mu=3, H_1: \mu\neq 3$;　　　　(2) $H_0: \sigma^2=2.5, H_1: \sigma^2\neq 2.5$.

5. 设某大学的男生体重 X 为正态总体，$X\sim N(\mu,\sigma^2)$. 欲检验假设：

$$H_0: \mu=68\text{kg},\quad H_1: \mu>68\text{kg}.$$

已知 $\sigma=5$，取显著性水平 $\alpha=0.05$，若当真实均值为 69 kg 时，犯第二类错误的概率不超过 $\beta=0.05$，求所需样本大小.

6. 某装置的平均工作温度据制造厂家称不高于190℃. 今从一个由16台装置构成的随机样本测得工作温度的平均值和标准差分别为195℃和8℃. 根据这些数据能否说明平均工作温度比制造厂家所说的要高？(设 $\alpha=0.05$，并假定工作温度近似服从正态分布)

7. 电工器材厂生产一批保险丝，抽取10根试验其熔断时间，结果为

42　65　75　78　71　59　57　68　54　55

假设熔断时间服从正态分布，能否认为整批保险丝的熔断时间的方差不大于80 ($\alpha=0.05$)?

8. 某系学生可以被允许选修3学分有实验的物理课和4学分无实验的物理课，11名学生选3学分的课，考试平均分数为85分，标准差为4.7分；17名学生选4学分的课，考试平均分数为79分，标准差为6.1分. 假定两总体近似服从方差相同的正态分布，试在显著性水平 $\alpha=0.05$ 下检验实验课程是否能使平均分数增加8分？

9. 某校从经常参加体育锻炼的男生中随机地选出50名，测得平均身高174.34厘米；从不经常参加体育锻炼的男生中随机地选50名，测得平均身高172.42厘米. 统计资料表明两种男生的身高都服从正态分布，其标准差分别为5.35厘米和6.11厘米，问该校经常参加锻炼的男生是否比不常参加锻炼的男生平均身高要高些 ($\alpha=0.05$)?

10. 在漂白工艺中要改变温度对针织品断裂强力的影响，在两种不同温度下分别作了8次试验，测得断裂强力的数据如下 (单位：kg)：

70°C：20.8　18.8　19.8　20.9　21.5　19.5　21.0　21.2

80°C：17.7　20.3　20.0　18.8　19.0　20.1　20.2　19.1

试判断两种温度下的强力有无差别 (断裂强力可认为服从正态分布，$\alpha=0.05$)?

11. 一出租车公司欲检验装配哪一种轮胎省油，以12部装有I型轮胎的车辆进行预定的测试. 在不变换驾驶员的情况下，将这12部车辆换装II型轮胎并重复测试. 其汽油消耗量如下表所示 (单位：km / L)：

汽车编号 i	1	2	3	4	5	6	7	8	9	10	11	12
I 型胎 (x_i)	4.2	4.7	6.6	7.0	6.7	4.5	5.7	6.0	7.4	4.9	6.1	5.2
II 型胎 (y_i)	4.1	4.9	6.2	6.9	6.8	4.4	5.7	5.8	6.9	4.7	6.0	4.9

假设两总体均服从正态分布，试在 $\alpha=0.025$ 的显著性水平下，检验安装I型轮胎是否要比安装II型轮胎省油？

12. 有两台机器生产金属部件. 分别在两台机器所生产的部件中各取一容量 $n_1=60, n_2=40$ 的样本，测得部件重量 (以kg计) 的样本方差分别为 $s_1^2=15.46$，$s_2^2=9.66$. 设两样本相互独立. 两总体分别服从分布 $N(\mu_1,\sigma_1^2)$，$N(\mu_2,\sigma_2^2)$，$\mu_i, \sigma_i^2\,(i=1,2)$ 均未知. 试在 $\alpha=0.05$ 水平下检验假设 $H_0: \sigma_1^2\leq\sigma_2^2, H_1: \sigma_1^2>\sigma_2^2$.

13. 有9名学生到英语培训班学习，培训前后各进行了一次水平测验，成绩如下表：

学生编号 i	1	2	3	4	5	6	7	8	9
入学前成绩 X_i	76	71	70	57	49	69	65	26	59
入学后成绩 Y_i	81	85	70	52	52	63	83	33	62
$Z_i = X_i - Y_i$	−5	−14	0	5	−3	6	−18	−7	−3

假设测验成绩服从正态分布，试在显著性水平 $\alpha=0.05$ 下，检验学生的培训效果是否显著.

14. 每次检查产品时，都抽取10件产品来检查，统计100次的检查结果，得到每10件产品中次品数的分布如下表：

次品数 x_i	0	1	2	3	4	5	≥6
频数 f_i	32	45	17	4	1	1	0

试用 χ^2 拟合优度检验法检验次品数总体是否服从二项分布 ($\alpha=0.05$).

15. 在一批灯泡中抽取300只做寿命试验，结果如下表：

寿命 t(小时)	$t<100$	$100\le t<200$	$200\le t<300$	$t\ge 300$
灯泡数	121	78	43	58

试在 $\alpha=0.05$ 水平下，检验这批灯泡的寿命 T 是否服从指数分布：

$$H_0: T \sim f(t)=\begin{cases} 0.005e^{-0.005t}, & t\ge 0 \\ 0, & t<0 \end{cases}.$$

16. 关于正态总体 $X \sim N(\mu,1)$ 的数学期望有如下二者必居其一的假设：

$$H_0:\mu=0,\quad H_1:\mu=1.$$

考虑检验规则：当 $\overline{X}\ge 0.98$ 时否定假设 H_0 接受 H_1，其中 $\overline{X}=(X_1+\cdots+X_4)/4$，而 $X_1,\cdots,X_4$ 是来自总体 X 的简单随机样本. 试求检验的两类错误的概率 α 和 β.

17. 考察某城市购买A公司牛奶的比例. 作假设 $H_0: p=0.6$, $H_1: p<0.6$，随机抽取50个家庭，设 x 为其中购买A公司牛奶的家庭数，拒绝域 $W=\{x\le 24\}$.

(1) H_0 成立时，求犯第一类错误的概率 α；

(2) H_1 成立且 $p=0.4$ 时，求犯第二类错误的概率 $\beta(0.4)$；又当 $p=0.5$ 时，求犯第二类错误的概率 $\beta(0.5)$.

第8章　方差分析与回归分析

§8.1　单因素试验的方差分析

在科学试验、生产实践和社会生活中，影响一个事件的因素往往很多．例如，在工业生产中，产品的质量往往受到原材料、设备、技术及员工素质等因素的影响；又如，在工作中，影响个人收入的因素也是多方面的，除了学历、专业、工作时间、性别等方面外，还受到个人能力、经历及机遇等偶然因素的影响．虽然在这众多因素中，每一个因素的改变都可能影响最终的结果，但有些因素影响较大，有些因素影响较小，故在实际问题中，就有必要找出对事件最终结果有显著影响的那些因素．方差分析就是根据试验的结果进行分析，通过建立数学模型，鉴别各个因素影响效应的一种有效方法．

一、基本概念

在方差分析中，我们把要考察的对象的某种特征称为**试验指标**．影响试验指标的条件称为**因素**．因素可分为两类，一类是人们可以控制的（如上述提到的原材料、设备、学历、专业等因素）；另一类是人们无法控制的（如上述提到的员工素质与机遇等因素）．

今后，我们所讨论的因素都是指可控制因素．因素所处的状态，称为该**因素的水平**．如果在一项试验中只有一个因素在改变，则称为**单因素试验**；如果有多于一个的因素在改变，则称为**多因素试验**．为方便起见，今后用大写字母 A,B,C 等表示因素，用大写字母加下标表示该因素的水平，如 A_1, A_2 等．

下面通过例题来说明问题的提法．

例1　设有三台机器，用来生产规格相同的铝合金薄板．取样，测量薄板的厚度精确至千分之一厘米，得结果如表 8–1–1 所示．

表 8–1–1　铝合金板的厚度

机器 I	机器 II	机器III
0.236	0.257	0.258
0.238	0.253	0.264
0.248	0.255	0.259
0.245	0.254	0.267
0.243	0.261	0.262

这里，试验的指标是薄板的厚度，机器为因素，不同的三台机器就是这个因素的三个不同的水平．如果假定除机器这一因素外，材料的规格、操作人员的水平等其它条件都相同，这就是单因素试验．试验的目的是为了考察各台机器所生产的薄板的厚度有无显著的差异，即考察机器这一因素对厚度有无显著的影响．如果厚度有显著差异，就表明机器这一因素对厚度的影响是显著的．

例2 某食品公司对一种食品设计了四种新包装. 为了考察哪种包装最受欢迎, 选了十个有近似相同销售量的商店作试验, 其中两种包装各指定两个商店销售, 另两种包装各指定三个商店销售. 在试验期间各商店的货架排放位置、空间都尽量一致, 营业员的促销方法也基本相同. 观察在一定时期的销售量, 数据如表8–1–2所示.

表 8–1–2 销售量

包装	商店			商店数 n_i
	1	2	3	
A_1	12	18		2
A_2	14	12	13	3
A_3	19	17	21	3
A_4	24	30		2

在本例中, 我们要比较的是四种包装的销售量是否一致, 为此把包装类型看成是一个因素, 记为因素A, 它有四种不同的包装, 四种包装就看成是因素A的四个水平, 记为A_1, A_2, A_3, A_4. 一般将第i种包装在第j个商店的销售量记为x_{ij}, $i=1, 2, 3, 4$, $j=1, 2, \cdots, n_i$ (对本例, $n_1=2$, $n_2=3$, $n_3=3$, $n_4=2$).

由于商店间的差异已被控制在最小的范围内, 因此, 一种包装在不同商店里的销售量被看作是一种包装的若干次重复观察, 所以可以把一种包装看作一个总体. 为比较四种包装的销售量是否相同, 相当于要比较四个总体的均值是否一致. 为简化起见, 需要给出若干假定, 把要回答的问题归结为某类统计问题, 然后设法解决它.

二、假设前提

设单因素A具有r个水平, 分别记为$A_1, A_2, \cdots, A_r$, 在每个水平A_i $(i=1, 2, \cdots, r)$下, 要考察的指标可以看成一个总体, 故有r个总体, 并假设:

(1) 每个总体均服从正态分布;

(2) 每个总体的方差相同;

(3) 从每个总体中抽取的样本相互独立.

那么, 要比较各个总体的均值是否一致, 就是要检验各个总体的均值是否相等, 设第i个总体的均值为μ_i, 则要检验的假设为

$$H_0: \mu_1=\mu_2=\cdots=\mu_r.$$

$$H_1: \mu_1, \mu_2, \cdots, \mu_r \text{ 不全相等}.$$

通常备择假设H_1可以不写.

在水平A_i $(i=1, 2, \cdots, r)$下, 进行n_i次独立试验, 得到试验数据为$X_{i1}, X_{i2}, \cdots, X_{in_i}$, 记数据的总个数为$n=\sum_{i=1}^{r} n_i$.

由假设有$X_{ij} \sim N(\mu_i, \sigma^2)$ (μ_i和σ^2未知), 即有

$$X_{ij}-\mu_i \sim N(0, \sigma^2),$$

故$X_{ij}-\mu_i$可视为随机误差, 记$X_{ij}-\mu_i=\varepsilon_{ij}$, 从而得到如下数学模型:

$$\begin{cases} X_{ij}=\mu_i+\varepsilon_{ij}, & i=1,2,\cdots,r;\ j=1,2,\cdots,n_i \\ \varepsilon_{ij}\sim N(0,\sigma^2), & \text{各个 } \varepsilon_{ij} \text{ 相互独立，} \mu_i \text{ 和 } \sigma^2 \text{ 未知} \end{cases}. \tag{1.1}$$

方差分析的任务：

(1) 检验该模型中r个总体$N(\mu_i,\sigma^2)\,(i=1,2,\cdots,r)$的均值是否相等．

(2) 做出未知参数$\mu_1,\mu_2,\cdots,\mu_r,\sigma^2$的估计．

为了更仔细地描述数据，常在方差分析中引入总平均和效应的概念．称各均值的加权平均

$$\mu=\frac{1}{n}\sum_{i=1}^{r}n_i\mu_i,$$

为**总平均**．再引入

$$\delta_i=\mu_i-\mu,\ i=1,2,\cdots,r,$$

δ_i表示在水平A_i下总体的均值μ_i与总平均μ的差异，称其为**因素A的第i个水平A_i的效应**．易见，效应间有如下关系式：

$$\sum_{i=1}^{r}n_i\delta_i=\sum_{i=1}^{r}n_i(\mu_i-\mu)=0,$$

利用上述记号，前述数学模型可改写为：

$$\begin{cases} X_{ij}=\mu+\delta_i+\varepsilon_{ij}, & i=1,2,\cdots,r;\ j=1,2,\cdots,n_i \\ \sum\limits_{i=1}^{r}n_i\delta_i=0 & \\ \varepsilon_{ij}\sim N(0,\sigma^2), & \text{各个 } \varepsilon_{ij} \text{ 相互独立，} \mu_i \text{ 和 } \sigma^2 \text{ 未知} \end{cases}, \tag{1.2}$$

而前述假设则等价于：

$$H_0:\delta_1=\delta_2=\cdots=\delta_r=0,$$
$$H_1:\delta_1,\delta_2,\cdots,\delta_r \text{ 不全为零}.$$

三、偏差平方和及其分解

为了使各X_{ij}之间的差异能定量表示出来，我们先引入如下记号：

记在水平A_i下的数据和为$X_{i\cdot}=\sum\limits_{j=1}^{n_i}X_{ij}$，其样本均值为$\overline{X}_{i\cdot}=\frac{1}{n_i}\sum\limits_{j=1}^{n_i}X_{ij}$，因素$A$下的所有水平的样本总均值为

$$\overline{X}=\frac{1}{n}\sum_{i=1}^{r}\sum_{j=1}^{n_i}X_{ij}=\frac{1}{n}\sum_{i=1}^{r}n_i\overline{X}_{i\cdot}.$$

为了通过分析对比产生样本$X_{ij}\,(i=1,2,\cdots,r;\ j=1,2,\cdots,n_i)$之间差异性的原因，从而确定因素$A$的影响是否显著，我们引入偏差平方和

$$S_T=\sum_{i=1}^{r}\sum_{j=1}^{n_i}(X_{ij}-\overline{X})^2 \tag{1.3}$$

来度量各个体间的差异程度，S_T 能反映全部试验数据之间的差异，又称为**总偏差平方和**.

如果 H_0 成立，则 r 个总体间无显著差异，也就是说因素 A 对指标没有显著影响，所有的 X_{ij} 可以认为来自同一个总体 $N(\mu,\sigma^2)$，各个 X_{ij} 间的差异只是由随机因素引起的. 若 H_0 不成立，则在总偏差中，除随机因素引起的差异外，还包括由因素 A 的不同水平的作用而产生的差异，如果不同水平作用产生的差异比随机因素引起的差异大得多，就可认为因素 A 对指标有显著影响，否则，认为无显著影响. 为此，可将总偏差中的这两种差异分开，然后进行比较.

记
$$S_T=S_A+S_E, \tag{1.4}$$

其中
$$S_A=\sum_{i=1}^{r}n_i(\overline{X}_{i\cdot}-\overline{X})^2,\quad S_E=\sum_{i=1}^{r}\sum_{j=1}^{n_i}(X_{ij}-\overline{X}_{i\cdot})^2. \tag{1.5}$$

S_A 反映在每个水平下的样本均值与样本总均值的差异，它是由因素 A 取不同水平引起的，称为**组间(偏差)平方和**，也称为**因素 A 的偏差平方和**.

S_E 表示在水平 A_i 下样本值与该水平下的样本均值之间的差异，它是由随机误差引起的，称为**组内(偏差)平方和**，也称为**误差(偏差)平方和**.

等式 $S_T=S_A+S_E$ 称为**平方和分解式**. 事实上，

$$S_T=\sum_{i=1}^{r}\sum_{j=1}^{n_i}(X_{ij}-\overline{X})^2=\sum_{i=1}^{r}\sum_{j=1}^{n_i}[(X_{ij}-\overline{X}_{i\cdot})+(\overline{X}_{i\cdot}-\overline{X})]^2$$
$$=\sum_{i=1}^{r}\sum_{j=1}^{n_i}(X_{ij}-\overline{X}_{i\cdot})^2+2\sum_{i=1}^{r}\sum_{j=1}^{n_i}(X_{ij}-\overline{X}_{i\cdot})(\overline{X}_{i\cdot}-\overline{X})+\sum_{i=1}^{r}n_i(\overline{X}_{i\cdot}-\overline{X})^2,$$

根据 $\overline{X}_{i\cdot}$ 和 $\overline{X}$ 的定义知

$$\sum_{i=1}^{r}\sum_{j=1}^{n_i}(X_{ij}-\overline{X}_{i\cdot})(\overline{X}_{i\cdot}-\overline{X})=0,$$

所以
$$S_T=\sum_{i=1}^{r}\sum_{j=1}^{n_i}(X_{ij}-\overline{X}_{i\cdot})^2+\sum_{i=1}^{r}n_i(\overline{X}_{i\cdot}-\overline{X})^2=S_E+S_A.$$

四、S_E 与 S_A 的统计特性

如果 H_0 成立，则所有的 X_{ij} 都服从正态分布 $N(\mu,\sigma^2)$，且相互独立，由§5.3 的定理，可以证明:

(1) $S_T/\sigma^2\sim\chi^2(n-1)$;

(2) $S_E/\sigma^2\sim\chi^2(n-r)$，且 $E(S_E)=(n-r)\sigma^2$，所以 $S_E/(n-r)$ 为 σ^2 的无偏估计;

(3) $S_A/\sigma^2 \sim \chi^2(r-1)$, 且 $E(S_A)=(r-1)\sigma^2$, 因此, $S_A/(r-1)$ 为 σ^2 的无偏估计;

(4) S_E 与 S_A 相互独立.

证明　见配套学习软件.

五、检验方法

如果组间差异比组内差异大得多, 即说明因素的各水平间有显著差异, r 个总体不能认为是同一个正态总体, 应认为 H_0 不成立, 此时, 比值 $\dfrac{(n-r)S_A}{(r-1)S_E}$ 有偏大的趋势. 为此, 选用统计量

$$F=\frac{S_A/(r-1)}{S_E/(n-r)}=\frac{(n-r)S_A}{(r-1)S_E},$$

在 H_0 为真时, 有

$$F=\frac{(n-r)S_A}{(r-1)S_E} \sim F(r-1,n-r). \tag{1.6}$$

对给定的显著性水平 α, 查 $F_\alpha(r-1,n-r)$ 的值, 由样本观察值计算 S_E, S_A, 进而计算出统计量 F 的观察值. 由于 H_0 不真时, S_A 值偏大, 导致 F 值偏大. 因此

(1) 当 $F>F_\alpha(r-1,n-r)$ 时, 拒绝 H_0, 表示因素 A 的各水平下的效应有显著差异;

(2) 当 $F<F_\alpha(r-1,n-r)$ 时, 则接受 H_0, 表示没有理由认为因素 A 的各水平下的效应有显著差异.

实际分析中, 常采用如下简便算法和记号:

$$T_{i\cdot}=\sum_{j=1}^{n_i}X_{ij}\ \ (i=1,2,\cdots,r),\qquad T=\sum_{i=1}^{r}\sum_{j=1}^{n_i}X_{ij}=\sum_{i=1}^{r}T_{i\cdot},$$

$$S_T=\sum_{i=1}^{r}\sum_{j=1}^{n_i}X_{ij}^2-\frac{T^2}{n},\qquad S_A=\sum_{i=1}^{r}\frac{T_{i\cdot}^2}{n_i}-\frac{T^2}{n},\qquad S_E=S_T-S_A.$$

为表达的方便和直观, 将上面的分析过程和结果制成一张表格 (见表 8–1–3), 称这张表为**单因素方差分析表**.

表 8–1–3　　**单因素方差分析表**

方差来源	平方和	自由度	均方和	F 值
因素 A	S_A	$r-1$	$MS_A=\dfrac{S_A}{r-1}$	$F=\dfrac{MS_A}{MS_E}$
误差 E	S_E	$n-r$	$MS_E=\dfrac{S_E}{n-r}$	
总和 T	S_T	$n-1$		

例 3　在例 1 中，检验假设 ($\alpha=0.05$)

$$H_0:\mu_1=\mu_2=\mu_3,\quad H_1:\mu_1,\mu_2,\mu_3\text{ 不全相等}.$$

解　这里 $r=3$, $n_1=n_2=n_3=5$, $n=15$, 所以

$$S_T=\sum_{i=1}^{3}\sum_{j=1}^{5}X_{ij}^2-\frac{T^2}{15}=0.963\,912-\frac{3.8^2}{15}\approx 0.001\,245\,33,$$

$$S_A=\sum_{i=1}^{3}\frac{T_{i\cdot}^2}{n_i}-\frac{T^2}{n}=\frac{1}{5}(1.21^2+1.28^2+1.31^2)-3.8^2/15\approx 0.001\,053\,33,$$

$$S_E=S_T-S_A=0.000\,192.$$

S_T, S_A, S_E 的自由度依次为 $n-1=14$, $r-1=2$, $n-r=12$, 得方差分析表如下:

方差来源	平方和	自由度	均方和	F 值
因素 误差	0.001 053 33 0.000 192	2 12	0.000 526 67 0.000 016	32.92
总和	0.001 245 33	14		

因 $F_{0.05}(2,12)=3.89<32.92$, 故在 0.05 的显著性水平下拒绝 H_0, 认为各台机器生产的薄板厚度有显著的差异. ■

例 4　在例 2 中，检验假设 ($\alpha=0.05$)

$$H_0:\mu_1=\mu_2=\mu_3=\mu_4,\quad H_1:\mu_1,\mu_2,\mu_3,\mu_4\text{ 不全相等}.$$

解　这里 $r=4$, $n_1=n_4=2$, $n_2=n_3=3$, $n=10$, 所以

$$T_{1\cdot}=30,\ T_{2\cdot}=39,\ T_{3\cdot}=57,\ T_{4\cdot}=54,\ T=180,$$

$$S_T=\sum_{i=1}^{4}\sum_{j=1}^{n_i}X_{ij}^2-\frac{T^2}{n}=3\,544-3\,240=304,$$

$$S_A=\sum_{i=1}^{4}\frac{T_{i\cdot}^2}{n_i}-\frac{T^2}{n}=3\,498-3\,240=258,\ S_E=S_T-S_A=46.$$

S_T, S_A, S_E 的自由度依次为 $n-1=9$, $r-1=3$, $n-r=6$, 得方差分析表如下:

方差来源	平方和	自由度	均方和	F 值
因素 误差	258 46	3 6	86 7.67	11.22
总和	304	9		

因 $F_{0.05}(3,6)=4.74<11.22$, 故在 0.05 水平下拒绝 H_0, 即认为四种包装的销售量有显著差异. 这说明不同包装受欢迎的程度不同. ■

习题 8-1

1. 粮食加工厂试验 5 种贮藏方法，检验它们对粮食含水率是否有显著影响. 在贮藏前这

些粮食的含水率几乎没有差别，贮藏后含水率如下表所示．问不同的贮藏方法对含水率的影响是否有明显差异 ($\alpha=0.05$)？

含水率 (%)		试验批号 1	2	3	4	5
因素 A（贮藏方法）	A_1	7.3	8.3	7.6	8.4	8.3
	A_2	5.4	7.4	7.1		
	A_3	8.1	6.4			
	A_4	7.9	9.5	10.0		
	A_5	7.1				

2. 设有三种机器 A、B、C 制造一种产品，对每种机器各观测 5 天，其日产量如下表所示，问机器与机器之间是否真正存在差别 ($\alpha=0.05$)？

日产量 / 机器 \ 试验批号	1	2	3	4	5
A	41	48	41	49	57
B	65	57	54	72	64
C	45	51	56	48	48

3. 有某型号的电池三批，它们分别是 A、B、C 三个工厂生产的，为评比其质量，各随机抽取 5 只电池为样品，经试验得其寿命形式如右表所示，试在显著性水平 0.05 下，检验电池的平均寿命有无显著的差异，若差异显著，试求均值差 $\mu_A-\mu_B$，$\mu_A-\mu_C$ 及 $\mu_B-\mu_C$ 的置信度为 95% 的置信区间，设各工厂生产的电池的寿命服从同方差的正态分布．

A	B	C
40	26	39
48	34	40
38	30	43
42	28	50
45	32	50

4. 一个年级有三个小班，他们进行了一次数学考试，现从各个班级随机地抽取了一些学生，记录成绩如下表．

班级															
I	73	66	89	60	82	45	43	93	80	36	73	77			
II	88	77	78	31	48	78	91	62	51	76	85	96	74	80	56
III	68	41	79	59	56	68	91	53	71	79	71	15	87		

试在显著性水平 0.05 下检验各班级的平均分数有无显著差异．设各个总体服从正态分布，且方差相等．

§8.2　双因素试验的方差分析

在许多实际问题中，往往要同时考虑两个因素对试验指标的影响．例如，要同时考虑工人的技术和机器对产品质量是否有显著影响．这里涉及工人的技术和机器这样两个因素．多因素方差分析与单因素方差分析的基本思想是一致的，不同之处就在于各因素不但对试验指标起作用，而且各因素不同水平的搭配也对试验指标起作用．

统计学上把多因素不同水平的搭配对试验指标的影响称为**交互作用**. 交互作用的效应只有在有重复的试验中才能分析出来.

对于双因素试验的方差分析,我们分为无重复和等重复试验两种情况来讨论.对无重复试验只需要检验两个因素对试验结果有无显著影响;而对等重复试验还要考察两个因素的交互作用对试验结果有无显著影响.

一、无重复试验双因素方差分析

设因素 A、B 作用于试验指标. 因素 A 有 r 个水平 $A_1, A_2, \cdots, A_r$, 因素 B 有 s 个水平 $B_1, B_2, \cdots, B_s$. 对因素 A, B 的每一个水平的一对组合 $(A_i, B_j)(i=1,2,\cdots,r;\ j=1,2,\cdots,s)$ 只进行一次试验, 得到 rs 个试验结果 X_{ij}, 列于表 8-2-1 中.

表 8-2-1

试验结果 / 因素A \ 因素B	B_1	B_2	$\cdots$	B_s
A_1	X_{11}	X_{12}	$\cdots$	X_{1s}
A_2	X_{21}	X_{22}	$\cdots$	X_{2s}
$\vdots$	$\vdots$	$\vdots$	$\vdots$	$\vdots$
A_r	X_{r1}	X_{r2}	$\cdots$	X_{rs}

1. 假设前提

假设前提与单因素方差分析的假设前提相同,仍假设:

(1) $X_{ij} \sim N(\mu_{ij}, \sigma^2)$, μ_{ij}, σ^2 未知 $(i=1,\cdots,r,\ j=1,\cdots,s)$;

(2) 每个总体的方差相同;

(3) 各 $X_{ij}\ (i=1,\cdots,r,\ j=1,\cdots,s)$ 相互独立.

引入下列记号:

$$\mu = \frac{1}{rs}\sum_{i=1}^{r}\sum_{j=1}^{s}\mu_{ij},$$

$$\mu_{i\cdot} = \frac{1}{s}\sum_{j=1}^{s}\mu_{ij},\ i=1,2,\cdots,r, \quad \mu_{\cdot j} = \frac{1}{r}\sum_{i=1}^{r}\mu_{ij},\ j=1,2,\cdots,s.$$

那么, 要比较同一因素的各个总体的均值是否一致, 就是要检验各个总体的均值是否相等, 故要检验的假设为

$$\begin{cases} H_{0A}: \mu_{1\cdot} = \mu_{2\cdot} = \cdots = \mu_{r\cdot} \\ H_{0B}: \mu_{\cdot 1} = \mu_{\cdot 2} = \cdots = \mu_{\cdot s} \end{cases};$$

$$\begin{cases} H_{1A}: \mu_{1\cdot},\ \mu_{2\cdot},\ \cdots,\ \mu_{r\cdot}\ \text{不全相等} \\ H_{1B}: \mu_{\cdot 1},\ \mu_{\cdot 2},\ \cdots,\ \mu_{\cdot s}\ \text{不全相等} \end{cases}.$$

由假设, 有 $X_{ij} \sim N(\mu_{ij}, \sigma^2)$ (μ_{ij} 和 σ^2 未知), 记 $X_{ij} - \mu_{ij} = \varepsilon_{ij}$, 即有

$$\varepsilon_{ij} = X_{ij} - \mu_{ij} \sim N(0, \sigma^2),$$

故 $X_{ij} - \mu_{ij}$ 可视为随机误差, 从而得到如下数学模型:

$$\begin{cases} X_{ij} = \mu_{ij} + \varepsilon_{ij} \quad (i=1,\cdots,r;\ j=1,\cdots,s) \\ \varepsilon_{ij} \sim N(0,\sigma^2),\ \mu_{ij},\ \sigma^2\ \text{未知},\ \varepsilon_{ij}\ \text{相互独立} \end{cases}. \tag{2.1}$$

记 $\alpha_i=\mu_{i\cdot}-\mu,\ i=1,2,\cdots,r,\quad \beta_j=\mu_{\cdot j}-\mu,\quad j=1,2,\cdots,s.$

易见 $\sum_{i=1}^{r}\alpha_i=0,\ \sum_{j=1}^{s}\beta_j=0$. 称 μ 为**总平均**，称 α_i 为**水平 A_i 的效应**，称 β_j 为**水平 B_j 的效应**，且 $\mu_{ij}=\mu+\alpha_i+\beta_j$.

于是，上述模型进一步可写成

$$\begin{cases} X_{ij}=\mu+\alpha_i+\beta_j+\varepsilon_{ij}\quad (i=1,2,\cdots,r;\ j=1,2,\cdots,s) \\ \varepsilon_{ij}\sim N(0,\sigma^2),\ \mu_{ij},\ \sigma^2\text{ 未知，各 }\varepsilon_{ij}\text{ 相互独立} \\ \sum_{i=1}^{r}\alpha_i=0,\quad \sum_{j=1}^{s}\beta_j=0 \end{cases}. \tag{2.2}$$

检验假设为

$$\begin{cases} H_{0A}:\alpha_1=\alpha_2=\cdots=\alpha_r=0 \\ H_{1A}:\alpha_1,\alpha_2,\cdots,\alpha_r\text{ 不全为零} \end{cases};\quad \begin{cases} H_{0B}:\beta_1=\beta_2=\cdots=\beta_s=0 \\ H_{1B}:\beta_1,\ \beta_2,\cdots,\ \beta_s\text{ 不全为零} \end{cases}.$$

若 H_{0A} (或 H_{0B}) 成立，则认为因素 A (或 B) 的影响不显著，否则影响显著.

2. 偏差平方和及其分解

类似于单因素方差分析，需要将总偏差平方和进行分解. 记

$$\overline{X}=\frac{1}{rs}\sum_{i=1}^{r}\sum_{j=1}^{s}X_{ij},$$

$$\overline{X}_{i\cdot}=\frac{1}{s}\sum_{j=1}^{s}X_{ij},\ i=1,\cdots,r;\ \overline{X}_{\cdot j}=\frac{1}{r}\sum_{i=1}^{r}X_{ij},\ j=1,\cdots,s.$$

将总偏差平方和进行分解：

$$S_T=\sum_{i=1}^{r}\sum_{j=1}^{s}(X_{ij}-\overline{X})^2=\sum_{i=1}^{r}\sum_{j=1}^{s}[(\overline{X}_{i\cdot}-\overline{X})+(\overline{X}_{\cdot j}-\overline{X})+(X_{ij}-\overline{X}_{i\cdot}-\overline{X}_{\cdot j}+\overline{X})]^2,$$

由于在 S_T 的展开式中三个交叉项的乘积都等于零，故有

$$S_T=S_A+S_B+S_E, \tag{2.3}$$

其中

$$S_A=\sum_{i=1}^{r}\sum_{j=1}^{s}(\overline{X}_{i\cdot}-\overline{X})^2=s\sum_{i=1}^{r}(\overline{X}_{i\cdot}-\overline{X})^2, \tag{2.4}$$

$$S_B=\sum_{i=1}^{r}\sum_{j=1}^{s}(\overline{X}_{\cdot j}-\overline{X})^2=r\sum_{j=1}^{s}(\overline{X}_{\cdot j}-\overline{X})^2, \tag{2.5}$$

$$S_E=\sum_{i=1}^{r}\sum_{j=1}^{s}(X_{ij}-\overline{X}_{i\cdot}-\overline{X}_{\cdot j}+\overline{X})^2. \tag{2.6}$$

我们称 S_E 为**误差平方和**；分别称 S_A 与 S_B 为因素 A 与因素 B 的**偏差平方和**.

类似地，可以证明当 H_{0A}, H_{0B} 成立时，有:

(1) S_T/σ^2, S_A/σ^2, S_B/σ^2, S_E/σ^2 分别服从自由度依次为 $rs-1$, $r-1$, $s-1$,

$(r-1)(s-1)$ 的 χ^2 分布;

(2) S_T, S_A, S_B, S_E 相互独立.

3. 检验方法

当 H_{0A} 为真时, 可以证明

$$F_A = \frac{S_A/(r-1)}{S_E/((r-1)(s-1))} \sim F(r-1, (r-1)(s-1)), \tag{2.7}$$

取显著性水平为 α, 得假设 H_{0A} 的拒绝域为

$$F_A = \frac{S_A/(r-1)}{S_E/((r-1)(s-1))} \geq F_\alpha(r-1, (r-1)(s-1)); \tag{2.8}$$

类似地, 当 H_{0B} 为真时, 可以证明

$$F_B = \frac{S_B/(s-1)}{S_E/((r-1)(s-1))} \sim F(s-1, (r-1)(s-1)), \tag{2.9}$$

取显著性水平为 α, 得假设 H_{0B} 的拒绝域为

$$F_B = \frac{S_B/(s-1)}{S_E/((r-1)(s-1))} \geq F_\alpha(s-1, (r-1)(s-1)). \tag{2.10}$$

实际分析中, 常采用如下简便算法和记号:

$$T = \sum_{i=1}^{r}\sum_{j=1}^{s} X_{ij} = rs\overline{X},$$

$$T_{i\cdot} = \sum_{j=1}^{s} X_{ij} = s\overline{X}_{i\cdot}, \ i=1,\cdots,r; \quad T_{\cdot j} = \sum_{i=1}^{r} X_{ij} = r\overline{X}_{\cdot j}, \ j=1,\cdots,s.$$

于是, 式(2.3)中各项可如下表示:

$$S_T = \sum_{i=1}^{r}\sum_{j=1}^{s} X_{ij}^2 - \frac{T^2}{rs}, \qquad S_A = \frac{1}{s}\sum_{i=1}^{r} T_{i\cdot}^2 - \frac{T^2}{rs},$$

$$S_B = \frac{1}{r}\sum_{j=1}^{s} T_{\cdot j}^2 - \frac{T^2}{rs}, \qquad S_E = S_T - S_A - S_B.$$

从而可得方差分析表, 见表 8-2-2.

表 8-2-2 无重复试验双因素方差分析表

方差来源	平方和	自由度	均方和	F 值
因素 A	S_A	$r-1$	$\overline{S}_A = \frac{S_A}{r-1}$	$F_A = \overline{S}_A/\overline{S}_E$
因素 B	S_B	$s-1$	$\overline{S}_B = \frac{S_B}{s-1}$	$F_B = \overline{S}_B/\overline{S}_E$
误 差	S_E	$(r-1)(s-1)$	$\overline{S}_E = \frac{S_E}{(r-1)(s-1)}$	
总 和	S_T	$rs-1$		

例 1 设四名工人操作机器 A_1, A_2, A_3 各一天，其日产量如表 8－2－3 所示，问不同机器或不同工人对日产量是否有显著影响 ($\alpha=0.05$)？

表 8－2－3

日产量（机器＼工人）	B_1	B_2	B_3	B_4
A_1	50	47	47	53
A_2	53	54	57	58
A_3	52	42	41	48

解 由题意知 $r=3$, $s=4$, 按公式计算得

$T_{1\cdot}=197$, $T_{2\cdot}=222$, $T_{3\cdot}=183$,

$T_{\cdot 1}=155$, $T_{\cdot 2}=143$, $T_{\cdot 3}=145$, $T_{\cdot 4}=159$,

$$T=602,\quad \sum_{i=1}^{3}\sum_{j=1}^{4}x_{ij}^2=30\,518,$$

$$S_T=\sum_{i=1}^{3}\sum_{j=1}^{4}x_{ij}^2-\frac{T^2}{12}\approx 317.67,\quad S_A=\frac{1}{4}\sum_{i=1}^{3}T_{i\cdot}^2-\frac{T^2}{12}\approx 195.17,$$

$$S_B=\frac{1}{3}\sum_{i=1}^{4}T_{\cdot j}^2-\frac{T^2}{12}\approx 59.67,\quad S_E=S_T-S_A-S_B=62.83,$$

$$F_A=\frac{195.17/2}{62.83/6}\approx 9.32,\qquad F_B=\frac{59.67/3}{62.83/6}\approx 1.90.$$

当 $\alpha=0.05$ 时，查表得

$$F_\alpha(r-1,(r-1)(s-1))=F_{0.05}(2,6)=5.14,$$

$$F_\alpha(s-1,(r-1)(s-1))=F_{0.05}(3,6)=4.76.$$

从而得到方差分析表，见表 8－2－4.

表 8－2－4　无重复试验双因素方差分析表

方差来源	平方和	自由度	F 值	F 的临界值
因素 A	$S_A=195.17$	2	$F_A\approx 9.32$	$F_{0.05}(2,6)=5.14$
因素 B	$S_B=59.67$	3	$F_B\approx 1.90$	$F_{0.05}(3,6)=4.76$
误差	$S_E=62.83$	6		
总和	$S_T=317.67$	11		

由此表知，$F_A>F_{0.05}(2,6)$, $F_B<F_{0.05}(3,6)$, 说明机器的差异对日产量有显著影响，而不同工人对日产量无显著影响. ■

二、等重复试验双因素方差分析

设因素 A、B 作用于试验指标. 因素 A 有 r 个水平 $A_1, A_2, \cdots, A_r$, 因素 B 有 s 个水平 $B_1, B_2, \cdots, B_s$. 对因素 A、B 的每一个水平的一对组合 (A_i, B_j) $(i=1,2,\cdots,r;\ j=1,2,\cdots,s)$ 进行 $t\ (t\geq 2)$ 次试验 (称为**等重复试验**), 得到 rst 个试验结果

$$X_{ijk}\ (i=1,\cdots,r;\ j=1,\cdots,s;\ k=1,\cdots,t).$$

1. 假设前提

(1) $X_{ijk}\sim N(\mu_{ij},\sigma^2)$, μ_{ij}, σ^2 未知 $(i=1,\cdots,r;\ j=1,\cdots,s;\ k=1,\cdots,t)$;

(2) 每个总体的方差相同；

(3) 各 $X_{ijk}\,(i=1,\cdots,r;\ j=1,\cdots,s;\ k=1,\cdots,t)$ 相互独立．

由假设有 $X_{ijk}\sim N(\mu_{ij},\sigma^2)$（$\mu_{ij}$ 和 σ^2 未知），记 $X_{ijk}-\mu_{ij}=\varepsilon_{ijk}$，即有

$$\varepsilon_{ijk}=X_{ijk}-\mu_{ij}\sim N(0,\sigma^2),$$

故 $X_{ijk}-\mu_{ij}$ 可视为随机误差，从而得到如下数学模型：

$$\begin{cases} X_{ijk}=\mu_{ij}+\varepsilon_{ijk}, \quad \varepsilon_{ijk}\sim N(0,\sigma^2) \\ \text{各 } \varepsilon_{ijk} \text{ 相互独立}, \ i=1,\cdots,r,\ j=1,\cdots,s,\ k=1,\cdots,t \end{cases}. \tag{2.11}$$

类似地，如前面引入记号：$\mu,\ \mu_{i\cdot},\ \mu_{\cdot j},\ \alpha_i,\ \beta_j$，易见 $\sum_{i=1}^{r}\alpha_i=0,\ \sum_{j=1}^{s}\beta_j=0$．仍称 μ 为**总平均**，称 α_i 为**水平 A_i 的效应**，称 β_j 为**水平 B_j 的效应**．这样可以将 μ_{ij} 表示成

$$\mu_{ij}=\mu+\alpha_i+\beta_j+\gamma_{ij}\,(i=1,\cdots,r;\ j=1,\cdots,s),$$

其中 $\gamma_{ij}=\mu_{ij}-\mu_{i\cdot}-\mu_{\cdot j}+\mu\,(i=1,\cdots,r;\ j=1,\cdots,s)$，称 γ_{ij} 为**水平 A_i 和水平 B_j 的交互效应**，这是由 A_i 与 B_j 搭配联合起作用而引起的．易见

$$\sum_{j=1}^{s}\gamma_{ij}=0,\ i=1,\cdots,r, \qquad \sum_{i=1}^{r}\gamma_{ij}=0,\ j=1,2,\cdots,s,$$

从而前述数学模型可改写为

$$\begin{cases} X_{ijk}=\mu+\alpha_i+\beta_j+\gamma_{ij}+\varepsilon_{ijk},\ \varepsilon_{ijk}\sim N(0,\sigma^2) \\ \text{各 } \varepsilon_{ijk} \text{ 相互独立}, \ i=1,\cdots,r,\ j=1,\cdots,s,\ k=1,\cdots,t, \\ \sum_{i=1}^{r}\alpha_i=0,\ \sum_{j=1}^{s}\beta_j=0,\ \sum_{i=1}^{r}\gamma_{ij}=0,\ \sum_{j=1}^{s}\gamma_{ij}=0 \end{cases} \tag{2.12}$$

其中 $\mu,\ \alpha_i,\ \beta_j,\gamma_{ij}$ 及 σ^2 都是未知参数．

检验假设为

$$\begin{cases} H_{0A}:\alpha_1=\alpha_2=\cdots=\alpha_r=0 \\ H_{1A}:\alpha_1,\alpha_2,\cdots,\alpha_r \text{ 不全为零} \end{cases};$$

$$\begin{cases} H_{0B}:\beta_1=\beta_2=\cdots=\beta_s=0 \\ H_{1B}:\beta_1,\beta_2,\cdots,\beta_s \text{ 不全为零} \end{cases};$$

$$\begin{cases} H_{0A\times B}:\gamma_{11}=\gamma_{12}=\cdots=\gamma_{rs}=0 \\ H_{1A\times B}:\gamma_{11},\gamma_{12},\cdots,\gamma_{rs} \text{ 不全为零} \end{cases}.$$

与无重复试验的情况类似，此类问题的检验方法也是建立在偏差平方和的分解上的．

2. 偏差平方和及其分解

引入记号：
$$\bar{X}=\frac{1}{rst}\sum_{i=1}^{r}\sum_{j=1}^{s}\sum_{k=1}^{t}X_{ijk}.$$

$$\bar{X}_{ij\cdot}=\frac{1}{t}\sum_{k=1}^{t}X_{ijk},\ i=1,2,\cdots,r;\ j=1,2,\cdots,s.$$

$$\bar{X}_{i\cdot\cdot}=\frac{1}{st}\sum_{j=1}^{s}\sum_{k=1}^{t}X_{ijk},\ i=1,2,\cdots,r.$$

$$\bar{X}_{\cdot j\cdot}=\frac{1}{rt}\sum_{i=1}^{r}\sum_{k=1}^{t}X_{ijk},\ j=1,2,\cdots,s.$$

称下列 S_T 为**总偏差平方和**(或**总变差**)：

$$S_T=\sum_{i=1}^{r}\sum_{j=1}^{s}\sum_{k=1}^{t}(X_{ijk}-\bar{X})^2. \tag{2.13}$$

上式可分解为
$$S_T=S_E+S_A+S_B+S_{A\times B}, \tag{2.14}$$

其中
$$S_E=\sum_{i=1}^{r}\sum_{j=1}^{s}\sum_{k=1}^{t}(X_{ijk}-\bar{X}_{ij\cdot})^2, \tag{2.15}$$

$$S_A=st\sum_{i=1}^{r}(\bar{X}_{i\cdot\cdot}-\bar{X})^2, \tag{2.16}$$

$$S_B=rt\sum_{j=1}^{s}(\bar{X}_{\cdot j\cdot}-\bar{X})^2, \tag{2.17}$$

$$S_{A\times B}=t\sum_{i=1}^{r}\sum_{j=1}^{s}(\bar{X}_{ij\cdot}-\bar{X}_{i\cdot\cdot}-\bar{X}_{\cdot j\cdot}+\bar{X})^2. \tag{2.18}$$

同样，我们仍称 S_E 为**误差平方和**，S_A 与 S_B 分别称为因素 A 与因素 B 的**偏差平方和**，$S_{A\times B}$ 称为 ***A*、*B* 交互偏差平方和**.

类似地，可以证明当 H_{0A}，H_{0B}，$H_{0A\times B}$ 成立时，有：

(1) S_T/σ^2, S_A/σ^2, S_B/σ^2, $S_{A\times B}/\sigma^2$, S_E/σ^2 分别服从自由度依次为 $rst-1$, $r-1$, $s-1$, $(r-1)(s-1)$, $rs(t-1)$ 的 χ^2 分布；

(2) S_T, S_A, S_B, $S_{A\times B}$, S_E 相互独立.

3. 检验方法

当 H_{0A} 为真时，可以证明

$$F_A=\frac{S_A/(r-1)}{S_E/(rs(t-1))}\sim F(r-1,rs(t-1)); \tag{2.19}$$

取显著性水平为 α，得假设 H_{0A} 的拒绝域为

$$F_A = \frac{S_A/(r-1)}{S_E/(rs(t-1))} \geq F_\alpha(r-1, rs(t-1)). \tag{2.20}$$

当 H_{0B} 为真时，可以证明

$$F_B = \frac{S_B/(s-1)}{S_E/(rs(t-1))} \sim F(s-1, rs(t-1)); \tag{2.21}$$

取显著性水平为 α，得假设 H_{0B} 的拒绝域为

$$F_B = \frac{S_B/(s-1)}{S_E/(rs(t-1))} \geq F_\alpha(s-1, rs(t-1)). \tag{2.22}$$

当 $H_{0A\times B}$ 为真时，可以证明

$$F_{A\times B} = \frac{S_{A\times B}/((r-1)(s-1))}{S_E/(rs(t-1))} \sim F((r-1)(s-1), rs(t-1)); \tag{2.23}$$

取显著性水平为 α，得假设 $H_{0A\times B}$ 的拒绝域为

$$F_{A\times B} = \frac{S_{A\times B}/((r-1)(s-1))}{S_E/(rs(t-1))} \geq F_\alpha((r-1)(s-1), rs(t-1)). \tag{2.24}$$

实际分析中，常采用如下简便算法和记号：

$$T = \sum_{i=1}^{r}\sum_{j=1}^{s}\sum_{k=1}^{t} X_{ijk} = rst\overline{X};$$

$$T_{ij\cdot} = \sum_{k=1}^{t} X_{ijk},\ i=1,2,\cdots,r,\ j=1,2,\cdots,s;$$

$$T_{i\cdot\cdot} = \sum_{j=1}^{s}\sum_{k=1}^{t} X_{ijk},\ i=1,2,\cdots,r;$$

$$T_{\cdot j\cdot} = \sum_{i=1}^{r}\sum_{k=1}^{t} X_{ijk},\ j=1,2,\cdots,s.$$

于是

$$S_T = \sum_{i=1}^{r}\sum_{j=1}^{s}\sum_{k=1}^{t} X_{ijk}^2 - \frac{T^2}{rst};$$

$$S_A = \frac{1}{st}\sum_{i=1}^{r} T_{i\cdot\cdot}^2 - \frac{T^2}{rst};$$

$$S_B = \frac{1}{rt}\sum_{j=1}^{s} T_{\cdot j\cdot}^2 - \frac{T^2}{rst};$$

$$S_{A\times B} = \left(\frac{1}{t}\sum_{i=1}^{r}\sum_{j=1}^{s} T_{ij\cdot}^2 - \frac{T^2}{rst}\right) - S_A - S_B,$$

$$S_E = S_T - S_A - S_B - S_{A\times B}.$$

从而可得方差分析表，见表 8－2－5.

表 8－2－5 **有重复试验双因素方差分析表**

方差来源	平方和	自由度	均方和	F 值
因素 A	S_A	$r-1$	$\bar{S}_A=\dfrac{S_A}{r-1}$	$F_A=\dfrac{\bar{S}_A}{\bar{S}_E}$
因素 B	S_B	$s-1$	$\bar{S}_B=\dfrac{S_B}{s-1}$	$F_B=\dfrac{\bar{S}_B}{\bar{S}_E}$
交互作用	$S_{A\times B}$	$(r-1)(s-1)$	$\bar{S}_{A\times B}=\dfrac{S_{A\times B}}{(r-1)(s-1)}$	$F_{A\times B}=\dfrac{\bar{S}_{A\times B}}{\bar{S}_E}$
误差	S_E	$rs(t-1)$	$\bar{S}_E=\dfrac{S_E}{rs(t-1)}$	
总和	S_T	$rst-1$		

例2 在某种金属材料的生产过程中，对热处理温度 (因素B) 与时间(因素A) 各取两个水平，产品强度的测定结果(相对值)如表8－2－6所示. 在同一条件下每个试验重复两次. 设各水平搭配下强度的总体服从正态分布且方差相同. 各样本独立. 问热处理温度、时间以及这两者的交互作用对产品强度是否有显著的影响(取$\alpha=0.05$)?

表 8－2－6

A \ B	B_1	B_2	$T_{i\cdot\cdot}$
A_1	38.0 38.6	47.0 44.8	168.4
A_2	45.0 43.8	42.4 40.8	172
$T_{\cdot j\cdot}$	165.4	175	340.4

解 根据题设数据，得

$$S_T=(38.0^2+38.6^2+\cdots+40.8^2)-\frac{340.4^2}{8}=71.82,$$

$$S_A=\frac{1}{4}(168.4^2+172^2)-\frac{340.4^2}{8}=1.62,$$

$$S_B=\frac{1}{4}(165.4^2+175^2)-\frac{340.4^2}{8}=11.52,$$

$$S_{A\times B}=14\,551.24-14\,484.02-1.62-11.52=54.08,$$

$$S_E=71.82-S_A-S_B-S_{A\times B}=4.6.$$

可得方差分析表，见表 8－2－7.

表 8－2－7

方差来源	平方和	自由度	均方和	F 值
因素 A	1.62	1	1.62	$F_A\approx1.4$
因素 B	11.52	1	11.52	$F_B\approx10.0$
$A\times B$	54.08	1	54.08	$F_{A\times B}\approx47.0$
误差	4.6	4	1.15	
总和	71.82	7		

由 $F_{0.05}(1,4)=7.71$, 因为

$$F_A\approx1.4<F_{0.05}(1,4)=7.71,\qquad F_B\approx10.0>F_{0.05}(1,4)=7.71,$$

$$F_{A\times B}\approx47.0>F_{0.05}(1,4)=7.71.$$

所以认为时间对强度的影响不显著，而温度的影响显著，且交互作用的影响显著. ■

习题 8-2

1. 酿造厂有化验员 3 名，负责发酵粉的颗粒检验. 这 3 位化验员每天从该厂所产的发酵粉中抽样一次，连续 10 天，每天检验其中所含颗粒的百分率，结果如下表所示. 设 $\alpha=5\%$，试分析 3 名化验员的化验技术之间与每日所抽取样本之间有无显著差异.

百分率(%)		因素 B（化验时间）				
		B_1	B_2	B_3	B_4	B_5
因素 A（化验员）	A_1	10.1	4.7	3.1	3.0	7.8
	A_2	10.0	4.9	3.1	3.2	7.8
	A_3	10.2	4.8	3.0	3.0	7.8

百分率(%)		因素 B（化验时间）				
		B_6	B_7	B_8	B_9	B_{10}
因素 A（化验员）	A_1	8.2	7.8	6.0	4.9	3.4
	A_2	8.2	7.7	6.2	5.1	3.4
	A_3	8.4	7.8	6.1	5.0	3.3

2. 下表可给出某种化工过程在三种浓度、四种温度水平下得率的数据. 假设在诸水平搭配下得率的总体服从正态分布，且方差相等，试在 $\alpha=0.05$ 水平下检验在不同浓度下得率有无显著差异；在不同温度下得率是否有显著差异；交互作用的效应是否显著.

浓度 (%)	温度 (℃)			
	10	24	38	52
2	14 10	11 11	13 9	10 12
4	9 7	10 8	7 11	6 10
6	5 11	13 14	12 13	14 10

3. 为了研究金属管的防腐蚀的功能，考虑了 4 种不同的涂料涂层，将金属管埋设在 3 种不同性质的土壤中，经历了一定的时间，测得金属管腐蚀的最大深度如右表所示，试在 $\alpha=0.05$ 水平下检验在不同涂层下腐蚀的最大深度的平均值有无显著差异，在不同土壤下腐蚀的最大深度的平均值有无显著差异. 设两因素间没有交互作用效应.

涂层（因素 A）	土壤类型 (因素 B)		
	1	2	3
	1.63	1.35	1.27
	1.34	1.30	1.22
	1.19	1.14	1.27
	1.30	1.09	1.32

§8.3　一元线性回归

在客观世界中，普遍存在着变量之间的关系. 数学的一个重要作用就是从数量上来揭示、表达和分析这些关系．而变量之间的关系，一般可分为确定的和非确定的两类．确定性关系可用函数关系表示，而非确定性关系则不然．

例如，人的身高和体重的关系、人的血压和年龄的关系、某产品的广告投入与销售额的关系等，它们之间是有关联的，但是它们之间的关系又不能用普通函数来表示．我们称这类非确定性关系为**相关关系**．具有相关关系的变量虽然不具有确定的函数关系，但是可以借助函数关系来表示它们之间的统计规律，这种近似地表示它们之间的相关关系的函数被称为**回归函数**．回归分析是研究两个或两个以上变量的相关关系的一种重要的统计方法．

在实际中，最简单的情形是由两个变量形成的关系．考虑用下列模型表示：

$$Y=f(x).$$

但是，由于两个变量之间不存在确定的函数关系，因此，必须把随机波动考虑进去，故引入模型如下：

$$Y=f(x)+\varepsilon,$$

其中 Y 是随机变量，x 是普通变量，ε 是随机变量（称为**随机误差**）．

回归分析就是根据已得的试验结果以及以往的经验来建立统计模型，并研究变量间的相关关系，建立起变量之间关系的近似表达式，即**经验公式**，并由此对相应的变量进行预测和控制等．

本节主要介绍一元线性回归模型的估计、检验以及相应的预测和控制等问题．

一、引例

为了研究某一化学反应过程中温度 x 对产品得率 Y 的影响．测得数据如下：

温度 x_i/℃	100	110	120	130	140	150	160	170	180	190
得率 y_i/%	45	51	54	61	66	70	74	78	85	89

为了研究这些数据所蕴藏的规律性，将温度 x_i 作为横坐标，得率 y_i 作为纵坐标，在 xOy 坐标系中作出散点图（见图 8－3－1）．

从图中易见，虽然这些点是散乱的，但大体上散布在某一条直线附近，即该化学反应过程中温度与产品得率之间大致成线性关系，这些点与直线的偏离是测试过程中受随机因素影响的结果，故化学反应过程中产品得率与温度的数据可假设有如下的结构形式：

$$y_i=\beta_0+\beta_1 x_i+\varepsilon_i,\quad i=1,2,\cdots,10,$$

其中 ε_i 是测试误差，它反映了变量之间的不确定关系．

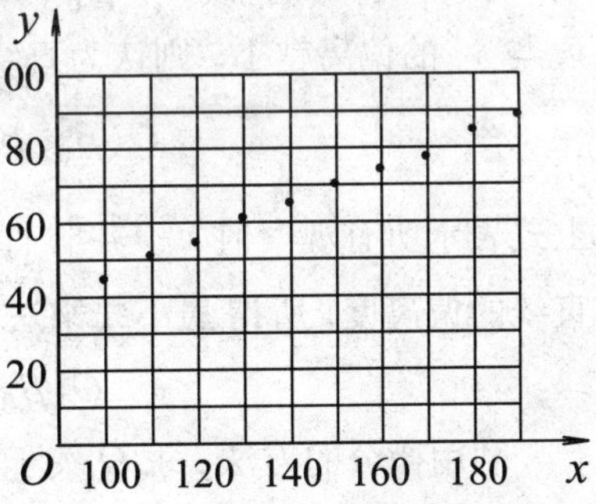

图 8－3－1

二、一元线性回归模型

一般地，当随机变量 Y 与普通变量 x 之间有线性关系时，可设

$$Y=\beta_0+\beta_1 x+\varepsilon, \tag{3.1}$$

$\varepsilon \sim N(0, \sigma^2)$, 其中 β_0, β_1 为待定系数.

设 $(x_1,Y_1), (x_2,Y_2), \cdots, (x_n,Y_n)$ 是取自总体 (x, Y) 的一组样本, 而 $(x_1,y_1), (x_2, y_2), \cdots, (x_n, y_n)$ 是该样本的观察值, 在样本和它的观察值中的 $x_1, x_2, \cdots, x_n$ 是取定的不完全相同的数值, 而样本中的 $Y_1, Y_2, \cdots, Y_n$ 在试验前为随机变量, 在试验或观测后是具体的数值, 一次抽样的结果可以取得 n 对数据 $(x_1, y_1), (x_2, y_2), \cdots, (x_n, y_n)$, 则有

$$Y_i=\beta_0+\beta_1 x_i+\varepsilon_i, \quad i=1, 2, \cdots, n, \tag{3.2}$$

其中 $\varepsilon_1, \varepsilon_2, \cdots, \varepsilon_n$ 相互独立. 在线性模型中, 由假设知

$$Y \sim N(\beta_0+\beta_1 x, \sigma^2), \quad E(Y)=\beta_0+\beta_1 x, \tag{3.3}$$

回归分析就是根据样本观察值来寻求 β_0, β_1 的估计 $\hat{\beta}_0, \hat{\beta}_1$.

对于给定的 x 值, 取

$$\hat{Y}=\hat{\beta}_0+\hat{\beta}_1 x \tag{3.4}$$

作为 $E(Y)=\beta_0+\beta_1 x$ 的估计, 方程 (3.4) 称为 Y 关于 x 的**线性回归方程**或**经验公式**, 其图形称为**回归直线**, β_1 称为**回归系数**.

三、最小二乘估计

给定样本的一组观察值 $(x_1, y_1), (x_2, y_2), \cdots, (x_n, y_n)$, 对每个 x_i, 由线性回归方程 (3.4) 都可以确定一回归值

$$\hat{y}_i=\hat{\beta}_0+\hat{\beta}_1 x_i,$$

这个回归值 $\hat{y}_i$ 与实际观察值 y_i 之差

$$y_i-\hat{y}_i=y_i-\hat{\beta}_0-\hat{\beta}_1 x_i$$

刻画了 y_i 与回归直线 $\hat{y}=\hat{\beta}_0+\hat{\beta}_1 x$ 的偏离度. 一个自然的想法就是: 对所有 x_i, 若 y_i 与 $\hat{y}_i$ 的偏离越小, 则认为直线与所有试验点拟合得越好.

令
$$Q(\beta_0, \beta_1)=\sum_{i=1}^{n}(y_i-\beta_0-\beta_1 x_i)^2,$$

上式表示所有观察值 y_i 与回归直线 $\hat{y}_i$ 的偏差平方和, 它刻画了所有观察值与回归直线的偏离度. 所谓**最小二乘法**就是寻求 β_0 与 β_1 的估计 $\hat{\beta}_0, \hat{\beta}_1$, 使

$$Q(\hat{\beta}_0, \hat{\beta}_1)=\min Q(\beta_0, \beta_1).$$

利用微分的方法, 求 Q 关于 β_0, β_1 的偏导数, 并令其为零, 得

$$\begin{cases} \dfrac{\partial Q}{\partial \beta_0}=-2\sum\limits_{i=1}^{n}(y_i-\beta_0-\beta_1 x_i)=0 \\ \dfrac{\partial Q}{\partial \beta_1}=-2\sum\limits_{i=1}^{n}(y_i-\beta_0-\beta_1 x_i)x_i=0 \end{cases},$$

整理得
$$\begin{cases} n\beta_0+\left(\sum_{i=1}^{n}x_i\right)\beta_1=\sum_{i=1}^{n}y_i \\ \left(\sum_{i=1}^{n}x_i\right)\beta_0+\left(\sum_{i=1}^{n}x_i^2\right)\beta_1=\sum_{i=1}^{n}x_i y_i \end{cases},$$
称此为**正规方程组**，解正规方程组得
$$\begin{cases} \hat{\beta}_0=\overline{y}-\overline{x}\hat{\beta}_1 \\ \hat{\beta}_1=\left(\sum_{i=1}^{n}x_iy_i-n\overline{x}\overline{y}\right)\Big/\left(\sum_{i=1}^{n}x_i^2-n\overline{x}^2\right) \end{cases}, \tag{3.5}$$
其中 $\overline{x}=\frac{1}{n}\sum_{i=1}^{n}x_i$，$\overline{y}=\frac{1}{n}\sum_{i=1}^{n}y_i$，若记
$$L_{xy}\overset{\text{def}}{=\!=}\sum_{i=1}^{n}(x_i-\overline{x})(y_i-\overline{y})=\sum_{i=1}^{n}x_i y_i-n\overline{x}\overline{y}, \tag{3.6}$$
$$L_{xx}\overset{\text{def}}{=\!=}\sum_{i=1}^{n}(x_i-\overline{x})^2=\sum_{i=1}^{n}x_i^2-n\overline{x}^2, \tag{3.7}$$
则
$$\hat{\beta}_0=\overline{y}-\overline{x}\hat{\beta}_1,\quad \hat{\beta}_1=L_{xy}/L_{xx}. \tag{3.8}$$
式(3.5)或式(3.8)叫做 β_0,β_1 的**最小二乘估计**，而
$$\hat{Y}=\hat{\beta}_0+\hat{\beta}_1 x$$
为 Y 关于 x 的一元经验回归方程.

例 1 求引例中产品得率 Y 关于温度 x 的回归方程.

解 为了方便，列出计算表格(见表 8-3-1).

表 8-3-1

i	x_i	y_i	x_i^2	y_i^2	$x_i y_i$
1	100	45	10 000	2 025	4 500
2	110	51	12 100	2 601	5 610
3	120	54	14 400	2 916	6 480
4	130	61	16 900	3 721	7 930
5	140	66	19 600	4 356	9 240
6	150	70	22 500	4 900	10 500
7	160	74	25 600	5 476	11 840
8	170	78	28 900	6 084	13 260
9	180	85	32 400	7 225	15 300
10	190	89	36 100	7 921	16 910
Σ	1 450	673	218 500	47 225	101 570

所以
$$\overline{x}=\frac{1}{10}\times 1\,450=145,$$
$$\overline{y}=\frac{1}{10}\times 673=67.3.$$
由式(3.6)，式(3.7)得
$$L_{xx}=\sum_{i=1}^{10}x_i^2-10\,\overline{x}^2=218\,500-10\times(145)^2=8\,250,$$
$$L_{xy}=\sum_{i=1}^{10}x_i y_i-10\,\overline{x}\,\overline{y}=101\,570-10\times 145\times 67.3=3\,985.$$
由式(3.8)得
$$\hat{\beta}_1=\frac{L_{xy}}{L_{xx}}=\frac{3\,985}{8\,250}\approx 0.483,$$
$$\hat{\beta}_0=\overline{y}-\overline{x}\hat{\beta}_1=67.3-145\times 0.483=-2.735.$$

所以回归直线方程为 $\hat{y}=-2.735+0.483x$. ■

例 2　对某地区生产同一产品的 8 个不同规模的乡镇企业进行生产费用调查，得产量 x (万件) 和生产费用 Y (万元) 的数据如下：

x	1.5	2	3	4.5	7.5	9.1	10.5	12
y	5.6	6.6	7.2	7.8	10.1	10.8	13.5	16.5

试据此建立 Y 关于 x 的回归方程.

解　作散点图如图 8-3-2. 由该图可见，作一元线性回归较合适. 根据所给数据计算如下：

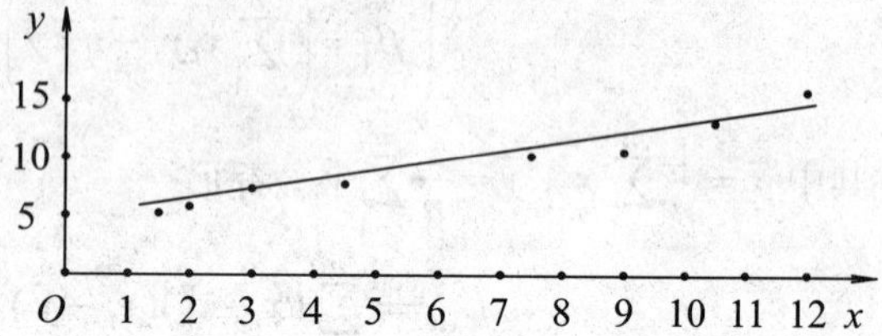

图 8-3-2

$$\sum_{i=1}^{8}x_i=50.1,\qquad \sum_{i=1}^{8}y_i=78.1,$$

$$\sum_{i=1}^{8}x_iy_i=592.08,\quad \sum_{i=1}^{8}x_i^2=428.81,$$

$$\bar{x}=\frac{1}{8}\sum_{i=1}^{8}x_i\approx 6.26,\quad \bar{y}=\frac{1}{8}\sum_{i=1}^{8}y_i\approx 9.76.$$

从而

$$L_{xx}=\sum_{i=1}^{8}x_i^2-\frac{1}{8}\left(\sum_{i=1}^{8}x_i\right)^2=428.81-\frac{1}{8}\times 50.1^2\approx 115.06,$$

$$L_{xy}=\sum_{i=1}^{8}x_iy_i-\frac{1}{8}\left(\sum_{i=1}^{8}x_i\right)\left(\sum_{i=1}^{8}y_i\right)=592.08-\frac{1}{8}\times 50.1\times 78.1\approx 102.98.$$

故由式 (3.8) 得

$$\hat{\beta}_1=\frac{L_{xy}}{L_{xx}}=\frac{102.98}{115.06}\approx 0.90,\quad \hat{\beta}_0=\bar{y}-\hat{\beta}_1\bar{x}=9.76-0.90\times 6.26\approx 4.13.$$

代入式 (3.4) 得回归方程

$$\hat{y}=4.13+0.9x.$$ ■

四、最小二乘估计的性质

定理 1　若 $\hat{\beta}_0,\hat{\beta}_1$ 为 β_0,β_1 的最小二乘估计，则 $\hat{\beta}_0,\hat{\beta}_1$ 分别是 β_0,β_1 的无偏估计，且

$$\hat{\beta}_0\sim N\left(\beta_0,\ \sigma^2\left(\frac{1}{n}+\frac{\bar{x}^2}{L_{xx}}\right)\right),\ \hat{\beta}_1\sim N\left(\beta_1,\ \frac{\sigma^2}{L_{xx}}\right).$$

证明　见光盘.

五、回归方程的假设检验

前面关于线性回归方程 $\hat{y}=\hat{\beta}_0+\hat{\beta}_1 x$ 的讨论是在线性假设

$$Y=\beta_0+\beta_1 x+\varepsilon, \quad \varepsilon \sim N(0,\sigma^2)$$

下进行的. 这个线性回归方程是否有实用价值，首先要根据有关专业知识和实践来判断，其次还要根据实际观察得到的数据运用假设检验的方法来判断.

由线性回归模型 $Y=\beta_0+\beta_1 x+\varepsilon,\ \varepsilon \sim N(0,\sigma^2)$ 可知，当 $\beta_1=0$ 时，就认为 Y 与 x 之间不存在线性回归关系，故需检验如下假设:

$$H_0: \beta_1=0, \quad H_1: \beta_1 \neq 0.$$

为了检验假设 H_0，先分析样本观察值 $y_1, y_2, \cdots, y_n$ 的差异，它可以用总的偏差平方和来度量，记为

$$S_{总}=\sum_{i=1}^{n}(y_i-\overline{y})^2.$$

由正规方程组，有

$$S_{总}=\sum_{i=1}^{n}(y_i-\hat{y}_i+\hat{y}_i-\overline{y})^2=\sum_{i=1}^{n}(y_i-\hat{y}_i)^2+2\sum_{i=1}^{n}(y_i-\hat{y}_i)(\hat{y}_i-\overline{y})+\sum_{i=1}^{n}(\hat{y}_i-\overline{y})^2$$

$$=\sum_{i=1}^{n}(y_i-\hat{y}_i)^2+\sum_{i=1}^{n}(\hat{y}_i-\overline{y})^2.$$

令

$$S_{回}=\sum_{i=1}^{n}(\hat{y}_i-\overline{y})^2, \quad S_{剩}=\sum_{i=1}^{n}(y_i-\hat{y}_i)^2, \tag{3.9}$$

则有

$$S_{总}=S_{剩}+S_{回}. \tag{3.10}$$

上式称为**总偏差平方和分解公式**. $S_{回}$ 称为**回归平方和**(有时也记为 U), 它是由普通变量 x 的变化引起的, 它的大小(在与误差相比下)反映了普通变量 x 的重要程度; $S_{剩}$ 称为**剩余平方和**(有时也记为 Q), 它是由试验误差以及其它未加控制的因素引起的, 它的大小反映了试验误差及其它因素对试验结果的影响. $S_{回}$ 和 $S_{剩}$ 具有下面的性质:

定理 2 在线性模型假设下, 当 H_0 成立时, $\hat{\beta}_1$ 与 $S_{剩}$ 相互独立, 且

$$S_{剩}/\sigma^2 \sim \chi^2(n-2), \ S_{回}/\sigma^2 \sim \chi^2(1).$$

对 H_0 的检验有三种本质相同的检验方法:

t 检验法，　　F 检验法，　相关系数检验法.

在介绍这些检验方法之前，先给出 $S_{总}, S_{回}, S_{剩}$ 的计算方法:

$$\begin{cases} S_{总}=\sum_{i=1}^{n}(y_i-\overline{y})^2=\sum_{i=1}^{n}y_i^2-n\overline{y}^2 \xlongequal{\text{def}} L_{yy} & (3.11)\\ S_{回}=\hat{\beta}_1^2 L_{xx}=\hat{\beta}_1 L_{xy} & (3.12)\\ S_{剩}=L_{yy}-\hat{\beta}_1 L_{xy} & (3.13) \end{cases}$$

1. t 检验法

由定理 1, $\hat{\beta}_1 \sim N(\beta_1, \sigma^2/L_{xx})$, 故

$$(\hat{\beta}_1-\beta_1)/(\sigma/\sqrt{L_{xx}}) \sim N(0,1).$$

若令 $\hat{\sigma}^2=S_{剩}/(n-2)$, 则由定理 2 知, 当 H_0 成立时, $\hat{\sigma}^2$ 为 σ^2 的无偏估计, 有

$$(n-2)\hat{\sigma}^2/\sigma^2=S_{剩}/\sigma^2 \sim \chi^2(n-2),$$

且 $(\hat{\beta}_1-\beta_1)/(\sigma/\sqrt{L_{xx}})$ 与 $(n-2)\hat{\sigma}^2/\sigma^2$ 相互独立. 故取检验统计量

$$T=\frac{\hat{\beta}_1}{\hat{\sigma}}\sqrt{L_{xx}} \sim t(n-2). \tag{3.14}$$

由给定的显著性水平 α, 查表得 $t_{\alpha/2}(n-2)$, 根据试验数据 $(x_1,y_1),(x_2,y_2),\cdots,(x_n,y_n)$ 计算 T 的值 t, 当 $|t|>t_{\alpha/2}(n-2)$ 时, 拒绝 H_0, 这时回归效应显著; 当 $|t|\le t_{\alpha/2}(n-2)$ 时, 接受 H_0, 此时没有理由认为回归效果显著.

2. F 检验法

由定理 2, 当 H_0 为真时, 取统计量

$$F=\frac{S_{回}}{S_{剩}/(n-2)} \sim F(1,n-2). \tag{3.15}$$

由给定的显著性水平 α, 查表得 $F_\alpha(1,n-2)$, 根据试验数据 $(x_1,y_1),(x_2,y_2),\cdots,(x_n,y_n)$ 计算 F 的值 F_0, 若 $F_0>F_\alpha(1,n-2)$, 拒绝 H_0, 即回归效果显著; 若 $F_0\le F_\alpha(1,n-2)$, 接受 H_0, 即没有理由认为回归效果显著.

3. 相关系数检验法

由第 4 章知, 相关系数的大小可以表示两个随机变量线性关系的密切程度. 对于线性回归中的变量 x 与 Y, 其样本的相关系数为

$$R=\frac{\sum_{i=1}^{n}(x_i-\bar{x})(Y_i-\bar{Y})}{\sqrt{\sum_{i=1}^{n}(x_i-\bar{x})^2\sum_{i=1}^{n}(Y_i-\bar{Y})^2}}=\frac{L_{xY}}{\sqrt{L_{xx}}\sqrt{L_{YY}}},$$

它反映了普通变量 x 与随机变量 Y 之间的线性相关程度. 故取检验统计量为 R, 则

$$r=\frac{L_{xy}}{\sqrt{L_{xx}}\sqrt{L_{yy}}}. \tag{3.16}$$

对给定的显著性水平 α, 查相关系数表得 $r_\alpha(n-2)$, 根据试验数据 $(x_1,y_1),(x_2,y_2),\cdots,(x_n,y_n)$ 计算 R 的值 r, 当 $|r|>r_\alpha(n-2)$ 时, 拒绝 H_0, 即回归效果显著; 当 $|r|\le r_\alpha(n-2)$ 时, 接受 H_0, 即没有理由认为回归效果显著.

例 3 以家庭为单位, 某种商品年需求量与该商品价格之间的一组调查数据如下

表所示:

价格 x(元)	5	2	2	2.3	2.5	2.6	2.8	3	3.3	3.5
需求量 y (kg)	1	3.5	3	2.7	2.4	2.5	2	1.5	1.2	1.2

(1) 求经验回归方程 $\hat{y}=\hat{\beta}_0+\hat{\beta}_1 x$;

(2) 检验线性关系的显著性($\alpha=0.05$, 采用 F 检验法).

解 (1) $\bar{x}=2.9$, $L_{xx}=7.18$, $\bar{y}=2.1$, $L_{yy}=6.58$,

$$L_{xy}=\sum_{i=1}^{n}x_i y_i-n\bar{x}\bar{y}=54.97-2.1\times 2.9\times 10=-5.93,$$

故 $$\hat{\beta}_1=L_{xy}/L_{xx}\approx -0.826,\quad \hat{\beta}_0=\bar{y}-\hat{\beta}_1\bar{x}\approx 4.495,$$

经验回归方程为 $\hat{y}=4.495-0.826x$.

(2) 由式 (3.12), 式 (3.13) 有:

$$S_{回}=\hat{\beta}_1 L_{xy}=(-0.826)\times(-5.93)\approx 4.898,\quad S_{剩}=L_{yy}-\hat{\beta}_1 L_{xy}=1.682$$

$$F_0=(n-2)\frac{S_{回}}{S_{剩}}=8\times\frac{4.898}{1.682}\approx 23.296,\quad \alpha=0.05,\quad F_{0.05}(1,8)=5.32.$$

因 $F_0>F_{0.05}(1,8)$, 故回归是显著的. ■

又如对于例 2, 由算得的 $L_{xx}=115.06$, $L_{xy}=102.98$, $L_{yy}=98.3$, 得

$$r=\frac{L_{xy}}{\sqrt{L_{xx}L_{yy}}}=\frac{102.98}{\sqrt{115.06\times 98.3}}=0.968\,3.$$

取显著水平 $\alpha=0.01$, 按自由度 $n-2=8-2=6$ 查相关系数表, 得 $r_{0.01}(6)=0.874\,3$. 由于 $|r|>r_{0.01}(6)$, 故认为 Y 与 x 之间的线性回归极显著, 即 $\hat{y}=4.13+0.90x$ 可以表达 Y 与 x 之间存在的线性相关关系. 显然, 这一检验结果与 F 检验法检验的结果一致.

六、预测问题

在回归问题中, 若回归方程经检验效果显著, 这时回归值与实际值就拟合较好, 因而可以利用它对因变量 Y 的新观察值 y_0 进行点预测或区间预测.

对于给定的 x_0, 由回归方程可得到回归值

$$\hat{y}_0=\hat{\beta}_0+\hat{\beta}_1 x_0,$$

称 $\hat{y}_0$ 为 y 在 x_0 处的**预测值**. y 的观察值 y_0 与预测值 $\hat{y}_0$ 之差称为**预测误差**.

例如, 在例 1 中回归方程为

$$\hat{y}=-2.735+0.483x,$$

对 $x_0=150$, y 的观察值为 70, 预测值为

$$\hat{y}_0=-2.735+0.483\times 150=69.715,$$

则预测误差为 0.285, 误差不大, 说明预测效果比较好.

在实际问题中，预测的真正意义就是在一定的显著性水平 α 下，寻找一个正数 $\delta(x_0)$，使得实际观察值 y_0 以 $1-\alpha$ 的概率落入区间 $(\hat{y}_0-\delta(x_0),\ \hat{y}_0+\delta(x_0))$ 内，即

$$P\{|Y_0-\hat{y}_0|<\delta(x_0)\}=1-\alpha.$$

由定理 1 知，

$$Y_0-\hat{y}_0\sim N\left(0,\left[1+\frac{1}{n}+\frac{(x_0-\bar{x})^2}{L_{xx}}\right]\sigma^2\right),$$

记 $\hat{\sigma}=\sqrt{\dfrac{S_{剩}}{n-2}}$，则由定理 2 知

$$\frac{(n-2)\hat{\sigma}^2}{\sigma^2}\sim\chi^2(n-2),$$

又因 $Y_0-\hat{y}_0$ 与 $\hat{\sigma}^2$ 相互独立，所以

$$T=(Y_0-\hat{y}_0)\Bigg/\left[\hat{\sigma}\sqrt{1+\frac{1}{n}+\frac{(x_0-\bar{x})^2}{L_{xx}}}\right]\sim t(n-2),$$

故对给定的显著性水平 α，求得

$$\delta(x_0)=t_{\alpha/2}(n-2)\hat{\sigma}\sqrt{1+\frac{1}{n}+\frac{(x_0-\bar{x})^2}{L_{xx}}},\tag{3.17}$$

故得 y_0 的置信度为 $1-\alpha$ 的**预测区间**为

$$(\hat{y}_0-\delta(x_0),\ \hat{y}_0+\delta(x_0)).\tag{3.18}$$

易见，y_0 的预测区间长度为 $2\delta(x_0)$，对给定的 α，x_0 越靠近样本均值 $\bar{x}$，$\delta(x_0)$ 越小，预测区间长度越小，效果越好. 当 n 很大，并且 x_0 较接近 $\bar{x}$ 时，有

$$\sqrt{1+\frac{1}{n}+\frac{(x_0-\bar{x})^2}{L_{xx}}}\approx 1,\quad t_{\alpha/2}(n-2)\approx u_{\alpha/2},$$

则预测区间近似为

$$(\hat{y}_0-u_{\alpha/2}\hat{\sigma},\ \hat{y}_0+u_{\alpha/2}\hat{\sigma}).\tag{3.19}$$

注：预测区间的几何解释如图 8-3-3 所示，对任意 x，根据样本可以作出两条曲线：

$$y_1(x)=\hat{y}(x)-\delta(x),\ \ y_2(x)=\hat{y}(x)+\delta(x).$$

回归直线 $\hat{Y}=\hat{\beta}_0+\hat{\beta}_1 x$ 夹在两条曲线中间，当 $x=\bar{x}$ 时，两条曲线形成的带域最窄.

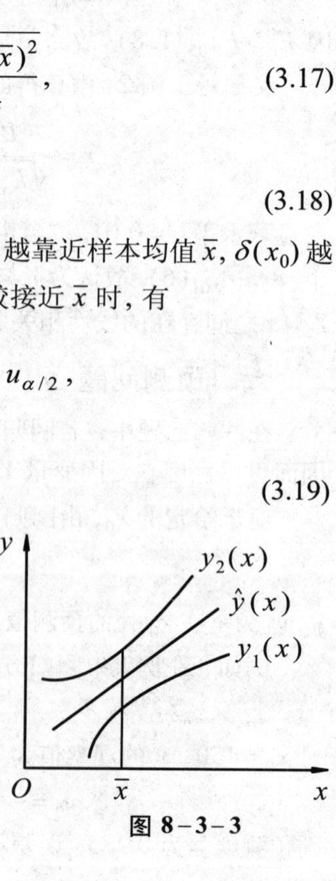

图 8-3-3

例 4　某建材实验室做陶粒混凝土实验时，考察每立方米(m^3)混凝土的水泥用量 (kg) 对混凝土抗压强度(kg/cm^2)的影响，测得下列数据.

水泥用量 x	150	160	170	180	190	200
抗压强度 y	56.9	58.3	61.6	64.6	68.1	71.3
水泥用量 x	210	220	230	240	250	260
抗压强度 y	74.1	77.4	80.2	82.6	86.4	89.7

(1) 求经验回归方程 $\hat{y}=\hat{\beta}_0+\hat{\beta}_1 x$；

(2) 检验一元线性回归的显著性 ($\alpha=0.05$)；

(3) 设 $x_0=225\,\text{kg}$，求 y 的预测值及置信度为 0.95 的预测区间.

解 (1) $n=12$，$\bar{x}=205$，$L_{xx}=14\,300$；$\bar{y}=72.6$，$L_{yy}=1\,323.82$，

$$L_{xy}=\sum_{i=1}^{n}x_i y_i-n\bar{x}\bar{y}=182\,943-12\times 205\times 72.6$$
$$=182\,943-178\,596=4\,347,$$

所以 $\hat{\beta}_1=L_{xy}/L_{xx}\approx 0.304$，$\hat{\beta}_0=\bar{y}-\hat{\beta}_1\bar{x}=10.28$，从而得到经验回归方程

$$\hat{y}=10.28+0.304\,x.$$

(2)
$$S_{回}=\hat{\beta}_1 L_{xy}=1\,321.488,\ S_{剩}=L_{yy}-\hat{\beta}_1 L_{xy}=2.332,$$
$$F_0=(n-2)\frac{S_{回}}{S_{剩}}=10\times\frac{1\,321.488}{2.332}\approx 5\,666.76.$$

$\alpha=0.05$，$F_{0.05}(1,10)=4.96$，因 $F_0>F_{0.05}(1,10)$，故回归方程显著.

(3)
$$\delta(225)=t_{0.025}(10)\cdot\hat{\sigma}\sqrt{1+\frac{1}{12}+\frac{(225-205)^2}{14\,300}}\approx 1.054\,t_{0.025}(10)\,\hat{\sigma},$$

而

$$\hat{\sigma}=\sqrt{\frac{S_{剩}}{n-2}}=\sqrt{\frac{2.332}{10}}\approx 0.482\,9,\ \ t_{0.025}(10)=2.228\,1,$$

故

$$\hat{y}(225)=10.28+0.304\times 225=78.68.$$

而置信度为 95% 的预测区间为

$$(78.68\pm 2.228\,1\times 0.482\,9\times 1.054)\approx(78.68\pm 1.134),$$

即 $(77.546, 79.814)$. ■

七、控制问题

控制问题是预测问题的反问题，所考虑的问题是：如果要求将 y 控制在某一范围内，问 x 应控制在什么范围？

这里我们仅对 n 很大的情形给出控制方法，对一般的情形，也可类似地进行讨论.

对给出的 $y_1' < y_2'$ 和置信度 $1-\alpha$，令

$$\begin{cases} y_1'(x) = \hat{\beta}_0 + \hat{\beta}_1 x - u_{\alpha/2}\,\hat{\sigma} \\ y_2'(x) = \hat{\beta}_0 + \hat{\beta}_1 x + u_{\alpha/2}\,\hat{\sigma} \end{cases}, \tag{3.20}$$

解得

$$\begin{cases} x_1'(x) = (y_1' - \hat{\beta}_0 + u_{\alpha/2}\,\hat{\sigma}) / \hat{\beta}_1 \\ x_2'(x) = (y_2' - \hat{\beta}_0 - u_{\alpha/2}\,\hat{\sigma}) / \hat{\beta}_1 \end{cases}. \tag{3.21}$$

当 $\hat{\beta}_1 > 0$ 时，控制范围为 (x_1', x_2')；当 $\hat{\beta}_1 < 0$ 时，控制范围为 (x_2', x_1'). 见图 8-3-4.

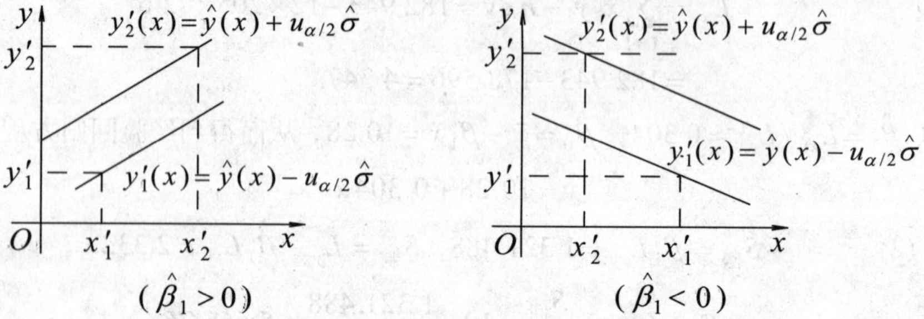

图 8-3-4

实际应用中，由式 (3.20) 知，要实现控制，必须要求区间 (y_1', y_2') 的长度大于 $2u_{\alpha/2}\,\hat{\sigma}$，否则控制区间不存在.

特别地，当 $\alpha = 0.05$ 时，$u_{\alpha/2} = u_{0.025} = 1.96 \approx 2$，则式 (3.21) 近似为

$$\begin{cases} x_1'(x) = (y_1' - \hat{\beta}_0 + 2\hat{\sigma}) / \hat{\beta}_1 \\ x_2'(x) = (y_2' - \hat{\beta}_0 - 2\hat{\sigma}) / \hat{\beta}_1 \end{cases}.$$

八、可化为一元线性回归的情形

前面讨论了一元线性回归问题，但在实际应用中，有时会遇到更复杂的回归问题，但其中有些情形，可通过适当的变量替换化为一元线性回归问题来处理.

(1)
$$Y = \beta_0 + \frac{\beta_1}{x} + \varepsilon,\ \varepsilon \sim N(0, \sigma^2), \tag{3.22}$$

其中 $\beta_0, \beta_1, \sigma^2$ 是与 x 无关的未知参数.

令 $x' = 1/x$，$Y' = Y$，则式 (3.22) 可化为下列一元线性回归模型：

$$Y' = \beta_0 + \beta_1 x' + \varepsilon,\ \varepsilon \sim N(0, \sigma^2).$$

(2)
$$Y = \alpha e^{\beta x} + \varepsilon,\ \varepsilon \text{ 为随机误差}, \tag{3.23}$$

其中 α, β, σ^2 是与 x 无关的未知参数.

在 $Y = \alpha e^{\beta x} + \varepsilon$ 两边取对数得

$$\ln Y=\ln\alpha+\beta x+\varepsilon' \quad \left(\varepsilon'=\ln\left(1+\frac{\varepsilon}{\alpha e^{\beta x}}\right)\right).$$

令 $Y'=\ln Y$, $\beta_0=\ln\alpha$, $\beta_1=\beta$, $x'=x$, 假定 $\varepsilon'\sim N(0,\sigma^2)$, 则式 (3.23) 可转化为下列一元线性回归模型:

$$Y'=\beta_0+\beta_1 x'+\varepsilon',\ \varepsilon'\sim N(0,\sigma^2).$$

(3) $$Y=\alpha x^{\beta}+\varepsilon,\ \varepsilon\text{为随机误差},\tag{3.24}$$

其中 α,β,σ^2 是与 x 无关的未知参数.

在 $Y=\alpha x^{\beta}+\varepsilon$ 两边取对数得

$$\ln Y=\ln\alpha+\beta x+\varepsilon' \quad \left(\varepsilon'=\ln\left(1+\frac{\varepsilon}{\alpha x^{\beta}}\right)\right).$$

令 $Y'=\ln Y$, $\beta_0=\ln\alpha$, $\beta_1=\beta$, $x'=\ln x$, 假定 $\varepsilon'\sim N(0,\sigma^2)$, 则式 (3.24) 可转化为下列一元线性回归模型:

$$Y'=\beta_0+\beta_1 x'+\varepsilon',\ \varepsilon'\sim N(0,\sigma^2).$$

(4) $$Y=\alpha+\beta h(x)+\varepsilon,\ \varepsilon\sim N(0,\sigma^2),\tag{3.25}$$

其中 α,β,σ^2 是与 x 无关的未知参数, $h(x)$ 是 x 的已知函数.

令 $Y'=Y$, $\beta_0=\alpha$, $\beta_1=\beta$, $x'=h(x)$, 则式 (3.25) 可转化为

$$Y'=\beta_0+\beta_1 x'+\varepsilon,\ \varepsilon\sim N(0,\sigma^2).$$

注: 其它 (如双曲线 $Y=\dfrac{x}{\alpha+\beta x}$ 和 S 型曲线 $Y=\dfrac{1}{\alpha+\beta e^{-x}}$) 函数等亦可通过适当的变量替换转化为一元线性模型来处理. 若在原模型下, 对于 (x,Y) 有样本 $(x_1,y_1),(x_2,y_2),\cdots,(x_n,y_n)$ 就相当于在新模型下有样本 $(x_1',y_1'),(x_2',y_2'),\cdots,(x_n',y_n')$, 因而就能利用一元线性回归的方法进行估计、检验和预测, 在得到 Y' 关于 x' 的回归方程后, 再将原变量代回, 就得到 Y 关于 x 的回归方程, 它们的图形是一条曲线, 也称为**曲线回归方程**.

例 5 电容器充电达某电压值时为时间的计算原点, 此后电容器串联一电阻放电, 测定各时刻的电压 u, 测量结果如下:

时间 t(s)	0	1	2	3	4	5	6	7	8	9	10
电压 u(V)	100	75	55	40	30	20	15	10	10	5	5

若 u 与 t 的关系为 $u=u_0e^{-ct}$, 其中 u_0, c 未知, 求 u 对 t 的回归方程.

解 $u=u_0e^{-ct}$, 两端取对数 $\ln u=\ln u_0-ct$.

令 $y=\ln u$, $\beta_0=\ln u_0$, $\beta_1=-c$, $x=t$, 则

$$y=\beta_0+\beta_1 x.$$

关于 x 及 y 有下列数据:

x	0	1	2	3	4	5	6	7	8	9	10
y	4.6	4.3	4.0	3.7	3.4	3	2.7	2.3	2.3	1.6	1.6

$$n=11,\ \bar{x}=5,\ L_{xx}=110,\ \bar{y}\approx 3.045,\ L_{yy}\approx 10.867,$$

$$L_{xy}=133.1-11\times 5\times 3.045\approx -34.38,$$

故
$$\hat{\beta}_1\approx -0.313,\ \hat{\beta}_0=\bar{y}-\hat{\beta}_1\bar{x}=4.61,$$

从而 $\hat{c}=0.313$, $\hat{u}_0=100.48$，得 u 对 t 的回归方程为

$$\hat{u}=100.48\,e^{-0.313t}.$$

■

习题 8-3

1. 在某种产品表面进行腐蚀刻线试验，得到腐蚀浓度 y 与腐蚀时间 t 之间对应的一组数据，如下表所示.

时间 t(s)	5	10	15	20	30	40	50	60	70	90	120
浓度 y(μm)	6	10	10	13	16	17	19	23	25	29	46

试求腐蚀浓度 y 对时间 t 的回归直线方程.

2. 随机抽取12个城市居民家庭关于收入与食品支出的样本，数据如下表所示. 试判断食品支出与家庭收入是否存在线性相关关系，求出食品支出与收入间的回归直线方程($\alpha=0.05$).

家庭收入 m_i	82	93	105	130	144	150	160	180	200	270	300	400
每月食品支出 y_i(单位: 元)	75	85	92	105	120	120	130	145	156	200	200	240

3. 根据下表中的数据判断某商品的供给量 s 与价格 p 之间的回归函数类型，并求出 s 对 p 的回归方程 ($\alpha=0.05$).

价格 p_i(元)	7	12	6	9	10	8	12	6	11	9	12	10
供给量 s_i(吨)	57	72	51	57	60	55	70	55	70	53	76	56

4. 有人认为，企业的利润水平和它的研究费用之间存在近似的线性关系，下表所列资料能否证实这种论断 ($\alpha=0.05$)?

年份	1955	1956	1957	1958	1959	1960	1961	1962	1963	1964
研究费用(万元)	10	10	8	8	8	12	12	12	11	11
利润(万元)	100	150	200	180	250	300	280	310	320	300

5. 在钢线碳含量对于电阻的效应的研究中，得到以下的数据:

碳含量 x(%)	0.10	0.30	0.40	0.55	0.70	0.80	0.95
电阻 y(20℃时, 微欧)	15	18	19	21	22.6	23.8	26

设对于给定的 x, y 为正态变量，且方差与 x 无关.

(1) 建立线性回归方程 $\hat{y}=\hat{a}+\hat{b}x$;

(2) 检验假设 $H_0: b=0, H_1: b\neq 0$;

(3) 若回归效果显著，求 b 的置信度为 0.95 的置信区间;

(4) 求 $x=0.50$ 处的置信度为 0.95 的预测区间.

6. 假设儿子的身高 (y) 与父亲的身高 (x) 适合一元正态线性回归模型，测量了10对英国父子的身高 (英寸) 如下：

x	60	62	64	65	66	67	68	70	72	74
y	63.6	65.2	66	65.5	66.9	67.1	67.4	63.3	70.1	70

(1) 建立 y 关于 x 的回归方程； (2) 对线性回归方程做假设检验(显著性水平取为0.05)；

(3) 给出 $x_0=69$ 时, y_0 的置信度为95% 的预测区间.

*§ 8.4 多元线性回归

在许多实际问题中，常常会遇到要研究一个随机变量与多个变量之间的相关关系，例如，某种产品的销售额不仅受到投入的广告费用的影响，通常还与产品的价格、消费者的收入状况、社会保有量以及其它可替代产品的价格等诸多因素有关系. 研究这种一个随机变量同其他多个变量之间的关系的主要方法是多元回归分析. 多元线性回归分析是一元线性回归分析的自然推广形式，两者在参数估计、显著性检验等方面非常相似. 本节只简单介绍多元线性回归的数学模型及其最小二乘估计.

一、多元线性回归模型

设影响因变量 Y 的自变量个数为 p, 并分别记为 $x_1, x_2, \cdots, x_p$, 所谓多元线性模型是指这些自变量对 Y 的影响是线性的, 即

$$Y=\beta_0+\beta_1 x_1+\beta_2 x_2+\cdots+\beta_p x_p+\varepsilon,\ \varepsilon \sim N(0,\sigma^2)$$

其中 $\beta_0, \beta_1, \beta_2, \cdots, \beta_p, \sigma^2$ 是与 $x_1, x_2, \cdots, x_p$ 无关的未知参数，称 Y 为对自变量 $x_1, x_2, \cdots, x_p$ 的**线性回归函数**.

记 n 组样本分别是 $(x_{i1}, x_{i2}, \cdots, x_{ip}, y_i)$ $(i=1,2,\cdots,n)$, 则有

$$\begin{cases} y_1=\beta_0+\beta_1 x_{11}+\beta_2 x_{12}+\cdots+\beta_p x_{1p}+\varepsilon_1 \\ y_2=\beta_0+\beta_1 x_{21}+\beta_2 x_{22}+\cdots+\beta_p x_{2p}+\varepsilon_2 \\ \cdots\cdots\cdots\cdots\cdots\cdots\cdots\cdots\cdots\cdots\cdots \\ y_n=\beta_0+\beta_1 x_{n1}+\beta_2 x_{n2}+\cdots+\beta_p x_{np}+\varepsilon_n \end{cases},$$

其中 $\varepsilon_1, \varepsilon_2, \cdots, \varepsilon_n$ 相互独立, 且 $\varepsilon_i \sim N(0,\sigma^2), i=1,2,\cdots,n$, 这个模型称为**多元线性回归的数学模型**. 令

$$\boldsymbol{Y}=\begin{pmatrix} y_1 \\ y_2 \\ \vdots \\ y_n \end{pmatrix},\quad \boldsymbol{X}=\begin{pmatrix} 1 & x_{11} & x_{12} & \cdots & x_{1p} \\ 1 & x_{21} & x_{22} & \cdots & x_{2p} \\ \vdots & \vdots & \vdots & \cdots & \vdots \\ 1 & x_{n1} & x_{n2} & \cdots & x_{np} \end{pmatrix},\ \boldsymbol{\beta}=\begin{pmatrix} \beta_0 \\ \beta_1 \\ \vdots \\ \beta_p \end{pmatrix},\ \boldsymbol{\varepsilon}=\begin{pmatrix} \varepsilon_1 \\ \varepsilon_2 \\ \vdots \\ \varepsilon_n \end{pmatrix},$$

则上述数学模型可用矩阵形式表示为 $\boldsymbol{Y}=\boldsymbol{X\beta}+\boldsymbol{\varepsilon}$, 其中 $\boldsymbol{\varepsilon}$ 是 n 维随机向量，它的分量相互独立.

二、最小二乘估计

与一元线性回归类似，我们采用最小二乘法估计参数 $\beta_0, \beta_1, \beta_2, \cdots, \beta_p$，引入偏差平方和

$$Q(\beta_0, \beta_1, \cdots, \beta_p) = \sum_{i=1}^{n}(y_i - \beta_0 - \beta_1 x_{i1} - \beta_2 x_{i2} - \cdots - \beta_p x_{ip})^2$$

最小二乘估计就是求 $\hat{\beta} = (\hat{\beta}_0, \hat{\beta}_1, \cdots, \hat{\beta}_p)^{\mathrm{T}}$，使得

$$\min_{\beta} Q(\beta_0, \beta_1, \cdots, \beta_p) = Q(\hat{\beta}_0, \hat{\beta}_1, \cdots, \hat{\beta}_p).$$

因为 $Q(\beta_0, \beta_1, \cdots, \beta_p)$ 是 $\beta_0, \beta_1, \cdots, \beta_p$ 的非负二次型，故其最小值一定存在．根据多元微积分的极值原理，令

$$\begin{cases} \dfrac{\partial Q}{\partial \beta_0} = -2\sum\limits_{i=1}^{n}(y_i - \beta_0 - \beta_1 x_{i1} - \cdots - \beta_p x_{ip}) = 0 \\ \dfrac{\partial Q}{\partial \beta_j} = -2\sum\limits_{i=1}^{n}(y_i - \beta_0 - \beta_1 x_{i1} - \cdots - \beta_p x_{ip})x_{ij} = 0, \ j = 1, 2, \cdots, p \end{cases}$$

上述方程组称为**正规方程组**，可用矩阵表示为

$$\boldsymbol{X}^{\mathrm{T}}\boldsymbol{X}\boldsymbol{\beta} = \boldsymbol{X}^{\mathrm{T}}\boldsymbol{Y},$$

在系数矩阵 $\boldsymbol{X}^{\mathrm{T}}\boldsymbol{X}$ 满秩的条件下，可解得

$$\hat{\boldsymbol{\beta}} = (\boldsymbol{X}^{\mathrm{T}}\boldsymbol{X})^{-1}\boldsymbol{X}^{\mathrm{T}}\boldsymbol{Y}.$$

$\hat{\boldsymbol{\beta}}$ 就是 $\boldsymbol{\beta}$ 的最小二乘估计，即 $\hat{\boldsymbol{\beta}}$ 为回归方程

$$\hat{y} = \hat{\beta}_0 + \hat{\beta}_1 x_1 + \cdots + \hat{\beta}_p x_p$$

的回归系数．

注：实际应用中，因多元线性回归所涉及的数据量较大，相关分析与计算较复杂，通常采用统计分析软件 SPSS 或 SAS 完成，有兴趣的读者可进一步参考相关资料．

例 1 设 $\boldsymbol{Y} = (y_1, y_2, y_3)^{\mathrm{T}}$ 服从线性模型

$$Y_i = \beta_0 + \beta_1 x_i + \beta_2(3x_i^2 - 2), \quad i = 1, 2, 3,$$

其中 $x_1 = -1, x_2 = 0, x_3 = 1$，试写出矩阵 $\boldsymbol{X}$，并求出 $\beta_0, \beta_1, \beta_2$ 的最小二乘估计．

解 $$\boldsymbol{X} = \begin{pmatrix} 1 & x_1 & 3x_1^2 - 2 \\ 1 & x_2 & 3x_2^2 - 2 \\ 1 & x_3 & 3x_3^2 - 2 \end{pmatrix} = \begin{pmatrix} 1 & -1 & 1 \\ 1 & 0 & -2 \\ 1 & 1 & 1 \end{pmatrix}$$

$$\boldsymbol{X}^{\mathrm{T}}\boldsymbol{X} = \begin{pmatrix} 3 & 0 & 0 \\ 0 & 2 & 0 \\ 0 & 0 & 6 \end{pmatrix}, (\boldsymbol{X}^{\mathrm{T}}\boldsymbol{X})^{-1} = \begin{pmatrix} 1/3 & 0 & 0 \\ 0 & 1/2 & 0 \\ 0 & 0 & 1/6 \end{pmatrix}, \ \boldsymbol{X}^{\mathrm{T}}\boldsymbol{Y} = \begin{pmatrix} y_1 + y_2 + y_3 \\ -y_1 + y_3 \\ y_1 - 2y_2 + y_3 \end{pmatrix},$$

故$(\beta_0,\beta_1,\beta_2)$的最小二乘估计为

$$\begin{pmatrix}\hat{\beta}_0\\ \hat{\beta}_1\\ \hat{\beta}_2\end{pmatrix}=(\boldsymbol{X}^{\mathrm{T}}\boldsymbol{X})^{-1}\boldsymbol{X}^{\mathrm{T}}\boldsymbol{Y}=\begin{pmatrix}(y_1+y_2+y_3)/3\\ (-y_1+y_3)/2\\ (y_1-2y_2+y_3)/6\end{pmatrix}.$$ ■

例 2　下面给出了某种产品每件平均单价 Y(元) 与批量 x(件) 之间的关系的一组数据

x	20	25	30	35	40	50
y	1.81	1.70	1.65	1.55	1.48	1.40
x	60	65	70	75	80	90
y	1.30	1.26	1.24	1.21	1.20	1.18

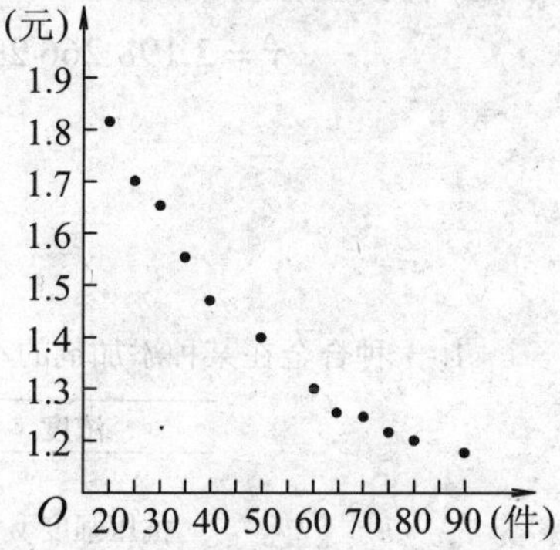

图 8-4-1

画出散点图, 如图8-4-1所示. 我们选取模型:

$$Y=\beta_0+\beta_1 x+\beta_2 x^2+\varepsilon,\quad \varepsilon\sim N(0,\sigma^2)$$

来拟合它, 现在来求回归方程.

令 $x_1=x,\ x_2=x^2$, 则上式可写成

$$Y=\beta_0+\beta_1 x_1+\beta_2 x_2+\varepsilon,\quad \varepsilon\sim N(0,\sigma^2).$$

这是一个二元线性回归模型, 现在

$$\boldsymbol{X}=\begin{pmatrix}1&20&400\\1&25&625\\1&30&900\\1&35&1\,225\\1&40&1\,600\\1&50&2\,500\\1&60&3\,600\\1&65&4\,225\\1&70&4\,900\\1&75&5\,625\\1&80&6\,400\\1&90&8\,100\end{pmatrix},\quad \boldsymbol{Y}=\begin{pmatrix}1.81\\1.70\\1.65\\1.55\\1.48\\1.40\\1.30\\1.26\\1.24\\1.21\\1.20\\1.18\end{pmatrix},\quad \beta=\begin{pmatrix}\beta_0\\ \beta_1\\ \beta_2\end{pmatrix}.$$

经计算

$$\boldsymbol{X}^{\mathrm{T}}\boldsymbol{X}=\begin{pmatrix}12&640&40\,100\\640&40\,100&2\,779\,000\\40\,100&2\,779\,000&204\,702\,500\end{pmatrix},$$

$$(\boldsymbol{X}^{\mathrm{T}}\boldsymbol{X})^{-1}=\frac{1}{\Delta}\begin{pmatrix}4.857\,292\,5\times10^{11}&-1.957\,17\times10^{10}&170\,550\,000\\-1.957\,17\times10^{10}&848\,420\,000&-7\,684\,000\\170\,550\,000&-7\,684\,000&71\,600\end{pmatrix},$$

$$\Delta = 1.41918 \times 10^{11}.$$

即得正规方程组的解为

$$\hat{\beta} = \begin{pmatrix} \hat{\beta}_0 \\ \hat{\beta}_1 \\ \hat{\beta}_2 \end{pmatrix} = (\boldsymbol{X}^{\mathrm{T}}\boldsymbol{X})^{-1}\boldsymbol{X}^{\mathrm{T}}\boldsymbol{Y} = (\boldsymbol{X}^{\mathrm{T}}\boldsymbol{X})^{-1}\begin{pmatrix} 16.98 \\ 851.3 \\ 51162 \end{pmatrix} = \begin{pmatrix} 2.198\,266\,29 \\ -0.022\,522\,36 \\ 0.000\,125\,07 \end{pmatrix}.$$

于是，得到回归方程为

$$\hat{y} = 2.198\,266\,29 - 0.022\,522\,36x + 0.000\,125\,07x^2. \quad \blacksquare$$

习题 8-4

1. 一种合金在某种添加剂的不同浓度之下，各做三次试验，得如下数据：

浓度 x	10.0	15.0	20.0	25.0	30.0
抗压强度 y	25.2 27.3 28.7	29.8 31.1 27.8	31.2 32.6 29.7	31.7 30.1 32.3	29.4 30.0 32.8

以模型 $y = b_0 + b_1 x + b_2 x^2 + \varepsilon$, $\varepsilon \sim N(0, \sigma^2)$ 拟合数据，其中 b_0, b_1, b_2, σ^2 与 x 无关，求回归方程 $\hat{y} = \hat{b}_0 + \hat{b}_1 x + \hat{b}_2 x^2$.

2. 某种化工产品的得率 Y 与反应温度 x_1、反应时间 x_2 及某反应物浓度 x_3 有关．设对给定的 x_1, x_2, x_3，得率 Y 服从正态分布，且方差与 x_1, x_2, x_3 无关．今得试验结果如下表所示，其中 x_1, x_2, x_3 均为二水平且均以编码形式表达．

x_1	−1	−1	−1	−1	1	1	1	1
x_2	−1	−1	1	1	−1	−1	1	1
x_3	−1	1	−1	1	−1	1	−1	1
得率	7.6	10.3	9.2	10.2	8.4	11.1	9.8	12.6

(1) 设 $y(x_1, x_2, x_3) = \hat{b}_0 + \hat{b}_1 x_1 + \hat{b}_2 x_2 + \hat{b}_3 x_3$，求 Y 的多元线性回归方程．

(2) 若认为反应时间不影响得率，即认为

$$y(x_1, x_2, x_3) = \beta_0 + \beta_1 x_1 + \beta_2 x_3,$$

求 Y 的多元线性回归方程．

附录　大学数学实验指导

项目七　概率论、数据统计与区间估计

实验1　概率模型

实验目的

通过将随机试验可视化，直观地理解概率论中的一些基本概念，从频率与概率的关系来体会概率的统计定义，并初步体验随机模拟方法．通过图形直观理解随机变量及其概率分布的特点．通过随机模拟加深对大数定理和中心极限定理的理解.

基本命令

1. 调用统计软件包的命令 <<Statistics`

进行统计数据的处理，必须调用相应的软件包，首先要输入并执行命令

```
<<Statistics`
```

以完成数据统计的准备工作．

2. 调用作图软件包的命令　<<Graphics\Graphics.m

用 Mathematica 作直方图，必须调用相应的作图软件包，输入并执行

```
<<Graphics`
```

这时可以查询这个软件包中的一些作图命令的用法．如输入

```
??BarChart
```

则得到命令 BarChart 的用法说明；如果没有，则说明调用软件包不成功，必须重新启动计算机，再次调用软件包．

实验举例

频率与概率

例 1.1（高尔顿钉板试验） 自高尔顿钉板上端放一个小球，任其自由下落．在其下落过程中，当小球碰到钉子时从左边落下的概率为 p，从右边落下的概率为 $1-p$，碰到下一排钉子又是如此，最后落到底板中的某一格子里．因此，任意放入一球，则此球落入哪个格子事先难以确定．设横排共有 $m=20$ 排钉子，下面进行模拟试验：

(1) 取 $p=0.5$，自板上端放入一个小球，观察小球落下的位置；将该试验重复作5次，观察5次试验结果的共性及每次试验结果的偶然性；

(2) 分别取 $p=0.15, 0.5, 0.85$，自板上端放入 n 个小球，取 $n=5\,000$，观察 n 个小球落下后呈现的曲线．

作出不同 p 值下 5 000 个小球落入各个格子的频数的直方图，输入

```
<<Statistics`
<<Graphics`Graphics`
Galton[n_Integer, m_Integer, p_]: = Module[{}, dist = {};
For[l=1, l<= n, l++, k = 0;
```

```
t = Table[Random[BernoulliDistribution[p]], {i, 1, m}];
Do[If [t[[i]]==1, k ++, k --],{i, 1, m}]; dist = Append[dist, k];
pp = Frequencies[dist];]; Histogram[dist, BarStyle ->{RGBColor[0, 0, 1]}];]
p = 0.15; n = 5000; m = 20; Galton[n, m, p]
p = 0.5; n = 5000; m = 20; Galton[n, m, p]
p = 0.85; n = 5000; m = 20; Galton[n, m, p]
```

则输出

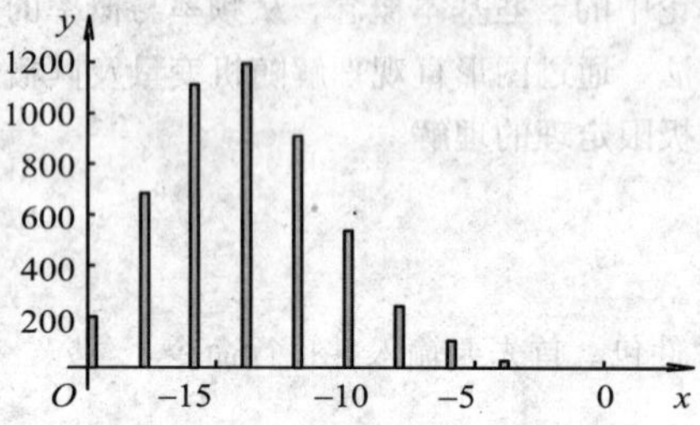

图 1-1 ($p = 0.15$)

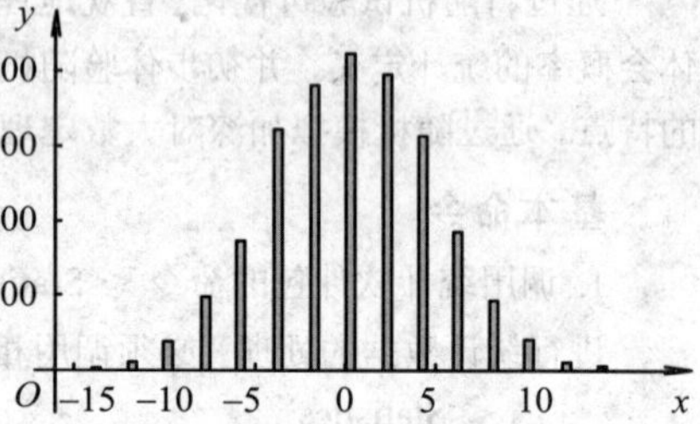

图 1-1 ($p = 0.5$)

由图 1-1 可见：若小球碰钉子后从两边落下的概率发生变化，则高尔顿钉板试验中小球落入各个格子的频数发生变化，从而频率也相应地发生变化．而且，当 $p > 0.5$，曲线峰值的格子位置向右偏；当 $p < 0.5$，曲线峰值的格子位置向左偏．

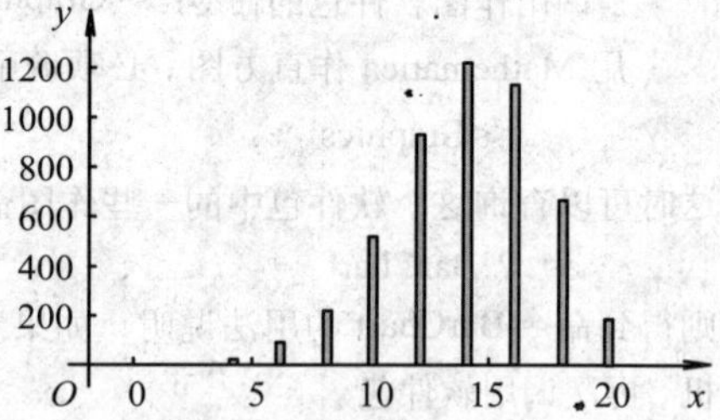

图 1-1 ($p = 0.85$)

几何概型

例 1.2（会面问题）　甲、乙二人约定八点到九点在某地会面，先到者等 20 分钟离去，试求两人能会面的概率．

由于甲、乙二人在 [0, 60] 时间区间中任何时刻到达是等可能的，若以 X, Y 分别代表甲、乙二人到达的时刻，则每次试验相当于在边长为 60 的正方形区域

$$\Omega = \{(X,Y) \mid 0 \le X, Y \le 60\}$$

中取一点．

设到达时刻互不影响，因此，(X, Y) 在区域 Ω 内取点的可能性只与区域的面积大小成正比，而与其形状、位置无关．于是，会面问题可化为向区域 Ω 随机投点的问题．所关心的事件"二人能会面"可表示为

$$A = \{(X,Y) \mid |X - Y| \le 20\}\ （见图 1-2）.$$

于是，所求概率的理论值为

$$P(A) = (A 的面积) / (\Omega 的面积) = \frac{5}{9} \approx 0.556.$$

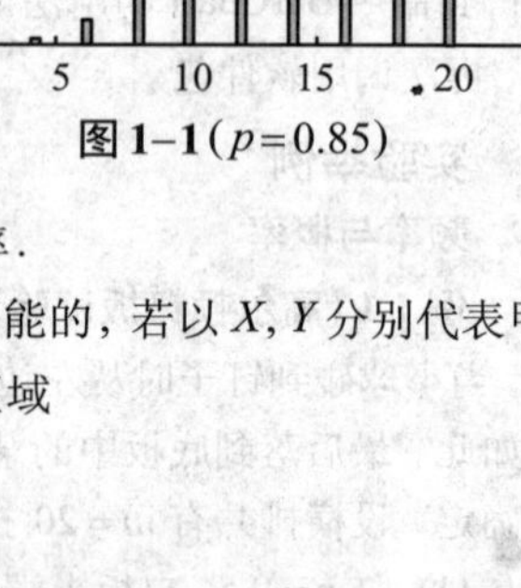

图 1-2

下面，我们作如下模拟试验：

(1) 模拟向有界区域 Ω 投点 n 次的随机试验，取 $n=100$，统计每次投点是否落在图 1-2 所示区域 A 中，若是则计数 1 次．

(2) 改变投点次数 $n=1\ 000, 5\ 000, 10\ 000$，统计落入区域 A 的次数．

输入

```
meet[n_Integer]: = Module[{x},
    x[k_]: = x[k] = Abs[Random[Integer, {0, 60}] − Random[Integer, {0, 60}]];
pile = Table[x[k], {k, 1, n}]; times = Count[pile, x_/; 0 <= x <= 20];
Print[times]; frequence = N[times / n]]
n = 100; meet[n]
n = 1000; meet[n]
n = 5000; meet[n]
n = 10000; meet[n]
```

则输出所求结果，为方便比较，将输出结果列于表 1-1 中．

表 1-1

约会次数	约会成功次数	约会成功频率	理论约会成功概率
100	58	0.58	
1 000	557	0.557	0.556
5 000	2 842	0.568 4	
10 000	5 529	0.552 9	

从上表结果可见，当约会次数越来越大时，试验约会成功频率与理论约会成功概率越来越接近．

离散型随机变量及其概率分布

例 1.3(二项分布)　利用 Mathematica 绘出二项分布 $b(n, p)$ 的概率分布与分布函数的图形，通过观察图形，进一步理解二项分布的概率分布与分布函数的性质．

设 $n=20$，$p=0.2$，输入

```
<<Statistics`
<<Graphics`Graphics`
n = 20; p = 0.2; dist = BinomialDistribution[n, p];
t = Table[{PDF[dist, x + 1], x}, {x, 0, 20}]; g1 = BarChart[t, PlotRange -> All];
g2 = Plot[Evaluate[CDF[dist, x]], {x, 0, 20},
            PlotStyle -> {Thickness[0.008], RGBColor[0, 0, 1]}];
t = Table[{x, PDF[dist, x]}, {x, 0, 20}];
gg1 = ListPlot[t, PlotStyle -> PointSize[0.03], DisplayFunction -> Identity];
gg2 = ListPlot[t, PlotJoined -> True, DisplayFunction -> Identity];
p1 = Show[gg1, gg2, g1, DisplayFunction -> $DisplayFunction, PlotRange -> All];
```

则分别输出二项分布的概率分布图 (见图 1-3) 与分布函数图 (见图 1-4)．

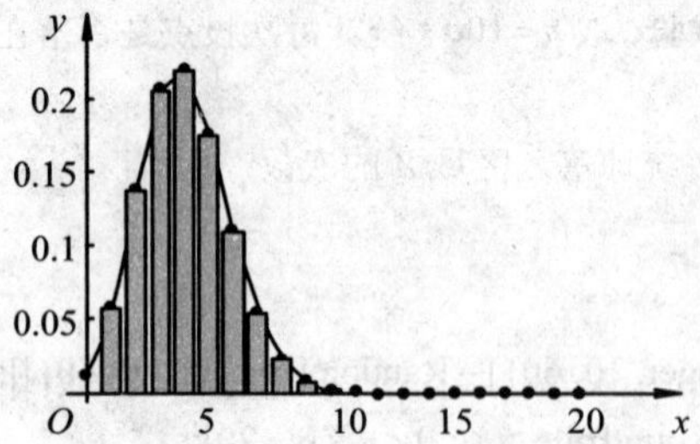

图 1–3

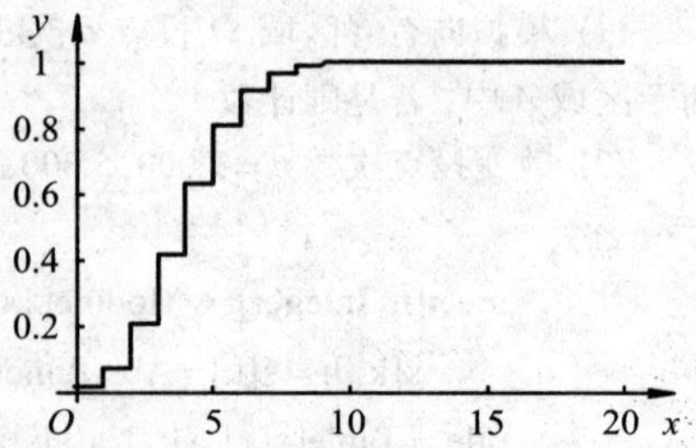

图 1–4

由图 1–3 可见，概率 $P\{X=k\}$ 随着 k 的增加，先是随之增加，直到 $k=4$ 达到最大值，随后单调减少. 而由图 1–4 可见，分布函数 $F(x)$ 的值实际上是 $X\le x$ 的累积概率值.

通过改变 n 与 p 的值，读者可以利用上述程序观察二项分布的概率分布与分布函数随着 n 与 p 而变化的各种情况，从而进一步加深对二项分布及其性质的理解.

连续型随机变量及其概率密度函数

例 1.4 (正态分布) 利用 Mathematica 绘出正态分布 $N(\mu,\sigma^2)$ 的概率密度曲线以及分布函数曲线，通过观察图形，进一步理解正态分布的概率分布与分布函数的性质.

(1) 固定 $\sigma=1$, 取 $\mu=-2$, $\mu=0$, $\mu=2$, 观察参数 μ 对图形的影响，输入

```
<<Statistics`
<<Graphics`Graphics`
dist=NormalDistribution[0, 1];
dist1=NormalDistribution[-2, 1];
dist2=NormalDistribution[2, 1];
Plot[{PDF[dist1, x], PDF[dist2, x], PDF[dist, x]}, {x, -6, 6},
        PlotStyle->{Thickness[0.008], RGBColor[0, 0, 1]}, PlotRange->All];
Plot[{CDF[dist1, x], CDF[dist2, x], CDF[dist, x]}, {x, -6,6},
        PlotStyle->{Thickness[0.008], RGBColor[1, 0, 0]}];
```

则分别输出相应参数的正态分布的概率密度曲线 (见图1–5) 及分布函数曲线 (见图1–6).

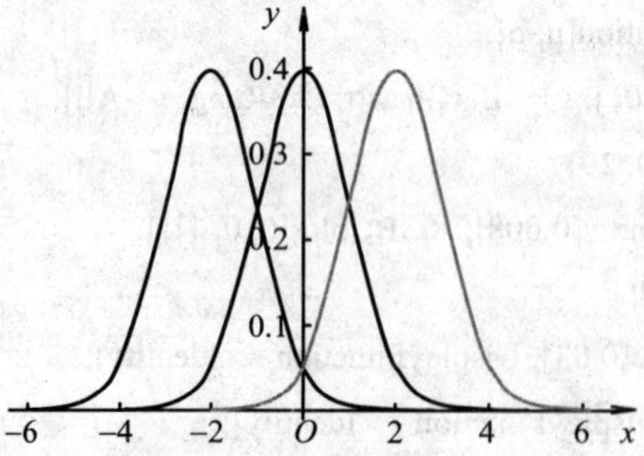

图 1–5

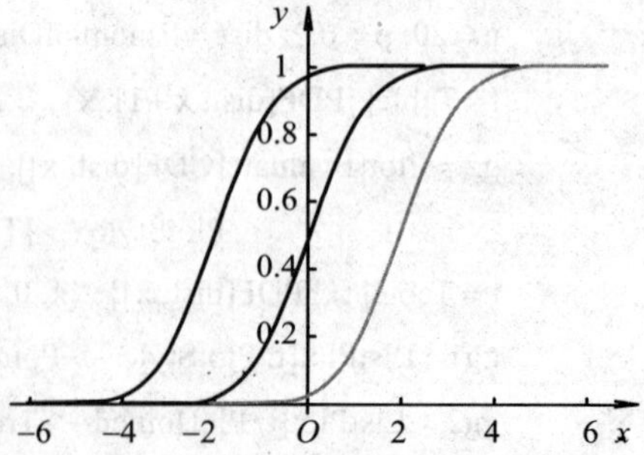

图 1–6

由图 1–5 可见：

(a) 概率密度曲线是关于 $x=\mu$ 对称的钟形曲线，即呈现“两头小，中间大，左右对称”的特点；

(b) 当 $x=\mu$ 时，$f(x)$ 取得最大值，$f(x)$ 向左右伸展时，越来越贴近 x 轴；

(c) 当 μ 变化时，图形沿着水平轴平移，而不改变形状，可见正态分布概率密度曲线的位置完全由参数 μ 决定，所以 μ 称为位置参数.

(2) 固定 $\mu=0$，取 $\sigma=0.5, 1, 1.5$，观察参数 σ 对图形的影响，输入

```
dist = NormalDistribution[0, 0.5^2];
dist1 = NormalDistribution[0, 1];
dist2 = NormalDistribution[0, 1.5^2];
Plot[{PDF[dist1, x], PDF[dist2, x], PDF[dist, x]}, {x, -6, 6},
    PlotStyle -> {Thickness[0.008], RGBColor[0, 0, 1]}, PlotRange -> All];
Plot[{CDF[dist1, x], CDF[dist2, x], CDF[dist, x]}, {x, -6, 6},
    PlotStyle -> {Thickness[0.008], RGBColor[1, 0, 0]}, PlotRange -> All];
```

则分别输出相应参数的正态分布的概率密度曲线(见图1-7)及分布函数曲线(见图1-8).

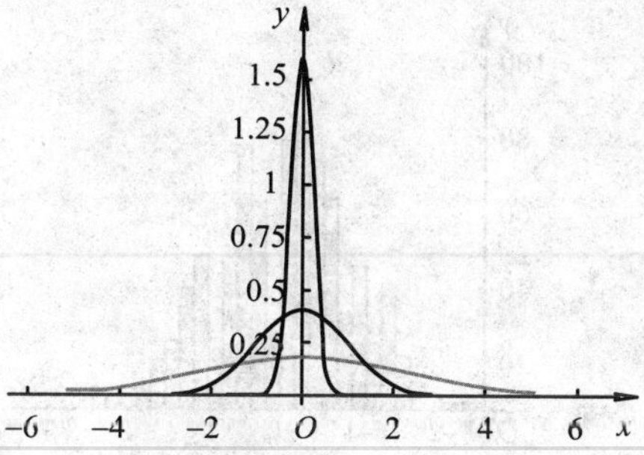

图 1-7

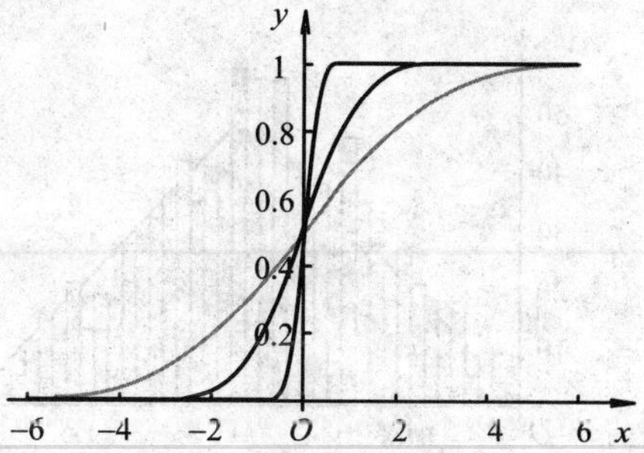

图 1-8

由图1-7与图1-8可见：固定 μ，改变 σ 时，σ 越小，在0附近的概率密度图形就变得越尖，分布函数在0的附近增值越快；σ 越大，概率密度图形就越平坦，分布函数在0附近的增值也越慢，故 σ 决定了概率密度图形中峰的陡峭程度；另外，不管 σ 如何变化，分布函数在0点的值总是0.5，这是因为概率密度图形关于 $x=0$ 对称.

通过改变 μ 与 σ 的值，读者可以利用上述程序观察正态分布的概率分布与分布函数随着 μ 与 σ 而变化的各种情况，从而进一步加深对正态分布及其性质的理解.

随机变量函数的分布

例 1.5　设 X, Y 相互独立，都服从 $(0,1)$ 上的均匀分布，求 $Z=X+Y$ 的概率密度.

理论上，我们可用卷积公式直接求出 $Z=X+Y$ 的密度函数：

$$g(z)=\begin{cases} z, & 0\le z\le 1 \\ 2-z, & 1\le z\le 2 \\ 0, & \text{其它} \end{cases}.$$

下面，我们作如下模拟试验：

(1) 产生两组服从 (0,1)上均匀分布的相互独立的随机数 x_i, y_i, $i=1, 2, \cdots, n$, 取 $n=1\,000$, 计算 $z_i=x_i+y_i$;

(2) 用数据 z_i 作频率直方图, 并在同一坐标系内画出用卷积公式求得的密度函数图形作比较.

输入

```
<<Statistics`
Clear[g1, t, t1, t2]; t = {}; n = 1000;
g1[x_]:= 50 * Which[0 <= x <=1, x, 1<= x <= 2, 2 - x, True, 0];
pic1 = Plot[g1[x], {x, 0, 2}, PlotStyle -> {Thickness[0.01], RGBColor[0, 0, 1]}];
t1 = RandomArray[UniformDistribution[0, 1], n];
t2 = RandomArray[UniformDistribution[0, 1], n];
Do[t = Append[t, t1[[i]] + t2[[i]]], {i, n}]; p1 = Histogram[t];
Show[pic1, p1, DisplayFunction -> $DisplayFunction];
```

则在同一坐标系中输出所求频率直方图与密度函数的图形 (见图1-9).

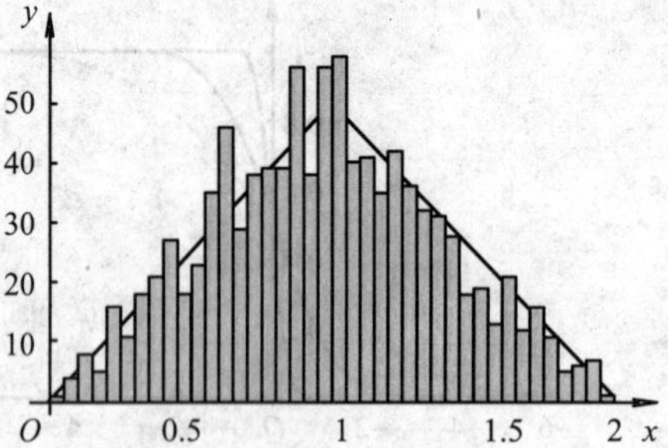

图 1-9

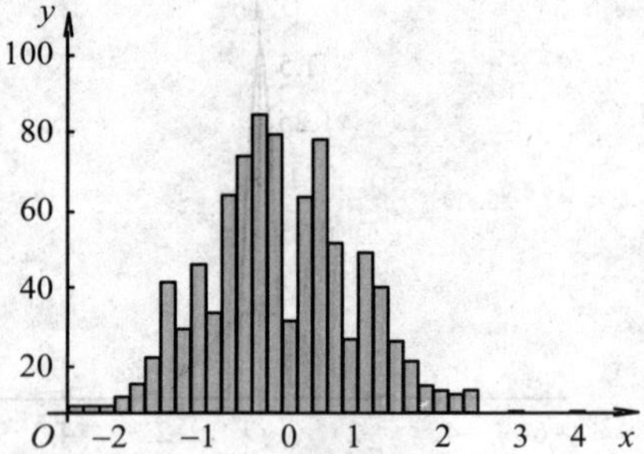

图 1-10

中心极限定理的直观演示

例 1.6 本例旨在直观演示中心极限定理的基本结论: "大量独立同分布随机变量的和的分布近似服从正态分布." 按以下步骤设计程序:

(1) 产生服从二项分布 $b(10, p)$ 的 n 个随机数, 取 $p=0.2$, $n=50$, 计算 n 个随机数之和 y 以及 $\dfrac{y-10np}{\sqrt{10np(1-p)}}$;

(2) 将(1)重复 $m=1\,000$ 组, 并用这 m 组 $\dfrac{y-10np}{\sqrt{10np(1-p)}}$ 的数据作频率直方图进行观察.

输入

```
<<Statistics`
<<Graphics`Graphics`
m = 1000; n = 50; p = 0.2; t = {}; dist = {};
For[i = 1, i <= m, i ++ ,
```

```
dist = RandomArray[BinomialDistribution[10, p], n];
ysum = CumulativeSums[dist];
nasum = (ysum[[n]] - 10*n*p)/ Sqrt[n*10*p*(1-p)]; t = Append[t, nasum];]
Histogram[t, FrequencyData -> False];
```

则输出图1–10.

由图1–10可见，当原始分布是二项分布，n比较大时，n个独立同分布的随机变量之和的分布近似于正态分布.

实验习题

1.（**抛硬币试验**）模拟抛掷一枚均匀硬币的随机试验（可用0–1随机数来模拟试验结果），取模拟n次掷硬币的随机试验. 记录试验结果，观察样本空间的确定性及每次试验结果的偶然性，统计正面出现的次数，并计算正面出现的频率. 对不同的试验次数n进行实验，记录试验结果，通过比较试验的结果，你能得出什么结论？

2.（**抽签试验**）有十张外观相同的扑克牌，其中有一张是大王，让十人按顺序每人随机抽取一张，讨论谁先抽出大王.

甲方认为：先抽的人比后抽的人机会大.

乙方认为：不论先后，他们抽到大王的机会是一样的. 究竟他们谁说的对？

3.（**泊松分布**）利用 Mathematica 在同一坐标系下绘出 λ 取不同值时泊松分布 $\pi(\lambda)$ 的概率分布曲线，通过观察输出的图形，进一步理解泊松分布的概率分布的性质.

4.（**二项分布的正态分布逼近**）用正态分布逼近给出二项分布 $b(k; n, p)$（$k=1, 2, \cdots, n$），并将得到的近似值与它的精确值比较.

实验2　统计数据

实验目的

掌握利用 Mathematica 求来自某个总体的一个样本的样本均值、中位数、样本方差、偏度(skewness)、峰度(kurtosis)、样本分位数和其它数字特征，并能由样本作出直方图.

基本命令

1. 求样本数字特征的命令

(1) 求样本 list 的均值的命令 Mean[list];

(2) 求样本 list 的中位数的命令 Median[list];

(3) 求样本 list 的最小值的命令 Min[list];

(4) 求样本 list 的最大值的命令 Max[list];

(5) 求样本 list 的方差的命令 Variance [list];

(6) 求样本 list 的标准差的命令 StandardDeviation[list];

(7) 求样本 list 的 α 分位数的命令 Quantile[list, α];

(8) 求样本 list 的 n 阶中心矩的命令 CentralMoment[list, n]

2. 求分组后各组内含有的数据个数的命令 BinCounts

基本格式为

BinCounts[数据,{最小值，最大值，增量}]

例如，输入

```
BinCounts[{1, 1, 2, 3, 4, 4, 5, 15, 6, 7, 8, 8, 8, 9, 10, 13}, {0, 15, 3}]
```

则输出

```
{4, 4, 5, 1, 2}
```

它表示落入区间 (0,3], (3,6], (6,9], (9,12], (12,15] 的数据个数分别是 4, 4, 5, 1, 2.

注: 每个区间是左开右闭的.

3. 作条形图的命令 BarChart

基本格式为

BarChart [数据, 选项1, 选项2, ⋯]

其中数据是$\{\{y_1, x_1\}, \{y_2, x_2\}, \cdots\}$或$\{y_1, y_2, \cdots\}$的形式. 而$y_1, y_2, \cdots$为条形的高度，$x_1$, $x_2, \cdots$为条形的中心. 在数据为$\{y_1, y_2, \cdots\}$的形式时默认条形的中心是$\{1, 2, \cdots\}$. 常用选项有 BarSpacing → 数值1, BarGroupSpacing → 数值 2.

例如，输入

```
BarChart[{{4, 1.5}, {4, 4.5}, {5, 7.5}, {1.10, 5}, {2, 13.5}}, BarGroupSpacing ->0.1]
```

则输出如图 2–1 所示的条形图.

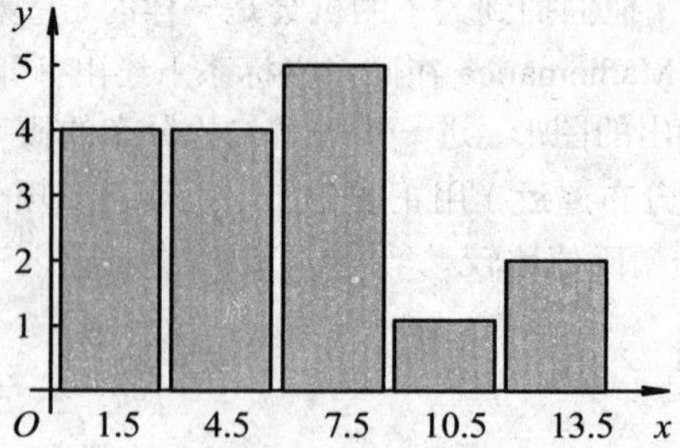

图 2–1

实验举例

样本的数据统计

例 2.1　在某工厂生产的某种型号的圆轴中任取 20 个，测得其直径数据如下:

15.28 15.63 15.13 15.46 15.40 15.56 15.35 15.56 15.38 15.21

15.48 15.58 15.57 15.36 15.48 15.46 15.52 15.29 15.42 15.69

求上述数据的样本均值, 中位数, 四分位数, 样本方差, 极差, 变异系数, 二阶、三阶和四阶中心矩; 求偏度，峰度，并把数据中心化和标准化.

输入

```
<<Statistics`
data1= {15.28, 15.63, 15.13, 15.46, 15.40, 15.56, 15.35, 15.56,
        15.38, 15.21, 15.48, 15.58, 15.57, 15.36, 15.48, 15.46,
        15.52, 15.29, 15.42, 15.69}; (*数据集记为 datal*)
Mean[data1] (*求样本均值*)
Median[data1] (*求样本中位数*)
```

```
Quartiles[data1] (*求样本的 0.25 分位数，中位数，0.75分位数*)
Quantile[data1, 0.05] (*求样本的 0.05 分位数*)
Quantile[data1, 0.95] (*求样本的 0.95 分位数*)
```

则输出

```
15.4405
15.46
{15.355, 15.46, 15.56}
15.13
15.63
```

即样本均值为 15.440 5, 样本中位数为 15.46, 样本的 0.25 分位数为 15.355, 样本的 0.75 分位数 15.56, 样本的 0.05 分位数是 15.13, 样本的 0.95 分位数是 15.63.

输入

```
Variance[data1] (*求样本方差s²*)
StandardDeviation[data1] (*求样本标准差s*)
VarianceMLE[data1] (*求样本方差s*²*)
StandardDeviationMLE[data1] (*求样本标准差s**)
SampleRange[data1] (*求样本极差R*)
```

则输出

```
0.020605
0.143544
0.0195748
0.13991
0.56
```

即样本方差 s^2 为 0.020 605, 样本标准差 s 为 0.143 544, 样本方差 s^{*2} 为 0.019 574 8, 样本标准差 s^* 为 0.139 91, 样本极差 R 为 0.56.

注: Variance 给出的是无偏估计时的方差，计算公式为 $\frac{1}{n-1}\sum_{i=1}^{n}(x_i-\overline{x})^2$, 而 VarianceMLE 给出的是总体方差的极大似然估计，计算公式为 $\frac{1}{n}\sum_{i=1}^{n}(x_i-\overline{x})^2$, 它比前者稍微小些.

输入

```
CoefficientOfVariation[data1]
        (*求变异系数. 变异系数的定义是样本标准差与样本均值之比*)
```

则输出

```
0.00929662
```

输入

```
CentralMoment[data1, 2] (*求样本二阶中心矩*)
CentralMoment[data1, 3] (*求样本三阶中心矩*)
CentralMoment[data1, 4] (*求样本四阶中心矩*)
```

输出为

0.0195748
−0.00100041
0.000984863

输入

```
Skewness[data1] (*求偏度，偏度的定义是三阶中心矩除以标准差的立方*)
Kurtosis[data1] (*求峰度，峰度的定义是四阶中心矩除以方差的平方*)
```

则输出

−0.365287
2.5703

上述结果表明: 数据 (data1)的偏度(Skewness) 是−0.365 287, 负的偏度表明总体分布密度有较长的右尾，即分布向左偏斜．数据(data1) 的峰度 (Kurtosis) 为 2.570 3. 峰度大于 3 时表明总体的分布密度比有相同方差的正态分布的密度更尖锐和有更重的尾部．峰度小于 3 时表明总体的分布密度比正态分布的密度更平坦或者有更粗的腰部．输入

```
ZeroMean[data1] (*把数据中心化，即每个数据减去均值*)
```

则输出

{−0.1605, 0.1895, −0.3105, 0.0195, −0.0405, 0.1195, −0.0905, 0.1195, −0.0605, −0.2305, 0.0395, 0.1395, 0.1295, −0.0805, 0.0395, 0.0195, 0.0795, −0.1505, −0.0205, 0.2495}

输入

```
Standardize[data1] (*把数据标准化，即每个数据减去均值，再除以标准差，
                    从而使新的数据的均值为0, 方差为1*)
```

则输出

{−1.11812, 1.32015, −2.16309, 0.135846, −0.282143, 0.832495, −0.630467, 0.832495, −0.421472, −1.60577, 0.275176, 0.971825, 0.90216, −0.560802, 0.275176, 0.135846, 0.553836, −1.04846, −0.142813, 1.73814}

读者可验算上述新数据的均值为 0, 标准差为 1.

作样本的直方图

例 2.2 从某厂生产的某种零件中随机抽取 120 个，测得其质量(单位:g) 如表 2−1 所示．列出分组表，并作频率直方图．

表 2−1

200	202	203	208	216	206	222	213	209	219	216	203	197	208	206
209	206	208	202	203	206	213	218	207	208	202	194	203	213	211
193	213	208	208	204	206	204	206	208	209	213	203	206	207	196
201	208	207	213	208	210	208	211	211	214	220	211	203	216	221
211	209	218	214	219	211	208	221	211	218	218	190	219	211	208
199	214	207	207	214	206	217	214	201	212	213	211	212	216	206
210	216	204	221	208	209	214	214	199	204	211	201	216	211	209
208	209	202	211	207	220	205	206	216	213	206	206	207	200	198

输入

```
<<Statistics`
<<Graphics`
data2={200, 202, 203, 208, 216, 206, 222, 213, 209, 219, 216, 203, 197, 208, 206,
    209, 206, 208, 202, 203, 206, 213, 218, 207, 208, 202, 194, 203, 213, 211,
    193, 213, 208, 208, 204, 206, 204, 206, 208, 209, 213, 203, 206, 207, 196,
    201, 208, 207, 213, 208, 210, 208, 211, 211, 214, 220, 211, 203, 216, 221,
    211, 209, 218, 214, 219, 211, 208, 221, 211, 218, 218, 190, 219, 211, 208,
    199, 214, 207, 207, 214, 206, 217, 214, 201, 212, 213, 211, 212, 216, 206,
    210, 216, 204, 221, 208, 209, 214, 214, 199, 204, 211, 201, 216, 211, 209,
    208, 209, 202, 211, 207, 220, 205, 206, 216, 213, 206, 206, 207, 200, 198};
```

先求数据的最小值和最大值．输入

```
Min[data2]
Max[data2]
```

得到最小值190，最大值222. 取区间[189.5, 222.5]，它能覆盖所有数据. 将[189.5, 222.5]等分为11个小区间，设小区间的长度为3.0. 数出落在每个小区间内的数据个数，即频数 $f_i\,(i=1,2,\cdots,7)$，这可以由 BinCount 命令来完成．

输入

```
f1=BinCounts[data2,{189.5, 222.5, 3}]
```

则输出

```
{1, 2, 3, 7, 14, 20, 23, 22, 14, 8, 6}
```

输入

```
gc=Table[189.5+j*3-1.5, {j, 1, 11}] (*产生 11 个小区间的中心的集合 gc*)
bc=Transpose[{f1/Length[data2], gc}] (*Length[data2] 为数据 data2 的总个数
    即样本的容量 n, f1/Length[data2]为频率 fi /n, Transpose 是求矩阵转置的
    命令，这里 bc 为数据对，第一个数是频率，第二个是组中心*)
```

则输出结果

$$\{\{\frac{1}{120}, 191.\}, \{\frac{1}{60}, 194.\}, \{\frac{1}{40}, 197.\}, \{\frac{7}{120}, 200.\}, \{\frac{7}{60}, 203.\}, \{\frac{1}{6}, 206.\},$$
$$\{\frac{23}{120}, 209.\}, \{\frac{11}{60}, 212.\}, \{\frac{7}{60}, 215.\}, \{\frac{1}{15}, 218.\}, \{\frac{1}{20}, 221.\}\}$$

输入作频率 f_i/n 对组中心的条形图命令

```
BarChart[bc]
```

则输出所求条形图(见图 2-2).

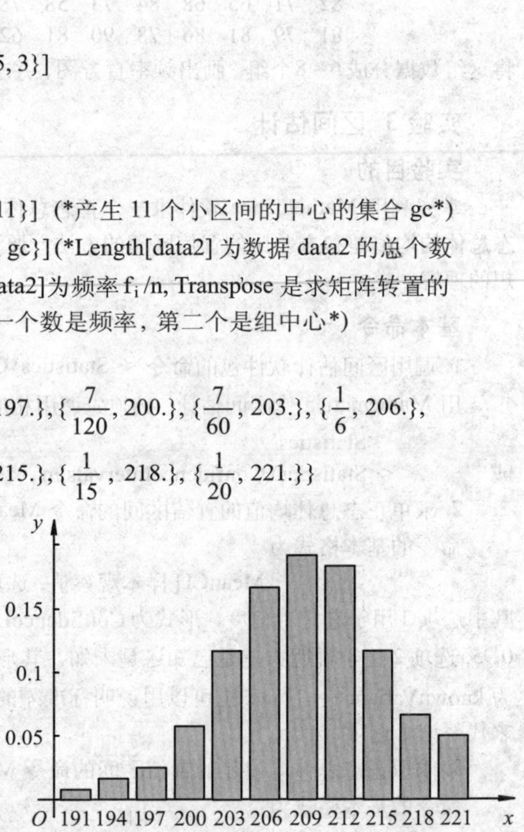

图 2-2

实验习题

1. 在某省一“夫妻对电视传播媒介观念的研究”项目中，访问了30对夫妻，其中丈夫所受教育 x (单位：年) 的数据如下：

18 20 16 6 16 17 12 14 16 18 14 14 16 9 20
18 12 15 13 16 16 21 21 9 16 20 14 14 16 16

(1) 求样本均值、中位数、四分位数，样本方差、样本标准差、极差、变异系数，二阶、三阶和四阶中心矩，偏度、峰度.

(2) 将数据分组，使组中值分别为 6, 9, 12, 15, 18, 21, 作出 x 的频数分布表；作出频率分布的直方图.

2. 下面列出了84个伊特拉斯坎男子头颅的最大宽度(单位: mm), 对数据分组，并作直方图.

141 148 132 138 154 142 150 146 155 158 150 140 147
148 144 150 149 145 149 158 143 141 144 144 126 140
144 142 141 140 145 135 147 146 141 136 140 146 142
137 148 154 137 139 143 140 131 143 141 149 148 135
148 152 143 144 141 143 147 146 150 132 142 142 143
153 149 146 149 138 142 149 142 137 134 144 146 147
140 142 140 137 152 145

3. 下面的数据是某大学某专业 50 名新生在数学素质测验中所得到的分数:

88 74 67 49 69 38 86 77 66 75 94 67 78 69
84 50 39 58 79 70 90 79 97 75 98 77 64 69
82 71 65 68 84 73 58 78 75 89 91 62 72 74
81 79 81 86 78 90 81 62

将这组数据分成 6~8 个组，画出频率直方图，并求出样本均值、样本方差，以及偏度和峰度.

实验 3 区间估计

实验目的

掌握利用 Mathematica 软件求一个正态总体的均值、方差的置信区间的方法；求两个正态总体的均值差和方差比的置信区间的方法. 通过实验加深对统计推断的基本概念和基本思想的理解.

基本命令

1. 调用区间估计软件包的命令 <<Statistics\ConfidenceIntervals.m

用 Mathematica 作区间估计，必须先调用相应的软件包. 要输入并执行命令

```
<<Statistics`
```

或

```
<<Statistics\ConfidenceIntervals.m
```

2. 求单正态总体均值的置信区间的命令 MeanCI

命令的基本格式为

MeanCI [样本观察值, 选项 1, 选项 2, …]

其中选项 1 用于选定置信度，形式为 ConfidenceLevel ->$1-\alpha$，默认值为 ConfidenceLeve1 -> 0.95. 选项 2 用于说明方差是已知还是未知，其形式为 knownVariance ->None 或 σ_0^2，默认值为 knownVariance ->None. 也可以用说明标准差的选项 knownStandardDeviation->None 或 σ_0 来代替这个选项.

3. 求双正态总体均值差的置信区间的命令 MeanDifferenceCI

命令的基本格式为

MeanDifferenceCI [样本1的观察值, 样本 2 的观察值, 选项1, 选项 2, 选项 3, …]

其中选项1用于选定置信度，规定同基本命令2中的说明. 选项2用于说明两个总体的方差是已知还是未知，其形式为knownVariance－>σ_0^2或$\{\sigma_1^2, \sigma_2^2\}$或None，默认值为knownVariance－>None. 选项3用于说明两个总体的方差是否相等，形式为EqualVariance－>False或True. 默认值为EqualVariance－>False，即默认方差不相等.

4. 求单正态总体方差的置信区间的命令VarianceCI

命令的基本格式为

VarianceCI[样本观察值，选项]

其中选项用于选定置信度，规定同基本命令2中的说明.

5. 求双正态总体方差比的置信区间的命令VarianceRatioCI

命令的基本格式为

VarianceRatioCI[样本1的观察值，样本2的观察值，选项]

其中选项用于选定置信度，规定同基本命令2中的说明.

6. 当数据为概括数据时求置信区间的命令

(1) 求正态总体方差已知时总体均值的置信区间的命令

NormalCI[样本均值，样本均值的标准差，置信度选项]

(2) 求正态总体方差未知时总体均值的置信区间的命令

StudentTCI [样本均值，样本均值的标准差的估计，自由度，置信度选项]

(3) 求总体方差的置信区间的命令

ChiSquareCI [样本方差，自由度，置信度选项]

(4) 求方差比的置信区间的命令

FRatioCI [方差比的值，分子自由度，分母自由度，置信度选项]

实验举例

单正态总体均值的置信区间（方差已知的情形）

例3.1　某车间生产滚珠，从长期实践中知道，滚珠直径可以认为服从正态分布. 从某天的产品中任取6个测得直径如下(单位: mm):

15.6　16.3　15.9　15.8　16.2　16.1

若已知直径的方差是0.06，试求总体均值μ的置信度为0.95的置信区间与置信度为0.90的置信区间.

输入

```
<<Statistics\ConfidenceIntervals.m
data1={15.6, 16.3, 15.9, 15.8, 16.2, 16.1};
MeanCI[data1, KnownVariance ->0.06] (*置信度采取缺省值*)
```

则输出

```
{15.7873, 16.1793}
```

即均值μ的置信度为0.95的置信区间是(15.787 3, 16.179 3).

为求出置信度为0.90的置信区间，输入

```
MeanCI[data1, ConfidenceLevel -> 0.90, KnownVariance -> 0.06]
```

则输出

{15.8188, 16.1478}

即均值μ的置信度为0.90的置信区间是(15.818 8,16.147 8).比较两个不同置信度所对应的置信区间可以看出置信度越大所得出的置信区间也越大.

例 3.2 (§6.4例1) 某旅行社为调查当地旅游者的平均消费额，随机访问了100名旅游者，得知平均消费额 $\bar{x}=80$ 元，根据经验，已知旅游者消费服从正态分布，且标准差 $\sigma=12$ 元，求该地旅游者平均消费额 μ 的置信度为95%的置信区间.

输入

```
NormalCI[80, 12/10]
```

输出为

{77.648, 82.352}

单正态总体均值的置信区间 (方差未知的情形)

例 3.3 (§6.4例4) 有一大批袋装糖果，现从中随机地取出16袋，称得重量(以克计)如下:

506	508	499	503	504	510	497	512
514	505	493	496	506	502	509	496

设袋装糖果的重量近似地服从正态分布，试求置信度分别为0.95与0.90的总体均值μ的置信区间.

输入

```
data2 ={506, 508,499, 503, 504, 510, 497, 512, 514, 505, 493, 496, 506, 502, 509, 496};
MeanCI[data2]  (* 因为置信度是 0.95, 省略选项 ConfidenceLevel->0.95; 又
        方差未知, 选项 knownVariance ->None 也可以省略*)
```

则输出

{500.445, 507.055}

即 μ 的置信度为 0.95 的置信区间是 (500.445, 507.055).

再输入

```
MeanCI[data2, ConfidenceLevel->0.90]
```

则输出

{501.032, 506.468}

即μ的置信度为0.90的置信区间是 (501.032, 506.468).

例 3.4 从一批袋装食品中抽取 16 袋，重量的平均值为 $\bar{x}=503.75$g，样本标准差为 $s=6.200\,2$. 假设袋装重量近似服从正态分布，求总体均值μ的置信区间 ($\alpha=0.05$).

这里，样本均值为 503.75，样本均值的标准差的估计为 $s/\sqrt{n}=6.200\,2/4$，自由度为 15，$\alpha=0.05$，因此，关于置信度的选项可省略.

输入

```
StudentTCI[503.75, 6.2002/ Sqrt[16], 15]
```

则输出置信区间为

{500.446, 507.054}

双正态总体均值差的置信区间

例 3.5（§6.4 例 7） A, B 两个地区种植同一型号的小麦，现抽取了 19 块面积相同的麦田，其中 9 块属于地区 A，另外 10 块属于地区 B，测得它们的小麦产量（以 kg 计）分别如下：

地区 A:　100　105　110　125　110　98　105　116　112

地区 B:　101　100　105　115　111　107　106　121　102　92

设地区 A 的小麦产量 $X \sim N(\mu_1, \sigma_1^2)$，地区 B 的小麦产量 $Y \sim N(\mu_2, \sigma_2^2)$，$\mu_1$，$\mu_2$，$\sigma^2$ 均未知，试求这两个地区小麦的平均产量之差 $\mu_1 - \mu_2$ 的 95% 和 90% 的置信区间.

输入

```
list1={100, 105, 110, 125, 110, 98, 105, 116, 112};
list2={101, 100, 105, 115, 111, 107, 106, 121, 102, 92};
MeanDifferenceCI[list1, list2] (*默认方差不相等*)
```

则输出　{-5.00755, 11.0075}

即 $\mu_1 - \mu_2$ 的置信度为 95% 的置信区间是 (−5.007 55, 11.007 5).

输入

```
MeanDifferenceCI[list1, list2, EqualVariances ->True] (*假定方差相等*)
```

则输出

{-4.99382, 10.9938}

这时 $\mu_1 - \mu_2$ 的置信度为 0.95 的置信区间是 (−4.993 82, 10.993 8). 两种情况得到的结果基本一致.

输入

```
MeanDifferenceCI[list1, list2, ConfidenceLevel -> 0.90, EqualVariances ->True]
```

则输出

{-3.59115, 9.59115}

即 $\mu_1 - \mu_2$ 的置信度为 90% 的置信区间是 (−3.591 15, 9.591 15). 这与前面的结果是一致的.

例 3.6　比较 A、B 两种灯泡的寿命，从 A 种取 80 只作为样本，计算出样本均值 $\bar{x} = 2\,000$，样本标准差 $s_1 = 80$. 从 B 种取 100 只作为样本，计算出样本均值 $\bar{y} = 1\,900$，样本标准差 $s_2 = 100$. 假设灯泡寿命服从正态分布，方差相同且相互独立，求均值差 $\mu_1 - \mu_2$ 的置信区间 ($\alpha = 0.05$).

根据命令 StudentTCI 的使用格式，第一项为两个正态总体的均值差；第二项为两个正态总体的均值差的标准差的估计，由方差相等的假定，通常取为 $S_w \sqrt{\dfrac{1}{n_1} + \dfrac{1}{n_2}}$，其中

$$S_w = \sqrt{\frac{(n_1 - 1)S_1^2 + (n_2 - 1)S_2^2}{n_1 + n_2 - 2}};$$

第三项为自由度 $df = n_1 + n_2 - 2$；第四项为关于置信度的选项. 正确输入第二个和第三个对象是计算的关键.

输入

```
sp = Sqrt[(79*80^2 + 99*100^2)/(80 + 100 - 2)];
StudentTCI[2000 - 1900, sp*Sqrt[1/80 + 1/100], 80 + 100 - 2]
```

则输出

```
{72.8669, 127.133}
```

即所求均值差的置信区间为 (72.866 9, 127.133).

单正态总体方差的置信区间

例 3.7 有一大批袋装糖果，现从中随机地取出 16 袋，称得重量(单位: g)如下:

506 508 499 503 504 510 497 512

514 505 493 496 506 502 509 496

设袋装糖果的重量近似地服从正态分布，试求置信度分别为0.95与0.90 的总体方差 σ^2 的置信区间.

输入

```
data7={506.0, 508, 499, 503, 504, 510, 497,
        512, 514, 505, 493, 496, 506, 502, 509, 496};
VarianceCI[data7]
```

则输出 {20.9907, 92.1411}

即总体方差 σ^2 的置信度为 0.95 的置信区间是 (20.990 7, 92.141 1).

又输入

```
VarianceCI[data7, ConfidenceLevel->0.90]
```

则可以得到 σ^2 的置信度为 0.90 的置信区间 (23.083 9, 79.466 3).

例 3.8 假设导线电阻近似服从正态分布，取 9 根，得样本标准差 $s=0.007$，求电阻标准差的置信区间 ($\alpha=0.05$).

输入

```
ChiSquareCI[0.007^2, 8]
```

输出置信区间

```
{0.0000223559, 0.000179839}
```

双正态总体方差比的置信区间

例 3.9 设两个工厂生产的灯泡寿命近似服从正态分布 $N(\mu_1, \sigma_1^2)$ 和 $N(\mu_2, \sigma_2^2)$. 样本分别为

工厂甲: 1 600 1 610 1 650 1 680 1 700 1 720 1 800

工厂乙: 1 460 1 550 1 600 1 620 1 640 1 660 1 740 1 820

设两样本相互独立，且 $\mu_1, \mu_2, \sigma_1^2, \sigma_2^2$ 均未知，求置信度分别为 0.95 与 0.90 的方差比 σ_1^2/σ_2^2 的置信区间.

输入

```
Clear[list1, list2];
list1={1600, 1610, 1650, 1680, 1700, 1720, 1800};
list2={1460, 1550, 1600, 1620, 1640, 1660, 1740, 1820};
VarianceRatioCI[list1, list2]
```

则输出

```
{0.076522, 2.23083}
```

这是置信度为 0.95 时方差比的置信区间.

为了求置信度为 0.90 时的置信区间，输入

VarianceRatioCI[list1, list2, ConfidenceLevel -> 0.90]

则输出结果为

{0.101316, 1.64769}.

例 3.10 (§6.4 例 8) 某钢铁公司的管理人员为比较新旧两个电炉的温度状况，他们抽取了新电炉的31个温度数据及旧电炉的25个温度数据，并计算得样本方差分别为 $s_1^2=75$ 及 $s_2^2=100$. 设新电炉的温度 $X\sim N(\mu_1,\sigma_1^2)$，旧电炉的温度 $Y\sim N(\mu_2,\sigma_2^2)$. 试求 σ_1^2/σ_2^2 的95%的置信区间.

输入

FRatioCI[75/100, 30, 24]

则输出所求结果

{0.339524, 1.60191}

实验习题

1. 对某种型号飞机的飞行速度进行 15 次试验，测得最大飞行速度如下：

422.2 417.2 425.6 420.3 425.8 423.1 418.7 428.2

438.3 434.0 312.3 431.5 413.5 441.3 423.0

假设最大飞行速度服从正态分布，试求总体均值 μ (最大飞行速度的期望) 的置信区间($\alpha=0.05$ 与 $\alpha=0.10$).

2. 从自动机床加工的同类零件中抽取16件，测得长度值(单位: mm)为：

12.15 12.12 12.01 12.08 12.09 12.16 12.03 12.06

12.06 12.13 12.07 12.11 12.08 12.01 12.03 12.01

求方差的置信区间 ($\alpha=0.05$).

3. 有一大批袋装化肥，现从中随机地取出16袋，称得重量 (单位: kg) 如下：

50.6 50.8 49.9 50.3 50.4 51.0 49.7 51.2

51.4 50.5 49.3 49.6 50.6 50.2 50.9 49.6

设袋装化肥的重量近似地服从正态分布，试求总体均值 μ 的置信区间与总体方差 σ^2 的置信区间 (分别在置信度为 0.95 与 0.90 两种情况下计算).

4. 某种磁铁矿的磁化率近似服从正态分布. 从中取出容量为42的样本测试，计算样本均值为 0.132, 样本标准差为 0.072 8, 求磁化率的均值的区间估计 ($\alpha=0.05$).

5. 两台机床加工同一产品，从甲机床加工的产品中抽取100 件，测得样本均值为19.8, 标准差为 0.37. 从乙机床加工的产品中抽取 80 件，测得样本均值为 20.0, 标准差为 0.40. 求均值差 $\mu_1-\mu_2$ 的置信区间($\alpha=0.05$).

6. 设某种电子管的寿命近似服从正态分布，取15只进行试验，得平均寿命为1 950 h, 标准差为 300 h, 以 90% 的可靠性对使用寿命的方差进行区间估计.

7. 随机地从 A 批导线中抽取 4 根，从 B 批导线中抽取 5 根，测得电阻(单位: Ω)为：

A批导线: 0.143 0.142 0.143 0.137

B批导线: 0.140 0.142 0.136 0.138 0.140

设测定数据分别来自分布$N(\mu_1,\sigma_1^2)$和$N(\mu_2,\sigma_2^2)$，且两样本相互独立. 又 $\mu_1,\mu_2,\sigma_1^2,\sigma_2^2$ 均未知，求 $\mu_1-\mu_2$ 的置信度为 0.95 的置信区间.

8. 研究由机器A和机器B生产的钢管的内径，随机地抽取机器A生产的管子18只，测得样本方差 $s_1^2=0.34\,\text{mm}^2$；抽取机器B生产的管子13只，测得样本方差 $s_2^2=0.29\,\text{mm}^2$. 设两样本相互独立，且设两机器生产的管子的内径分别服从正态分布 $N(\mu_1,\sigma_1^2)$ 和 $N(\mu_2,\sigma_2^2)$，这里 $\mu_1,\mu_2,\sigma_1^2,\sigma_2^2$ 均未知，求方差比 σ_1^2/σ_2^2 的置信度为 0.90 的置信区间.

项目八　假设检验、回归分析与方差分析

实验 1　假设检验

实验目的

掌握用 Mathematica 作单正态总体均值、方差的假设检验和作双正态总体的均值差、方差比的假设检验的方法，了解用 Mathematica 作分布拟合函数检验的方法.

基本命令

1. 调用假设检验软件包的命令 <<Statistics\HypothesisTests.m

输入并执行命令

```
<<Statistics\HypothesisTests.m
```

2. 检验单正态总体均值的命令 MeanTest

命令的基本格式为

MeanTest[样本观察值, H_0 中均值 μ_0 的值, TwoSided ->False (或 True),
Known Variance -> None (或方差的已知值 σ_0^2),
SignificanceLevel->检验的显著性水平 α, FullReport ->True]

该命令无论对总体的均值是已知还是未知的情形均适用.

命令 MeanTest 有几个重要的选项. 选项 Twosided ->False 缺省时作单边检验. 而选项 KnownVariance ->None 时为方差未知，所作的检验为 t 检验. 选项 KnownVariance -> σ_0^2 时为方差已知 (σ_0^2 是已知方差的值)，所作的检验为 u 检验. 选项 KnownVariance ->None 缺省时作方差未知的假设检验. 选项 SignificanceLevel -> 0.05 表示选定检验的水平为 0.05. 选项 FullReport ->True 表示全面报告检验结果.

3. 检验双正态总体均值差的命令 MeanDifferenceTest

命令的基本格式为

MeanDifferenceTest[样本1的观察值, 样本2的观察值,
H_0 中的均值 $\mu_1-\mu_2$, 选项1, 选项2, …]

其中选项 TwoSided ->False (或 True), SignificanceLevel->检验的显著性水平 α, FullReport-> True 的用法同命令 MeanTest 中的用法. 选项 EqualVariances ->False (或 True) 表示两个正态总体的方差不相等 (或相等).

4. 检验单正态总体方差的命令 VarianceTest

命令的基本格式为

VarianceTest[样本观察值, H_0 中的方差 σ_0^2 的值, 选项1, 选项2, …]

该命令的选项与命令 MeanTest 中的选项相同.

5. 检验双正态总体方差比的命令 VarianceRatioTest

命令的基本格式为

VarianceRatioTest[样本 1 的观察值, 样本 2 的观察值,

H_0 中方差比 $\dfrac{\sigma_1^2}{\sigma_2^2}$ 的值, 选项1, 选项2, …]

该命令的选项也与命令 MeanTest 中的选项相同.

注: 在使用上述几个假设检验命令的输出报告中会遇到像OneSidedPValue->0.000217593这样的项, 它报告了单边检验的 P 值为 0.000 217 593. P 值的定义是: 在原假设成立的条件下, 检验统计量取其观察值及比观察值更极端的值(沿着对立假设方向)的概率. P 值也称作"观察"到的显著性水平. P 值越小, 反对原假设的证据越强. 通常若 P 低于 5%, 称此结果为统计显著; 若 P 低于 1%, 称此结果为高度显著.

6. 当数据为概括数据时的假设检验命令

当数据为概括数据时, 要根据假设检验的理论, 计算统计量的观察值, 再查表作出结论. 用以下命令可以代替查表与计算, 直接计算得到检验结果.

(1) 统计量服从正态分布时, 求正态分布 P 值的命令 NormalPValue. 其格式为

NormalPValue[统计量观察值, 显著性选项, 单边或双边检验选项]

(2) 统计量服从 t 分布时, 求 t 分布 P 值的命令 StudentTPValue. 其格式为

StudentTPValue[统计量观察值, 自由度, 显著性选项, 单边或双边检验选项]

(3) 统计量服从 χ^2 分布时, 求 χ^2 分布 P 值的命令 ChiSquarePValue. 其格式为

ChiSquarePValue[统计量观察值, 自由度, 显著性选项, 单边或双边检验选项]

(4) 统计量服从 F 分布时, 求 F 分布 P 值的命令FratioPValue. 其格式为

FratioPValue[统计量观察值, 分子自由度, 分母自由度, 显著性选项,

单边或双边检验选项]

(5) 报告检验结果的命令 ResultOfTest. 其格式为

ResultOfTest[P 值, 显著性选项, 单边或双边检验选项, FullReport->True]

注: 上述命令中, 缺省默认的显著性水平都是 0.05, 默认的检验都是单边检验.

实验举例

单正态总体均值的假设检验(方差已知的情形)

例 1.1(§7.2 例 1)　某车间生产钢丝, 用 X 表示钢丝的折断力, 由经验判断 $X \sim N(\mu, \sigma^2)$, 其中 $\mu = 570$, $\sigma^2 = 8^2$, 今换了一批材料, 从性能上看, 估计折断力的方差 σ^2 不会有什么变化(即仍有 $\sigma^2 = 8^2$), 但不知折断力的均值 μ 和原先有无差别. 现抽得样本, 测得其折断力为

578　572　570　568　572　570　570　572　596　584

取 $\alpha = 0.05$, 试检验折断力均值有无变化?

根据题意, 要对均值作双侧假设检验

$$H_0: \mu = 570, \qquad H_1: \mu \neq 570$$

输入

```
<<Statistics\HypothesisTests.m
```

执行后，再输入

```
data1={578, 572, 570, 568, 572, 570, 570, 572, 596, 584};
MeanTest [data1, 570, SignificanceLevel -> 0.05,
          KnownVariance -> 64, TwoSided ->True, FullReport ->True]
```

(*检验均值，显著性水平 $\alpha=0.05$，方差 $\sigma^2=0.083$ 已知*)

则输出结果

```
{FullReport ->
Mean      TestStat     Distribution
575.2     2.05548      NormalDistribution[]
TwoSidedPValue -> 0.0398326,
Reject null hypothesis at significance level -> 0.05}
```

即结果给出检验报告：样本均值 $\bar{x}=575.2$，所用的检验统计量为U统计量(正态分布)，检验统计量的观测值为2.055 48，双侧检验的P值为 0.039 832 6，在显著性水平 $\alpha=0.05$ 下，拒绝原假设，即认为折断力的均值发生了变化.

例1.2 (§7.2 例2)　有一工厂生产一种灯管，已知灯管的寿命X服从正态分布$N(\mu, 40\,000)$，根据以往的生产经验，知道灯管的平均寿命不会超过1 500小时. 为了提高灯管的平均寿命，工厂采用了新的工艺. 为了弄清楚新工艺是否真的能提高灯管的平均寿命，他们测试了采用新工艺生产的25只灯管的寿命，其平均值是1 575小时，尽管样本的平均值大于1 500小时，试问：可否由此判定这恰是新工艺的效应，而非偶然的原因使得抽出的这 25 只灯管的平均寿命较长呢？

根据题意，需对均值作单侧假设检验

$$H_0: \mu \le 1\,500, \qquad H_1: \mu > 1\,500$$

检验的统计量为 $U=\dfrac{\overline{X}-\mu_0}{\sigma/\sqrt{n}}$，输入

```
p1= NormalPValue[(1575-1500)/200*Sqrt[25]]
ResultOfTest[p1[[2]], SignificanceLevel ->0.05, FullReport -> True]
```

执行后的输出结果为

```
OneSidedPValue -> 0.0303964
{OneSidedPValue -> 0.0303964,
        Fail to  reject null hypothesis at significance level -> 0.05}
```

即输出结果拒绝原假设.

单正态总体均值的假设检验(方差未知的情形)

例1.3 (§7.2 例3)　水泥厂用自动包装机包装水泥，每袋额定重量是50kg，某日开工后随机抽查了9袋，称得重量如下：

49.6　49.3　50.1　50.0　49.2　49.9　49.8　51.0　50.2

设每袋重量服从正态分布，问包装机工作是否正常($\alpha=0.05$)?

根据题意，要对均值作双侧假设检验：

$$H_0: \mu=50, \quad H_1: \mu \ne 50$$

输入

```
data2 = {49.6, 49.3, 50.1, 50.0, 49.2, 49.9, 49.8, 51.0, 50.2};
MeanTest[data2, 50.0, SignificanceLevel -> 0.05, FullReport -> True]
  (*单边检验且未知方差, 故选项 TwoSided, KnownVariance 均采用缺省值*)
```

执行后的输出结果为

```
{FullReport ->
Mean        TestStat            Distribution,
49.9        -0.559503       StudentTDistribution[8]
OneSidedPValue -> 0.295567,
Fail to reject null hypothesis at significance level -> 0.05}
```

即结果给出检验报告: 样本均值 $\overline{x}=49.9$, 所用的检验统计量为自由度为8的 t 分布(t 检验), 检验统计量的观测值为 $-0.559\,503$, 双侧检验的 P 值为 0.295 567, 在显著性水平 $\alpha=0.05$ 下, 不拒绝原假设, 即认为包装机工作正常.

例 1.4　从一批零件中任取100件, 测其直径, 得平均直径为5.2, 标准差为1.6. 在显著性水平 $\alpha=0.05$ 下, 判定这批零件的直径是否符合 5 的标准.

根据题意, 要对均值作假设检验:

$$H_0: \mu=5, \quad H_1: \mu \neq 5$$

检验的统计量为 $T=\dfrac{\overline{X}-\mu_0}{s/\sqrt{n}}$, 它服从自由度为 $n-1$ 的 t 分布. 已知样本容量 $n=100$, 样本均值 $\overline{x}=5.2$, 样本标准差 $s=1.6$.

输入

```
StudentTPValue[(5.2-5)/1.6 * Sqrt[100], 100-1, TwoSided -> True]
```

则输出

```
TwoSidedPValue -> 0.214246
```

即 P 值等于 0.214 246, 大于0.05, 故不拒绝原假设, 认为这批零件的直径符合 5 的标准.

单正态总体的方差的假设检验

例 1.5(§7.2 例 6)　某工厂生产金属丝, 产品指标为折断力. 折断力的方差被用作工厂生产精度的表征. 方差越小, 表明精度越高. 以往工厂一直把该方差保持在 64 及以下. 最近从一批产品中抽取 10 根作折断力试验, 测得的结果(单位为千克)如下:

578　572　570　568　572　570　572　596　584　570

由上述样本数据算得 $\overline{x}=575.2$, $s^2=75.74$.

为此, 厂方怀疑金属丝折断力的方差是否变大了. 如确实增大了, 表明生产精度不如以前了, 于是, 就需对生产流程作一番检验, 以发现生产环节中存在的问题.

根据题意, 要对方差作双边假设检验:

$$H_0: \sigma^2 \leq 64, \quad H_1: \sigma^2 > 64$$

输入

```
data3 = {578, 572, 570, 568, 572, 570, 572, 596, 584, 570};
VarianceTest[data3, 64, SignificanceLevel -> 0.05, FullReport -> True]
                    (*方差检验, 使用双边检验, α = 0.05*)
```

则输出

```
{FullReport ->
Variance   TestStat      Distribution
75.7333    10.65      ChiSquareDistribution[9]
OneSidedPValue -> 0.300464,
Fail to reject null hypothesis at significance level -> 0.05}
```

即检验报告给出：样本方差 $s^2 = 75.7333$，所用检验统计量为自由度为 9 的 χ^2 分布统计量（χ^2 检验），检验统计量的观测值为 10.65，双边检验的 P 值为 0.300 464，在显著性水平 $\alpha = 0.05$ 时，接受原假设，即认为样本方差的偏大系偶然因素，生产流程正常，故无需再作进一步的检查.

例 1.6（§7.2 例 5）　某厂生产的某种型号的电池，其寿命（以小时计）长期以来服从方差 $\sigma^2 = 5\,000$ 的正态分布，现有一批这种电池，从其生产情况来看，寿命的波动性有所改变. 现随机取 26 只电池，测出其寿命的样本方差 $s^2 = 9\,200$. 问根据这一数据能否推断这批电池的寿命的波动性较以往的有显著的变化（取 $\alpha = 0.02$）？

根据题意，要对方差作双边假设检验：

$$H_0 : \sigma^2 = 5\,000,\ \ H_1 : \sigma^2 \neq 5\,000$$

所用的检验统计量为 $\chi^2 = \dfrac{(n-1)S^2}{\sigma_0^2}$，它服从自由度为 $n-1$ 的 χ^2 分布. 已知样本容量 $n = 26$，样本方差 $s^2 = 9\,200$.

输入

```
ChiSquarePValue[(26-1)*9200/5000, 26-1, TwoSided->True]
```

则输出

```
TwoSidedPValue -> 0.0128357.
```

即 P 值小于 0.05，故拒绝原假设，认为这批电池寿命的波动性较以往有显著的变化.

双正态总体均值差的检验（方差未知但相等）

例 1.7（§7.3 例 3）　某地某年高考后随机抽得 15 名男生、12 名女生的物理考试成绩如下：

男生：49 48 47 53 51 43 39 57 56 46 42 44 55 44 40

女生：46 40 47 51 43 36 43 38 48 54 48 34

这 27 名学生的成绩能说明这个地区男、女生的物理考试成绩不相上下吗？（显著性水平 $\alpha = 0.05$.）

根据题意，要对均值差作单边假设检验：

$$H_0 : \mu_1 = \mu_2,\quad H_1 : \mu_1 \neq \mu_2$$

输入

```
data4={49.0, 48, 47, 53, 51, 43, 39, 57, 56, 46, 42, 44, 55, 44, 40};
data5={46, 40, 47, 51, 43, 36, 43, 38, 48, 54, 48, 34};
MeanDifferenceTest[data4, data5, 0, SignificanceLevel->0.05,
    TwoSided->True, FullReport->True, EqualVariances->True, FullReport->True]
                              (* 指定显著性水平 α = 0.05，且方差相等 *)
```

则输出

```
{FullReport ->
MeanDiff        TestStat        Distribution
  3.6           1.56528       tudentTDistribution[25],
OneSidedPValue -> 0.13009,
Fail to reject null hypothesis at significance level -> 0.05}
```

即检验报告给出: 两个正态总体的均值差为3.6, 检验统计量为自由度为25的t分布(t检验), 检验统计量的观察值为1.565 28, 单边检验的P值为0.130 09, 从而没有充分理由否认原假设, 即认为这一地区男、女生的物理考试成绩不相上下.

双正态总体方差比的假设检验

例 1.8 (§7.3 例 6)　为比较甲、乙两种安眠药的疗效, 将20名患者分成两组, 每组10人, 如服药后延长的睡眠时间分别服从正态分布, 其数据为(单位:小时):

甲: 5.5　4.6　4.4　3.4　1.9　1.6　1.1　0.8　0.1　−0.1

乙: 3.7　3.4　2.0　2.0　0.8　0.7　0　−0.1　−0.2　−1.6

问在显著性水平$\alpha=0.05$下两种药的疗效有无显著差别.

根据题意, 先在μ_1, μ_2未知的条件下检验假设:

$$H_0: \sigma_1^2=\sigma_2^2, \qquad H_1: \sigma_1^2 \neq \sigma_2^2$$

输入

```
list1={5.5, 4.6, 4.4, 3.4, 1.9, 1.6, 1.1, 0.8, 0.1, -0.1};
list2={3.7, 3.4, 2.0, 2.0, 0.8, 0.7, 0, -0.1, -0.2, -1.6};
VarianceRatioTest[list1, list2, 1, SignificanceLevel -> 0.05,
    TwoSided ->True, FullReport -> True](*方差比检验, 使用双边检验, α=0.05*)
```

则输出

```
{FullReport ->
Ratio          TestStat        Distribution
1.41267        1.41267       FratioDistribution[9, 9]
TwoSidedPValue -> 0.615073,
Fail to reject null hypothesis at significancelevel -> 0.05}
```

即检验报告给出: 两个正态总体的样本方差之比$\dfrac{s_1^2}{s_2^2}$为1.412 67, 检验统计量服从$F(9,9)$分布(F检验), 检验统计量的观察值为1.412 67, 双侧检验的P值为0.615 073. 由检验报告知两总体方差相等的假设成立.

其次, 要在方差相等的条件下作均值是否相等的假设检验:

$$H_0': \mu_1=\mu_2, \quad H_1': \mu_1 \neq \mu_2$$

输入

```
MeanDifferenceTest[list1, list2, 0, EqualVariances ->True,
        SignificanceLevel -> 0.05, TwoSided -> True, FullReport -> True]
        (*均值差是否为零的检验, 已知方差相等, α=0.05, 双边检验*)
```

则输出

```
{FullReport->
MeanDiff      TestStat       Distribution
  1.26        1.52273       StudentTDistribution[18],
TwoSidedPValue -> 0.1452,
Fail to reject null hypothesis at significance level -> 0.05}
```

根据输出的检验报告，应接受原假设 $H_0':\mu_1=\mu_2$，因此，在显著性水平 $\alpha=0.05$ 下可认为 $\mu_1=\mu_2$.

综合上述讨论结果，可以认为两种安眠药疗效无显著差异.

例 1.9（§7.3 例 5） 甲、乙两厂生产同一种电阻，现从甲、乙两厂的产品中分别随机抽取 12 个和 10 个样品，测得它们的电阻值后，计算出样本方差分别为 $s_1^2=1.40$, $s_2^2=4.38$. 假设电阻值服从正态分布，在显著性水平 $\alpha=0.10$ 下，我们是否可以认为两厂生产的电阻值的方差相等.

根据题意，检验统计量为 $F=S_1^2/S_2^2$，它服从自由度 (n_1-1,n_2-1) 的 F 分布. 已知样本容量 $n_1=12, n_2=10$，样本方差 $s_1^2=1.40, s_2^2=4.38$. 该问题即检验假设：

$$H_0:\sigma_1^2=\sigma_2^2,\qquad H_1:\sigma_1^2\neq\sigma_2^2$$

输入

```
FRatioPValue[1.40/4.38, 12-1, 10-1, TwoSided -> True, SignificanceLevel -> 0.1]
```

则输出

```
TwoSidedPValue -> 0.0785523,
Reject null hypothesis at significance level -> 0.1}
```

所以，我们拒绝原假设，即认为两厂生产的电阻阻值的方差不同.

分布拟合检验 —— χ^2 检验法

例 1.10 下面列出了 84 个伊特拉斯坎男子头颅的最大宽度（单位：mm）：

141	148	132	138	154	142	150	146	155	158	150	140	147	148	144
150	149	145	149	158	143	141	144	144	126	140	144	142	141	140
145	135	147	146	141	136	140	146	142	137	148	154	137	139	143
140	131	143	141	149	148	135	148	152	143	144	141	143	147	146
150	132	142	142	143	153	149	146	149	138	142	149	142	137	134
144	146	147	140	142	140	137	152	145						

试检验上述头颅的最大宽度数据是否来自正态总体 $(\alpha=0.1)$?

输入数据

```
data2 = {141,148,132,138,154,142,150,146,155,158,150,140, 147,148,144,150,
149,145,149,158,143,141,144,144,126,140,144,142,141,140,145,135,147,146,
141,136,140,146,142,137,148,154,137,139,143,140,131,143,141,149,148,135,
148,152,143,144,141,143,147,146,150,132,142,142,143,153,149,146,149,138,
142,149,142,137,134,144,146,147,140,142,140,137,152,145};
```

输入

```
Min[data2] | Max[data2]
```

则输出

126 | 158

即头颅宽度数据的最小值为126，最大值为158．考虑区间[124.5,159.5]，它包括了所有的数据．以 5 为间隔，划分小区间．计算落入每个小区间的频数，输入

```
pshu = BinCounts[data2 , {124.5, 159.5, 5}]
```

则输出

```
{1, 4, 10, 33, 24, 9, 3}
```

因为出现了两个区间内的频数小于 5，所以要合并小区间．现在把频数为1, 4的两个区间合并，再把频数为 9, 3 的两个区间合并．这样只有 5 个小区间．这些区间为

$$(-\infty, 134.5), (134.5, 139.5], \cdots, (154.5, +\infty),$$

为了计算分布函数在端点处的值，输入

```
zu = Table[129.5 + j * 5, {j, 1, 4}]
```

则输出

```
{134.5, 139.5, 144.5, 149.5}
```

以这 4 个数为分点，把$(-\infty,+\infty)$分成5个区间后，落入5个小区间的频数分别为5, 10, 33, 24,12. 它们除以数据的总个数就得到频率．输入

```
plv = {5, 10, 33, 24, 12} / Length[data2]
```

则输出

$$\left\{\frac{5}{84}, \frac{5}{42}, \frac{11}{28}, \frac{2}{7}, \frac{1}{7}\right\}$$

下面计算在 H_0 成立的条件下，数据落入 5 个小区间的概率．输入

```
nor = NormalDistribution[Mean[data2], StandardDeviationMLE[data2]];
(*Mean[data2] 是总体均值的极大似然估计，StandardDeviationMLE[data2] 是总体标准差的极大似然估计，NormalDistribution 是正态分布，因此，nor 是由极大似然估计得到的正态分布 *)
Fhat = CDF[nor, zu] (*CDF 是分布函数的值*)
```

则输出

```
{0.0590736, 0.235726, 0.548693, 0.832687}
```

此即 H_0 成立的条件下分布函数在分点处的值．再求相邻两个端点处的分布函数值之差，输入

```
Fhat2 = Join[{0}, Fhat, {1}];
glv = Table[Fhat2[[j]] – Fhat2[[j–1]], {j, 2, Length[Fhat2]}]
```

则输出

```
{0.0590736, 0.176652, 0.312967, 0.283994, 0.167313}
```

输入计算检验统计量 χ^2 值的命令

```
chi = Apply[Plus, (plv – glv)^2/glv * Length[data2]]
```

则输出

```
3.59235
```

再输入求 χ^2 分布的 P 值命令

```
ChiSquarePValue[chi, 2]  (*5 –2–1=2 为 χ^2 分布的自由度*)
```

则输出

OneSidedPValue -> 0.165932

这个结果表明 H_0 成立的条件下，统计量 χ^2 取 3.592 35 及比它更大的值的概率为 0.165 932, 因此不拒绝 H_0，即头颅的最大宽度数据服从正态分布.

实验习题

1. 设某种电子元件的寿命 X(单位: h) 服从正态分布 $N(\mu,\sigma^2)$, μ,σ^2 均未知. 现测得16只元件的寿命如下:

159 280 101 212 224 379 179 264 222 362 168 250 149 260 485 170

问是否有理由认为元件的平均寿命为225h? 是否有理由认为这种元件寿命的方差不大于 85^2?

2. 某化肥厂采用自动流水生产线，装袋记录表明，实际包重 $X \sim N(100,2^2)$，打包机必须定期进行检查，确定机器是否需要调整，以确保所打的包不至于过轻或过重，现随机抽取9包，测得数据 (单位: kg) 如下:

102 100 105 103 98 99 100 97 105

若要求完好率为 95%, 问机器是否需要调整?

3. 某炼铁厂的铁水的含碳量 X 在正常情况下服从正态分布. 现对操作工艺进行了某些改进，从中抽取 5 炉铁水测得含碳量百分比的数据如下:

4.421 4.052 4.357 4.287 4.683

据此是否可以认为新工艺炼出的铁水含碳量的方差仍为 $0.108^2(\alpha=0.05)$?

4. 机器包装食盐，假设每袋盐的净重服从正态分布，规定每袋标准重量为500 g, 标准差不能超过 0.02. 某天开工后，为检验机械工作是否正常，从装好的食盐中随机地抽取9袋，则其净重(单位: 500 g) 为

0.994 1.014 1.02 0.95 0.968 0.968 1.048 0.982 1.03

问这天包装机工作是否正常 $(\alpha=0.05)$?

5. (1) 某切割机在正常工作时，切割每段金属棒的平均长度为10.5 cm. 今从一批产品中随机地抽取15 段，测得其长度(单位: cm) 如下:

10.4 10.6 10.1 10.4 10.5 10.3 10.3 10.2 10.9 10.6 10.8 10.5 10.7 10.2 10.7

设金属棒长度服从正态分布，且标准差没有变化，试问该机工作是否正常 $(\alpha=0.05)$?

(2) 上题中假定切割的长度服从正态分布，问该机切割的金属棒的平均长度有无显著变化 $(\alpha=0.05)$?

(3) 如果只假定切割的长度服从正态分布，问该机切割的金属棒长度的标准差有无显著变化 $(\alpha=0.05)$?

6. 在平炉上进行一项试验以确定改变操作方法的建议是否会增加钢的得率，试验是在同一平炉进行的，每炼一炉钢时除操作方法外，其他的都尽可能做到相同. 先用标准方法炼一炉，然后用建议的新方法炼一炉，以后交替进行，各炼了10 炉，其得率分别为

(1) 标准方法: 78.1 72.4 76.2 74.3 77.4 78.4 76.0 75.5 76.7 77.3

(2) 新 方 法: 79.1 81.0 77.3 79.1 80.0 79.1 79.1 77.3 80.2 82.1

设这两个样本相互独立，且分别来自正态总体 $N(\mu_1,\sigma^2)$ 和 $N(\mu_2,\sigma^2)$, μ_1,μ_2 和 σ^2 均未知. 问建议的新操作方法能否提高得率 $(\alpha=0.05)$.

7. 某自动机床加工同一种类型的零件. 现从甲、乙两车床加工的零件中各抽验了5个, 测得它们的直径 (单位: cm) 分别为

甲: 2.066　2.063　2.068　2.060　2.067

乙: 2.058　2.057　2.063　2.059　2.060

已知甲、乙二车床加工的零件其直径分别为 $X \sim N(\mu_1, \sigma^2)$, $Y \sim N(\mu_2, \sigma^2)$, 试根据抽样结果来说明两车床加工的零件的平均直径有无显著差异 ($\alpha = 0.05$)?

8. 设某产品的使用寿命近似服从正态分布, 要求平均使用寿命不低于1 000 h. 现从一批产品中任取25只, 测得平均使用寿命为950h, 样本方差为100, 在 $\alpha = 0.05$ 下, 检验这批产品是否合格.

9. 两台机器生产某种部件的重量近似服从正态分布. 分别抽取 60 个与30个部件进行检测, 样本方差分别为 $s_1^2 = 15.46$, $s_2^2 = 9.66$. 试在 $\alpha = 0.05$ 下检验假设

$$H_0: \sigma_1^2 = \sigma_2^2,\ H_1: \sigma_1^2 > \sigma_2^2.$$

10. 设某电子元件的可靠性指标服从正态分布, 合格标准之一为标准差 $\sigma_0 = 0.05$. 现检测15次, 测得指标的平均值 $\bar{x} = 0.95$, 指标的标准差 $s = 0.03$. 试在 $\alpha = 0.1$ 下检验假设

$$H_0: \sigma^2 = 0.05^2,\ H_1: \sigma^2 \neq 0.05^2.$$

11. 对两种香烟中尼古丁含量进行 6 次测试, 得到样本均值与样本方差分别为

$$\bar{x} = 25.5,\ \bar{y} = 25.67,\ s_1^2 = 6.25,\ s_2^2 = 9.22.$$

设尼古丁含量都近似服从正态分布, 且方差相等. 取显著性水平 $\alpha = 0.05$, 检验香烟中尼古丁含量的方差有无显著差异.

实验 2　回归分析

实验目的

学习利用 Mathematica 求解一元线性回归问题. 学会正确使用线性回归命令 Regress, 并从输出表中读懂线性回归模型中各参数的估计, 回归方程, 线性假设的显著性检验结果, 因变量 Y 在预察点 x_0 的预测区间等.

基本命令

1. 调用线性回归软件包的命令 <<Statistics\LinearRegression.m

输入并执行调用线性回归软件包的命令

<<Statistics\LinearRegression.m

或调用整个统计软件包的命令

<<Statistics`

2. 线性回归的命令 Regress

一元和多元线性回归的命令都是 Regress. 其格式是

Regress[数据, 回归函数的简略形式, 自变量,

RegressionReport(回归报告) ->{选项1, 选项 2, 选项 3, …}]

注: 回归报告中包含 BestFit(最佳拟合, 即回归函数), ParameterCITable (参数的置信区间表), PredictedResponse (因变量的预测值), SinglePredictionCITable (因变量的预测区间), FitResiduals (拟合的残差), SummaryReport(总结性报告) 等.

3. 抹平 “集合的集合” 的命令 Flatten

命令 Flatten[A] 将集合的集合 A 抹平为只有一个层次的集合. 例如，输入

　　Flatten[{{1, 2, 3}, {1, {3}}}]

则输出　　{1, 2, 3, 1, 3}.

4. 非线性拟合的命令 NonlinearFit

使用的基本格式为

NonlinearFit[数据, 拟合函数, (拟合函数中的)变量集, (拟合函数中的)参数, 选项]

注: 拟合函数中既有变量又有参数, 变量的个数要与数据的形式相应. 参数集中往往需要给出各参数的初值. 选项的内容主要是指定拟合算法、迭代次数和精度.

实验举例

一元线性回归

例 2.1(§8.3 例4)　某建材实验室做陶粒混凝土试验时, 考察每立方米(m^3) 混凝土的水泥用量(kg) 对混凝土抗压强度(kg/cm^2) 的影响, 测得下列数据:

水泥用量 x	150	160	170	180	190	200
抗压强度 y	56.9	58.3	61.6	64.6	68.1	71.3
水泥用量 x	210	220	230	240	250	260
抗压强度 y	74.1	77.4	80.2	82.6	86.4	89.7

(1) 画出散点图;　　　　(2) 求 y 关于 x 的线性回归方程 $\hat{y}=\hat{a}+\hat{b}x$, 并作回归分析;

(3) 设 $x_0=225$ kg, 求 y 的预测值及置信水平为 0.95 的预测区间.

先输入数据:

```
aa = {{150, 56.9},{160,58.3},{170,61.6},{180,64.6},{190,68.1},{200,71.3},
      {210,74.1},{220,77.4},{230,80.2},{240,82.6},{250,86.4},{260,89.7}};
```

(1) 作出数据表的散点图. 输入

```
ListPlot[aa,PlotRange->{{140,270},{50,90}}]
```

则输出图 2 - 1.

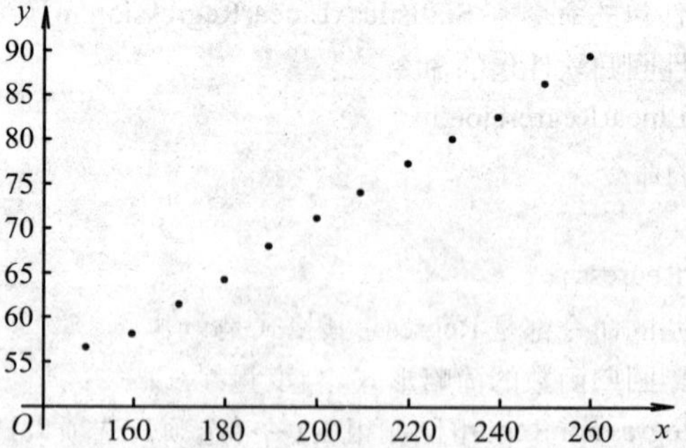

图 2 - 1

(2) 作一元回归分析, 输入

```
Regress[aa, {1, x}, x, RegressionReport ->{BestFit,
                              ParameterCITable, SummaryReport}]
```

则输出

{BestFit ->10.2829 + 0.303986x, ParameterCITable ->

	Estimate	SE	CI
1	10.2829	0.850375	{8.388111, 12.1776},
x	0.303986	0.00409058	{0.294872, 0.3131}

ParameterTable ->

	Esimate	SE	Tstat	PValue
1	10.2829	0.850375	12.0922	2.71852×10^{-7},
x	0.303986	0.00409058	74.3137	4.88498×10^{-15}

Rsquared -> 0.998193, AdjustedRSquared -> 0.998012,

EstimatedVariance -> 0.0407025, ANOVATable ->

	DF	SumOfSq	MeanSq	FRatio	PValue
Model	1	1321.43	1321.43	5522.52	4.77396×10^{-15}
Error	10	2.3928	0.23928		
Total	11	1323.82			

现对上述回归分析报告说明如下:

BestFit(最优拟合)->10.2829 + 0.303986x 表示一元回归方程为

$$y = 10.282\,9 + 0.303\,986\,x;$$

ParameterCITable (参数置信区间表) 中: Estimate 这一列表示回归函数中参数 a, b 的点估计为 $\hat{a}=10.282\,9$ (第一行), $\hat{b}=0.303\,986$ (第二行); SE 这一列的第一行表示估计量 $\hat{a}$ 的标准差为0.850 375, 第二行表示估计量 $\hat{b}$ 的标准差为0.004 090 58; CI这一列分别表示$\hat{a}$的置信水平为0.95的置信区间是(8.388 111,12.177 6), $\hat{b}$ 的置信水平为0.95的置信区间是 (0.294 872, 0.313 1).

ParameterTable(参数表)中前两列的意义同参数置信区间表; Tstat 与PValuc这两列的第一行表示作假设检验(t 检验): $H_0: a=0, H_1: a\neq 0$时, T 统计量的观察值为12.092 2, 检验统计量的 P 值为$2.718\,52\times10^{-7}$, 这个 P 值非常小, 检验结果强烈地否定$H_0: a=0$, 接受 $H_1: a\neq 0$; 第二行表示作假设检验(t 检验): $H_0: b=0, H_1: b\neq 0$时, T 统计量的观察值为 74.313 7, 检验统计量的 P 值为 $4.884\,98\times10^{-15}$, 这个 P 值也非常小, 检验结果强烈地否定 $H_0: b=0$, 接受 $H_1: b\neq 0$.

Rsquared->0.998193, 表示 $R^2=\dfrac{SSR(\text{回归平方和})}{SST(\text{总平方和})}=0.998\,193$. 它说明 y 的变化有 99.8% 来自x 的变化; AdjustedRSquared->0.998012, 表示修正后的 $\widetilde{R}^2=0.998\,012$. EstimatedVariance ->0.0407025, 表示线性模型 $y=a+bx+\varepsilon$, $\varepsilon\sim N(0,\sigma^2)$ 中方差 σ^2 的估计为 0.040 702 5.

ANOVATable(回归方差分析表)中的DF这一列为自由度: Model(一元线性回归模型)的自由度为1, Error(残差)的自由度为$n-2=10$, Total (总)的自由度为 $n-1=11$.

SumOfSq 这一列为平方和: 回归平方和 $SSR=1\,321.43$, 残差平方和 $SSE=2.392\,8$, 总的平方和 $SST=SSR+SSE=1\,323.82$.

MeanSq 这一列是平方和的平均值, 由 SumOfSq 这一列除以对应的DF 得到, 即

$$MSR=\frac{SSR}{1}=1\,321.43,\ MSE=\frac{SSE}{n-2}=0.239\,28.$$

FRatio 这一列为统计量 $F=\dfrac{MSR}{MSE}$ 的值，即 $F=5\,522.52$.

最后一列表示统计量 F 的 P 值非常接近 0, 因此，在作模型参数 $\beta(=b)$ 的假设检验(F 检验): $H_0:\beta=0$, $H_1:\beta\neq 0$ 时, 强烈地否定 $H_0:\beta=0$, 即模型的参数向量 $\beta\neq 0$. 因此回归效果非常显著.

(3) 在命令 RegressionReport 的选项中增加

RegressionReport ->{SinglePredictionCITable}

就可以得到在变量 x 的观察点处的 y 的预测值和预测区间. 虽然 $x=14.0$ 不是观察点，但是可以用线性插值的方法得到近似的置信区间. 输入

```
aa = Sort[aa]; (* 对数据 aa 按照水泥用量 x 的大小进行排序*)
regress2 = Regress[aa, {1, x}, x, RegressionReport -> {SinglePredictionCITable}]
                (*对数据 aa 作线性回归，回归报告输出 y 值的预测区间*)
```

执行后输出结果

{SinglePredictionCITable ->

Observed	Predicted	SE	CI
56.9	55.8808	0.55663	{54.6405,57.121}
58.3	58.9206	0.541391	{57.7143,60.1269}
61.6	61.9605	0.528883	{60.7821, 63.1389}
64.6	65.0003	0.519305	{63.8433,66.1574}
68.1	68.0402	0.51282	{66.8976,69.1828}
71.3	71.0801	0.509547	{69.9447,72.2154}}
74.1	74.1199	0.509547	{72.9846,75.2553}
77.4	77.1598	0.51282	{76.0172,78.3024}
80.2	80.1997	0.519305	{79.0426,81.3567}
82.6	83.2395	0.528883	{82.0611,84.4179}
86.4	86.2794	0.541391	{85.0731,87.4857}
89.7	89.3192	0.55663	{88.079,90.5595}

结果中第一列是观察到的 y 的值，第二列是 y 的预测值，第三列是标准差，第四列是相应的预测区间(置信度为 0.95). 由结果可见，在 $x=220\,(y=77.4)$ 时，y 的预测值为 77.159 8, 置信度为 0.95 的预测区间为 (76.017 2,78.302 4), 在 $x=230\,(y=80.2)$ 时，y 的预测值为 80.199 7, 置信度为 0.95 的预测区间为{79.042 6,81.356 7}. 利用线性回归方程，可算得 $x_0=225$ 时，y 的预测值为 78.68, 置信度为 0.95 的预测区间为 (77.546, 79.814).

利用上述插值思想，可以进一步作出预测区间的图形.

先输入调用图软件包命令

```
<<Graphics`
```

执行后再输入

```
{observed2, predicted2, se2, ci2}=Transpose[(SinglePredictionCITable/.regress2)[[1]]];
        (*取出上面输出表中的四组数据，分别记作 observed2, predicted2, se2, ci2*)
```

```
xva12 = Map[First, aa];
        (*取出数据 aa 中的第一列，即数据中 x 的值，记作 xva12*)
Predicted3 = Transpose[{xva12, predicted2}];
        (*把 x 的值 xva12 与相应的预测值 predicted2 配成数对，它们应该在一条回
          归直线上*)
lowerCI2 = Transpose[{xva12, Map[First, ci2]}];
        (*Map[First, ci2] 取出预测区间的第一个值，即置信下限. x 的值 xva12 与相
          应的置信下限配成数对*)
upperCI2 = Transpose[{xva12, Map[Last, ci2]}];
        (*Map[Last, ci2] 取出预测区间的第二个值，即置信上限. x 的值 xva12 与相
          应的置信上限配成数对*)
MultipleListPlot[aa, Predicted3, lowerCI2, upperCI2,
  PlotJoined ->{False, True, True, True},
  SymbolShape ->{PlotSymbol[Diamond], None, None, None},
  PlotStyle->{Automatic, Automatic, Dashing[{0.04, 0.04}], Dashing[{0.04, 0.04}]}]
  (*把原始数据 aa 和由上面命令得到的三组数对 predicted3, lowerCI2, upperCI2 用
  多重散点图命令 MultipleListPlot 在同一个坐标中画出来. 图形中数据 aa 的散点
  图不用线段连接起来，其余的三组散点图用线段连接起来，而且最后两组数据
  的散点图用虚线连接 *)
```

则输出图 2－2.

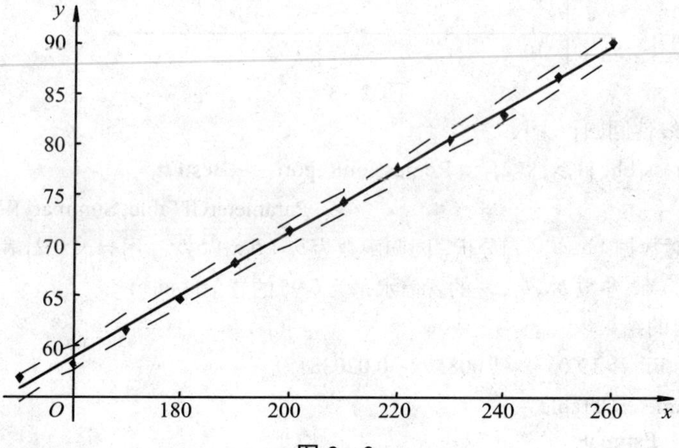

图 2－2

从图形中可以看到，由 Y 的预测值连接起来的实线就是回归直线. 钻石形的点是原始数据. 虚线构成预测区间.

多元线性回归

例 2.2　一种合金在某种添加剂的不同浓度下，各做三次试验，得到数据如下表:

浓度 x	10.0	15.0	20.0	25.0	30.0
	25.2	29.8	31.2	31.7	29.4
抗压强度 Y	27.3	31.1	32.6	30.1	30.8
	28.7	27.8	29.7	32.3	32.8

(1) 作散点图;

(2) 以模型 $Y=b_0+b_1x+b_2x^2+\varepsilon, \varepsilon\sim N(0,\sigma^2)$ 拟合数据，其中 b_0,b_1,b_2,σ^2 与 x 无关;

(3) 求回归方程 $\hat{y}=\hat{b}_0+\hat{b}_1x+\hat{b}_2x^2$, 并作回归分析.

先输入数据

```
bb={{10.0,25.2},{10.0,27.3},{10.0,28.7},{15.0,29.8},{15.0,31.1},{15.0,27.8},
  {20.0,31.2},{20.0,32.6},{20.0,29.7},{25.0,31.7},{25.0,30.1},{25.0,32.3},
  {30.0,29.4},{30.0,30.8},{30.0,32.8}}.
```

(1) 作散点图，输入

```
ListPlot[bb, PlotRange->{{5, 32}, {23, 33}}, AxesOrigin->{8, 24}]
```

则输出图 2-3.

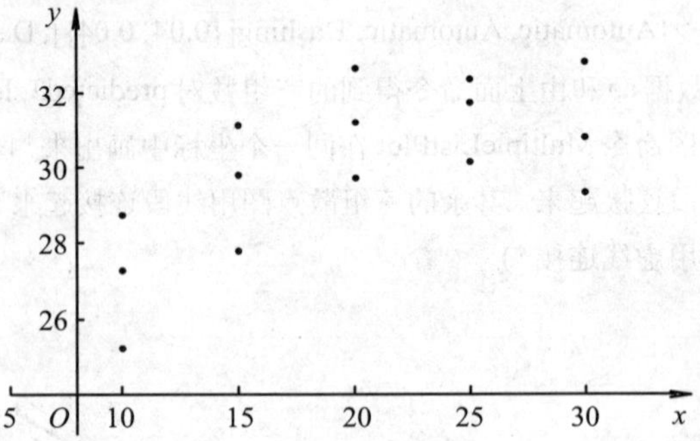

图 2-3

(2) 作二元线性回归，输入

```
Regress[bb, {1, x, x^2}, x, RegressionReport->{BestFit,
                                    ParameterCITable, SummaryReport}]
```

(*对数据 bb 作回归分析, 回归函数为 $b_0+b_1x+b_2x^2$, 用{1,x,x^2}表示, 自变量为 x, 参数 b_0,b_1,b_2 的置信水平为 0.95 的置信区间*)

执行后得到输出的结果:

{BestFit->19.0333+1.00857x−0.020381x^2,

ParameterCITable->

	Estimate	SE	CI
1	19.0333	3.27755	{11.8922,26.1745}
x	1.00857	0.356431	{0.231975,1.78517}
x^2	−0.020381	0.00881488	{−0.0395869, −0.00117497}

ParameterTable->

Estimate	SE	Tstat	PValue

1	19.0333	3.27755	5.80718	0.0000837856
x	1.00857	0.356431	2.82964	0.0151859
x²	− 0.020381	0.00881488	−2.31211	0.0393258

Rsquared −> 0.614021, AdjustedRSquared −> 0.549692,

EstimatedVariance −> 2.03968, ANOVATable −>

	DF	SumOfSq	MeanSq	Fratio	PValue
Model	2	38.9371	19.4686	9.5449	0.00330658
Error	12	24.4762	2.03968		
Total	14	63.4133			

(3) 由输出结果可见：回归方程为

$$Y = 19.033\,3 + 1.008\,57x - 0.020\,381x^2,$$

$\hat{b}_0 = 19.033\,3$, $\hat{b}_1 = 1.008\,57$, $\hat{b}_2 = -0.020\,381$. 它们的置信水平为 0.95 的置信区间分别是

$$(11.892\,2, 26.174\,5), (0.231\,975, 1.785\,17), (-0.039\,586\,9, -0.001\,174\,97).$$

假设检验的结果是：在显著性水平为 0.95 时它们都不等于零. 模型

$$Y = b_0 + b_1x + b_2x^2 + \varepsilon,\ \varepsilon \sim N(0, \sigma^2)$$

中，σ^2 的估计为 2.039 68. 对模型参数 $\beta = (b_1, b_2)^{\mathrm{T}}$ 是否等于零的检验结果是：$\beta \neq 0$. 因此回归效果显著.

可化为一元线性回归的情形

例 2.3　下面的数据来自对某种遗传特征的研究结果，一共有 2 723 对数据，把它们分成 8 类后归纳为下表.

频率	579	1021	607	324	120	46	17	9
分类变量 x	1	2	3	4	5	6	7	8
遗传性指标 y	38.08	29.7	25.42	23.15	21.79	20.91	19.37	19.36

研究者通过散点图认为 y 和 x 存在指数关系：$y = ae^{bx} + c$，其中 a, b, c 是参数. 求参数 a, b, c 的最小二乘估计.

因为 y 和 x 的关系不是能用 Fit 命令拟合的线性关系，也不能转换为线性回归模型. 因此考虑用：(1) 多元微积分的方法求 a, b, c 的最小二乘估计；(2) 非线性拟合命令 NonlinearFit 求 a, b, c 的最小二乘估计.

(1) 微积分方法

输入

```
Off[Genera1::spe11]
Off[Genera1::spe111]
Clear[x, y, a, b, c]
dataset = {{579,1,38.08}, {1021,2,29.70}, {607,3,25.42},{324,4,23.15},
        {120,5,21.79},{46,6,20.91},{17,7,19.37},{9,8,19.36}};  (* 输入数据集*)
y[x_]: = a Exp[b x]+ c  (*定义函数关系*)
```

下面一组命令先定义了曲线 $y = ae^{bx} + c$ 与 2 723 个数据点的垂直方向的距离平方和，记

为 $g(a,b,c)$. 再求 $g(a,b,c)$ 对 a,b,c 的偏导数 $\frac{\partial g}{\partial a},\frac{\partial g}{\partial b},\frac{\partial g}{\partial c}$, 分别记为 ga, gb, gc. 用 FindRoot 命令解三个偏导数等于零组成的方程组(求解 a,b,c). 其结果就是所要求的 a,b,c 的最小二乘估计. 输入

```
Clear[a, b, c, f, fa, fb, fc]
g[a_, b_, c_]: = Sum[dataset[[i, 1]] * (dataset[[i, 3]] - a
    * Exp[dataset[[i, 2]] * b] - c)^2, {i, 1, Length[dataset]}]
ga[a_, b_, c_] = D[g[a, b, c], a];
gb[a_, b_, c_] = D[g[a, b, c], b];
gc[a_, b_, c_] = D[g[a, b, c], c];
Clear[a, b, c]
oursolution = FindRoot[{ga[a, b, c] == 0, gb[a, b, c] == 0,
                  gc[a, b, c] == 0}, {a, 40.}, {b, -1.}, {c, 20.}]
                  (* 40 是 a 的初值, -1 是 b 的初值, 20 是 c 的初值*)
```

则输出

```
{a->33.2221, b->-0.626855, c->20.2913}
```

再输入

```
yhat[x_] = y[x]/.oursolution
```

则输出

$$20.2913+33.2221e^{-0.626855x}$$

这就是 y 和 x 的最佳拟合关系. 输入以下命令可以得到拟合函数和数据点的图形:

```
p1=Plot[yhat[x], {x, 0, 12}, PlotRange -> {15, 55}, DisplayFunction -> Identity];
pts = Table[{dataset[[i, 2]], dataset[[i, 3]]}, {i, 1, Length[dataset]}];
p2 = ListPlot[pts, PlotStyle -> PointSize[.01], DisplayFunction ->Identity];
Show[p1, p2, DisplayFunction -> $DisplayFunction];
```

则输出图 2-4.

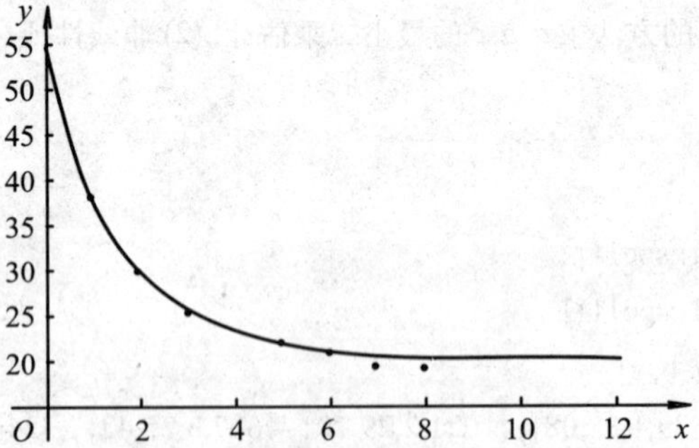

图 2-4

(2) 直接用非线性拟合命令 NonlinearFit

输入

```
data2 = Flatten[Table[Table[{dataset[[j, 2]], dataset[[j, 3]]},
        {i, dataset[[j, 1]]}], {j, 1, Length[dataset]}], 1];
        (*把数据集恢复成 2723 个数对的形式*)
<<Statistics`
w=NonlinearFit[data2, a*Exp[b*x]+c, {x}, {{a, 40}, {b, -1}, {c, 20}}]
```

则输出

$$20.2913+33.2221e^{-0.626855x}$$

这个结果与(1)的结果完全相同. 这里同样要注意的是参数 a,b,c 必须选择合适的初值.

如果要评价回归效果，则只要求出 2 723 个数对的残差平方和 $\sum(y_i-\hat{y}_i)^2$. 输入

```
yest = Table[yhat[dataset[[i, 2]]], {i, 1, Length[dataset]}];
yact = Table[dataset[[i, 3]], {i, 1, Length[dataset]}];
wts = Table[dataset[[i, 1]], {i, 1, Length[dataset]}];
sse = wts.(yact - yest)^2  (*作点乘运算*)
```

则输出

59.9664

即 2 723 个数对的残差平方和是 59.966 4. 再求出 2 723 个数对的总的相对误差的平方和

$$\sum[(y_i-\hat{y}_i)^2/\hat{y}_i].$$

输入

```
sse2 = wts.((yact - yest)^2/ yest) (*作点乘运算*)
```

则输出　2.74075

由此可见，回归效果是显著的.

实验习题

1. 某乡镇企业的产品年销售额 x 与所获纯利润 y 从1984 年至1994 年的数据(单位: 百万元)如下表:

年度	1984	1985	1986	1987	1988	1989	1990	1991	1992	1993	1994
销售额 x	6.1	7.5	9.4	10.7	14.6	17.4	21.1	24.4	29.8	32.9	34.3
纯利润 y	4.5	6.4	8.3	8.4	9.7	11.5	13.7	15.4	17.7	20.5	22.3

试求 y 对 x 的经验回归直线方程，并作回归分析.

2. 在钢线碳含量对于电阻的效应的研究中，得到以下数据:

碳含量 x/%	0.10	0.30	0.40	0.55	0.70	0.80	0.95
电阻 $y/u\Omega$	15	18	19	21	22.6	23.8	26

试求 y 对 x 的经验回归直线方程，并作简单回归分析.

3. 下表列出了 18 个 5~8 岁儿童的重量和体积.

重量(x/kg)	17.1	10.5	13.8	15.7	11.9	10.4	15.0	16.0	17.8
体积(y/dm^3)	16.7	10.4	13.5	15.7	11.6	10.2	14.5	15.8	17.6
重量(x/kg)	15.8	15.1	12.1	18.4	17.1	16.7	16.5	15.1	15.1
体积(y/dm^3)	15.2	14.8	11.9	18.3	16.7	16.6	15.9	15.1	14.5

(1) 画出散点图;

(2) 求 y 关于 x 的线性回归方程 $\hat{y}=\hat{a}+\hat{b}x$，并作回归分析；

(3) 求 $x=14.0$ 时 y 的置信水平为 0.95 的预测区间．

4. 下面给出了某种产品每件平均单价 Y（单位：元）与批量 x（单位：件）之间的关系的一组数据：

x	20	25	30	35	40	50	60	65	70	75	80	90
y	1.81	1.70	1.65	1.55	1.48	1.40	1.30	1.26	1.24	1.21	1.20	1.18

(1) 作散点图；

(2) 以模型 $Y=b_0+b_1x+b_2x^2+\varepsilon, \varepsilon\sim N(0,\sigma^2)$ 拟合数据，求回归方程 $\hat{Y}=\hat{b}_0+\hat{b}_1x+\hat{b}_2x^2$，并作简单回归分析．

实验 3　方差分析

实验目的

学习利用 Mathematica 求单因素方差分析的方法．

基本命令

1. 调用线性回归软件包的命令 <<Statistics \ LinearRegression.m

作方差分析时，必须调用线性回归软件包的命令

<<Statistics \ LinearRegression.m

或输入调用整个统计软件包命令

<<Statistics`

2. 线性设计回归的命令 DesignedRegress

在线性回归模型

$$\boldsymbol{Y}=\boldsymbol{X\beta}+\boldsymbol{\varepsilon}$$

中，向量 $\boldsymbol{Y}$ 是因变量，也称作响应变量．矩阵 $\boldsymbol{X}$ 称作设计矩阵，$\boldsymbol{\beta}$ 是参数向量．$\boldsymbol{\varepsilon}$ 是误差向量．

DesignedRegress 也是作一元和多元线性回归的命令，它的应用范围更广些．其格式与命令 Regress 的格式略有不同：

DesignedRegress [设计矩阵 X, 因变量 Y 的值集合,

RegressionReport –> {选项 1, 选项 2, 选项 3, …}],

RegressionReport (回归报告) 可以包含: ParameterCITable (参数 β 的置信区间表), PredictedResponse (因变量的预测值), MeanPredictionCITable (均值的预测区间), FitResiduals (拟合的残差), SummaryReport (总结性报告) 等，但不含 BestFit.

实验准备 —— 将方差分析问题纳入线性回归问题

在线性回归中，把总的平方和分解为回归平方和与误差平方和之和，并在输出中给出了方差分析表．而在方差分析问题中，也把总的平方和分解为模型平方和与误差平方和之和，其方法与线性回归中的方法相同．因此，只要把方差分析问题转化为线性模型的问题，就可以利用线性回归中的设计回归命令 DesignedRegress 做方差分析．

单因素试验方差分析的模型是

$$\begin{cases} Y_{ij}=\mu_j+\varepsilon_{ij} \\ \varepsilon_{ij}\sim N(0,\sigma^2),\ 各\ \varepsilon_{ij}\ 独立, \\ i=1,2,\cdots,n_j;\ j=1,2,\cdots,s \end{cases} \tag{3.1}$$

式 (3.1) 也可改写成

$$\begin{cases} Y_{i1} = \mu_1 + \varepsilon_{i1}, & i=1,2,\cdots,n_1 \\ Y_{ij} = \mu_1 + (\mu_j - \mu_1) + \varepsilon_{ij}, & j=2,3,\cdots,s \\ \varepsilon_{ij} \sim N(0,\sigma)^2 \text{ 各 } \varepsilon_{ij} \text{ 独立}, & i=1,2,\cdots,n_j;\ j=1,2,\cdots,s \end{cases} \tag{3.2}$$

给定具体数据后，还可将式 (3.2) 写成线性模型的形式：

$$\boldsymbol{Y} = \boldsymbol{X\beta} + \boldsymbol{\varepsilon} \tag{3.3}$$

其中$\boldsymbol{X}$称为**设计矩阵**，它的元素是 0 或 1. 由于式 (3.2) 的每一个等式的右边都有μ_1，因此，$\boldsymbol{X}$的第一列都是 1，线性模型中就有了必须要有的常数这一列. $\boldsymbol{\beta} = \begin{pmatrix} \beta_0 \\ \beta_1 \\ \vdots \\ \beta_{s-1} \end{pmatrix}$是线性模型中的参数，$\mu_1$相当于线性模型中常数项$\beta_0$，$\mu_2-\mu_1, \mu_3-\mu_1, \cdots$相当于线性模型中的参数$\beta_1, \beta_2, \cdots$，当然也可以用$\mu_2$或$\mu_3$代替$\mu_1$，$\boldsymbol{Y}$是因变量 (向量)，$\boldsymbol{\varepsilon}$是误差向量. 可以通过下面的例子来了解和熟悉此方法.

实验举例

例 3.1　今有某种型号的电池三批，它们分别是 A, B, C 三个工厂所生产的. 为评比其质量，各随机抽取 5 只电池为样品，经试验得其寿命 (单位: h) 如下表：

A	40	42	48	45	38
B	26	28	34	32	30
C	39	50	40	50	43

试在显著性水平 0.05 下检验电池的平均寿命有无显著的差异. 若差异是显著的，试求均值差$\mu_A-\mu_B$, $\mu_A-\mu_C$及$\mu_B-\mu_C$的置信水平为 95% 的置信区间.

这是方差分析问题，先把它转化为线性模型：

$$\boldsymbol{Y} = \boldsymbol{X\beta} + \boldsymbol{\varepsilon}.$$

令

$$\boldsymbol{Y} = \begin{pmatrix} Y_{1A} \\ \vdots \\ Y_{5A} \\ Y_{1B} \\ \vdots \\ Y_{5B} \\ Y_{1C} \\ \vdots \\ Y_{5C} \end{pmatrix},\quad \boldsymbol{X} = \begin{pmatrix} 1 & 0 & 0 \\ \vdots & \vdots & \vdots \\ 1 & 0 & 0 \\ 1 & 1 & 0 \\ \vdots & \vdots & \vdots \\ 1 & 1 & 0 \\ 1 & 0 & 1 \\ \vdots & \vdots & \vdots \\ 1 & 0 & 1 \end{pmatrix},\quad \boldsymbol{\beta} = \begin{pmatrix} \mu_A \\ \mu_B - \mu_A \\ \mu_C - \mu_A \end{pmatrix},\quad \boldsymbol{\varepsilon} = \begin{pmatrix} \varepsilon_{11} \\ \vdots \\ \varepsilon_{51} \\ \varepsilon_{12} \\ \vdots \\ \varepsilon_{52} \\ \varepsilon_{13} \\ \vdots \\ \varepsilon_{53} \end{pmatrix}$$

则线性模型 (3.3) 与方差分析模型 (3.1) 完全等价. 模型 (3.3) 完全可以用 DesignedRegress 命令作设计回归，得到所要的方差分析表.

我们面临的任务是：

(1) 检验 3 个总体的均值是否相等，即作假设检验

$$H_0: \mu_A = \mu_B = \mu_C,\ H_1: \mu_A, \mu_B, \mu_C \text{ 不全相等}$$

(2) 求均值差 $\mu_A - \mu_B$，$\mu_A - \mu_C$ 及 $\mu_B - \mu_C$ 的置信水平为 95% 的置信区间.

任务 (1) 等价于对模型 (3.3) 作检验：

$$H_0: \mu_B - \mu_A = \mu_C - \mu_A = 0,\ H_1: \mu_B - \mu_A, \mu_C - \mu_A \text{ 不全等于零}$$

而任务(2)等价于求 $\mu_B - \mu_A$，$\mu_C - \mu_A$ 及 $\mu_C - \mu_B$ 的置信区间. 在 DesignedRegress 命令中加入选项 RegressionReport -> {ParameterCITable, MeanPredictionCITable, SummaryReport} 后便能完成上述任务.

用回归分析作单因素方差分析

完成对模型的假设检验和对模型参数的区间估计任务. 输入设计矩阵和数据

```
X1={{1.0,0,0}, {1,0,0}, {1,0,0}, {1,0,0}, {1,0,0}, {1,1,0}, {1,1,0}, {1,1,0},
        {1,1,0}, {1,1,0}, {1,0,1}, {1,0,1}, {1,0,1}, {1,0,1}, {1,0,1}};
Y1={40, 42, 48, 45, 38, 26, 28, 34, 32, 30, 39, 50, 40, 50, 43};
```

再输入设计回归命令

```
DesignedRegress[X1, Y1, RegressionReport ->
      {ParameterCITable, MeanPredictionCITable, SummaryReport}]
      (*回归报告输出参数的置信区间，均值的置信区间和总结报告*)
```

执行后得到输出

	Estimate	SE	CI
	142.6	1.89912	{38.4622,46.7378}
{ParameterCITable->2	−12.6	2.68576	{−18.4518, −6.74822}
	31.8	2.68576	{−4.05178,7.65178}

MeanPredictionCITable ->

Observed	Predicted	SE	CI
40.	42.6	1.89912	{38.4622,46.7378}
42.	42.6	1.89912	{38.4622,46.7378}
48.	42.6	1.89912	{38.4622,46.7378}
45.	42.6	1.89912	{38.4622,46.7378}
38.	42.6	1.89912	{38.4622,46.7378}
26.	30.	1.89912	{25.8622,34.1378}
28.	30.	1.89912	{25.8622,34.1378}
34.	30.	1.89912	{25.8622,34.1378}
32.	30.	1.89912	{25.8622,34.1378}
30.	30.	1.89912	{25.8622,34.1378}
39.	44.4	1.89912	{40.2622,48.5378}
50.	44.4	1.89912	{40.2622,48.5378}
40.	44.4	1.89912	{40.2622,48.5378}
50.	44.4	1.89912	{40.2622,48.5378}
43.	44.4	1.89912	{40.2622,48.5378}

	Estimate	SE	TStat	PValue
	142.6	1.89912	22.4314	3.63987×10^{-11}
{ParameterCITable->2	−12.6	2.68576	−4.6914	0.00052196
	31.8	2.68576	0.6702	0.515421

Rsquared->0.739904, AdjustedRSquared->0.696554,

EstimatedVariance->18.0333, ANOVATable->

	DF	SumOfsq	MeanSq	Fratio	Pvalue
Model	2	615.6	307.8	17.0684	0.000309602
Error	12	216.4	18.0333		
Total	14	832.			

从参数置信区间表（ParameterCITable）可知：μ_A 的点估计是 42.6，估计量的标准差为 1.899 12，μ_A 的置信水平为 0.95 的置信区间是 (38.462 2,46.737 8). $\mu_B-\mu_A$ 的点估计是 −12.6，标准差为 2.685 76，$\mu_B-\mu_A$ 的置信水平为 0.95 的置信区间是 (−18.451 8, −6.748 22). $\mu_C-\mu_A$ 的点估计是 1.8，标准差为 2.685 76，$\mu_C-\mu_A$ 的置信水平为 0.95 的置信区间是 (−4.051 78, 7.651 78).

从均值置信区间表 (Mean PredictionCITable) 知：μ_A 的点估计，μ_A 的置信区间同参数置信区间表，μ_B 的点估计为 30.0，置信度为 0.95 的置信区间是 (25.862 2, 34.137 8)，μ_C 的点估计为 44.4，置信度为 0.95 的置信区间是 (40.262 2, 48.537 8).

从参数表（ParameterTable）知：关于 $\mu_B-\mu_A$ 是否等于零的假设检验结果是否定的，即 $\mu_B-\mu_A$ 不等于零. 关于 $\mu_C-\mu_A$ 是否等于零的假设检验结果是不否定原假设，即不否定 $\mu_C-\mu_A$ 等于零的假设.

由 Rsquared->0.739904 知 $\boldsymbol{Y}$ 的变化中的 74% 是由模型引起的，26% 是由误差引起的.

由 EstimatedVariance->18.0333 知模型中的误差项 ε 的方差的估计是 18.033 3.

最后从方差分析表知平方和的分解结果是：总的平方和 = 832.0，模型引起的平方和（效应平方和）= 615.6，误差平方和 = 216.4. 作假设检验：

$$H_0: \mu_B-\mu_A=\mu_C-\mu_A=0,\ H_1: \mu_B-\mu_A, \mu_C-\mu_A \text{ 不全等于零}$$

统计量 F 的观察值为 17.068 4，F 的 P 值为 0.000 309 602，检验结果显然否定原假设，即三个工厂生产的电池的平均寿命有显著差异.

总结起来：三个工厂生产的电池的平均寿命有显著差异. $\mu_A-\mu_B$ 的置信水平为 0.95 的置信区间是 (6.748 22,18.451 8). $\mu_A-\mu_C$ 的置信水平为 0.95 的置信区间是 (−7.651 78, 4.051 78).

看来只有 $\mu_B-\mu_C$ 的置信区间未能求得. 只要改变设计矩阵 $\boldsymbol{X}$，再作一次设计回归.

输入

```
X2={{1.0,0,1}, {1,0,1}, {1,0,1}, {1,0,1}, {1,0,1}, {0,1,1}, {0,1,1}, {0,1,1},
        {0,1,1}, {0,1,1}, {0,0,1}, {0,0,1}, {0,0,1}, {0,0,1}, {0,0,1}};
DesignedRegress[X2, Y1, RegressionReport ->
        {ParameterCITable, MeanPredictionCITable, SummaryReport}]
```

就能得到类似于对 x_1，y_1 的设计回归结果（输出结果省略了），从参数置信区间表可以得到 $\mu_B-\mu_C$ 的置信水平为 0.95 的置信区间是 (−20.251 8, −8.548 22).

例 3.2 将抗生素注入人体会产生抗生素与血浆蛋白质结合的现象，以致减少了药效. 下面列出了 5 种常用的抗生素注入到牛的体内时，抗生素与血浆蛋白质结合的百分比. 试在显著水平 $\alpha=0.05$ 下检验这些百分比的均值有无显著的差异.

青霉素	四环素	链霉素	红霉素	氯霉素
29.6	27.3	5.8	21.6	29.2
24.3	32.6	6.2	17.4	32.8
28.5	30.8	11.0	18.3	25.0
32.0	34.8	8.3	19.0	24.2

本例也是单因素方差分析问题. 输入

```
X3 = {{1.0,0,0,0,0}, {1,0,0,0,0}, {1,0,0,0,0}, {1,0,0,0,0}, {1,1,0,0,0}, {1,1,0,0,0},
    {1,1,0,0,0}, {1,1,0,0,0}, {1,0,1,0,0}, {1,0,1,0,0}, {1,0,1,0,0}, {1,0,1,0,0},
    {1,0,0,1,0}, {1,0,0,1,0}, {1,0,0,1,0}, {1,0,0,1,0}, {1,0,0,0,1}, {1,0,0,0,1},
    {1,0,0,0,1}, {1,0,0,0,1}};
Y3 = {29.6, 24.3, 28.5, 32.0, 27.3, 32.6, 30.8, 34.8, 5.8, 6.2, 11.0, 8.3, 21.6, 17.4,
                                  18.3, 19.0, 29.2, 32.8, 25.0, 24.2};
DesignedRegress[X3, Y3, RegressionReport ->
              {ParameterCITable, MeanPredictionCITable, SummaryReport}]
```

执行以后得到输出

{ParameterCITable ->

	Estimate	SE	CI
1	28.6	1.50456	{25.3931,31.8069}
2	2.775	2.12777	{−1.76024,731024}
3	−20.775	2.12777	{−25.3102, −16.2398}
4	−9.525	2.12777	{−14.0602, −4.98976}
5	−0.8	2.12777	{−5.33524,3.73524}

{ParameterTable ->

	Estimate	SE	TStat	PValue
1	28.6	1.50456	19.0088	6.58118×10^{-12}
2	2.775	2.12777	1.30418	0.21183
3	−20.775	2.12777	−9.76373	6.83788×10^{-8}
4	−9.525	2.12777	−4.47651	0.000443597
5	−0.8	2.12777	−0.37598	0.712196

Rsquared -> 0.915985, AdjustedRSquared -> 0.893581,
EstimatedVariance -> 9.05483, ANOVATable ->

	DF	Sumofsq	MeanSq	Fratio	Pvalue
Model	4	1480.82	370.206	40.8849	6.73978×10^{-8}
Error	15	135.822	9.05483		
Total	19	1616.65			

注: 利用 Mathematica 语句，我们也可以直接编程计算方差分析表. 有兴趣的读者可参考

更高一级的实验教材.

因为 F 检验的 P 值非常小，所以即使在检验的水平 $\alpha=0.01$ 时，这些百分比的均值仍有显著差异.

实验习题

1. 设有三台机器用来生产规格相同的铝合金薄板. 取样，测量薄板的厚度精确至千分之一厘米，得结果如下表. 考察机器这一因素对薄板厚度有无显著的影响($\alpha=0.05$).

机器1	0.236	0.238	0.248	0.245	0.243
机器2	0.257	0.253	0.255	0.254	0.261
机器3	0.258	0.264	0.259	0.267	0.262

2. 下表给出了小白鼠在接种3种不同菌型的伤寒杆菌后存活的天数，试问小白鼠在接种了不同菌型的伤寒杆菌后存活的天数是否有显著差异($\alpha=0.05$)?

菌型	存活天数										
甲	2	4	3	2	4	7	7	2	5	4	
乙	5	6	8	5	10	7	12	6	6		
丙	7	11	6	6	7	9	5	10	6	3	10

附表 常用分布表

附表 1 常用的概率分布表

分布	参数	分布律或概率密度	数学期望	方差
0-1 分布	$0<p<1$	$P\{X=k\}=p^k(1-p)^{1-k}$, $k=0,1$	p	$p(1-p)$
二项分布	$n\geq 1,\ 0<p<1$	$P\{X=k\}=\binom{n}{k}p^k(1-p)^{n-k}$, $k=0,1,\cdots,n$	np	$np(1-p)$
负二项分布	$r\geq 1,\ 0<p<1$	$P\{X=k\}=\binom{k-1}{r-1}p^r(1-p)^{k-r}$, $k=r,r+1,\cdots$	$\frac{r}{p}$	$\frac{r(1-p)}{p^2}$
几何分布	$0<p<1$	$P\{X=k\}=p(1-p)^{k-1}$, $k=1,2,\cdots$	$\frac{1}{p}$	$\frac{1-p}{p^2}$
超几何分布	$N,M,n\ (n\leq M)$	$P\{X=k\}=\binom{M}{k}\binom{N-M}{n-k}\Big/\binom{N}{n}$, $k=0,1,\cdots,n$	$\frac{nM}{N}$	$\frac{nM}{N}\left(1-\frac{M}{N}\right)\left(\frac{N-n}{N-1}\right)$
泊松分布	$\lambda>0$	$P\{X=k\}=\frac{\lambda^k e^{-\lambda}}{k!}$, $k=0,1,\cdots$	λ	λ
均匀分布	$a<b$	$f(x)=\begin{cases}1/(b-a), & a<x<b\\ 0, & 其它\end{cases}$	$\frac{a+b}{2}$	$\frac{(b-a)^2}{12}$
正态分布	$\mu,\ \sigma>0$	$f(x)=\frac{1}{\sqrt{2\pi}\sigma}e^{-\frac{(x-\mu)^2}{2\sigma^2}}$	μ	σ^2
Γ 分布	$\alpha>0,\ \beta>0$	$f(x)=\begin{cases}\frac{1}{\beta^\alpha\Gamma(\alpha)}x^{\alpha-1}e^{-x/\beta}, & x>0\\ 0, & 其它\end{cases}$	$\alpha\beta$	$\alpha\beta^2$
指数分布	$\theta>0$	$f(x)=\begin{cases}\lambda e^{-\lambda x}, & x>0\\ 0, & 其它\end{cases}$, $\lambda>0$	$\frac{1}{\lambda}$	$\frac{1}{\lambda^2}$

续前表

分布	参数	分布律或概率密度	数学期望	方差
χ^2分布	$n\geq 1$	$f(x)=\begin{cases}\dfrac{1}{2^{n/2}\Gamma(n/2)}x^{n/2-1}e^{-x/2}, & x>0\\ 0, & 其它\end{cases}$	n	$2n$
威布尔分布	$\eta>0,\ \beta>0$	$f(x)=\begin{cases}\dfrac{\beta}{\eta}\left(\dfrac{x}{\eta}\right)^{\beta-1}e^{-\left(\frac{x}{\eta}\right)^{\beta}}, & x>0\\ 0, & 其它\end{cases}$	$\eta\Gamma\left(\dfrac{1}{\beta}+1\right)$	$\eta^2\left\{\Gamma\left(\dfrac{2}{\beta}+1\right)-\left[\Gamma\left(\dfrac{1}{\beta}+1\right)\right]^2\right\}$
瑞利分布	$\sigma>0$	$f(x)=\begin{cases}\dfrac{x}{\sigma^2}e^{-x^2/(2\sigma^2)}, & x>0\\ 0, & 其它\end{cases}$	$\sqrt{\dfrac{\pi}{2}}\sigma$	$\dfrac{4-\pi}{2}\sigma^2$
β分布	$\alpha>0,\ \beta>0$	$f(x)=\begin{cases}\dfrac{\Gamma(\alpha+\beta)}{\Gamma(\alpha)\Gamma(\beta)}x^{\alpha-1}(1-x)^{\beta-1}, & 0<x<1\\ 0, & 其它\end{cases}$	$\dfrac{\alpha}{\alpha+\beta}$	$\dfrac{\alpha\beta}{(\alpha+\beta)^2(\alpha+\beta+1)}$
对数正态分布	$\mu,\sigma>0$	$f(x)=\begin{cases}\dfrac{1}{\sqrt{2\pi}\sigma x}e^{-\frac{(\ln x-\mu)^2}{2\sigma^2}}, & x>0\\ 0, & 其它\end{cases}$	$e^{\mu+\frac{\sigma^2}{2}}$	$e^{2\mu+\sigma^2}(e^{\sigma^2}-1)$
柯西分布	$\alpha,\lambda>0$	$f(x)=\dfrac{1}{\pi}\dfrac{1}{\lambda^2+(x-\alpha)^2}$	不存在	不存在
t分布	$n\geq 1$	$f(x)=\dfrac{\Gamma\left(\frac{n+1}{2}\right)}{\sqrt{n\pi}\,\Gamma(n/2)}\left(1+\dfrac{x^2}{n}\right)^{-(n+1)/2}$	0	$\dfrac{n}{n-2},\ n>2$
F分布	n_1, n_2	$f(x)=\begin{cases}\dfrac{\Gamma[(n_1+n_2)/2]}{\Gamma(n_1/2)\Gamma(n_2/2)}\left(\dfrac{n_1}{n_2}\right)\left(\dfrac{n_1}{n_2}x\right)^{(n_1/2)-1}\cdot\left(1+\dfrac{n_1}{n_2}x\right)^{-(n_1+n_2)/2}, & x>0\\ 0, & 其它\end{cases}$	$\dfrac{n_2}{n_2-2},\ n_2>2$	$\dfrac{2n_2^2(n_1+n_2-2)}{n_1(n_2-2)^2(n_2-4)}\ \ n_2>4$

附表2　泊松分布概率值表

$$P\{X=m\}=\frac{\lambda^m}{m!}e^{-\lambda}$$

m \ λ	0.1	0.2	0.3	0.4	0.5	0.6	0.7	0.8
0	0.904837	0.818731	0.740818	0.670320	0.606531	0.548812	0.496585	0.449329
1	0.090484	0.163746	0.222245	0.268128	0.303265	0.329287	0.347610	0.359463
2	0.004524	0.016375	0.033337	0.053626	0.075816	0.098786	0.121663	0.143785
3	0.000151	0.001092	0.003334	0.007150	0.012636	0.019757	0.028388	0.038343
4	0.000004	0.000055	0.000250	0.000715	0.001580	0.002964	0.004968	0.007669
5		0.000002	0.000015	0.000057	0.000158	0.000356	0.000696	0.001227
6			0.000001	0.000004	0.000013	0.000036	0.000081	0.000164
7					0.000001	0.000003	0.000008	0.000019
8							0.000001	0.000002
9								
10								
11								
12								
13								
14								
15								
16								
17								

m \ λ	0.9	1.0	1.5	2.0	2.5	3.0	3.5	4.0
0	0.406570	0.367879	0.223130	0.135335	0.082085	0.049787	0.030197	0.018316
1	0.365913	0.367879	0.334695	0.270671	0.205212	0.149361	0.105691	0.073263
2	0.164661	0.183940	0.251021	0.270671	0.256516	0.224042	0.184959	0.146525
3	0.049398	0.061313	0.125511	0.180447	0.213763	0.224042	0.215785	0.195367
4	0.011115	0.015328	0.047067	0.090224	0.133602	0.168031	0.188812	0.195367
5	0.002001	0.003066	0.014120	0.036089	0.066801	0.100819	0.132169	0.156293
6	0.000300	0.000511	0.003530	0.012030	0.027834	0.050409	0.077098	0.104196
7	0.000039	0.000073	0.000756	0.003437	0.009941	0.021604	0.038549	0.059540
8	0.000004	0.000009	0.000142	0.000859	0.003106	0.008102	0.016865	0.029770
9		0.000001	0.000024	0.000191	0.000863	0.002701	0.006559	0.013231
10			0.000004	0.000038	0.000216	0.000810	0.002296	0.005292
11				0.000007	0.000049	0.000221	0.000730	0.001925
12				0.000001	0.000010	0.000055	0.000213	0.000642
13					0.000002	0.000013	0.000057	0.000197
14						0.000003	0.000014	0.000056
15						0.000001	0.000003	0.000015
16							0.000001	0.000004
17								0.000001

续前表

m \ λ	4.5	5.0	5.5	6.0	6.5	7.0	7.5	8.0
0	0.011109	0.006738	0.004087	0.002479	0.001503	0.000912	0.000553	0.000335
1	0.049990	0.033690	0.022477	0.014873	0.009772	0.006383	0.004148	0.002684
2	0.112479	0.084224	0.061812	0.044618	0.031760	0.022341	0.015555	0.010735
3	0.168718	0.140374	0.113323	0.089235	0.068814	0.052129	0.038889	0.028626
4	0.189808	0.175467	0.155819	0.133853	0.111822	0.091226	0.072916	0.057252
5	0.170827	0.175467	0.171401	0.160623	0.145369	0.127717	0.109375	0.091604
6	0.128120	0.146223	0.157117	0.160623	0.157483	0.149003	0.136718	0.122138
7	0.082363	0.104445	0.123449	0.137677	0.146234	0.149003	0.146484	0.139587
8	0.046329	0.065278	0.084871	0.103258	0.118815	0.130377	0.137329	0.139587
9	0.023165	0.036266	0.051866	0.068838	0.085811	0.101405	0.114440	0.124077
10	0.010424	0.018133	0.028526	0.041303	0.055777	0.070983	0.085830	0.099262
11	0.004264	0.008242	0.014263	0.022529	0.032959	0.045171	0.058521	0.072190
12	0.001599	0.003434	0.006537	0.011264	0.017853	0.026350	0.036575	0.048127
13	0.000554	0.001321	0.002766	0.005199	0.008926	0.014188	0.021101	0.029616
14	0.000178	0.000472	0.001087	0.002228	0.004144	0.007094	0.011304	0.016924
15	0.000053	0.000157	0.000398	0.000891	0.001796	0.003311	0.005652	0.009026
16	0.000015	0.000049	0.000137	0.000334	0.000730	0.001448	0.002649	0.004513
17	0.000004	0.000014	0.000044	0.000118	0.000279	0.000596	0.001169	0.002124
18	0.000001	0.000004	0.000014	0.000039	0.000101	0.000232	0.000487	0.000944
19		0.000001	0.000004	0.000012	0.000034	0.000085	0.000192	0.000397
20			0.000001	0.000004	0.000011	0.000030	0.000072	0.000159
21				0.000001	0.000003	0.000010	0.000026	0.000061
22					0.000001	0.000003	0.000009	0.000022
23						0.000001	0.000003	0.000008
24							0.000001	0.000003
25								0.000001
26								
27								
28								
29								

续前表

m \ λ	8.5	9.0	9.5	10.0	m \ λ	20	m \ λ	30
0	0.000203	0.000123	0.000075	0.000045	5	0.0001	12	0.0001
1	0.001729	0.001111	0.000711	0.000454	6	0.0002	13	0.0002
2	0.007350	0.004998	0.003378	0.002270	7	0.0005	14	0.0005
3	0.020826	0.014994	0.010696	0.007567	8	0.0013	15	0.0010
4	0.044255	0.033737	0.025403	0.018917	9	0.0029	16	0.0019
5	0.075233	0.060727	0.048266	0.037833	10	0.0058	17	0.0034
6	0.106581	0.091090	0.076421	0.063055	11	0.0106	18	0.0057
7	0.129419	0.117116	0.103714	0.090079	12	0.0176	19	0.0089
8	0.137508	0.131756	0.123160	0.112599	13	0.0271	20	0.0134
9	0.129869	0.131756	0.130003	0.125110	14	0.0387	21	0.0192
10	0.110388	0.118580	0.123502	0.125110	15	0.0516	22	0.0261
11	0.085300	0.097020	0.106661	0.113736	16	0.0646	23	0.0341
12	0.060421	0.072765	0.084440	0.094780	17	0.0760	24	0.0426
13	0.039506	0.050376	0.061706	0.072908	18	0.0844	25	0.0511
14	0.023986	0.032384	0.041872	0.052077	19	0.0888	26	0.0590
15	0.013592	0.019431	0.026519	0.034718	20	0.0888	27	0.0655
16	0.007221	0.010930	0.015746	0.021699	21	0.0846	28	0.0702
17	0.003610	0.005786	0.008799	0.012764	22	0.0769	29	0.0726
18	0.001705	0.002893	0.004644	0.007091	23	0.0669	30	0.0726
19	0.000763	0.001370	0.002322	0.003732	24	0.0557	31	0.0703
20	0.000324	0.000617	0.001103	0.001866	25	0.0446	32	0.0659
21	0.000131	0.000264	0.000499	0.000889	26	0.0343	33	0.0599
22	0.000051	0.000108	0.000215	0.000404	27	0.0254	34	0.0529
23	0.000019	0.000042	0.000089	0.000176	28	0.0181	35	0.0453
24	0.000007	0.000016	0.000035	0.000073	29	0.0125	36	0.0378
25	0.000002	0.000006	0.000013	0.000029	30	0.0083	37	0.0306
26	0.000001	0.000002	0.000005	0.000011	31	0.0054	38	0.0242
27		0.000001	0.000002	0.000004	32	0.0034	39	0.0186
28			0.000001	0.000001	33	0.0020	40	0.0139
29				0.000001	34	0.0012	41	0.0102
							42	0.0073
							43	0.0051
					35	0.0007	44	0.0035
					36	0.0004	45	0.0023
					37	0.0002	46	0.0015
					38	0.0001	47	0.0010
					39	0.0001	48	0.0006

附表 3　标准正态分布表

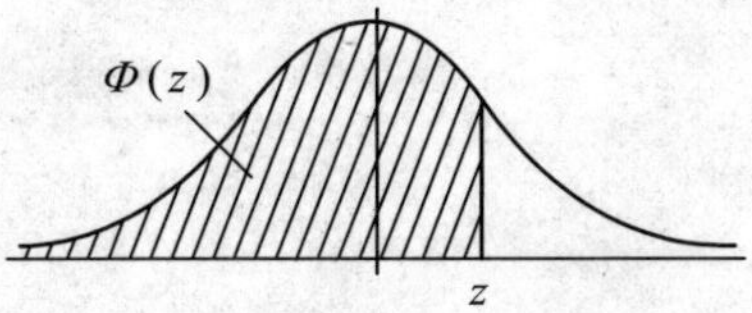

$$\Phi(z)=\int_{-\infty}^{z}\frac{1}{\sqrt{2\pi}}e^{-u^2/2}\mathrm{d}u=P\{Z\le z\}$$

z	0	1	2	3	4	5	6	7	8	9
0.0	0.5000	0.5040	0.5080	0.5120	0.5160	0.5199	0.5239	0.5279	0.5319	0.5359
0.1	0.5398	0.5438	0.5478	0.5517	0.5557	0.5596	0.5636	0.5675	0.5714	0.5753
0.2	0.5793	0.5832	0.5871	0.5910	0.5948	0.5987	0.6026	0.6064	0.6103	0.6141
0.3	0.6179	0.6217	0.6255	0.6293	0.6331	0.6368	0.6406	0.6443	0.6480	0.6517
0.4	0.6554	0.6591	0.6628	0.6664	0.6700	0.6736	0.6772	0.6808	0.6844	0.6879
0.5	0.6915	0.6950	0.6985	0.7019	0.7054	0.7088	0.7123	0.7157	0.7190	0.7224
0.6	0.7257	0.7291	0.7324	0.7357	0.7389	0.7422	0.7454	0.7486	0.7517	0.7549
0.7	0.7580	0.7611	0.7642	0.7673	0.7704	0.7734	0.7764	0.7794	0.7823	0.7852
0.8	0.7881	0.7910	0.7939	0.7967	0.7995	0.8023	0.8051	0.8078	0.8106	0.8133
0.9	0.8159	0.8186	0.8212	0.8238	0.8264	0.8289	0.8315	0.8340	0.8365	0.8389
1.0	0.8413	0.8438	0.8461	0.8485	0.8508	0.8531	0.8554	0.8577	0.8599	0.8621
1.1	0.8643	0.8665	0.8686	0.8708	0.8729	0.8749	0.8770	0.8790	0.8810	0.8830
1.2	0.8849	0.8869	0.8888	0.8907	0.8925	0.8944	0.8962	0.8980	0.8997	0.9015
1.3	0.9032	0.9049	0.9066	0.9082	0.9099	0.9115	0.9131	0.9147	0.9162	0.9177
1.4	0.9192	0.9207	0.9222	0.9236	0.9251	0.9265	0.9279	0.9292	0.9306	0.9319
1.5	0.9332	0.9345	0.9357	0.9370	0.9382	0.9394	0.9406	0.9418	0.9429	0.9441
1.6	0.9452	0.9463	0.9474	0.9484	0.9495	0.9505	0.9515	0.9525	0.9535	0.9545
1.7	0.9554	0.9564	0.9573	0.9582	0.9591	0.9599	0.9608	0.9616	0.9625	0.9633
1.8	0.9641	0.9649	0.9656	0.9664	0.9671	0.9678	0.9686	0.9693	0.9699	0.9706
1.9	0.9713	0.9719	0.9726	0.9732	0.9738	0.9744	0.9750	0.9756	0.9761	0.9767
2.0	0.9772	0.9778	0.9783	0.9788	0.9793	0.9798	0.9803	0.9808	0.9812	0.9817
2.1	0.9821	0.9826	0.9830	0.9834	0.9838	0.9842	0.9846	0.9850	0.9854	0.9857
2.2	0.9861	0.9864	0.9868	0.9871	0.9875	0.9878	0.9881	0.9884	0.9887	0.9890
2.3	0.9893	0.9896	0.9898	0.9901	0.9904	0.9906	0.9909	0.9911	0.9913	0.9916
2.4	0.9918	0.9920	0.9922	0.9925	0.9927	0.9929	0.9931	0.9932	0.9934	0.9936
2.5	0.9938	0.9940	0.9941	0.9943	0.9945	0.9946	0.9948	0.9949	0.9951	0.9952
2.6	0.9953	0.9955	0.9956	0.9957	0.9959	0.9960	0.9961	0.9962	0.9963	0.9964
2.7	0.9965	0.9966	0.9967	0.9968	0.9969	0.9970	0.9971	0.9972	0.9973	0.9974
2.8	0.9974	0.9975	0.9976	0.9977	0.9977	0.9878	0.9979	0.9979	0.9980	0.9981
2.9	0.9981	0.9982	0.9982	0.9983	0.9984	0.9984	0.9985	0.9985	0.9986	0.9986
3.0	0.9987	0.9990	0.9993	0.9995	0.9997	0.9998	0.9998	0.9999	0.9999	1.0000

注：表中末行系函数值 $\Phi(3.0), \Phi(3.1), \cdots, \Phi(3.9)$.

附表 4　t 分布表

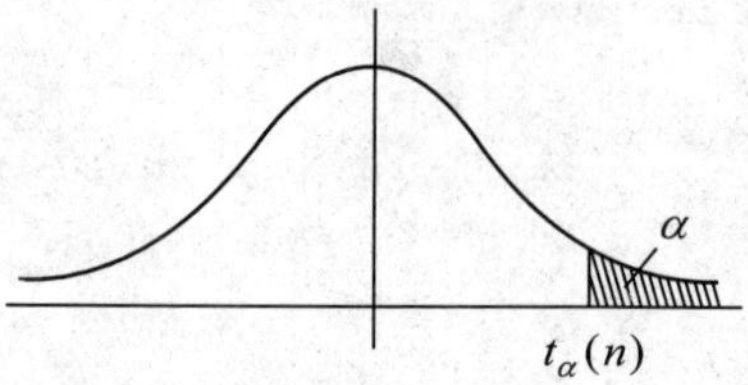

$P\{t(n) > t_\alpha(n)\} = \alpha$

n	$\alpha=0.25$	0.10	0.05	0.025	0.01	0.005
1	1.0000	3.0777	6.3138	12.7062	31.8205	63.6567
2	0.8165	1.8856	2.9200	4.3027	6.9646	9.9248
3	0.7649	1.6377	2.3534	3.1824	4.5407	5.8409
4	0.7407	1.5332	2.1318	2.7764	3.7469	4.6041
5	0.7267	1.4759	2.0150	2.5706	3.3649	4.0321
6	0.7176	1.4398	1.9432	2.4469	3.1427	3.7074
7	0.7111	1.4149	1.8946	2.3646	2.9980	3.4995
8	0.7064	1.3968	1.8595	2.3060	2.8965	3.3554
9	0.7027	1.3830	1.8331	2.2622	2.8214	3.2498
10	0.6998	1.3722	1.8125	2.2281	2.7638	3.1693
11	0.6974	1.3634	1.7959	2.2010	2.7181	3.1058
12	0.6955	1.3562	1.7823	2.1788	2.6810	3.0545
13	0.6938	1.3502	1.7709	2.1604	2.6503	3.0123
14	0.6924	1.3450	1.7613	2.1448	2.6245	2.9768
15	0.6912	1.3406	1.7531	2.1314	2.6025	2.9467
16	0.6901	1.3368	1.7459	2.1199	2.5835	2.9208
17	0.6892	1.3334	1.7396	2.1098	2.5669	2.8982
18	0.6884	1.3304	1.7341	2.1009	2.5524	2.8784
19	0.6876	1.3277	1.7291	2.0930	2.5395	2.8609
20	0.6870	1.3253	1.7247	2.0860	2.5280	2.8453
21	0.6864	1.3232	1.7207	2.0796	2.5176	2.8314
22	0.6858	1.3212	1.7171	2.0739	2.5083	2.8188
23	0.6853	1.3195	1.7139	2.0687	2.4999	2.8073
24	0.6848	1.3178	1.7109	2.0639	2.4922	2.7969
25	0.6844	1.3163	1.7081	2.0595	2.4851	2.7874
26	0.6840	1.3150	1.7056	2.0555	2.4786	2.7787
27	0.6837	1.3137	1.7033	2.0518	2.4727	2.7707
28	0.6834	1.3125	1.7011	2.0484	2.4671	2.7633
29	0.6830	1.3114	1.6991	2.0452	2.4620	2.7564
30	0.6828	1.3104	1.6973	2.0423	2.4573	2.7500
31	0.6825	1.3095	1.6955	2.0395	2.4528	2.7440

续前表

n	$\alpha=0.25$	0.10	0.05	0.025	0.01	0.005
32	0.6822	1.3086	1.6939	2.0369	2.4487	2.7385
33	0.6820	1.3077	1.6924	2.0345	2.4448	2.7333
34	0.6818	1.3070	1.6909	2.0322	2.4411	2.7284
35	0.6816	1.3062	1.6896	2.0301	2.4377	2.7238
36	0.6814	1.3055	1.6883	2.0281	2.4345	2.7195
37	0.6812	1.3049	1.6871	2.0262	2.4314	2.7154
38	0.6810	1.3042	1.6860	2.0244	2.4286	2.7116
39	0.6808	1.3036	1.6849	2.0227	2.4258	2.7079
40	0.6807	1.3031	1.6839	2.0211	2.4233	2.7045
41	0.6805	1.3025	1.6829	2.0195	2.4208	2.7012
42	0.6804	1.3020	1.6820	2.0181	2.4185	2.6981
43	0.6802	1.3016	1.6811	2.0167	2.4163	2.6951
44	0.6801	1.3011	1.6802	2.0154	2.4141	2.6923
45	0.6800	1.3006	1.6794	2.0141	2.4121	2.6896

附表 5　χ^2 分布表

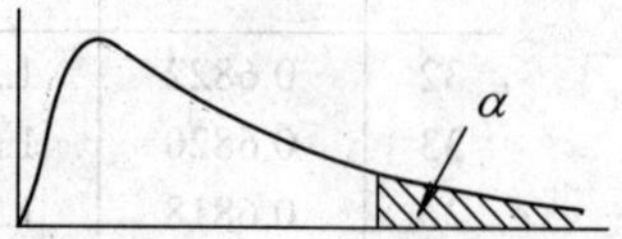

$P\{\chi^2(n) > \chi^2_\alpha(n)\} = \alpha$

n	$\alpha = 0.995$	0.99	0.975	0.95	0.90	0.75
1	—	—	0.001	0.004	0.016	0.102
2	0.010	0.020	0.051	0.103	0.211	0.575
3	0.072	0.115	0.216	0.352	0.584	1.213
4	0.207	0.297	0.484	0.711	1.064	1.923
5	0.412	0.554	0.831	1.145	1.610	2.675
6	0.676	0.872	1.237	1.635	2.204	3.455
7	0.989	1.239	1.690	2.167	2.833	4.255
8	1.344	1.646	2.180	2.733	3.490	5.071
9	1.735	2.088	2.700	3.325	4.168	5.899
10	2.156	2.558	3.247	3.940	4.865	6.737
11	2.603	3.053	3.816	4.575	5.578	7.584
12	3.074	3.571	4.404	5.226	6.304	8.438
13	3.565	4.107	5.009	5.892	7.042	9.299
14	4.075	4.660	5.629	6.571	7.790	10.165
15	4.601	5.229	6.262	7.261	8.547	11.037
16	5.142	5.812	6.908	7.962	9.312	11.912
17	5.697	6.408	7.564	8.672	10.085	12.792
18	6.265	7.015	8.231	9.390	10.865	13.675
19	6.844	7.633	8.907	10.117	11.651	14.562
20	7.434	8.260	9.591	10.851	12.443	15.452
21	8.034	8.897	10.283	11.591	13.240	16.344
22	8.643	9.542	10.982	12.338	14.042	17.240
23	9.260	10.196	11.689	13.091	14.848	18.137
24	9.886	10.856	12.401	13.848	15.659	19.037
25	10.520	11.524	13.120	14.611	16.473	19.939
26	11.160	12.198	13.844	15.379	17.292	20.843
27	11.808	12.879	14.573	16.151	18.114	21.749
28	12.461	13.565	15.308	16.928	18.939	22.657
29	13.121	14.257	16.047	17.708	19.768	23.567
30	13.787	14.953	16.791	18.493	20.599	24.478
31	14.458	15.655	17.539	19.281	21.434	25.390
32	15.134	16.362	18.291	20.072	22.271	26.304
33	15.815	17.074	19.047	20.867	23.110	27.219
34	16.501	17.789	19.806	21.664	23.952	28.136
35	17.192	18.509	20.569	22.465	24.797	29.054

续前表

n	$\alpha = 0.995$	0.99	0.975	0.95	0.90	0.75
36	17.887	19.233	21.336	23.269	25.643	29.973
37	18.586	19.960	22.106	24.075	26.492	30.893
38	19.289	20.691	22.878	24.884	27.343	31.815
39	19.996	21.426	23.654	25.695	28.196	32.737
40	20.707	22.164	24.433	26.509	29.051	33.660
41	21.421	22.906	25.215	27.326	29.907	34.585
42	22.138	23.650	25.999	28.144	30.765	35.510
43	22.859	24.398	26.785	28.965	31.625	36.436
44	23.584	25.148	27.575	29.787	32.487	37.363
45	24.311	25.901	28.366	30.612	33.350	38.291

n	$\alpha = 0.25$	0.10	0.05	0.025	0.01	0.005
1	1.323	2.706	3.841	5.024	6.635	7.879
2	2.773	4.605	5.991	7.378	9.210	10.597
3	4.108	6.251	7.815	9.348	11.345	12.838
4	5.385	7.779	9.488	11.143	13.277	14.860
5	6.626	9.236	11.071	12.833	15.086	16.750
6	7.841	10.645	12.592	14.449	16.812	18.548
7	9.037	12.017	14.067	16.013	18.475	20.278
8	10.219	13.362	15.507	17.535	20.090	21.955
9	11.389	14.684	16.919	19.023	21.666	23.589
10	12.549	15.987	18.307	20.483	23.209	25.188
11	13.701	17.275	19.675	21.920	24.725	26.757
12	14.845	18.549	21.026	23.337	26.217	28.300
13	15.984	19.812	22.362	24.736	27.688	29.819
14	17.117	21.064	23.685	26.119	29.141	31.319
15	18.245	22.307	24.996	27.488	30.578	32.801
16	19.369	23.542	26.296	28.845	32.000	34.267
17	20.489	24.769	27.587	30.191	33.409	35.718
18	21.605	25.989	28.869	31.526	34.805	37.156
19	22.718	27.204	30.144	32.852	36.191	38.582
20	23.828	28.412	31.410	34.170	37.566	39.997
21	24.935	29.615	32.671	35.479	38.932	41.401
22	26.039	30.813	33.924	36.781	40.289	42.796
23	27.141	32.007	35.172	38.076	41.638	44.181
24	28.241	33.196	36.415	39.364	42.980	45.559
25	29.339	34.382	37.652	40.646	44.314	46.928
26	30.435	35.563	38.885	41.923	45.642	48.290
27	31.528	36.741	40.113	43.194	46.963	49.645
28	32.620	37.916	41.337	44.461	48.278	50.993
29	33.711	39.087	42.557	45.722	49.588	52.336
30	34.800	40.256	43.773	46.979	50.892	53.672

续前表

n	$\alpha=0.25$	0.10	0.05	0.025	0.01	0.005
31	35.887	41.422	44.985	48.232	52.191	55.003
32	36.973	42.585	46.194	49.480	53.486	56.328
33	38.058	43.745	47.400	50.725	54.776	57.648
34	39.141	44.903	48.602	51.966	56.061	58.964
35	40.223	46.059	49.802	53.203	57.342	60.275
36	41.304	47.212	50.998	54.437	58.619	61.581
37	42.383	48.363	52.192	55.668	59.892	62.883
38	43.462	49.513	53.384	56.896	61.162	64.181
39	44.539	50.660	54.572	58.120	62.428	65.476
40	45.616	51.805	55.758	59.342	63.691	66.766
41	46.692	52.949	56.942	60.561	64.950	68.053
42	47.766	54.090	58.124	61.777	66.206	69.336
43	48.840	55.230	59.304	62.990	67.459	70.616
44	49.913	56.369	60.481	64.201	68.710	71.893
45	50.985	57.505	61.656	65.410	69.957	73.166

附表6　F 分布表

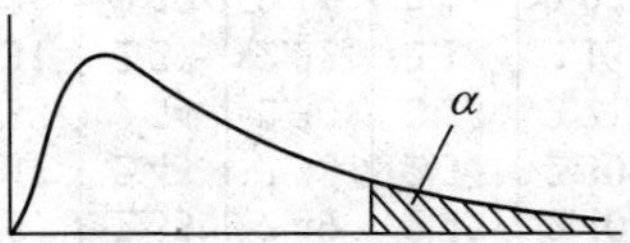

$F_\alpha(n,m)$

$$P\{F(n_1,n_2)>F_\alpha(n_1,n_2)\}=\alpha$$

$\alpha=0.10$

n_2 \ n_1	1	2	3	4	5	6	7	8	9	10	12	15	20	24	30	40	60	120	∞
1	39.86	49.50	53.59	55.83	57.24	58.20	58.91	59.44	59.86	60.19	60.71	61.22	61.74	62.00	62.26	62.53	62.79	63.06	63.33
2	8.53	9.00	9.16	9.24	9.29	9.33	9.35	9.37	9.38	9.39	9.41	9.42	9.44	9.45	9.46	9.47	9.47	9.48	9.49
3	5.54	5.46	5.39	5.34	5.31	5.28	5.27	5.25	5.24	5.23	5.22	5.20	5.18	5.18	5.17	5.16	5.15	5.14	5.13
4	4.54	4.32	4.19	4.11	4.05	4.01	3.98	3.95	3.94	3.92	3.90	3.87	3.84	3.83	3.82	3.80	3.79	3.78	3.76
5	4.06	3.78	3.62	3.52	3.45	3.40	3.37	3.34	3.32	3.30	3.27	3.24	3.21	3.19	3.17	3.16	3.14	3.12	3.10
6	3.78	3.46	3.29	3.18	3.11	3.05	3.01	2.98	2.96	2.94	2.90	2.87	2.84	2.82	2.80	2.78	2.76	2.74	2.72
7	3.59	3.26	3.07	2.96	2.88	2.83	2.78	2.75	2.72	2.70	2.67	2.63	2.59	2.58	2.56	2.54	2.51	2.49	2.47
8	3.46	3.11	2.92	2.81	2.73	2.67	2.62	2.59	2.56	2.54	2.50	2.46	2.42	2.40	2.38	2.36	2.34	2.32	2.29
9	3.36	3.01	2.81	2.69	2.61	2.55	2.51	2.47	2.44	2.42	2.38	2.34	2.30	2.28	2.25	2.23	2.21	2.18	2.16
10	3.29	2.92	2.73	2.61	2.52	2.46	2.41	2.38	2.35	2.32	2.28	2.24	2.20	2.18	2.16	2.13	2.11	2.08	2.06
11	3.23	2.86	2.66	2.54	2.45	2.39	2.34	2.30	2.27	2.25	2.21	2.17	2.12	2.10	2.08	2.05	2.03	2.00	1.97
12	3.18	2.81	2.61	2.48	2.39	2.33	2.28	2.24	2.21	2.19	2.15	2.10	2.06	2.04	2.01	1.99	1.96	1.93	1.90
13	3.14	2.76	2.56	2.43	2.35	2.28	2.23	2.20	2.16	2.14	2.10	2.05	2.01	1.98	1.96	1.93	1.90	1.88	1.85
14	3.10	2.73	2.52	2.39	2.31	2.24	2.19	2.15	2.12	2.10	2.05	2.01	1.96	1.94	1.91	1.89	1.86	1.83	1.80
15	3.07	2.70	2.49	2.36	2.27	2.21	2.16	2.12	2.09	2.06	2.02	1.97	1.92	1.90	1.87	1.85	1.82	1.79	1.76
16	3.05	2.67	2.46	2.33	2.24	2.18	2.13	2.09	2.06	2.03	1.99	1.94	1.89	1.87	1.84	1.81	1.78	1.75	1.72
17	3.03	2.64	2.44	2.31	2.22	2.15	2.10	2.06	2.03	2.00	1.96	1.91	1.86	1.84	1.81	1.78	1.75	1.72	1.69
18	3.01	2.62	2.42	2.29	2.20	2.13	2.08	2.04	2.00	1.98	1.93	1.89	1.84	1.81	1.78	1.75	1.72	1.69	1.66
19	2.99	2.61	2.40	2.27	2.18	2.11	2.06	2.02	1.98	1.96	1.91	1.86	1.81	1.79	1.76	1.73	1.70	1.67	1.63
20	2.97	2.59	2.38	2.25	2.16	2.09	2.04	2.00	1.96	1.94	1.89	1.84	1.79	1.77	1.74	1.71	1.68	1.64	1.61
21	2.96	2.57	2.36	2.23	2.14	2.08	2.02	1.98	1.95	1.92	1.87	1.83	1.78	1.75	1.72	1.69	1.66	1.62	1.59
22	2.95	2.56	2.35	2.22	2.13	2.06	2.01	1.97	1.93	1.90	1.86	1.81	1.76	1.73	1.70	1.67	1.64	1.60	1.57
23	2.94	2.55	2.34	2.21	2.11	2.05	1.99	1.95	1.92	1.89	1.84	1.80	1.74	1.72	1.69	1.66	1.62	1.59	1.55

续前表

n_2 \ n_1	1	2	3	4	5	6	7	8	9	10	12	15	20	24	30	40	60	120	∞
									$\alpha=0.10$										
24	2.93	2.54	2.33	2.19	2.10	2.04	1.98	1.94	1.91	1.88	1.83	1.78	1.73	1.70	1.67	1.64	1.61	1.57	1.53
25	2.92	2.53	2.32	2.18	2.09	2.02	1.97	1.93	1.89	1.87	1.82	1.77	1.72	1.69	1.66	1.63	1.59	1.56	1.52
26	2.91	2.52	2.31	2.17	2.08	2.01	1.96	1.92	1.88	1.86	1.81	1.76	1.71	1.68	1.65	1.61	1.58	1.54	1.50
27	2.90	2.51	2.30	2.17	2.07	2.00	1.95	1.91	1.87	1.85	1.80	1.75	1.70	1.67	1.64	1.60	1.57	1.53	1.49
28	2.89	2.50	2.29	2.16	2.06	2.00	1.94	1.90	1.87	1.84	1.79	1.74	1.69	1.66	1.63	1.59	1.56	1.52	1.48
29	2.89	2.50	2.28	2.15	2.06	1.99	1.93	1.89	1.86	1.83	1.78	1.73	1.68	1.65	1.62	1.58	1.55	1.51	1.47
30	2.88	2.49	2.28	2.14	2.05	1.98	1.93	1.88	1.85	1.82	1.77	1.72	1.67	1.64	1.61	1.57	1.54	1.50	1.46
40	2.84	2.44	2.23	2.09	2.00	1.93	1.87	1.83	1.79	1.76	1.71	1.66	1.61	1.57	1.54	1.51	1.47	1.42	1.38
60	2.79	2.39	2.18	2.04	1.95	1.87	1.82	1.77	1.74	1.71	1.66	1.60	1.54	1.51	1.48	1.44	1.40	1.35	1.29
120	2.75	2.35	2.13	1.99	1.90	1.82	1.77	1.72	1.68	1.65	1.60	1.55	1.48	1.45	1.41	1.37	1.32	1.26	1.19
∞	2.71	2.30	2.08	1.94	1.85	1.77	1.72	1.67	1.63	1.60	1.55	1.49	1.42	1.38	1.34	1.30	1.24	1.17	1.00
									$\alpha=0.05$										
1	161.4	199.5	215.7	224.6	230.2	234.0	236.8	238.9	240.5	241.9	243.9	245.9	248.0	249.1	250.1	251.1	252.2	253.3	254.3
2	18.51	19.00	19.16	19.25	19.30	19.33	19.35	19.37	19.38	19.40	19.41	19.43	19.45	19.45	19.46	19.47	19.48	19.49	19.50
3	10.13	9.55	9.28	9.12	9.01	8.94	8.89	8.85	8.81	8.79	8.74	8.70	8.66	8.64	8.62	8.59	8.57	8.55	8.53
4	7.71	6.94	6.59	6.39	6.26	6.16	6.09	6.04	6.00	5.96	5.91	5.86	5.80	5.77	5.75	5.72	5.69	5.66	5.63
5	6.61	5.79	5.41	5.19	5.05	4.95	4.88	4.82	4.77	4.74	4.68	4.62	4.56	4.53	4.50	4.46	4.43	4.40	4.36
6	5.99	5.14	4.76	4.53	4.39	4.28	4.21	4.15	4.10	4.06	4.00	3.94	3.87	3.84	3.81	3.77	3.74	3.70	3.67
7	5.59	4.74	4.35	4.12	3.97	3.87	3.79	3.73	3.68	3.64	3.57	3.51	3.44	3.41	3.38	3.34	3.30	3.27	3.23
8	5.32	4.46	4.07	3.84	3.69	3.58	3.50	3.44	3.39	3.35	3.28	3.22	3.15	3.12	3.08	3.04	3.01	2.97	2.93
9	5.12	4.26	3.86	3.63	3.48	3.37	3.29	3.23	3.18	3.14	3.07	3.01	2.94	2.90	2.86	2.83	2.79	2.75	2.71
10	4.96	4.10	3.71	3.48	3.33	3.22	3.14	3.07	3.02	2.98	2.91	2.85	2.77	2.74	2.70	2.66	2.62	2.58	2.54
11	4.84	3.98	3.59	3.36	3.20	3.09	3.01	2.95	2.90	2.85	2.79	2.72	2.65	2.61	2.57	2.53	2.49	2.45	2.40
12	4.75	3.89	3.49	3.26	3.11	3.00	2.91	2.85	2.80	2.75	2.69	2.62	2.54	2.51	2.47	2.43	2.38	2.34	2.30
13	4.67	3.81	3.41	3.18	3.03	2.92	2.83	2.77	2.71	2.67	2.60	2.53	2.46	2.42	2.38	2.34	2.30	2.25	2.21
14	4.60	3.74	3.34	3.11	2.96	2.85	2.76	2.70	2.65	2.60	2.53	2.46	2.39	2.35	2.31	2.27	2.22	2.18	2.13
15	4.54	3.68	3.29	3.06	2.90	2.79	2.71	2.64	2.59	2.54	2.48	2.40	2.33	2.29	2.25	2.20	2.16	2.11	2.07

续前表

$\alpha=0.05$

n_2 \ n_1	1	2	3	4	5	6	7	8	9	10	12	15	20	24	30	40	60	120	∞
16	4.49	3.63	3.24	3.01	2.85	2.74	2.66	2.59	2.54	2.49	2.42	2.35	2.28	2.24	2.19	2.15	2.11	2.06	2.01
17	4.45	3.59	3.20	2.96	2.81	2.70	2.61	2.55	2.49	2.45	2.38	2.31	2.23	2.19	2.15	2.10	2.06	2.01	1.96
18	4.41	3.55	3.16	2.93	2.77	2.66	2.58	2.51	2.46	2.41	2.34	2.27	2.19	2.15	2.11	2.06	2.02	1.97	1.92
19	4.38	3.52	3.13	2.90	2.74	2.63	2.54	2.48	2.42	2.38	2.31	2.23	2.16	2.11	2.07	2.03	1.98	1.93	1.88
20	4.35	3.49	3.10	2.87	2.71	2.60	2.51	2.45	2.39	2.35	2.28	2.20	2.12	2.08	2.04	1.99	1.95	1.90	1.84
21	4.32	3.47	3.07	2.84	2.68	2.57	2.49	2.42	2.37	2.32	2.25	2.18	2.10	2.05	2.01	1.96	1.92	1.87	1.81
22	4.30	3.44	3.05	2.82	2.66	2.55	2.46	2.40	2.34	2.30	2.23	2.15	2.07	2.03	1.98	1.94	1.89	1.84	1.78
23	4.28	3.42	3.03	2.80	2.64	2.53	2.44	2.37	2.32	2.27	2.20	2.13	2.05	2.01	1.96	1.91	1.86	1.81	1.76
24	4.26	3.40	3.01	2.78	2.62	2.51	2.42	2.36	2.30	2.25	2.18	2.11	2.03	1.98	1.94	1.89	1.84	1.79	1.73
25	4.24	3.39	2.99	2.76	2.60	2.49	2.40	2.34	2.28	2.24	2.16	2.09	2.01	1.96	1.92	1.87	1.82	1.77	1.71
26	4.23	3.37	2.98	2.74	2.59	2.47	2.39	2.32	2.27	2.22	2.15	2.07	1.99	1.95	1.90	1.85	1.80	1.75	1.69
27	4.21	3.35	2.96	2.73	2.57	2.46	2.37	2.31	2.25	2.20	2.13	2.06	1.97	1.93	1.88	1.84	1.79	1.73	1.67
28	4.20	3.34	2.95	2.71	2.56	2.45	2.36	2.29	2.24	2.19	2.12	2.04	1.96	1.91	1.87	1.82	1.77	1.71	1.65
29	4.18	3.33	2.93	2.70	2.55	2.43	2.35	2.28	2.22	2.18	2.10	2.03	1.94	1.90	1.85	1.81	1.75	1.70	1.64
30	4.17	3.32	2.92	2.69	2.53	2.42	2.33	2.27	2.21	2.16	2.09	2.01	1.93	1.89	1.84	1.79	1.74	1.68	1.62
40	4.08	3.23	2.84	2.61	2.45	2.34	2.25	2.18	2.12	2.08	2.00	1.92	1.84	1.79	1.74	1.69	1.64	1.58	1.51
60	4.00	3.15	2.76	2.53	2.37	2.25	2.17	2.10	2.04	1.99	1.92	1.84	1.75	1.70	1.65	1.59	1.53	1.47	1.39
120	3.92	3.07	2.68	2.45	2.29	2.18	2.09	2.02	1.96	1.91	1.83	1.75	1.66	1.61	1.55	1.50	1.43	1.35	1.25
∞	3.84	3.00	2.60	2.37	2.21	2.10	2.01	1.94	1.88	1.83	1.75	1.67	1.57	1.52	1.46	1.39	1.32	1.22	1.00

$\alpha=0.025$

n_2 \ n_1	1	2	3	4	5	6	7	8	9	10	12	15	20	24	30	40	60	120	∞
1	647.8	799.5	864.2	899.6	921.8	937.1	948.2	956.7	963.3	968.6	976.7	984.9	993.1	997.2	1001	1006	1010	1014	1018
2	38.51	39.00	39.17	39.25	39.30	39.33	39.36	39.37	39.39	39.40	39.41	39.43	39.45	39.46	39.46	39.47	39.48	39.49	39.50
3	17.44	16.04	15.44	15.10	14.88	14.73	14.62	14.54	14.47	14.42	14.34	14.25	14.17	14.12	14.08	14.04	13.99	13.95	13.90
4	12.22	10.65	9.98	9.60	9.36	9.20	9.07	8.98	8.90	8.84	8.75	8.66	8.56	8.51	8.46	8.41	8.36	8.31	8.26
5	10.01	8.43	7.76	7.39	7.15	6.98	6.85	6.76	6.68	6.62	6.52	6.43	6.33	6.28	6.23	6.18	6.12	6.07	6.02
6	8.81	7.26	6.60	6.23	5.99	5.82	5.70	5.60	5.52	5.46	5.37	5.27	5.17	5.12	5.07	5.01	4.96	4.90	4.85
7	8.07	6.54	5.89	5.52	5.29	5.12	4.99	4.90	4.82	4.76	4.67	4.57	4.47	4.41	4.36	4.31	4.25	4.20	4.14
8	7.57	6.06	5.42	5.05	4.82	4.65	4.53	4.43	4.36	4.30	4.20	4.10	4.00	3.95	3.89	3.84	3.78	3.73	3.67
9	7.21	5.71	5.08	4.72	4.48	4.32	4.20	4.10	4.03	3.96	3.87	3.77	3.67	3.61	3.56	3.51	3.45	3.39	3.33

续前表

$\alpha = 0.025$

n_2 \ n_1	1	2	3	4	5	6	7	8	9	10	12	15	20	24	30	40	60	120	∞
10	6.94	5.46	4.83	4.47	4.24	4.07	3.95	3.85	3.78	3.72	3.62	3.52	3.42	3.37	3.31	3.26	3.20	3.14	3.08
11	6.72	5.26	4.63	4.28	4.04	3.88	3.76	3.66	3.59	3.53	3.43	3.33	3.23	3.17	3.12	3.06	3.00	2.94	2.88
12	6.55	5.10	4.47	4.12	3.89	3.73	3.61	3.51	3.44	3.37	3.28	3.18	3.07	3.02	2.96	2.91	2.85	2.79	2.72
13	6.41	4.97	4.35	4.00	3.77	3.60	3.48	3.39	3.31	3.25	3.15	3.05	2.95	2.89	2.84	2.78	2.72	2.66	2.60
14	6.30	4.86	4.24	3.89	3.66	3.50	3.38	3.29	3.21	3.15	3.05	2.95	2.84	2.79	2.73	2.67	2.61	2.55	2.49
15	6.20	4.77	4.15	3.80	3.58	3.41	3.29	3.20	3.12	3.06	2.96	2.86	2.76	2.70	2.64	2.59	2.52	2.46	2.40
16	6.12	4.69	4.08	3.73	3.50	3.34	3.22	3.12	3.05	2.99	2.89	2.79	2.68	2.63	2.57	2.51	2.45	2.38	2.32
17	6.04	4.62	4.01	3.66	3.44	3.28	3.16	3.06	2.98	2.92	2.82	2.72	2.62	2.56	2.50	2.44	2.38	2.32	2.25
18	5.98	4.56	3.95	3.61	3.38	3.22	3.10	3.01	2.93	2.87	2.77	2.67	2.56	2.50	2.44	2.38	2.32	2.26	2.19
19	5.92	4.51	3.90	3.56	3.33	3.17	3.05	2.96	2.88	2.82	2.72	2.62	2.51	2.45	2.39	2.33	2.27	2.20	2.13
20	5.87	4.46	3.86	3.51	3.29	3.13	3.01	2.91	2.84	2.77	2.68	2.57	2.46	2.41	2.35	2.29	2.22	2.16	2.09
21	5.83	4.42	3.82	3.48	3.25	3.09	2.97	2.87	2.80	2.73	2.64	2.53	2.42	2.37	2.31	2.25	2.18	2.11	2.04
22	5.79	4.38	3.78	3.44	3.22	3.05	2.93	2.84	2.76	2.70	2.60	2.50	2.39	2.33	2.27	2.21	2.14	2.08	2.00
23	5.75	4.35	3.75	3.41	3.18	3.02	2.90	2.81	2.73	2.67	2.57	2.47	2.36	2.30	2.24	2.18	2.11	2.04	1.97
24	5.72	4.32	3.72	3.38	3.15	2.99	2.87	2.78	2.70	2.64	2.54	2.44	2.33	2.27	2.21	2.15	2.08	2.01	1.94
25	5.69	4.29	3.69	3.35	3.13	2.97	2.85	2.75	2.68	2.61	2.51	2.41	2.30	2.24	2.18	2.12	2.05	1.98	1.91
26	5.66	4.27	3.67	3.33	3.10	2.94	2.82	2.73	2.65	2.59	2.49	2.39	2.28	2.22	2.16	2.09	2.03	1.95	1.88
27	5.63	4.24	3.65	3.31	3.08	2.92	2.80	2.71	2.63	2.57	2.47	2.36	2.25	2.19	2.13	2.07	2.00	1.93	1.85
28	5.61	4.22	3.63	3.29	3.06	2.90	2.78	2.69	2.61	2.55	2.45	2.34	2.23	2.17	2.11	2.05	1.98	1.91	1.83
29	5.59	4.20	3.61	3.27	3.04	2.88	2.76	2.67	2.59	2.53	2.43	2.32	2.21	2.15	2.09	2.03	1.96	1.89	1.81
30	5.57	4.18	3.59	3.25	3.03	2.87	2.75	2.65	2.57	2.51	2.41	2.31	2.20	2.14	2.07	2.01	1.94	1.87	1.79
40	5.42	4.05	3.46	3.13	2.90	2.74	2.62	2.53	2.45	2.39	2.29	2.18	2.07	2.01	1.94	1.88	1.80	1.72	1.64
60	5.29	3.93	3.34	3.01	2.79	2.63	2.51	2.41	2.33	2.27	2.17	2.06	1.94	1.88	1.82	1.74	1.67	1.58	1.48
120	5.15	3.80	3.23	2.89	2.67	2.52	2.39	2.30	2.22	2.16	2.05	1.94	1.82	1.76	1.69	1.61	1.53	1.43	1.31
∞	5.02	3.69	3.12	2.79	2.57	2.41	2.29	2.19	2.11	2.05	1.94	1.83	1.71	1.64	1.57	1.48	1.39	1.27	1.00

$\alpha = 0.01$

n_2 \ n_1	1	2	3	4	5	6	7	8	9	10	12	15	20	24	30	40	60	120	∞
1	4052	4999.5	5403	5625	5764	5859	5928	5981	6022	6056	6106	6157	6209	6235	6261	6287	6313	6339	6366
2	98.50	99.00	99.17	99.25	99.30	99.33	99.36	99.37	99.39	99.40	99.42	99.43	99.45	99.46	99.47	99.47	99.48	99.49	99.50
3	34.12	30.82	29.46	28.71	28.24	27.91	27.67	27.49	27.35	27.23	27.05	26.87	26.69	26.60	26.50	26.41	26.32	26.22	26.13

续前表

$\alpha = 0.01$

n_2 \ n_1	1	2	3	4	5	6	7	8	9	10	12	15	20	24	30	40	60	120	∞
4	21.20	18.00	16.69	15.98	15.52	15.21	14.98	14.80	14.66	14.55	14.37	14.20	14.02	13.93	13.84	13.75	13.65	13.56	13.46
5	16.26	13.27	12.06	11.39	10.97	10.67	10.46	10.29	10.16	10.05	9.89	9.72	9.55	9.47	9.38	9.29	9.20	9.11	9.02
6	13.75	10.92	9.78	9.15	8.75	8.47	8.26	8.10	7.98	7.87	7.72	7.56	7.40	7.31	7.23	7.14	7.06	6.97	6.88
7	12.25	9.55	8.45	7.85	7.46	7.19	6.99	6.84	6.72	6.62	6.47	6.31	6.16	6.07	5.99	5.91	5.82	5.74	5.65
8	11.26	8.65	7.59	7.01	6.63	6.37	6.18	6.03	5.91	5.81	5.67	5.52	5.36	5.28	5.20	5.12	5.03	4.95	4.86
9	10.56	8.02	6.99	6.42	6.06	5.80	5.61	5.47	5.35	5.26	5.11	4.96	4.81	4.73	4.65	4.57	4.48	4.40	4.31
10	10.04	7.56	6.55	5.99	5.64	5.39	5.20	5.06	4.94	4.85	4.71	4.56	4.41	4.33	4.25	4.17	4.08	4.00	3.91
11	9.65	7.21	6.22	5.67	5.32	5.07	4.89	4.74	4.63	4.54	4.40	4.25	4.10	4.02	3.94	3.86	3.78	3.69	3.60
12	9.33	6.93	5.95	5.41	5.06	4.82	4.64	4.50	4.39	4.30	4.16	4.01	3.86	3.78	3.70	3.62	3.54	3.45	3.36
13	9.07	6.70	5.74	5.21	4.86	4.62	4.44	4.30	4.19	4.10	3.96	3.82	3.66	3.59	3.51	3.43	3.34	3.25	3.17
14	8.86	6.51	5.56	5.04	4.69	4.46	4.28	4.14	4.03	3.94	3.80	3.66	3.51	3.43	3.35	3.27	3.18	3.09	3.00
15	8.68	6.36	5.42	4.89	4.56	4.32	4.14	4.00	3.89	3.80	3.67	3.52	3.37	3.29	3.21	3.13	3.05	2.96	2.87
16	8.53	6.23	5.29	4.77	4.44	4.20	4.03	3.89	3.78	3.69	3.55	3.41	3.26	3.18	3.10	3.02	2.93	2.84	2.75
17	8.40	6.11	5.18	4.67	4.34	4.10	3.93	3.79	3.68	3.59	3.46	3.31	3.16	3.08	3.00	2.92	2.83	2.75	2.65
18	8.29	6.01	5.09	4.58	4.25	4.01	3.84	3.71	3.60	3.51	3.37	3.23	3.08	3.00	2.92	2.84	2.75	2.66	2.57
19	8.18	5.93	5.01	4.50	4.17	3.94	3.77	3.63	3.52	3.43	3.30	3.15	3.00	2.92	2.84	2.76	2.67	2.58	2.49
20	8.10	5.85	4.94	4.43	4.10	3.87	3.70	3.56	3.46	3.37	3.23	3.09	2.94	2.86	2.78	2.69	2.61	2.52	2.42
21	8.02	5.78	4.87	4.37	4.04	3.81	3.64	3.51	3.40	3.31	3.17	3.03	2.88	2.80	2.72	2.64	2.55	2.46	2.36
22	7.95	5.72	4.82	4.31	3.99	3.76	3.59	3.45	3.35	3.26	3.12	2.98	2.83	2.75	2.67	2.58	2.50	2.40	2.31
23	7.88	5.66	4.76	4.26	3.94	3.71	3.54	3.41	3.30	3.21	3.07	2.93	2.78	2.70	2.62	2.54	2.45	2.35	2.26
24	7.82	5.61	4.72	4.22	3.90	3.67	3.50	3.36	3.26	3.17	3.03	2.89	2.74	2.66	2.58	2.49	2.40	2.31	2.21
25	7.77	5.57	4.68	4.18	3.85	3.63	3.46	3.32	3.22	3.13	2.99	2.85	2.70	2.62	2.54	2.45	2.36	2.27	2.17
26	7.72	5.53	4.64	4.14	3.82	3.59	3.42	3.29	3.18	3.09	2.96	2.81	2.66	2.58	2.50	2.42	2.33	2.23	2.13
27	7.68	5.49	4.60	4.11	3.78	3.56	3.39	3.26	3.15	3.06	2.93	2.78	2.63	2.55	2.47	2.38	2.29	2.20	2.10
28	7.64	5.45	4.57	4.07	3.75	3.53	3.36	3.23	3.12	3.03	2.90	2.75	2.60	2.52	2.44	2.35	2.26	2.17	2.06
29	7.60	5.42	4.54	4.04	3.73	3.50	3.33	3.20	3.09	3.00	2.87	2.73	2.57	2.49	2.41	2.33	2.23	2.14	2.03
30	7.56	5.39	4.51	4.02	3.70	3.47	3.30	3.17	3.07	2.98	2.84	2.70	2.55	2.47	2.39	2.30	2.21	2.11	2.01
40	7.31	5.18	4.31	3.83	3.51	3.29	3.12	2.99	2.89	2.80	2.66	2.52	2.37	2.29	2.20	2.11	2.02	1.92	1.80
60	7.08	4.98	4.13	3.65	3.34	3.12	2.95	2.82	2.72	2.63	2.50	2.35	2.20	2.12	2.03	1.94	1.84	1.73	1.60
120	6.85	4.79	3.95	3.48	3.17	2.96	2.79	2.66	2.56	2.47	2.34	2.19	2.03	1.95	1.86	1.76	1.66	1.53	1.38
∞	6.63	4.61	3.78	3.32	3.02	2.80	2.64	2.51	2.41	2.32	2.18	2.04	1.88	1.79	1.70	1.59	1.47	1.32	1.00

续前表 $\alpha = 0.005$

n_2 \ n_1	1	2	3	4	5	6	7	8	9	10	12	15	20	24	30	40	60	120	∞
1	16211	20000	21615	22500	23056	23437	23715	23925	24091	24224	24426	24630	24836	24940	25044	25148	25253	25359	25464
2	198.5	199.0	199.2	199.2	199.3	199.3	199.4	199.4	199.4	199.4	199.4	199.4	199.4	199.5	199.5	199.5	199.5	199.5	199.5
3	55.55	49.80	47.47	46.19	45.39	44.84	44.43	44.13	43.88	43.69	43.39	43.08	42.78	42.62	42.47	42.31	42.15	41.99	41.83
4	31.33	26.28	24.26	23.15	22.46	21.97	21.62	21.35	21.14	20.97	20.70	20.44	20.17	20.03	19.89	19.75	19.61	19.47	19.32
5	22.78	18.31	16.53	15.56	14.94	14.51	14.20	13.96	13.77	13.62	13.38	13.15	12.90	12.78	12.66	12.53	12.40	12.27	12.14
6	18.63	14.54	12.92	12.03	11.46	11.07	10.79	10.57	10.39	10.25	10.03	9.81	5.59	9.47	9.36	9.24	9.12	9.00	8.88
7	16.24	12.40	10.88	10.05	9.52	9.16	8.89	8.68	8.51	8.38	8.18	7.97	7.75	7.64	7.53	7.42	7.31	7.19	7.08
8	14.69	11.04	9.60	8.81	8.30	7.95	7.69	7.50	7.34	7.21	7.01	6.81	6.61	6.50	6.40	6.29	6.18	6.06	5.95
9	13.61	10.11	8.72	7.96	7.47	7.13	6.88	6.69	6.54	6.42	6.23	6.03	5.83	5.73	5.62	5.52	5.41	5.30	5.19
10	12.83	9.43	8.08	7.34	6.87	6.54	6.30	6.12	5.97	5.85	5.66	5.47	5.27	5.17	5.07	4.97	4.86	4.75	4.64
11	12.23	8.91	7.60	6.88	6.42	6.10	5.86	5.68	5.54	5.42	5.24	5.05	4.86	4.76	4.65	4.55	4.45	4.34	4.23
12	11.75	8.51	7.23	6.52	6.07	5.76	5.52	5.35	5.20	5.09	4.91	4.72	4.53	4.43	4.33	4.23	4.12	4.01	3.90
13	11.37	8.19	6.93	6.23	5.79	5.48	5.25	5.08	4.94	4.82	4.64	4.46	4.27	4.17	4.07	3.97	3.87	3.76	3.65
14	11.06	7.92	6.68	6.00	5.56	5.26	5.03	4.86	4.72	4.60	4.43	4.25	4.06	3.96	3.86	3.76	3.66	3.55	3.44
15	10.80	7.70	6.48	5.80	5.37	5.07	4.85	4.67	4.54	4.42	4.25	4.07	3.88	3.79	3.69	3.58	3.48	3.37	3.26
16	10.58	7.51	6.30	5.64	5.21	4.91	4.69	4.52	4.38	4.27	4.10	3.92	3.73	3.64	3.54	3.44	3.33	3.22	3.11
17	10.38	7.35	6.16	5.50	5.07	4.78	4.56	4.39	4.25	4.14	3.97	3.79	3.61	3.51	3.41	3.31	3.21	3.10	2.98
18	10.22	7.21	6.03	5.37	4.96	4.66	4.44	4.28	4.14	4.03	3.86	3.68	3.50	3.40	3.30	3.20	3.10	2.99	2.87
19	10.07	7.09	5.92	5.27	4.85	4.56	4.34	4.18	4.04	3.93	3.76	3.59	3.40	3.31	3.21	3.11	3.00	2.89	2.78
20	9.94	6.99	5.82	5.17	4.76	4.47	4.26	4.09	3.96	3.85	3.68	3.50	3.32	3.22	3.12	3.02	2.92	2.81	2.69
21	9.83	6.89	5.73	5.09	4.68	4.39	4.18	4.01	3.88	3.77	3.60	3.43	3.24	3.15	3.05	2.95	2.84	2.73	2.61
22	9.73	6.81	5.65	5.02	4.61	4.32	4.11	3.94	3.81	3.70	3.54	3.36	3.18	3.08	2.98	2.88	2.77	2.66	2.55
23	9.63	6.73	5.58	4.95	4.54	4.26	4.05	3.88	3.75	3.64	3.47	3.30	3.12	3.02	2.92	2.82	2.71	2.60	2.48
24	9.55	6.66	5.52	4.89	4.49	4.20	3.99	3.83	3.69	3.59	3.42	3.25	3.06	2.97	2.87	2.77	2.66	2.55	2.43
25	9.48	6.60	5.46	4.84	4.43	4.15	3.94	3.78	3.64	3.54	3.37	3.20	3.01	2.92	2.82	2.72	2.61	2.50	2.38

续前表

$\alpha = 0.005$

n_2 \ n_1	1	2	3	4	5	6	7	8	9	10	12	15	20	24	30	40	60	120	∞
26	9.41	6.54	5.41	4.79	4.38	4.10	3.89	3.73	3.60	3.49	3.33	3.15	2.97	2.87	2.77	2.67	2.56	2.45	2.33
27	9.34	6.49	5.36	4.74	4.34	4.06	3.85	3.69	3.56	3.45	3.28	3.11	2.93	2.83	2.73	2.63	2.52	2.41	2.29
28	9.28	6.44	5.32	4.70	4.30	4.02	3.81	3.65	3.52	3.41	3.25	3.07	2.89	2.79	2.69	2.59	2.48	2.37	2.25
29	9.23	6.40	5.28	4.66	4.26	3.98	3.77	3.61	3.48	3.38	3.21	3.04	2.86	2.76	2.66	2.56	2.45	2.33	2.21
30	9.18	6.35	5.24	4.62	4.23	3.95	3.74	3.58	3.45	3.34	3.18	3.01	2.82	2.73	2.63	2.52	2.42	2.30	2.18
40	8.33	6.07	4.98	4.37	3.99	3.71	3.51	3.35	3.22	3.12	2.95	2.78	2.60	2.50	2.40	2.30	2.18	2.06	1.93
60	8.49	5.79	4.73	4.14	3.76	3.49	3.29	3.13	3.01	2.90	2.74	2.57	2.39	2.29	2.19	2.08	1.96	1.83	1.69
120	8.18	5.54	4.50	3.92	3.55	3.28	3.09	2.93	2.81	2.71	2.54	2.37	2.19	2.09	1.98	1.87	1.75	1.61	1.43
∞	7.38	5.30	4.28	3.72	3.35	3.09	2.90	2.74	2.62	2.52	2.36	2.19	2.00	1.90	1.79	1.67	1.53	1.36	1.00

附表 7　相关系数临界值 r_α 表

$P\{|r|>r_\alpha\}=\alpha$

$n-2$ \ α	0.10	0.05	0.02	0.01	0.001	α / $n-2$
1	0.98769	0.99692	0.999507	0.999877	0.9999988	1
2	0.90000	0.95000	0.98000	0.99000	0.99900	2
3	0.8054	0.8783	0.93433	0.95874	0.99114	3
4	0.7293	0.8114	0.8822	0.91720	0.97407	4
5	0.6694	0.7545	0.8329	0.8745	0.95088	5
6	0.6215	0.7067	0.7887	0.8743	0.92490	6
7	0.5822	0.6664	0.7498	0.7977	0.8983	7
8	0.5494	0.6319	0.7155	0.7646	0.8721	8
9	0.5214	0.6021	0.6851	0.7348	0.8471	9
10	0.4973	0.5760	0.6581	0.7079	0.8233	10
11	0.4762	0.5529	0.6339	0.6835	0.8010	11
12	0.4575	0.5324	0.6120	0.6614	0.7800	12
13	0.4409	0.5140	0.5923	0.6411	0.7604	13
14	0.4259	0.4973	0.5742	0.6226	0.7420	14
15	0.4124	0.4821	0.5577	0.6055	0.7247	15
16	0.4000	0.4683	0.5425	0.5897	0.7084	16
17	0.3887	0.4555	0.5285	0.5751	0.6932	17
18	0.3783	0.4438	0.5155	0.5614	0.6788	18
19	0.3687	0.4329	0.5034	0.5487	0.6652	19
20	0.3598	0.4227	0.4921	0.5368	0.6524	20
25	0.3233	0.3809	0.4451	0.4869	0.5974	25
30	0.2960	0.3494	0.4093	0.4487	0.5541	30
35	0.2746	0.3246	0.3810	0.4182	0.5189	35
40	0.2573	0.3044	0.3578	0.3932	0.4896	40
45	0.2429	0.2876	0.3384	0.3721	0.4647	45
50	0.2306	0.2732	0.3218	0.3542	0.4432	50
60	0.2108	0.2500	0.2948	0.3248	0.4079	60
70	0.1954	0.2319	0.2737	0.3017	0.3798	70
80	0.1829	0.2172	0.2565	0.2830	0.3568	80
90	0.1726	0.2050	0.2422	0.2673	0.3375	90
100	0.1638	0.1946	0.2301	0.2540	0.3211	100

习题答案

第1章　答案

习题 1-1

2. $S=\{(正,正),(正,反),(反,正),(反,反)\}$;

$A=\{(正,正),(正,反)\}$;　$B=\{(正,正),(反,反)\}$;　$C=\{(正,正),(正,反),(反,正)\}$.

3. $A\supset D$, $C\supset D$, $\overline{A}=B$, B 与 D 互不相容.

4. (1) 表示3次射击至少有一次没击中靶子；　(2) 表示前两次射击都没有击中靶子；

(3) 表示恰好连续两次击中靶子.

5. (1) 成立；　(2) 当 A,B 互不相容时，成立；　(3) 成立.

6. 区别在于是否有 $A\cup B=S$.

7. A 与 B 互为对立事件.　8. $A(B\cup C)$.　9. (1) $\varnothing$；　(2) AB.

习题 1-2

1. 0.2.　2. 0.5.　3. 11/12.　4. 3/8.

5. (1) 当 $A\subset B$ 时，$P(AB)|_{\max}=0.6$；　(2) 当 $P(A\cup B)=1$ 时，$P(AB)|_{\min}=0.3$.

习题 1-3

1. (1) $\frac{15}{28}$；　(2) $\frac{9}{14}$.　2. $\frac{8}{15}$.　3. 0.25；0.375.　4. 约为 0.105 5.

5. $\frac{1}{27}$；$\frac{8}{27}$；$\frac{2}{9}$；$\frac{8}{9}$.　6. $P(A_1)=\frac{7}{15}$；$P(A_2)=\frac{14}{15}$.　7. 约 0.602.　8. $\frac{2}{9}$.

9. (1) $p=\frac{C_{400}^{90}C_{1\,100}^{110}}{C_{1\,500}^{200}}$；　(2) $p=1-\frac{C_{1\,100}^{200}}{C_{1\,500}^{200}}-\frac{C_{400}^{1}C_{1\,100}^{199}}{C_{1\,500}^{200}}$.　10. $\frac{13}{21}$.　11. $\frac{16}{17}$.

12. $\frac{1}{1\,960}$.　13. $\frac{7}{9}$.　14. 0.214.　15. (1) $\frac{1}{4}$；(2) $\frac{5}{8}$.

习题 1-4

1. 0.8；0.6；0.5；0.625；约为0.83.　2. $\frac{2}{3}$.　3. $\frac{1}{3}$.

4. $P(AB)=0.4$；$P(B-A)=0.1$；$P(\overline{B}\mid\overline{A})=\frac{2}{3}$.

6. 0.51.　7. 0.93.　8. 0.455.　9. 约 0.92.　10. $\frac{3}{10}$, $\frac{3}{5}$.

11. 甲丙搭配，乙丁搭配好，此时命中率为 0.807 6.　12. 约 0.194.

习题 1-5

1. D.　2. $C_9^3p^4(1-p)^6$.　3. (1) 0.56；(2) 0.24；(3) 0.14.

4. 0.63.　5. 第一种工艺保证得到一级品的概率更大.　6. 0.6.　7. 0.059.

8. 0.66.　9. $P(A)=4/7,\ P(B)=3/7$.　10. $p_1p_2p_3+p_1p_4-p_1p_2p_3p_4$.

12. (1) 约为 0.402；　(2) 约为 0.201；　(3) 约为 0.665 1.

13. (1) 0.163;　(2) 0.353.　14. 0.998 4；$n\geq 3$，即至少 3 个开关.

15. (1) 0.349;　(2) 0.581;　(3) 0.590;　(4) 0.343;　(5) 0.692.

总习题一

1. (1) $A_1\cup A_2$；　(2) $A_1\overline{A}_2\overline{A}_3$；　(3) $A_1A_2A_3$；

(4) $A_1\cup A_2\cup A_3$ 或 $\overline{\overline{A}_1\overline{A}_2\overline{A}_3}$ (三次都抽到合格品的逆事件);

(5) $\overline{A}_1A_2A_3\cup A_1\overline{A}_2A_3\cup A_1A_2\overline{A}_3$.

2. (1) $A\cup B\cup C=A\overline{B}\overline{C}+A\overline{B}C+AB\overline{C}+ABC+\overline{A}BC+\overline{A}B\overline{C}+\overline{A}\overline{B}C$；

(2) $AB\cup C=AB\overline{C}+C$；　(3) $B-AC=AB\overline{C}+\overline{A}B\overline{C}+\overline{A}BC=B\overline{A}+AB\overline{C}=B\overline{C}+\overline{A}BC$.

4. 0.7; 0.8.　5. 5/8.　7. 100；5 %.

8. ① 一次拿 3 件的情况：(1) 0.058 8；(2) 0.059 4.

② 每次拿 1 件，取后放回，拿 3 次的情况：(1) 0.057 6；(2) 0.058 8.

③ 每次拿 1 件，取后不放回，拿 3 次的情况：(1) 0.058 8；(2) 0.059 4.

9. 0.62.　10. 约 0.788.　11. 0.018 144；0.999 999 9.

12. (1) $\dfrac{2C_{48}^{9}}{C_{52}^{13}}$；　(2) $\dfrac{2C_{48}^{9}}{C_{52}^{13}}-\dfrac{C_{48}^{9}C_{48}^{9}}{C_{52}^{13}C_{52}^{13}}$.　13. $\dfrac{2(n-r-1)}{n(n-1)}$.

14. $\dfrac{1}{2}+\dfrac{1}{\pi}$.　15. (1) 0.30；(2) 0.07；(3) 0.73；(4) 0.14.

17. 0.999 3.　18. (1) 0.4；(2) 0.485.　19. 约 0.923；0.75.

20. $\dfrac{a+2m}{a+b+3m}\cdot\dfrac{b}{a+b+2m}\cdot\dfrac{a+m}{a+b+m}\cdot\dfrac{a}{a+b}$.

21. 0.812 5; 0.31.　22. 2/3.　23. $\dfrac{C_{2n-r}^{n}}{2^{2n-r}}$.　24. 0.458.

26. 因为第二次取到 1, 2, 3 号球的概率分别为：$\dfrac{1}{2}$，$\dfrac{13}{48}$，$\dfrac{11}{48}$，所以，第二次取得 1 号球的概率最大.

27. 0.862 9.

28. (1) 0.140 2；　(2) 一台不合格的仪器中有一个部件不是优质品的概率最大.

第 2 章　答案

习题 2-1

3. $X=X(\omega)=\begin{cases}0, & \omega=\omega_1\\ 1, & \omega=\omega_2\\ 2, & \omega=\omega_3\end{cases}$；　$P\{X=0\}=\dfrac{5}{10}$；　$P\{X=1\}=\dfrac{1}{10}$；　$P\{X=2\}=\dfrac{4}{10}$.

习题 2-2

1. $\lambda=2$.　2. (1) 1/5；(2) 2/5；(3) 3/5.　3. $c=2.3125$, $P\{X<1\mid X\neq 0\}=0.32$.

4.

X	3	4	5
p_k	1/10	3/10	6/10

5. 0.6.

6. (1) $(0.9)^k\times 0.1,\ k=0,1,2,\cdots$；　(2) $P\{X\geq 5\}=(0.9)^5$；

(3) 以0.6的概率保证在两次调整之间生产的合格品数不少于5.

7.

X	0	1
P	0.4	0.6

8.

X	0	1	2	3
P	$\frac{35}{120}$	$\frac{63}{120}$	$\frac{21}{120}$	$\frac{1}{120}$

9. $P\{X=k\}=\left(\frac{3}{10}\right)^{k-1}\frac{7}{10}\ (k=1,2,\cdots)$.　10. $\frac{19}{27}$.

11. 约0.2381.　12. e^{-8}.　13. $\frac{1}{25}(1+2\ln 5)$.

习题 2-3

1. 离散.　2. $F(x)$ 是随机变量的分布函数.

3. $F(x)=\begin{cases}0, & x<1\\ 0.3, & 1\leq x<3\\ 0.8, & 3\leq x<5\\ 1, & x\geq 5\end{cases}$.

4. (1)

X	-1	1	3
p_k	0.4	0.4	0.2

；(2) $\frac{2}{3}$.

5. 0.6；0.75；0.　6. (1) $A=\frac{1}{2}$, $B=\frac{1}{\pi}$；(2) $\frac{1}{2}$.　7. $F(x)=\begin{cases}0, & x<0\\ x/a, & 0\leq x<a\\ 1, & x\geq a\end{cases}$.

习题 2-4

1. $\frac{X+3}{\sqrt{2}}$.　2. 0.25；0；$F(x)=\begin{cases}0, & x\leq 0\\ x^2, & 0<x<1\\ 1, & x\geq 1\end{cases}$.

3. (1) $A=1, B=-1$；　(2) $P\{-1<X<1\}=1-e^{-2}$；　(3) $f(x)=\begin{cases}2e^{-2x}, & x>0\\ 0, & x\leq 0\end{cases}$.

4. $A=\frac{1}{2}$；　$F(x)=\begin{cases}\frac{1}{2}e^{x}, & x<0\\ 1-\frac{1}{2}e^{-x}, & x\geq 0\end{cases}$.

5. 8/27.　6. 约为0.268.　7. (1) $c=3$；(2) $d\leq 0.436$.　8. 约0.875.

9. 想获超产奖的工人，每月必须装配产品4 077件以上.

10. (1) 0.337 2, 0.594；　(2) $x\geq 129.74$.

11. 车门的高度超过183.98 cm时，男子与车门碰头的机率小于0.01.

12. (1) 有60分钟应走第二条路；　(2) 只有45分钟应走第一条路.

13. $P\{Y=k\}=C_5^k(e^{-2})^k(1-e^{-2})^{5-k}, k=0,1,2,3,4,5$；$P\{Y\geq 1\}\approx 0.5167$.　14. $\alpha=1-e^{-1}$.

习题 2-5

1. (1) $a=\frac{1}{10}$； (2)

Y	-1	0	3	8
p_i	$3/10$	$1/5$	$3/10$	$1/5$

2.

Y	-1	0	1
P	$\frac{2}{15}$	$\frac{1}{3}$	$\frac{8}{15}$

3. 当 $c>0$ 时，$f_Y(y)=\begin{cases}\dfrac{1}{c(b-a)}, & ca+d\le y\le cb+d \\ 0, & \text{其它}\end{cases}$；

当 $c<0$ 时，$f_Y(y)=\begin{cases}-\dfrac{1}{c(b-a)}, & cb+d\le y\le ca+d \\ 0, & \text{其它}\end{cases}$.

4. $f_Y(y)=\begin{cases}\dfrac{1}{y}, & 1<y<e \\ 0, & \text{其它}\end{cases}$.

5. $f_Y(y)=\begin{cases}\dfrac{1}{2\sqrt{\pi(y-1)}}e^{-\frac{y-1}{4}}, & y>1 \\ 0, & y\le 1\end{cases}$.

6. (1) $f_Y(y)=\begin{cases}\dfrac{1}{y^2}\cdot f\left(\dfrac{1}{y}\right), & y\ne 0 \\ 0, & y=0\end{cases}$；　(2) $f_Y(y)=\begin{cases}f(y)+f(-y), & y>0 \\ 0, & y\le 0\end{cases}$.

7. $f_\theta(y)=\dfrac{9}{10\sqrt{\pi}}e^{-\frac{81}{100}(y-37)^2}$，$-\infty<y<+\infty$.

总习题二

1. $\frac{11}{21}$.　　2. (1) 0.009； (2) 0.998； (3) 最可能命中 7 炮.

3. (1) 约 0.000 069； (2) 约 0.986 305, 约 0.615 961.　　4. 0.926 5； 9台.

5. (1) 约 0.223； (2) 约 0.918.

6. (1) $q=1-\sqrt{\frac{1}{2}}$；　(2) $F(x)=\begin{cases}0, & x<-1 \\ 1/2, & -1\le x<0 \\ \sqrt{2}-\dfrac{1}{2}, & 0\le x<1 \\ 1, & x\ge 1\end{cases}$.　　7. 1, 1/2.

8. $F(x)=\begin{cases}0, & x\le 0 \\ 1-e^{-\lambda x}, & x>0\end{cases}$ $(\lambda>0)$, $1-e^{-\lambda T}$.

9. $F(x)=\begin{cases}0, & x\le 0 \\ x^2/2, & 0<x\le 1 \\ -1+2x-x^2/2, & 1<x\le 2 \\ 1, & x>2\end{cases}$.　　10. (1) $3e^{-2}$； (2) $3e^{-2}-4e^{-3}$.

11. $c=e^{\lambda a}$； $1-e^{-\lambda}$.　　12. 0.578 125.　　13. (1) 不是；　　15. 3/5.

16. 可以录取.　　17. (1) $F(x)=\begin{cases}1-e^{-0.1x}, & x\ge 0 \\ 0, & x<0\end{cases}$；　(2) 0.26；　(3) 0.13.

18. (1) 约 0.32； (2) 0.93.

19.

X^2	0	1	4	9
p_k	1/5	7/30	1/5	11/30

.

20. $f_Y(y)=\begin{cases}0, & y<3\\ \left(\dfrac{y-3}{2}\right)^3 e^{-\left(\frac{y-3}{2}\right)^2}, & y\geq 3\end{cases}$.

21. $f_Y(y)=\begin{cases}\dfrac{1}{y^2}, & 1<y<+\infty\\ 0, & \text{其它}\end{cases}$.

22. $F_Y(y)=\begin{cases}0, & y<1\\ 2\sqrt{y-1}-(y-1), & 1\leq y<2\\ 1, & y\geq 2\end{cases}$； $f_Y(y)=\begin{cases}\dfrac{1}{\sqrt{y-1}}-1, & 1<y<2\\ 0, & \text{其它}\end{cases}$.

第 3 章　答案

习题 3-1

1. $\dfrac{2}{9}$.

2. (1) $F(b,c)-F(a,c)$； (2) $F(+\infty,b)-F(+\infty,0)$； (3) $F(+\infty,b)-F(a,b)$.

3. (1) 1/4； (2) 5/16； (3) 9/16.

4. 5/7；4/7.

5. (1)

X \ Y	0	1/3	1
−1	0	1/12	1/3
0	1/6	0	0
2	5/12	0	0

； (2)

Y	0	1/3	1
p_k	7/12	1/12	1/3

.

6. 1/2.

7. (1) $k=\dfrac{1}{8}$； (2) $\dfrac{3}{8}$； (3) $\dfrac{27}{32}$； (4) $\dfrac{2}{3}$.

8. (1) $c=4$； (2) $F(x,y)=\begin{cases}0, & x\leq 0 \text{ 或 } y\leq 0\\ x^2, & 0\leq x\leq 1, y>1\\ x^2y^2, & 0\leq x\leq 1, 0\leq y\leq 1\\ y^2, & x>1, 0\leq y\leq 1\\ 1, & x>1, y>1\end{cases}$.

9. $f_Y(y)=\begin{cases}2.4y(4y-y^2), & 0\leq y\leq 1\\ 0, & \text{其它}\end{cases}$.

10. $f(x,y)=\begin{cases}6, & 0\leq x\leq 1,\ x^2\leq y\leq x\\ 0, & \text{其它}\end{cases}$； $f_X(x)=\begin{cases}6(x-x^2), & 0\leq x\leq 1\\ 0, & \text{其它}\end{cases}$；

$f_Y(y)=\begin{cases}6(\sqrt{y}-y), & 0\leq y\leq 1\\ 0, & \text{其它}\end{cases}$.

习题 3-2

1. (1) $P\{Y=0\}=0.7$、$P\{Y=1\}=0.3$. (2) $\dfrac{2}{3}$，$\dfrac{1}{3}$. (3) 不独立.

2. (1)

X	51	52	53	54	55
p_k	0.18	0.15	0.35	0.12	0.20

,

Y	51	52	53	54	55
p_k	0.28	0.28	0.22	0.09	0.13

;

(2)

k	51	52	53	54	55
$P\{X=k\mid Y=51\}$	6/28	7/28	5/28	5/28	5/28

.

3. (1)

$X\mid(Y=1)$	0	1	2
p_k	3/11	8/11	0

;

(2)

$Y\mid(X=2)$	0	1	2
p_k	4/7	0	3/7

.

4. (1) $f_X(x)=\begin{cases}3x^2, & 0<x<1\\ 0, & \text{其它}\end{cases}$, $f_Y(y)=\begin{cases}\dfrac{3}{2}(1-y^2), & 0<y<1\\ 0, & \text{其它}\end{cases}$;

(2) $f_{X\mid Y}(x\mid y)=\begin{cases}\dfrac{2x}{1-y^2}, & y<x<1\\ 0, & \text{其它}\end{cases}$, $f_{Y\mid X}(y\mid x)=\begin{cases}\dfrac{1}{x}, & 0<y<x\\ 0, & \text{其它}\end{cases}$.

5.

X \ Y	$-1/2$	1	3
-2	1/8	1/16	1/16
-1	1/6	1/12	1/12
0	1/24	1/48	1/48
1/2	1/6	1/12	1/12

; $P\{X+Y=1\}=\dfrac{1}{12}$; $P\{X+Y\neq 0\}=\dfrac{3}{4}$.

6. $\dfrac{1}{3}$. 7. $\dfrac{1}{2\pi}e^{-\frac{1}{2}(x^2+y^2)}$. 8. X与$|X|$不相互独立.

9. (1) $f(x,y)=\begin{cases}\dfrac{1}{2}e^{-\frac{y}{2}}, & 0<x<1,\ y>0\\ 0, & \text{其它}\end{cases}$; (2) 0.143 3.

习题 3-3

1.

概率 V \ U	1	2	3
1	1/9	2/9	2/9
2	0	1/9	2/9
3	0	0	1/9

.

2. (1)

$X+Y$	-2	0	1	3	4
p_i	1/10	1/5	1/2	1/10	1/10

(2)

XY	-2	-1	1	2	4
p_i	1/2	1/5	1/10	1/10	1/10

(3)

X/Y	-2	-1	$-1/2$	1	2
p_i	1/5	1/5	3/10	1/5	1/10

(4)

$\max\{X,Y\}$	-1	1	2
p_i	1/10	1/5	7/10

3.

U \ V	0	1
0	1/4	0
1	1/4	1/2

4. $f_Z(z)=\begin{cases} ze^{-\frac{z^2}{2}}, & z>0 \\ 0, & z\le 0 \end{cases}$.

5. (1) X 与 Y 不相互独立；(2) $f_Z(z)=\begin{cases} \frac{1}{2}z^2e^{-z}, & z>0 \\ 0, & z\le 0 \end{cases}$.

6. $f_Z(z)=\begin{cases} 0, & z\le 0 \\ 1-e^{-z}, & 0<z\le 1 \\ e^{1-z}-e^{-z}, & z>1 \end{cases}$.

7. (1) $b=\dfrac{1}{1-e^{-1}}$；(2) $f_X(x)=\begin{cases} \dfrac{e^{-x}}{1-e^{-1}}, & 0<x<1 \\ 0, & \text{其它} \end{cases}$，$f_Y(y)=\begin{cases} e^{-y}, & y>0 \\ 0, & y\le 0 \end{cases}$；

(3) $F_U(u)=\begin{cases} 0, & u<0 \\ \dfrac{(1-e^{-u})^2}{1-e^{-1}}, & 0\le u<1 \\ 1-e^{-u}, & u\ge 1 \end{cases}$.

8. $\phi(z)=\begin{cases} (\alpha+\beta)e^{-(\alpha+\beta)z}, & z>0 \\ 0, & z\le 0 \end{cases}$.

总习题三

1. (1)

Y \ X	0	1
0	25/36	5/36
1	5/36	1/36

；(2)

Y \ X	0	1
0	45/66	10/66
1	10/66	1/66

.

2.

X_1 \ X_2	0	1	$P\{X_1=i\}$
0	$1-e^{-1}$	0	$1-e^{-1}$
1	$e^{-1}-e^{-2}$	e^{-2}	e^{-1}
$P\{X_2=j\}$	$1-e^{-2}$	e^{-2}	

.

3.

Y \ X	0	1	2	3
0	0	3/70	9/70	3/70
1	2/70	18/70	18/70	2/70
2	3/70	9/70	3/70	0

4.

X \ Y	y_1	y_2	y_3	p_i
x_1	1/24		1/12	1/4
x_2		3/8	1/4	3/4
$p_{\cdot j}$		1/2	1/3	

.

5. (1) $a=\dfrac{1}{3}$；(2) $F(x,y)=\begin{cases} 0, & x<1 \text{ 或 } y<-1 \\ 1/4, & 1\le x<2, -1\le y<0 \\ 5/12, & x\ge 2, -1\le y<0 \\ 1/2, & 1\le x<2, y\ge 0 \\ 1, & x\ge 2, y\ge 0 \end{cases}$；

(3) $F_X(x)=\begin{cases}0, & x<1\\ 1/2, & 1\le x<2,\\ 1, & x\ge 2\end{cases}$ $F_Y(y)=\begin{cases}0, & y<-1\\ 5/12, & -1\le y<0.\\ 1, & y\ge 0\end{cases}$

6. (1) $c=\dfrac{3}{\pi R^3}$; (2) $\dfrac{3r^2}{R^2}\left(1-\dfrac{2r}{3R}\right)$.

7. $f_X(x)=\begin{cases}x, & 0\le x<1\\ 2-x, & 1\le x\le 2,\\ 0, & 其它\end{cases}$ $f_Y(y)=\begin{cases}1, & 0\le y\le 1\\ 0, & 其它\end{cases}$.

8. $\alpha+\beta=\dfrac{1}{3}$; $\alpha=\dfrac{2}{9}$, $\beta=\dfrac{1}{9}$.

9. (1) $c=2$; (2) $f_X(x)=\begin{cases}2e^{-2x}, & x>0\\ 0, & x\le 0\end{cases}$, $f_Y(y)=\begin{cases}e^{-y}, & y>0\\ 0, & y\le 0\end{cases}$;

(3) $F(x,y)=\begin{cases}(1-e^{-2x})(1-e^{-y}), & x>0, y>0\\ 0, & 其它\end{cases}$; (4) $P\{Y\le X\}=\dfrac{1}{3}$;

(5) $f_{X|Y}(x|y)=\begin{cases}2e^{-2x}, & x>0\\ 0, & x\le 0\end{cases}$ $(y>0)$; (6) $P\{X<2|Y<1\}=1-e^{-4}$.

12. $a=\dfrac{1}{18}$, $b=\dfrac{2}{9}$, $c=\dfrac{1}{6}$.

13. (1)

X_2 \ X_1	−1	0	1	$P\{X_2=j\}$
0	1/4	0	1/4	1/2
1	0	1/2	0	1/2
$P\{X_1=i\}$	1/4	1/2	1/4	1

; (2) X_1 与 X_2 不独立.

14. (1) $f_X(x)=\begin{cases}\dfrac{2\sqrt{R^2-x^2}}{\pi R^2}, & -R\le x\le R\\ 0, & 其它\end{cases}$, $f_Y(y)=\begin{cases}\dfrac{2\sqrt{R^2-y^2}}{\pi R^2}, & -R\le y\le R\\ 0, & 其它\end{cases}$;

(2) $f_{X|Y}(x|y)=\begin{cases}\dfrac{1}{2\sqrt{R^2-y^2}}, & |x|\le\sqrt{R^2-y^2}\\ 0, & 其它\end{cases}$,

$f_{Y|X}(y|x)=\begin{cases}\dfrac{1}{2\sqrt{R^2-x^2}}, & |y|\le\sqrt{R^2-x^2}\\ 0, & 其它\end{cases}$, 且 X 与 Y 不独立.

15. $f_Z(z)=\begin{cases}z, & 0\le z<1\\ 2-z, & 1\le z<2.\\ 0, & 其它\end{cases}$

16. $F_Z(z)=\begin{cases}0, & z\le 0\\ 1-e^{-z}-ze^{-z}, & z>0\end{cases}$.

17. (1) $A=1$； (2) $f_Z(z)=\begin{cases}0, & z<0\\ \dfrac{1}{2}(1-e^{-z}), & 0\le z<2\\ \dfrac{1}{2}(e^2-1)e^{-z}, & z\ge 2\end{cases}$.

18. $f_U(u)=\begin{cases}u, & 0<u<1\\ 1/2, & 1\le u<2\\ 0, & 其它\end{cases}$； $f_V(v)=\begin{cases}\dfrac{3}{2}-v, & 0<v<1\\ 0, & 其它\end{cases}$.

第4章 答案

习题 4-1

1. p.

2. $E(X)=\dfrac{k(n+1)}{2}$.

3. 1.055 6 .

4. $a<b<\dfrac{a}{1-p}$，对于m个人可期望获益$ma-mb(1-p)$.

5. $E(X)$.

6. $E(X)=-0.2$，$E(X^2)=2.8$，$E(3X^2+5)=13.4$.

7. $k=3$，$a=2$.

8. $E(X)=1$.

9. 净赢利的数学期望$E(L)=33.64$元.

10. (1) $E(Y)=2$； (2) $E(e^{-2X})=1/3$.

11. (1) $E(X)=2$，$E(Y)=0$； (2) $E(Z)=-\dfrac{1}{15}$； (3) $E[(X-Y)^2]=5$.

12. $E(X)=\dfrac{4}{5}$，$E(Y)=\dfrac{3}{5}$，$E(XY)=\dfrac{1}{2}$，$E(X^2+Y^2)=\dfrac{16}{15}$.

13. 4.

习题 4-2

1. 2, 2.

2. B.

3. $N\left(\mu,\dfrac{\sigma^2}{n}\right)$.

4. $N\left(\sum\limits_{i=1}^{n}(a_i\mu_i+b_i),\sum\limits_{i=1}^{n}a_i^2\sigma_i^2\right)$.

5. $E(X)=\lambda=1$，$D(X)=\lambda=1$.

6. 因为$E(X)=E(Y)=1\,000$，而$D(X)>D(Y)$，故乙厂生产的灯泡质量较好.

7. X可取值$0,1,\cdots,9$；$P\{X\le 8\}=1-\left(\dfrac{1}{3}\right)^9$.

8. $D(XY)=27$.

9. $E(Y)=7$，$D(Y)=37.25$.

10. (1) $E(X)=1\,200$，$D(X)=1\,225$； (2) 应至少储存1 282千克该产品.

*11. $E(Z)=\dfrac{1}{n}$，$D(Z)=\dfrac{1}{n^2}$.

习题 4-3

1. D.

2. $E(Y)=4$，$D(Y)=18$，$\operatorname{cov}(X,Y)=6$，$\rho_{XY}=1$.

3. $D(X+Y)=61$，$D(X-Y)=21$.

5. $\rho_{X_1X_2}=-\dfrac{2}{3}$.

6. $\rho_{Z_1Z_2}=\dfrac{\alpha^2-\beta^2}{\alpha^2+\beta^2}$.

7. $E(X)=\frac{7}{6}$，$E(Y)=\frac{7}{6}$，$\mathrm{cov}(X,Y)=-\frac{1}{36}$，$\rho_{XY}=-\frac{1}{11}$，$D(X+Y)=\frac{5}{9}$.

10. $f(x,y)=\frac{1}{3\sqrt{5}\pi}e^{-\frac{8}{15}\left(\frac{x^2}{3}+\frac{xy}{4\sqrt{3}}+\frac{y^2}{4}\right)}$.

12. $E\{[X-E(X)]^k\}=\begin{cases}0, & k\text{ 为奇数时}\\ \lambda^k k!, & k\text{ 为偶数时}\end{cases}$.

习题 4-4

1. $P\{10<X<18\}\geq 0.271$.

2. $P\{|X+Y|\geq 6\}\leq\frac{1}{12}$.

3. $\forall\varepsilon>0$，$\lim\limits_{n\to\infty}P(|X_n-a|\geq\varepsilon)=0$.

4. $\frac{1}{2}$.

5. 不能相信该工厂的废品率不超过 0.005.

6. 约 0.006 2.

7. 约 0.471 4.

8. 约 0.211 9.

9. 0.916 2.

10. 所需电量 2 265 个单位.

11. 至少 12 655 只.

12. (1) 约 0.952；(2) 至少 25 个.

13. 至少 147 个.

总习题四

1. $E(X)=7.47$.

2. $E(X)\approx 262$（天）.

3. $E(X)=1$.

4. $E(S)=\frac{\pi}{12}(a^2+ab+b^2)$.

5. $\sqrt{\frac{2}{\pi}}$.

6. $E(Z)=\sqrt{\frac{\pi}{2}}$.

7. $\frac{1}{4}$（小时）.

8. 8.8 元.

9. 0.6；2.376 分.

10. $E(X)=0.6$，$D(X)=0.46$.

11. $a=12$，$b=-12$，$c=3$.

12. 最多装 39 袋才能使总重量超过 2 000 kg 的概率不大于 0.05.

13. 46.

14. $\frac{4}{3}$；$\frac{29}{45}$.

15. $E(Z)=\frac{1}{3}$，$D(Z)=3$，$\rho_{XZ}=0$.

16. (1) $f_X(x)=\begin{cases}2x, & 0\leq x\leq 1\\ 0, & \text{其它}\end{cases}$，$f_Y(y)=\begin{cases}1-|y|, & \text{当 }-1\leq y\leq 1\\ 0, & \text{其它}\end{cases}$；

(2) $E(X)=\frac{2}{3}$，$D(X)=\frac{1}{18}$，$E(Y)=0$，$D(Y)=\frac{1}{6}$；(3) $\mathrm{cov}(X,Y)=0$.

17. 1；$\frac{4}{9}$.

18. (1) 24；(2) 27.

19. 当 $a=3$ 时，$E(W)$ 达到最小；$E(W)_{\min}=108$.

20. $E(X)=1$，$D(X)=1$.

22. $\tan 2\alpha=\frac{2\rho\sigma_1\sigma_2}{\sigma_1^2-\sigma_2^2}$ 时，X_1 与 X_2 不相关，且 X_1 与 X_2 独立.

23. $\frac{39}{40}$.

24. 在 1 000 次试验中，能以 0.999 7 的概率保证事件 A 发生的频率与 $\frac{1}{4}$ 相差约为 0.049 6. 此时 A 发生的次数 n_A 满足：$200.4\leq n_A\leq 299.6$.

25. n 充分大时，可以． 26. (1) 约为 0； (2) 约为 0.5.

27. 0.078 7． 28. 约等于 0.999 99． 29. 269 件．

第 5 章　答案

习题 5-1

1. C. 4. $n=200$， $\overline{X}=7.945$， $S^2=2.917\ 175$． 5. $\frac{3}{10}$； $\frac{291(n-1)}{1000n}$．

6. 样本容量 $n=100$； 经验分布函数 $F_n(x)=\begin{cases}0, & x<2\\ 0.20, & 2\le x<3\\ 0.50, & 3\le x<4\\ 0.60, & 4\le x<5\\ 0.85, & 5\le x<6\\ 1, & x\ge 6\end{cases}$．

7. $f_1(x)=n[1-F(x)]^{n-1}f(x)$， $F_1(x)=1-[1-F(x)]^n$；

$f_n(x)=n[F(x)]^{n-1}f(x)$， $F_n(x)=[F(x)]^n$．

8. $f_{(1)}(x)=\begin{cases}2\lambda e^{-2\lambda x}, & x>0\\ 0, & \text{其它}\end{cases}$； $f_{(2)}(x)=\begin{cases}2\lambda e^{-\lambda x}(1-e^{-\lambda x}), & x>0\\ 0, & \text{其它}\end{cases}$．

9. (1) 0.000 747； (2) 0.935 17． 10. n 最小应取 385．

习题 5-2

1. B. 2. (1) $t(2)$； (2) $t(n-1)$； (3) $F(3,n-3)$．

3. 当 $a=\frac{1}{20}$，$b=\frac{1}{100}$ 时，$Y\sim\chi^2(2)$，自由度为 $n=2$．

5. $F(10,5)$． 7. 0.253，0.841 6，1.28，1.65．

8. 1.145，11.071，2.558，23.209． 9. 0.162 3，0.068 4，0.091 2．

10. 2.353，3.365，1.415，3.169．

习题 5-3

1. (1) 0.290 5； (2) 0.012 2． 2. (1) $\overline{X}\sim N\left(10,\frac{3}{2}\right)$； (2) 约为 0.206 1．

3. (1) p；$\frac{1}{n}p(1-p)$； (2) mp；$\frac{1}{n}mp(1-p)$； (3) λ；$\frac{1}{n}\lambda$；

(4) $\frac{a+b}{2}$；$\frac{(b-a)^2}{12n}$； (5) $\frac{1}{\lambda}$；$\frac{1}{n\lambda^2}$．

4. (1) 0.689 8； (2) 0.998 7． 5. 0.543 1． 6. 约 0.997． 7. $\sigma=3.11$．

8. (1) 0.99； (2) $D(S^2)=\frac{2}{15}\sigma^4$． 9. $a=26.105$．

10. (1) $\chi^2(2(n-1))$； (2) $F(1,2n-2)$． 11. $0.025\le P(S_1^2\ge 2S_2^2)\le 0.05$．

总习题五

1. 4；4；$F_{10}(x)=\begin{cases}0, & x<1\\ 1/10, & 1\le x<2\\ 2/10, & 2\le x<3\\ 4/10, & 3\le x<4\\ 7/10, & 4\le x<5\\ 8/10, & 5\le x<6\\ 9/10, & 6\le x<8\\ 1, & x\ge 8\end{cases}$

2. 总体是电器的使用寿命，其概率密度为

$$f(x)=\begin{cases}\lambda e^{-\lambda x}, & x>0\\ 0, & x\le 0\end{cases}\quad (\lambda\text{未知}),$$

样本 $X_1, X_2, \cdots, X_n$ 是 n 件该种电器的使用寿命，其样本密度为

$$f(x_1, x_2,\cdots, x_n)=\begin{cases}\lambda^n e^{-\lambda(x_1+x_2+\cdots+x_n)}, & x_1, x_2, \cdots, x_n>0\\ 0, & \text{其它}\end{cases}.$$

3. (1) $f(x_1, x_2, \cdots, x_n)=\begin{cases}\dfrac{1}{(b-a)^n}, & a\le x_1\le\cdots\le x_n\le b\\ 0, & \text{其它}\end{cases}$；

(2) $f_Y(x)=\dfrac{n(x-a)^{n-1}}{(b-a)^n}$，$x\in[a, b]$；$f_Z(x)=\dfrac{n(b-x)^{n-1}}{(b-a)^n}$，$x\in[a, b]$.

4. 16.　　5. 0.674 4.　　6. $n=106$.　　7. 取 $n=8$.

8. (1) $E(\overline{X})=0$，$D(\overline{X})=\dfrac{1}{100}$；　(2) $E(S^2)=\dfrac{1}{2}$；　(3) $P\{|\overline{X}|>0.02\}=0.841\,4$.

9. $\sigma=5.43$.　　10. μ, $\dfrac{\sigma^2}{n}$, σ^2.　　11. $2(n-1)\sigma^2$.　　12. $\chi^2(n-k)$.

15. $t(n-1)$.　　16. $a=1/8$，$b=1/12$，$c=1/16$，自由度为3.

17. (1) 0.890 4；(2) 0.90.　　18. (1) 0.1；(2) 0.725.

19. (1) $k=18.028$；(2) $k\ge 4.651$.　　20. $\lambda=0.21$.

第6章　答案

习题 6-1

1. D.　　2. D.　　5. $\hat{\lambda}^2=\dfrac{1}{n}\sum_{i=1}^{n}X_i^2-\overline{X}$.　　6. $\hat{p}^2=\dfrac{1}{n^2(n-1)}\sum_{i=1}^{n}(X_i^2-X_i)$.

7. $\overline{X}$ 更有效.　　8. $\hat{m}_3$ 的方差最小.

9. 当 $a_i=\dfrac{1}{\sigma_i^2}\left[\sum_{i=1}^{k}\dfrac{1}{\sigma_i^2}\right]^{-1}$ $(i=1, 2, \cdots, k)$ 时，$\hat{\theta}=\sum_{i=1}^{k}a_i X_i$ 是 θ 的无偏估计，且方差最小.

习题 6-2

1. (1) $\hat{\theta}=\dfrac{\overline{X}}{\overline{X}-c}$；$\hat{\theta}=\dfrac{\bar{x}}{\bar{x}-c}$，其中 $\bar{x}=\dfrac{1}{n}\sum_{i=1}^{n}x_i$；$\hat{\theta}_L=\dfrac{n}{\sum_{i=1}^{n}\ln X_i-n\ln c}$.

(2) $\hat{\theta}=\left(\dfrac{\overline{X}}{1-\overline{X}}\right)^2$；$\hat{\theta}=\left(\dfrac{\bar{x}}{1-\bar{x}}\right)^2$；$\hat{\theta}_L=\left(n\Big/\sum_{i=1}^{n}\ln X_i\right)^2$.

(3) $\hat{p}=\dfrac{1}{m}\cdot\dfrac{1}{n}\sum_{i=1}^{n}X_i$；$\hat{p}=\dfrac{1}{m}\cdot\dfrac{1}{n}\sum_{i=1}^{n}x_i$；$\hat{p}_L=\dfrac{\overline{X}}{m}$.

2. (1) $\hat{\theta}=2\overline{X}$；(2) $\hat{\theta}=2\bar{x}\approx 0.963\,4$.　3. $\hat{\theta}=2\overline{X}-1$.　4. 1/15.

5. $\hat{\theta}_L=\dfrac{5}{6}$.　6. (1) $\hat{P}\{X=0\}=e^{-\overline{X}}$；(2) 0.325 3.

习题 6-3

1. B.　2. C.　4. 上限为642.93, 下限为641.07.

5. (9.226, 10.774), 107 740 (kg).　6. (108.815, 115.785).

7. (0.015, 0.044).　8. 下限为 $\overline{X}-t_\alpha(n-1)\dfrac{S}{\sqrt{n}}$；上限为 $\overline{X}+t_\alpha(n-1)\dfrac{S}{\sqrt{n}}$.

习题 6-4

1. (480.4, 519.6).　2. $n=12$.　3. 置信上限为2 116.15, 下限为1 783.85.

4. (145.58, 162.42).　5. (8.400, 39.827).　6. (7.4, 21.1).　7. (−0.63, 3.43).

8. (1.53, 12.47).　9. (−0.002, 0.006).　10. (0.222, 3.601).

总习题六

1. $c=\dfrac{1}{n}$.　2. (1) $c=\dfrac{1}{2(n-1)}$；(2) $c=\dfrac{1}{n}$.

3. (1) T_1, T_3 是 θ 的无偏估计量；(2) T_3 更有效.　4. $a=\dfrac{n_1}{n_1+n_2}$, $b=\dfrac{n_2}{n_1+n_2}$.

6. $\hat{k}=\left[\dfrac{\overline{X}^2}{\overline{X}-\frac{1}{n}\sum_{i=1}^{n}(X_i-\overline{X})^2}\right]$, $\hat{p}=\dfrac{\overline{X}-\frac{1}{n}\sum_{i=1}^{n}(X_i-\overline{X})^2}{\overline{X}}$.　7. $\hat{\lambda}=\overline{X}$.

8. $\hat{\theta}=1-\dfrac{\overline{X}}{2}$.　9. $\hat{\theta}=\dfrac{2\overline{X}-1}{1-\overline{X}}$；$\hat{\theta}_L=-1-\dfrac{n}{\sum_{i=1}^{n}\ln X_i}$.　10. $\hat{\theta}=\dfrac{1}{n}\sum_{i=1}^{n}X_i$.

11. $\hat{\mu}\approx 232.396\,7$；$\hat{\sigma}^2=0.024\,5$.　12. $\hat{p}^2=\dfrac{X_1(X_1-1)}{n(n-1)}$.

15. $\hat{\mu}=\bar{x}=24.92$(kg), (24.737, 25.103).　16. (0.101, 0.244).

17. (165.06, 174.94)；(9.37, 16.69).　18. 40 529.7.

19. (35.97, 232.44); 205.

20. (2.689, 2.721); (0.000 489, 0.002 150).

21. (1.730, 2.802).

22. (0.739 3, 0.960 7).

23. (0.016, 0.453).

24. (14.44, 15.96).

第 7 章　答案

习题 7-1

1. D.

2. $U > u_{1-\alpha}$; $U < u_{\alpha}$.

9. 认为包装机工作正常.

10. (1) 犯第一类错误的概率是显著性水平 α;

(2) $\beta(u) = \Phi(u_{\frac{\alpha}{2}} - \sqrt{n}\mu) - \Phi(-u_{\frac{\alpha}{2}} - \sqrt{n}\mu)$.

习题 7-2

1. 可认为现在生产之铁水平均含碳量仍为 4.55.

2. 可认为这批元件不合格.

3. 可认为该天打包机工作正常.

4. 接受 H_0, 该天每袋平均质量可视为 500 g.

5. 可认为自动售货机售出的清凉饮料平均含量为 222 (mL).

6. 不能认为这批导线电阻的标准差仍为 0.005.

7. 可认为铜丝的折断力的方差不超过 16 N^2.

8. 可认为总体标准差 $\sigma \geq 6$.

9. 接受 $\sigma \geq 0.04\%$.

习题 7-3

1. 可认为厂家说法不对.

2. 可认为此种血清无效.

3. 可认为矮个子总统的寿命比高个子总统的寿命长.

4. 可认为新、老过程中形成的 NDMA 平均含量差大于 2.

5. 可认为乙车床生产的产品的直径的方差比甲车床生产的产品的小.

6. 可认为采用新工艺后灯泡的平均寿命有显著提高.

7. 可认为早晨比晚上身高要高.

8. 可认为两种分析方法所得的均值结果相同.

习题 7-4

1. $u = \dfrac{(\overline{X} - \overline{Y}) - (\lambda_1 - \lambda_2)}{\sqrt{\dfrac{S_1^2}{n_1} + \dfrac{S_2^2}{n_2}}}$.

2. 在 $\alpha = 0.05$ 显著性水平下, 没有明显的证据说明汽车行驶快于限制速度.

3. 可认为该药品广告不真实.

4. 可认为校长的看法是对的.

5. 可认为参数 $\lambda = 0.001$ (即元件平均合适使用寿命为 1 000 h).

6. 可认为新工艺没有显著地影响产品质量.

7. 可认为这批产品可以出厂.

8. 两个选区之间对侯选人的支持无显著差异.

习题 7-5

1. 可认为这个正 20 面体是由均匀材料制成的. 2. 服从泊松分布.
3. 可认为一页的印刷错误个数服从泊松分布.
4. 可认为滚珠直径服从 $N(15.1, 0.432\ 5^2)$.
5. 可认为交通事故的发生与星期几有关.
6. 可认为婴儿出生时刻不服从均匀分布 $U[0, 24]$.

总习题七

1. 可认为装配时间的均值显著地大于10. 2. 不正确.
3. 可认为这次考试全体考生的平均成绩为 70 分.
4. (1) 拒绝 H_0, 认为 $\mu \neq 3$;　(2) 接受 H_0, 可以认为 $\sigma^2 = 2.5$. 5. $n = 271$.
6. 能说明平均工作温度比制造厂家所说的要高.
7. 可认为整批保险丝的熔断时间的方差不大于 80.
8. 可认为实验课程能使平均分数增加 8 分.
9. 可认为经常参加体育锻炼的男生的平均身高要比不经常参加体育锻炼的男生高些.
10. 可认为两种温度下的断裂强力有显著差别.
11. 可认为 I 型轮胎省油. 12. 接受 H_0.
13. 可认为培训效果不显著. 14. 可认为产品的次品数服从二项分布 $b(10, 1/10)$.
15. 可认为灯泡的寿命服从指数分布. 16. $\alpha = 0.025$; $\beta = 0.484\ 0$.
17. (1) $\alpha = 0.041\ 8$; (2) $\beta(0.4) = 0.125\ 1$; $\beta(0.5) = 0.610\ 3$.

第 8 章　答案

习题 8-1

1. 可认为不同的贮藏方法对含水率的影响没有显著差异.
2. 可认为机器与机器之间存在显著差异.
3. 电池的平均寿命有显著差异; 所求 $\mu_A - \mu_B$ 的置信区间为 $(6.75, 18.45)$; $\mu_A - \mu_C$ 的置信区间为 $(-7.652, 4.052)$; $\mu_B - \mu_C$ 的置信区间为 $(-20.252, -8.548)$.
4. 可认为各班级的平均分数无显著差异.

习题 8-2

1. 3 名化验员的化验技术之间无显著差异; 每日所抽样本之间有显著差异.
2. 只有浓度因素的效应是显著的. 3. 两种因素的影响均不显著.

习题 8-3

1. $\hat{y} = 5.344 + 0.304t$.
2. 食品支出与收入之间的线性关系显著, 线性关系为 $\hat{y} = 39.37 + 0.54m$.

3. 可认为某商品的供给量 s 与价格 p 之间存在近似的线性关系，线性关系为

$$\hat{s} = 30.48 + 3.27p.$$

4. 资料不能证实企业的利润水平和它的研究费用之间存在线性关系.

5. (1) $\hat{y} = 13.9565 + 12.5538x$； (2) 回归效果显著；

(3) (11.870 0, 13.237 6)； (4) (19.70, 20.77).

6. (1) $\hat{y} = 41.7072 + 0.3713x$； (2) 可认为回归效果显著； (3) (63.043 3, 71.610 5).

习题 8-4

1. $\hat{y} = 18.66 + 1.059x - 0.0219x^2$.

2. (1) $\hat{y} = 9.9 + 0.575x_1 + 0.55x_2 + 1.15x_3$； (2) $\hat{y} = 9.9 + 0.575x_1 + 1.15x_3$.

图书在版编目（CIP）数据

概率论与数理统计．理工类/吴赣昌主编．—4 版．—北京：中国人民大学出版社，2011.6

21 世纪数学教育信息化精品教材　大学数学立体化教材

ISBN 978-7-300-13967-8

Ⅰ.①概…　Ⅱ.①吴…　Ⅲ.①概率论-高等学校-教材②数理统计-高等学校-教材　Ⅳ.①O21

中国版本图书馆 CIP 数据核字（2011）第 123885 号

21 世纪数学教育信息化精品教材

大学数学立体化教材

概率论与数理统计（理工类）

第四版

吴赣昌　主编

Gailülun yu Shuli Tongji

出版发行	中国人民大学出版社		
社　　址	北京中关村大街 31 号	邮政编码	100080
电　　话	010－62511242（总编室）		010－62511398（质管部）
	010－82501766（邮购部）		010－62514148（门市部）
	010－62515195（发行公司）		010－62515275（盗版举报）
网　　址	http：//www.crup.com.cn		
	http：//www.ttrnet.com(人大教研网)		
经　　销	新华书店		
印　　刷	北京昌联印刷有限公司	版　　次	2006 年 4 月第 1 版
规　　格	170 mm×228 mm　16 开本		2011 年 8 月第 4 版
印　　张	21 插页 1	印　　次	2016 年 6 月第 13 次印刷
字　　数	422 000	定　　价	39.80 元（配网络学习空间）
